四川草坡自然保护区综合科学考察报告

Report on Comprehensive Scientific Survey in Caopo Nature Reserve of Sichuan

主　编　张泽钧

副主编　黄小富　袁施彬　甘小洪　蔡清贵

科 学 出 版 社

北　京

内 容 简 介

生物多样性是国家重要的战略资源，是人类社会可持续发展的物质基础。四川草坡自然保护区位于邛崃山系北部，既是“国宝”大熊猫的集中分布区，也是我国生物多样性保护的关键区域之一。本书在野外考察的基础上，结合历史文献，全面介绍草坡自然保护区内的生物多样性资源，包括大型真菌、蕨类植物、裸子植物、被子植物、昆虫、鱼类、两栖类、爬行类、鸟类及兽类等不同类群。同时，对保护区内植被类型、保护区周边经济社会状况及保护管理现状也做了初步介绍。

本书内容丰富，数据翔实，条理清晰，语言简洁，可作为生物多样性研究工作者及自然保护管理人员的案头参考书。

图书在版编目(CIP)数据

四川草坡自然保护区综合科学考察报告 / 张泽钧主编.—北京：科学出版社，2017.3

ISBN 978-7-03-052141-5

Ⅰ.①四…　Ⅱ.①张…　Ⅲ.①自然保护区-科学考察-考察报告-汶川县　Ⅳ. ①S759.992.714

中国版本图书馆 CIP 数据核字（2017）第 053446 号

责任编辑：张　展　孟　锐 / 封面设计：墨创文化
责任校对：王　翔 / 责任印制：余少力

科 学 出 版 社 出版
北京东黄城根北街16 号
邮政编码：100717
http://www.sciencep.com

成都锦瑞印刷有限责任公司印刷
科学出版社发行　各地新华书店经销
*
2017 年 3 月第　一　版　　开本：787*1092　1/16
2017 年 3 月第一次印刷　　印张：19.75
字数：465 千字

定价：108.00 元

（如有印装质量问题，我社负责调换）

编　委　会

科学顾问： 胡锦矗

主　　编： 张泽钧

副 主 编： 黄小富　袁施彬　甘小洪　蔡清贵

编　　委：（以姓氏笔画为序）

马永红　韦　伟　石爱民　李林辉　杨建东

张晋东　周　宏　洪明生　曾　燏　廖文波

黎大勇

前　言

四川草坡自然保护区位于邛崃山系北部东坡缘、岷江中游北岸，汶川县西北部的草坡乡、绵虒镇境内，地理坐标介于东经 103°09′～103°29′、北纬 31°08′～31°27′之间。保护区东以绵虒镇界为界，西以卧龙自然保护区界为界，南以沙排、金波、三关庙村界为界，北以米亚罗自然保护区为界，东西长约 30km，南北宽约 18km，总面积为 55612.1hm^2。保护区管理区域隶属于四川省阿坝藏族羌族自治州汶川县，境内山体高大，重峦叠嶂，地势陡峻，地势由西北向东南倾斜，海拔高差大。最高点红岩山主峰海拔 4368m，最低点麻龙沟口海拔 1760m，相对高差 2608m，属高山峡谷地貌。

四川草坡自然保护区地处龙门山南段，系青藏高原向四川盆地过渡的地带。在气候上属于太平洋东南季风及青藏高原西风环流交汇控制的地区，是亚热带到暖温带、暖湿平地向高寒高原的复合性过渡区域。复杂的自然环境条件，孕育了保护区内较高的生物多样性。

2004 年，汶川县委机构编制委员会根据〔2004〕11 号《关于成立四川草坡（省级）自然保护区管理处的批复》，批准成立了四川草坡（省级）自然保护区管理处。多年来，在四川省林业厅及阿坝州、县林业局的支持关心下，经过多年的建设发展，草坡自然保护区目前已经具备了一定的基础设施条件，并有序开展了巡护监测、科教宣传等日常管护活动，保护管理水平稳步提高，境内生物多样性资源得到了较有效的保护。为加快保护区的建设与发展，提高自然保护的管理水平，确保区内生物多样性资源的长期续存，在汶川县委、县政府的大力支持下，草坡自然保护区管理处于 2013 年启动了保护区综合科学考察工作。

受草坡自然保护区管理处委托，西华师范大学生命科学学院组织相关人员于 2013 年在该保护区内开展了综合科学野外考察，并在此基础上撰写形成了《四川草坡自然保护区综合科学考察报告》。在野外考察和报告撰写过程中，四川省林业厅野生动物资源调查保护管理站杨旭煜、古晓东，以及汶川县林业局姜润喜、阳华、李健和马青等同志给予了大力支持，西华师范大学生命科学学院研究生雷淼文、陈成、陈丽娟、董磊磊、李怀春、廖婷婷、刘明、潘永圣、赵金刚、张德军等参加了野外工作，在此表示感谢！

由于时间仓促，加之水平有限，不足之处在所难免，敬请专家和同仁批评斧正。

目　　录

第1章　自然地理概况

1.1　地 理 区 位

1.1.1　地理坐标

四川草坡自然保护区位于四川省汶川县城西南部，地处邛崃山系北部及岷江中游北岸，属四川盆地向青藏高原过渡的高山峡谷地带。保护区距成都约117km，地理坐标介于东经103°09′～103°29′、北纬31°08′～31°27′之间。

1.1.2　毗邻地区

草坡自然保护区东以绵虒镇界为界，西与卧龙国家级自然保护区毗邻，南和沙排、金波、三关庙村紧靠，北同米亚罗自然保护区接壤。在当代野生大熊猫分布格局中，保护区位于邛崃山系大熊猫分布的中心地带。

1.1.3　管护面积

草坡自然保护区东西长约30km，南北宽约18km，总面积约55 612.1hm^2。

1.2　地 形 地 貌

草坡自然保护区地势西北高、东南低，峰峦叠嶂，断岩峭壁，坡度大部分在35°以上。保护区内既有背斜成山、向斜成谷的褶皱地形，又有挤压断层的陡峭山石崖体……可谓奇峰罗列、沟壑纵横、形态万千。

保护区境内山体高大，地势陡峻，地貌形态以高山深谷为主。按不同的海拔高程，保护区地貌大体可分为：

一级阶梯：包括海拔3500m以上的高山、极高山，多由花岗岩、闪长岩、石英闪长岩等喷出岩、浸入岩构成。

二级阶梯：海拔范围为2000～3500m，包括各种中高山和高山，多由大理岩、千枚岩、灰岩等变质岩、浆岩和浸入岩组成。

三级阶梯：海拔在 2000m 以下，为中山、低山及河谷地貌，多由千枚岩、片岩、砂岩、泥岩及其沉积物质组成。

极高山、高山、中山、低山遍布全保护区，最高点红岩山主峰海拔 4368m，最低点麻龙沟口海拔 1760m，最高点和最低点相差 2608m。

1.3 地 质

草坡自然保护区地处龙门山华夏系构造体系的中南段，分布有九顶山华夏系构造和薛城—卧龙“S”形褶皱构造带两大体系，总体呈北东—南西走向展布。九顶山华夏系构造从茂县入境，延伸至汶川岷江以东大部分区域。薛城—卧龙“S”形构造起自理县薛城，延伸至汶川岷江以西的大部分区域。在地壳运动、岩浆活动、岩层挤压作用下，岩层破碎，断层、断裂繁多，有九顶山断裂、茂汶断裂、映秀断裂、雪隆包断裂等。褶皱造山运动，岩层卷曲升降，形成背斜、向斜或复背斜、复向斜。有彭灌复背斜、总棚子倒转复背斜、三道桥卡子倒转复背斜等。

1.3.1 地质构造

元古代中期发生的地壳“晋宁运动”，使大渡河畔固结，“黄水河群”发生强烈褶皱和断裂并伴随大量岩浆侵入，岩层变质破碎、移位、卷曲，导致境内“彭灌杂岩”、“宝兴杂岩”、“雪隆包岩体”等构造雏形的形成。

古生代时期地壳曾发生“兴凯”、“古浪”、“祁连”等多次强烈的运动，使龙门山华夏系构造基本定型。同时，一系列“S”形压扭性构造面随之产生，形成薛城—卧龙“S”形褶皱构造带。

1.3.1.1 九顶山华夏系构造

九顶山华夏系构造为龙门山华夏系构造体系之中南段，呈北东—南西 40°～50°方向展布。断层排列密集，褶曲断裂繁多，由逆断层和逆掩层组成。有两条北东走向的压扭性大断裂(茂汶断裂和映秀断裂)及两条最大的复背斜(彭灌复背斜和宝兴复背斜)。

1.3.1.2 薛城—卧龙“S”形构造

晋宁期受茂汶大断裂的带动和映秀断裂的牵引，以雪隆包为砥柱发生逆时针方向转动，产生一系列“S”形和弧形线状褶皱及压扭性弧形断层，组成金汤弧形构造的东翼部分。中段理县—雪隆包一带接近旋钮中心，呈“S”形弯曲，褶皱特别紧密。南西段三江、卧龙一带向 220°方向延伸，并逐渐撒开。断裂主要分布于“S”形构造南东部，雪隆包周围是断层集中的地区，与九顶山华夏系构造线方向斜交或近于平行。

1.3.2 地层

草坡自然保护区早期地层发育比较完整，前古生代至中生代三叠纪地层发育齐全，但缺失中生代侏罗纪、白垩纪和新生代第三纪的地层。

1.3.3 矿藏

保护区内岩浆岩的出露与分布甚广，岩浆岩成岩构造与内生矿产有密切关系。该区矿藏如下。

1.3.3.1 石榴子石

石榴子石俗称“金刚砂”或“玉砂”。地质位置在薛城—卧龙“S”形构造带中—低温浅变质岩层内。地层属于古生代石炭系下庄群，矿呈黑色、暗紫色、紫色、玫瑰色，透明或半透明。

1.3.3.2 大理石

大理石产于古生代奥陶系—寒武系地层中，顶部为含碳石英千枚岩，底部为绢云母片岩。矿物成分以方解石为主，其次为白云石、石英石等。

1.3.3.3 石膏

石膏产出于茂汶大断裂段内泥盆系月里寨群地层中。

1.3.3.4 矿泉

矿点位于薛城—卧龙“S”形构造带志留系茂县群地层中，为千枚岩裂隙水，水温30～35℃，有硫化氢气味。

1.3.3.5 宝石玉石

该区有绿柱石从山葱林岩层中产出，透明度较差。

1.3.3.6 白云母

白云母分布于草坡山葱林白云岩、石英岩中。草坡乡磨子沟有两条矿脉，长约 150m，宽 1～4m。

1.3.3.7 沙金

保护区内还有钨、锡、铂、刚玉、雄黄、辰砂等矿产，主要与其他矿物伴生，待勘探。

1.4 土　壤

草坡自然保护区属四川盆地湿润亚热带森林土壤区。由于受成土母质、气候及植被等诸多因素的影响，保护区的土壤垂直带谱明显，从河谷到山顶依次形成了黄壤、山地黄棕壤、山地棕壤土、山地灰化土、山地草甸土等土壤类型。

1.4.1 黄壤

黄壤分布在亚热带常绿阔叶林下，处于漩口、映秀土壤垂直带谱下部，海拔 1800m 以下。母岩为砂岩、石灰岩等组成。黄壤的富铝化作用较弱，土体中铁主要以针铁矿、褐铁矿的多水化合物形式存在。土壤渗透性强，淋溶作用强烈，沉积层明显。在理化性质上，土壤有机质含量 15%～20%，pH 为 5.8～6.5，阳离子交换以 Ca、Mg 为主，交换量为 40～50mg/100g 土，土壤表层枯枝落叶厚 3～6cm。

1.4.2 山地黄棕壤

山地黄棕壤分布在常绿落叶阔叶混交林下，海拔 1800～2000m。母岩为砂岩、石灰岩、花岗岩、钙质片岩等组成。黄棕壤淋溶作用强烈，表土层灰棕色或暗棕色，新土层黄棕色，质地紧实黏重，呈棱块或块状结构，土性湿冷。在理化性质上，土壤有机质含量约 10%，pH 为 5.8～6.5，阳离子交换以 Ca、Mg 为主，交换量为 20～50mg/100g 土，土壤表层枯枝落叶厚约 10cm。

1.4.3 山地棕壤土

山地棕壤土分布在次生阔叶林及针阔混交林下，海拔 2000～2600m。母岩为千枚岩、硅质片岩、炭质页岩、花岗岩、绢云母片岩等组成，棕壤有淋溶作用，风化度较深，黏粒极紧，质地黏重，棱块状结构，全剖面以棕色或暗棕色为主。有机质含量 2%～8%，pH 为 6～6.5，阳离子交换以 Ca、Mg、Na 为主，交换量为 20～40mg/100g 土，枯枝落叶层厚 10～15cm。

1.4.4 山地灰化土

山地灰化土分布在寒温带季风气候区，海拔 2600～3600m。灰化土强酸性，pH 在 4 左右，剖面层次明显，枯枝落叶下有棕色腐殖质层，淋溶作用很强，表层下形成一层灰化层，结构松散，下为褐色沉积层。

1.4.5　山地草甸土

山地草甸土分布在海拔 3600m 以上的耐寒灌丛及高山草甸植被带下，母岩为砂岩、千枚岩、石英砂岩等组成。山地草甸土土层较薄，有机质含量 18%左右，pH 为 5.7～6.1，阳离子交换以 Ca、Mg、Na 为主，交换量为 32mg/100g 土，土壤中石砾含量约 70%。

1.5　气　候

1.5.1　气候特点

保护区气候垂直分带明显，南涝北旱，光、温、水、湿时空分布不均。气候随东南向西北地势上升，呈比较完整的气候垂直带。随着海拔的增高，从山谷到山顶，形成了从亚热带到寒带的各种气候类型。

亚热带季风气候区：海拔 2000m 以下，气候温暖，四季分明。

温带季风气候区：海拔 2000～2600m，夏季高温多雨，冬季寒冷干燥，表现为冬冷夏热、雨热同期。

寒温带季风气候区：海拔 2600～3600m，夏季短促温暖，冬季漫长寒冷，表现为冬季降雪较多，往往冰天雪地，雪挂枝头。

寒带季风气候区：海拔 3600～4400m，全年皆冬，最热月平均气温在 10℃以下，0℃以上，年降水量 200～300mm，降水大都为雪。

1.5.2　气象要素

气象要素主要包括：降水、气温、光照、蒸发、气压和风等。

1.5.2.1　降水

降水量受高原季风、东亚季风和复杂地形的共同影响，表现为夏季多，冬季少。雨季时间集中在 5～9 月。根据四川省气象台站 1961～2007 年的观测资料，该区降水日变化特征表现为白天少夜间多，最大值出现在夜间 23 时，接近 129mm/h，而 9 时至下午 17 时降水较少。同时 5 月和 6 月降水日变化最强，7～9 月降水日变化较为平缓，7 月开始降水强度减小，除 21 时外皆小于 11mm/h，虽 8 月降水强度大于 7 月，但整体仍小于 12mm/h。

保护区汛期各月不同降水量级的降水日数及降水持续日数表现为：各月日降水量≥0.1mm 的平均降水日数在 3～10 月，为 11.9～19.5 天；≥25.0mm 的平均降水日数主要集中在 5～8 月，其中最多在 7 月，为 0.5 天；≥50.0mm 的平均降水日数仅在 7 月和 8 月，为 0.1 天。逐月最长连续降水日数分别为 5 月 27 天、6 月 15 天、7 月 14 天、8 月 12 天、

9 月 22 天、10 月 13 天。

同时，最大降水量出现在 8 月，在暴雨和大暴雨之间(7914～12 012mm)；3 月最小，在中雨和大雨之间(1811～3112mm)。5 月各时间段最大降水在大到暴雨之间(3610～6215mm)。

1.5.2.2 气温

保护区内气温南、北水平差异小，垂直差异大，垂直气候特征典型。草坡乡年平均气温 13.4℃，极端最高气温 35.6℃，极端最低气温–6.8℃。

该区气温垂直递减率冬季小于夏季。山区生长季和夏季热量的垂直变化差异显著，随着海拔升高，生长季天数减少。同时，土壤、自然植被都有相应的垂直变化。

1.5.2.3 日照

保护区年日照时间在 1000h 左右。同时，在气候垂直带上，随海拔的升高，大气对阳光的散射减少，太阳直射光的强度也随之增强。

该区年太阳辐射量约为 80kcal/cm^2。同时，其辐射量随季节的不同而呈现出一定的差异。春季每平方厘米的太阳辐射量占年辐射量的 29.3%左右，夏季每平方厘米的太阳辐射量占年辐射量的 32.1%左右，秋季每平方厘米的太阳辐射量占年辐射量的 20.3%左右，冬季每平方厘米的太阳辐射量占年辐射量的 18.3%左右。

总的来说，保护区冬季漫长而寒冷，夏季短暂而温凉。海拔 2500m 以下地区四季分明，2500m 以上地区则四季不显。积雪时间长达 200 天，四季雨水充沛，夏季多暴雨，春末夏初易受冰雹袭击。

1.6 水　　文

1.6.1 水系

草坡自然保护区内河流系岷江水系，各级支流多呈树枝状，河流纵横，沟壑交错。岷江发源于岷山南麓松潘县北部弓杠岭隆坡棚，经松潘、茂县后从县境东北流入汶川。河谷深切，河床平均坡降 8‰，水流湍急。最大流量 1890m^3/s，最枯流量 49.3m^3/s，年平均流量 168～268m^3/s。保护区内主要河流为岷江主要支流之一的草坡河。草坡河发源于与理县交界的环梁子南麓，源头海拔 5600 余米。全长 45.5km，流域面积 528km^2，平均比降 63.5‰，最大流量 26.2m^3/s，最枯流量 8.6m^3/s，多年平均流量 17.1m^3/s。

1.6.2 地下水和融雪水

保护区内地质结构复杂，断裂密布，地下水系属岩层裂隙水或孔隙水，由山脚或岩缝中流出。

保护区内积雪时间长，天气回暖后，低海拔积雪融化，汇入河流可补给河流水系。

保护区内河水主要靠降水、森林蓄水和冰雪融水补给。河流水系特点是：流程长，落差大，河水清澈，四季长流，终年不断。

第2章　科学考察简史

四川草坡自然保护区位于汶川县西南部，与卧龙自然保护区相邻。从可获得的材料来看，在保护区内先后零零星星地开展了多次科学考察活动。

在大型真菌方面，草坡自然保护区于2004年首次进行了较为系统的大型真菌调查，共鉴定大型真菌182种，分属2亚门5纲12目39科83属。此后，没有相关研究的进一步报道。

草坡自然保护区裸子植物是汶川县裸子植物研究的重要组成部分。目前，有关汶川县种子植物区系的研究资料大多集中在卧龙自然保护区。由于草坡与卧龙自然保护区紧临，两者同属邛崃山系，这些研究对探讨草坡地区裸子植物及其区系特征具有十分重要的参考价值。例如，1979～1982年，秦自生教授等对卧龙地区的高等植物进行了连续4年的考察，发现卧龙地区拥有裸子植物6科10属20种，其中属于我国特有植物的有14种，温带分布属数较多。2007年，马永红等对卧龙自然保护区种子植物区系进行了研究，发现该区拥有裸子植物8科17属33种，区系古老，孑遗植物和中国特有类群丰富，单型或单种科属众多；2010年，吴晓娜等对卧龙自然保护区种子植物区系地理进行了研究，认为该地区拥有裸子植物6科10属19种，区系成分以温带为主。期间，四川省野生动物资源调查保护管理站于2003～2004年联合中国科学院成都生物研究所、西南科技大学、西南林学院及四川省林业科学研究院对草坡自然保护区进行了第一次综合科学考察，发现该地区拥有裸子植物7科13属29种，占全国裸子植物科数的70%，占四川裸子植物科数的77.78%。在对植物区系分析中认为，草坡自然保护区植物区系的地位，应为中国喜马拉雅森林植物亚区与中国-日本森林植物亚区，以及横断山脉植物区系地区向华中植物区系地区两级区系分区的交汇、过渡地带，其区系成分以北温带分布属最多。

在植被研究方面，草坡自然保护区与卧龙自然保护区相邻，气候特征、地质地貌等方面极为相似，因此卧龙自然保护区植被分类系统及其垂直变化规律对于草坡植被的研究具有重要的借鉴意义。然而，除2003～2004年草坡自然保护区第一次综合科学考察外，目前有关汶川县植被分类系统及其空间分布特征研究多见卧龙自然保护区的相关研究报道，鲜有草坡自然保护区的研究成果。

川西横断山区地质地貌独特，气候复杂多样，植被垂直带谱较为完整，从而孕育了极为丰富的生物多样性资源，多年来一直吸引着国内外科研工作者的关注。国内外很多学者先后进入横断山区采集昆虫标本，如Semenov(1885)、Reiter(1886, 1913)、Petain(1893～1895)、Sven Hedin(1894, 1896)、Gabion(1913)、Graham(1923～1930)、Raymond(1931)、Hpone(1934～1936)、Zamotailov and Miroshnikov(1996)、Blouson and Kayak(2000～2006)等外国学者，以及周尧、郑凤瀛、郝天等(1939)、李传隆(1939～1941)、邓国藩等(1959～

1960)、郑乐怡等(1963，1979)、周尧、袁锋等(1974)、张学忠和韩寅恒(1976)等中国学者。其中，只有 Graham(1923～1930)和周尧、郑凤瀛、郝天等(1939)可确认进入汶川县进行了考察，但是否进入草坡自然保护区不能确认。此外，中国科学院青藏高原综合科学考察队昆虫组(王书永、张学忠等)于 1983 年进入汶川，对卧龙自然保护区和映秀镇进行了考察，但未进入草坡自然保护区。因此，草坡保护区范围的昆虫种类报道和记载几乎属于空白。

草坡自然保护区境内在 1998 年开展了第一次陆生脊椎动物调查，涉及的类群包括两栖类、爬行类、鸟类和兽类。2003～2004 年，保护区在第一次综合科学考察时也对这些类群进行了调查。此外，自 20 世纪 70 年代中期开始先后在保护区范围内进行了 4 次大熊猫调查，调查的内容除该物种数量与分布外，尚包括同域分布动物、植被及人为干扰等许多方面。

第3章　调查研究方法

3.1　大型真菌调查

野外工作期间，主要采用了样线调查法和样地调查法开展调查。

3.1.1　样线调查法

在调查区域内设置20余条垂直方向和水平方向贯穿不同生境的样线。在沿样线行进过程中，地毯式搜索大型真菌。发现目标后，进行生境拍照、同一物种子实体个数记录、代表性单个子实体全貌拍照、形态特征记录。记录生境内主要植被类型，同时进行样方定位并作标记。

3.1.2　样地调查法

沿海拔或路径选择代表性林地，以调查时在代表性样地中发现较多大型真菌子实体为中心，在20m×20m范围内地毯式搜索大型真菌。发现目标后，记录大型真菌的相关信息并拍照，记录生境内主要植被类型，同时进行样方定位并作标记。

此外，在调查过程中尚对有经验的村民进行了访问调查。在室内分析时参考了草坡自然保护区第一次综合科学考察报告。

3.2　植被与植物区系

3.2.1　植物种类调查

在调查区内域设置若干条垂直方向和水平方向的、贯穿不同生境的样线，样线的设置采取典型抽样法。在样线上记录植物种类、数量、海拔、生境等信息，并对珍稀特有物种通过GPS进行定位。

在全面搜集相关资料的基础上，将主要的目标物种(特有类群、珍稀濒危保护物种)分布点标注在地形图上，通过实地调查，核实目标物种的分布面积、数量的变化，准确记录其分布GPS位点并拍照，以便于准确掌握目标物种的资源现状，为保护管理提供切实依据。

对在野外不能确认的植物种类，适量采集标本带回室内参考图鉴进行鉴定。对于木本植物或大型草本植物，要求采集其带叶的花枝或果枝，小型草本植物要采集带花或果实的全株。每个物种采集 2 份标本，并填写采集记录表。

3.2.2　植被调查

根据保护区的环境及植被特点，沿海拔梯度布设样线进行植被分布调查。调查时，按样线由低至高沿海拔行进，直至植被分布的上限，分别记录不同植被类型及其分布范围。

在样线上布设 20m×20m 样方，按要求逐项调查样方所处地理位置、生境类型、植物群落名称、种类组成、郁闭度或盖度，海拔、坡度、坡向、坡位等，以及人为干扰方式与程度、保护状况等。对样方内乔木、灌木及草本分别记录如下信息：

对所有胸径≥5cm（幼龄林胸径≥2cm）的乔木（包括活立木和死立木）进行每木调查，鉴定其种类，测定其胸径、树高等。

在样方中沿对角线梅花状设置 5 个 5m×5m 的样方，记录灌木（胸径＜5cm，高度＞50cm）的主要种类、多度及其盖度（注：高度小于 50cm 的小灌木，归为草本层）。

在灌木调查的样方内，围取 1 个 1m×1m 的小样方，记录草本及幼苗植物的主要种类、多度和盖度。

3.3　动物调查方法

3.3.1　昆虫

昆虫种类多，分布范围广，采集方法多种多样。在野外调查的过程中，根据海拔梯度、植被类型等的不同，采用踏查与定点辐射式采集相结合的方法，结合观察搜捕法、震落法、诱捕法及网捕法等对保护区内昆虫资源进行了调查。采集标本，并带回室内参考相关工具书进行种类鉴定。

观察搜捕法：许多昆虫都能够发声，如蝉、蟋蟀等，可以凭借声音将其找到。对于不会发声的昆虫，可以根据它们在生活场所中留下的痕迹将其采到。例如，可根据寄主的空洞及畸变来采集钻蛀型的昆虫，可根据叶片上被咬食的缺刻来采集咀嚼型的昆虫。在观察法的基础上还可以根据昆虫的生活习性，扩大搜索范围，在发现昆虫踪迹处附近的石块下、枯木中、树皮下及土壤中等昆虫可能栖息的地方进行搜索。

震落法：许多昆虫都有假死的习性，当寄主植物突然受到猛烈震动时，许多昆虫会佯死而自行落下。在早上或傍晚温度较低，昆虫活动不甚活跃时进行震落效果最佳。除此之外，一些具拟态的昆虫在受到震动后常会解除拟态而暴露。在使用震落法时，在震动对象的下方放上网或是白布等简单的工具，收集掉下来的昆虫。

诱捕法：许多昆虫的成虫对灯光具有趋向性。只需在适宜的地方挂上一盏灯即可采集到很多其他方法难以采到的昆虫，省时省力。

网捕法：利用捕虫网对植物上(内)或空中的昆虫进行采集。

3.3.2 鱼类

主要采取样带法与样方法结合的方式进行调查。样带法即沿着河沟一边走一边不时利用鱼网进行捕捞，而样方法则是在样带上选择水流较缓、水体较深的地点布设样方，用钓竿、拉网和捞网进行捕捞调查。

统计调查水域中所捕捞的渔获物中的所有种类；并通过访问渔民、水产品收购和批发市场、当地渔业管理部门的工作人员进行补充调查。

在野外工作过程中，将采集到的每一尾鱼样本当场进行种类鉴定，并逐尾进行生物学测量(体长测量精确到 1mm，体重测量精确到 1g 或 0.1g)。对于识别存疑问的种类，用5%～10%的甲醛溶液固定，夹写布质标签，标明采集地点、时间和生境特征，带回实验室参考相关工具书进行种类鉴定。

3.3.3 两栖类

野外调查主要以白天样线样方法和晚上定点调查相结合进行。

溪流型两栖动物调查宜使用样线法，即沿溪流随机布设样线，沿样线行进，仔细搜索样线两侧的两栖动物。发现两栖动物时，记录物种名称、数量、地理位置(经纬度)、距离样线中线的垂直距离等信息，拍摄影像，记录样线调查的行进航迹。样线上行进的速度根据调查工具确定，步行宜为每小时 1～2km。

非溪流型两栖动物调查宜使用样方法。在调查样区确定两栖动物的栖息地，在栖息地上随机布设 8m×8m 样方，仔细搜索并记录发现的动物名称及数量。

3.3.4 爬行类

野外调查主要以白天样线样方法和晚上定点调查相结合进行。

在爬行动物栖息地随机布设样线，调查人员在样线上行进，发现爬行动物时，记录物种名称、数量、地理位置(经纬度)、距离样线中线的垂直距离等信息。样线上行进的速度根据调查工具确定，步行宜为每小时 1～2km。不宜使用摩托车等噪声较大的交通工具进行调查，同时记录样线调查的行进航迹。野外工作期间，尚随机布设 50m×50m 的样方，仔细搜索并记录发现的爬行动物名称、数量等信息。

3.3.5 鸟类

根据保护区的环境及植被特点，沿海拔梯度布设样线，沿样线进行鸟类种类及分布的调查。调查时按样线沿海拔由低至高行进，直至样线海拔最高点。

调查过程中，记录所发现的鸟类名称、数量、地理位置(GPS 位点、沟名)、距离样线中线的垂直距离等信息，并记录样线调查的行进航迹。

另外，在植被茂密、视野不开阔的地区，或地形复杂难以进行样线调查的区域，野外调查以定点的形式观察鸟类，如对雀形目鸟类。样点可随机设置，样点之间间距一般不小于 200m。

3.3.6 兽类

大型兽类调查主要采用样线法。在调查过程中，根据保护区地形、地貌及植被特点布设样线，样线应基本涵盖整个保护区。调查时 2～3 人一组，要求每条样线沿海拔从低到高穿越所有的生境类型。大型兽类调查主要观察实体和痕迹，包括观察记录兽类实体、痕迹(如食迹、足迹、粪便、抓痕等)和遗迹(如骨骼、皮张、毛发等)。同时，辅以访问当地村民的方式进行补充。

对小型兽类，包括鼠兔类、食虫类、啮齿类的调查，主要采用样线、样方法配以铗日法进行调查，铗距 5m。

3.4 社会经济状况调查

社会经济状况调查采用资料调研和走访调查相结合的方法进行。在调查过程中，通过查阅相关主管部门的有关统计资料，以行政村为基本单位，记录自然保护区周边地区和本地社区内的乡镇、行政村名称及其社会经济发展状况，包括土地面积、耕地等土地利用类型及范围、土地权属、人口、工业总产值、农业总产值、第三产业产值等。社会经济状况以 2012 年统计年鉴为依据。

第4章 大型真菌

生物多样性可简述为物种多样性和变异性及生态环境的复杂性，具体包括基因多样性、物种多样性和生态系统多样性等不同方面。大型真菌具有以下特点：①菌体都是由组织化了的丝状体构成；②不含叶绿素，因而不能像植物那样进行光合作用，也不能像动物那样摄食，而是靠分解与吸收动植物及微生物残体异养生活；③绝大多数大型真菌都具有典型的无性和有性世代，无性世代的菌丝体或组织细胞具有全能性，可以进行无性繁殖，成熟个体产生的子囊孢子或担孢子可以进行有性繁殖。大型真菌可利用广泛的食物及具有较强的繁殖能力，使其能适应各种生态环境，分布甚广，成员众多，是仅次于昆虫的第二大生物群。

4.1 物种多样性

调查期间，野外工作人员在草坡自然保护区共采集标本1300余号。根据《真菌字典》(第10版)分类系统并参考草坡自然保护区第一次综合科学考察报告，在草坡自然保护区目前已发现大型真菌260种，分属于2亚门5纲12目39科93属(表4.1)。

表4.1 草坡自然保护区内大型真菌多样性

科的类型(种数)	科数	科数占总科数比例/%	包含种数	种数占总种数比例/%
多种科(≥10)	6	15.38	161	61.92
中等类型科(5～9)	8	20.51	51	19.61
少种科(2～4)	12	30.77	35	13.46
单种科(1)	13	33.33	13	5.00
合计	39	100.0	260	100.0

草坡自然保护区特殊的、复杂的气候条件有利于各类大型真菌的繁殖和生存。在发现的大型真菌中，主要有侧耳科(Pleurotaceae)、牛肝菌科(Boletaceae)、红菇科(Russulaceae)、白蘑科(Tricholomataceae)、丝膜菌科(Cortinariaceae)、多孔菌科(Polyporaceae)、鹅膏菌科(Amanitaceae)、银耳科(Tremellaceae)、麦角菌科(Clavicipitaceae)、灵芝科(Ganodermataceae)等，代表种类有侧耳(*Pleurotus ostreatus*)、橙黄疣柄牛肝菌(*Leccinum aurantiacum*)、红菇(*Russlua lepida*)、桦丝膜菌(*Cortinarius betuletorus*)、黄薄芝(*Polystictus membranaceus*)、鸡油菌(*Cantharellus cibarius*)、黄盖鹅膏菌(*Amantia gemmata*)、橙黄银耳(*Tremella lutescens*)、冬虫夏草(*Cordyceps sinensis*)、树舌(*Ganoderma applanatum*)等。

在大型真菌科的组成类型上，草坡自然保护区内共有单种科 13 科，约占总科数的 33.33%。含 10 种及以上的多种科共 6 科，约占总科数的 15.38%。其中，种数最多的科为多孔菌科，共 60 种，其次为白蘑科，共 35 种。

4.2 主要大型真菌形态描述与生态习性

在草坡自然保护区分布的大型真菌中，127 种为食用菌，26 种属有毒菌，85 种属药用菌，药食同源菌共 56 种。在药用菌中，73 种含抗癌活性物质。

1 蜡伞科(Hygrophoraceae)

001 变黑蜡伞 *Hygrocybe conicus* (Fr.) Fr.

子实体较小，菌盖初期圆锥形，后呈斗笠形，直径可达 2～6cm。橙红色、橙黄色或鲜红色，边缘常开裂。菌褶、菌肉浅黄色。菌柄长 4～12cm，粗 0.5～1.2cm，下部易变黑，表面带橙色并有纵条纹。孢子印白色。孢子光滑，稍圆形，(10～12) μm×(7.5～8.7) μm。担子细长，往往是孢子长度的 5 倍。夏秋季在针叶林或阔叶林中地上成群或分散生长。国内分布于黑龙江、吉林、河北、台湾、福建、广西、湖南、四川、云南、西藏等地。

多记载有毒，潜伏期较长，发病后剧烈吐泻，甚至因脱水而休克死亡。

002 粉红蜡伞 *Hygrophorus pudorinus* Fr.

子实体一般中等大。菌盖直径 5～10cm，半球形至扁半球形，后期近扁平，潮湿时黏。光亮，平滑，鲜红色至朱红色，有时中部色浅。呈粉黄色，边缘平滑。菌肉带红色，薄，无明显气味。菌褶红色、橙黄色，宽而稀，有时分叉，直生又弯生，不等长，边缘平滑。菌柄近柱形，稍弯曲，橘红色至深红色，光滑，具长条纹，基部近白色，长 1～3cm，粗 0.1～0.5cm，内部空心。孢子光滑，无色，椭圆形至卵圆形，(6.3～8.5) μm×(3.6～5.6) μm。担子棒状，(3.2～4.5) μm×(3.6～5.6) μm。夏秋季生林中苔藓间，单生或群生。分布于四川、西藏等地。

003 蜡伞 *Hygophorus ceraceus* (Wulf.) Fr.

子实体小，黄色。菌盖扁半球形至平展，直径 2～4.5cm，脆，蜡黄色至浅橘黄色，黏，光滑，边缘有细条纹。菌肉黄色，很薄，菌褶浅黄色，稀，很宽，较厚，近延生。菌柄细长，圆柱形，长 5～9cm，粗 0.3～0.5cm，同盖色，基部白色，表面光滑，内部空心。孢子无色，光滑，椭圆形或宽椭圆形，(6.5～8.5) μm×(5～6) μm。夏秋季生于林中地上，单生、散生。国内尚分布于安徽、西藏等地。

2 侧耳科(Pleurotaceae)

004 侧耳 *Pleurotus ostreatus*（Jacq.:Fr.）Kummer

子实体中、大型。菌盖直径 5～21cm，白色、灰白色或青灰色，有条纹，有后沿。菌肉白色，厚。菌褶白色。菌柄侧生，较短或无，白色，长 1～3cm，粗 1～2cm，基部常有绒毛。孢子印白色。孢子光滑、无色，近圆柱形，(7～10) μm×(2.5～3.5) μm。冬春季在阔叶树腐木上覆瓦状丛生。除四川外，国内尚分布于河北、内蒙古、黑龙江、吉林、辽宁、江苏、台湾、河南、福建、新疆、西藏等地。

可食用，味道鲜美，是重要栽培食用菌之一。属木腐菌，侵害木质部分形成丝状白色腐朽，含有人体必需的 8 种氨基酸。另含维生素 B_1、维生素 B_2 和维生素 PP。子实体水提取液对小白鼠肉瘤 180 的抑制率是 75%，对艾氏瘤的抑制率为 60%。中药用于治腰腿疼痛、手足麻木、筋络不适。

005 紫革耳 *Panus torulosus*（Pers.）Fr.

子实体一般中等大。菌盖直径 4～13cm，形状各异，扁平漏斗形至近圆，紫灰色至菱色，具偏生菌柄或侧生菌柄，半肉质至革质，初期有细绒毛或小鳞，后变光滑并具有不明显的辐射状条纹，边缘内卷，往往呈波浪状。菌肉近白色，稍厚。菌褶近白色至淡紫色，延生，窄，稍密至较稀。菌柄长 1～4cm，粗 0.5～2cm，有淡紫色绒毛，质韧，内实。孢子印白色。孢子无色，光滑，椭圆形，(6～7) μm×3μm。囊体无色，棒状，(30～40) μm×(7～7.5) μm。夏季于阔叶树的腐木上丛生。除四川外，国内尚分布于河南、陕西、甘肃、云南、西藏等地。

幼时可食而老时质味差。可药用，性温味淡，有追风散寒、舒筋活络之功效，为“舒筋丸”的原料之一。试验抗癌，对小白鼠肉瘤 180 及艾氏瘤的抑制率均高达 100%。

3 锈耳科（Crepidotaceae）

006 粘锈耳 *Crepidotus mollis*（Schaeff.: Fr.）Gray.

子实体小。菌盖直径 1～5cm，半圆形或扇形，水浸状后半透明，黏，干后全部纯白色，光滑，基部有毛，初期边缘内卷。菌肉薄。菌褶稍密，从盖至基部辐射而出，延生，初白色，后变为褐色。孢子印褐色。孢子椭圆形或卵形，淡锈色，有内含物，(7.5～10) μm×(4.5～6) μm。褶缘囊体柱形或近线形，无色，(35～45) μm×(3～6) μm。于腐木上叠生。国内分布于吉林、河北、河南、山西、江苏、浙江、湖南、福建、广东、香港、陕西、青海、四川、云南和西藏等地。

4 裂褶菌科(Schizophyllaceae)

007 裂褶菌 *Schizophyllum commne* Fr.

子实体小。菌盖直径0.6～4.2cm，质韧，白色至灰白色，被有绒毛或粗毛，扇形或肾形，具多数裂瓣。菌肉薄，白色。菌褶窄，从基部辐射而出，白色或灰白色，有时浅紫色，沿边缘纵裂而反卷。柄短或无。孢子印白色。孢子无色，棍状，(5～5.5)μm×2μm。春至秋季生于阔叶林及针叶林的枯树及腐木上。全国各省区几乎均有分布。

含裂褶菌多糖，可食用，试验表明对动物肿瘤有抑制作用，对小白鼠肉瘤180和艾氏瘤的抑制率可达70%，对大白鼠吉田瘤和小白鼠肉瘤37的抑制率为70%～100%。裂褶菌是椴木栽培香菇、木耳或毛木耳或银耳时的“杂菌”，繁殖生长快、数量多，使木质部产生白色腐朽，其菌丝深层发酵时还产生大量有机酸，在食品工业、医药卫生、生物化学等方面应用广泛。

5 鹅膏菌科 (Amanitaceae)

008 灰托鹅膏 *Amanita vaginata* (Bull.: Fr.) Vitt.

子实体中等或较大，瓦灰色或灰褐色至鼠灰色。菌盖直径3～14cm，初期近卵圆形，开伞后近平展，中部凸起，边缘有明显的长条棱，湿时黏，表面有时附着菌托残片。菌肉白色。菌褶白色至污白色，离生、不等长。菌柄细长，长7～17cm，粗0.5～2.4cm，圆柱形，向下渐粗，污白色或带灰色。无菌环。具有较大的白色菌托。孢子无色，光滑，球形至近球形，(8.8～12.5)μm×(7.3～10)μm，非糊性反应。春至秋季于针叶林、阔叶林或针阔叶混交林中地上单生或散生。分布广泛。

一般认为可食用，但在广西某些地区曾发生数次中毒事件，一般发病较快，有头昏、胸闷等症状。毒素不明。与多种针叶或阔叶树形成外生菌根。

009 橙盖鹅膏菌 *Amanita caesaea* (Scop.: Fr.) Pers. ex Schw.

子实体大型。菌盖直径5.5～20cm，初期卵圆形至钟形，后渐平展，鲜橙黄色至橘红色，光滑，边缘具明显条纹。菌肉白色，菌褶黄色，离生，不等长。菌柄淡黄色，圆柱形，长8～25cm，粗1～2cm，往往具橙黄色花纹或鳞片，内部松软至空心。菌环生菌柄上部，淡黄色，膜质，下垂，具细条纹。菌托大，苞状，白色，有时破裂而成片附着在菌盖表面。孢子印白色，孢子无色、光滑，宽椭圆形或卵圆形，(10～126)μm×(6～8.5)μm。夏秋季在林中地上散生或单生。分布于黑龙江、内蒙古、河北、河南、江苏、安徽、福建、湖北、广东、四川、云南及西藏等地。

可食用，味道很好，属著名食用菌。据报道，该菌正己醇提取物对小白鼠肉瘤180有抑制作用。此菌可在云杉、冷杉、山毛榉、栎等树木上形成菌根。

010 片鳞鹅膏菌 *Amanita agglutinate* (Berk. et Curt.) Lloyd

子实体中等大。初期污白色，后变土黄色至土褐色，无菌环，具较大的苞状菌托。菌盖扁半球形变至近平展，中部稍下凹，盖表面附有大片粉质鳞片，直径可达 5～8cm，边缘有不明显的短条棱。菌肉白色。菌褶白色，后变污白色至带褐色，褶缘似有粉粒。离生，不等长，小菌褶似刀切状。菌柄细长，圆柱形，长 5～11cm，粗可达 0.8～1cm，表面似有细粉末，内部实心，即不膨大，菌托袋状。孢子印白色。孢子无色，宽椭圆形至卵圆形，内含颗粒状物，(8～12.7) μm×(6～8.8) μm。夏秋季多在阔叶林中地上分散或单个生长。国内分布于吉林、河北、安徽、江苏、湖北、湖南、四川、云南及西藏等地。

据报道，该菌含有毒肽(phallotoxins)类毒素及毒蝇碱(mucarine)等。可药用，治腰腿疼痛、手足麻木、筋骨不适、四肢抽搐。该菌可在栎、栗等树上形成外生菌根。

6 光柄菇科(Pluteaceae)

011 鼠灰光柄菇 *Pluteus murinus* Bres.

子实体较小，菌盖直径 3～3.5cm，扁半球形至平展，中部凸起，灰褐色，常开裂。菌肉白色，菌褶粉红色，离生，密而较宽。菌柄白色，长 3～6cm，粗 0.3～0.4cm，柱形，具丝状纤毛，往往弯曲，内实。菌托白色至灰黑色，较大，杯状，厚。孢子印粉红色。孢子光滑，近球形至宽椭圆形，(6.5～8) μm×(5.5～7) μm。褶缘囊体近梭形，(4.5～6.5) μm×(14～25) μm。秋季于林地上单生或群生。分布于河北、四川、青海等地。

7 白蘑科(Tricholomataceae)

012 长根奥德蘑 *Oudemansiella radicata* (Relhan.: Fr.) Sing.

子实体中等至稍大。菌盖宽 2.5～11.5cm，半球形至渐平展，中部凸起或似脐状并有深色辐射状条纹，浅褐色或深褐色至暗褐色，光滑、湿润，黏。菌肉白色，薄。菌褶白色，弯生，较宽，稍密，不等长。菌柄近柱状，长 5～18cm，粗 0.3～1cm，浅褐色，近光滑，有纵条纹，往往扭转，表皮脆骨质，内部纤维质且松软，基部稍膨大且延生成假根。孢子印白色。孢子无色，光滑，卵圆形至宽圆形，(13～18) μm×(10～15) μm。囊体近梭形，顶端稍钝，(87～100) μm×(10～25) μm。夏秋季在阔叶林中地上单生或群生，假根着生于地下腐木上。国内分布于吉林、河北、河南、安徽、江苏、浙江、福建、甘肃、四川、云南、西藏广西乃至海南等地。

可食用，肉细嫩，味鲜美。可人工栽培，含有氨基酸、碳水化合物、维生素、微量元素等多种营养成分。发酵液及子实体中含有长根菇素(小奥德蘑酮 ousenine)，有降压作用，对小白鼠肉瘤 180 有抑制作用。

013 栎小皮伞 *Marasmius dryophilus*(Bull.:Fr.) Karst.

子实体较小。菌盖直径 2.5～6cm。菌盖黄褐色或带紫红褐色，一般呈乳黄色，表面光滑。菌褶窄且很密。菌柄细长，4～8cm，粗 0.3～0.5cm。上部白色或浅黄色，而靠基部黄褐色至带有红褐色。孢子印白色。孢子光滑，椭圆形，无色，(5～7) μm×(3～3.5) μm。一般在阔叶林或针叶林中地上丛生。除四川外，国内尚分布于内蒙古、吉林、河北、河南、山西、陕西、甘肃、安徽、广东、云南及西藏等地。

014 红蜡蘑 *Laccaria laccata* (Scop.: Fr.) Berk. et Br.

子实体一般小，菌盖直径 1～5cm，薄，近扁半球形，后渐平展，中央下凹成脐状，肉红色至淡红褐色，湿润时水浸状，干燥时呈蛋壳色，边缘波浪状或瓣状并有粗条纹。菌肉粉褐色，薄。菌褶直生或近延生，稀疏，不等长，附有白色粉末。菌柄长 3～8cm，粗 0.2～0.8cm，圆柱形或有稍扁圆，下部常弯曲，纤维质，韧，内部松软。孢子印白色。孢子无色或带淡黄色，圆球形，具小刺，7.5～10μm。夏秋季在林中地上或腐殖层上散生或群生，有时近丛生。分布于黑龙江、吉林、新疆、河北、山西、江苏、浙江、广西、海南、台湾、西藏、青海、四川及云南等地。

可食用，对小白鼠肉瘤 180 和艾氏瘤的抑制率分别为 60%和 70%。

015 皂味口蘑 *Tricholoma saponaceum* (Fr.) Kummer

子实体小至中等大。菌盖直径 3～12cm，半球形至近平展，中部稍凸起，湿润时黏，幼时白色、污白色，后期带灰褐色或浅绿灰色，边缘向内卷且平滑。菌肉白色，伤处变红，弯生，不等长，中等大，中等密至较密。菌柄长 5～12cm，粗 1.2～2.5cm，白色，往往向下膨大近纺锤形，基部根状，内部松软。孢子无色，光滑，椭圆形或近卵圆形，(5.6～8) μm×(3.8～5.3) μm。夏秋季在云杉等林中地上群生。分布于四川、云南、新疆等地。

8 蘑菇科(Agaricaceae)

016 蘑菇 *Agaricus campestris* L.: Fr.

子实体中至稍大。菌盖直径 3～13cm，白色至乳白色，初期半球形，后近平展，有时中部下凹，光滑或后期具丛毛状鳞片，干燥时边缘开裂。菌肉白色，厚。菌褶初粉红色，后变褐色至黑褐色，离生，不等长。菌柄白色，较粗短，长 1～9cm，粗 0.5～2cm，圆柱形，有时稍弯曲，近光滑或略有纤毛，中实。菌环单层，生菌株中部，易脱落。孢子褐色，光滑，椭圆形至广椭圆形，(6.5～10) μm×(5～6.5) μm。春到秋季于草地、路旁、田野、林间空地等处单生及群生。分布广泛。

可食用，试验对小白鼠肉瘤 180 及艾氏瘤的抑止率均为 80%。

9 鬼伞科(Coprinaceae)

017 毛头鬼伞 *Coprinus comatus* (Mull.: Fr.) Gray.

子实体较大。菌盖直径3～5cm，高9～11cm，表面褐色至浅褐色，至后期断裂成较大鳞片。菌盖呈圆柱形，当开伞后很快边缘菌褶溶化成墨汁状液体。菌肉白色，圆柱形且向下渐粗，长7～25cm，粗1～2cm，基部膨大并延长呈根状。孢子光滑，椭圆形，(12.5～16)μm×(7.5～9)μm。春至秋季在田野、林中、道旁、公园甚至茅草屋顶上生长。分布广泛。

可食用，但与酒类同食容易中毒，含有苯酚等胃肠道刺激物。

018 晶粒鬼伞 *Coprinus micaceus* (Bull.) Fr.

子实体小。菌盖直径2～4cm或稍大，初期卵圆形、钟形、半球形、斗笠形，污黄色至黄褐色，表面有白色颗粒状晶体，中部红褐色，边缘有显著的条纹或棱纹，后期可平展而反卷，有时瓣裂。菌肉白色，薄。菌褶初期黄白色，离生，密，窄，不等长，后变黑色而与菌盖同时自溶为墨汁状。菌柄白色，具丝光，较韧，中空，圆柱形，长2～11cm，粗0.3～0.5cm。孢子印黑色。孢子黑褐色，卵圆形至椭圆形，光滑，(7～10)μm×(5～5.5)μm。褶侧和菌缘囊体无色，透明，短圆柱形，有时呈卵圆形。春至秋季于阔叶林中地上丛生。分布于黑龙江、新疆、吉林、辽宁、河北、河南、山西、江苏、湖南、香港、陕西、四川、青海及西藏等地。

幼嫩时可食。与酒同食，易发生中毒。对小白鼠肉瘤180的抑制率为70%，对艾氏瘤的抑制率为80%。

10 粪锈伞科 (Bolbitiaceae)

019 乳白锥盖伞 *Conocybe lactea* (J. Lange) Metrod

子实体小。菌盖直径1～3cm，斗笠形或伞状至钟形，浅黄褐色，顶部色深，边缘黄白色，且有细条纹，薄，易脆，表面黏。菌肉污白色，很薄。菌褶初期污白色呈锈黄色，直生，窄，较密，不等长。菌柄长6～8cm，粗0.3～0.4cm，圆柱形，白色，表面似有细粉粒，基部膨大，中空。孢子光滑，椭圆形至卵圆形，(12～17)μm×(6.5～10)μm。褶缘囊状体顶部成一小圆头，呈瓶状。夏秋季于路边、林缘、草地及肥沃的地上单生或群生。国内已知分布于陕西、青海、宁夏、四川、云南、台湾及香港等地。

11 球盖菇科(Strophariaceae)

020 黄褐环锈伞 *Pholiota spumosa* (Fr.) Sing.

子实体一般小。菌盖直径2.5～7.5cm，扁半球形至稍平展，湿润时黏，黄色，中部黄褐色。菌褶浅黄色至黄褐色，较密，不等长。菌柄上部黄白色而下部带褐色，长4～8cm，粗0.3～0.6cm，内部空心。孢子略黄色，光滑，椭圆形，(6～8)μm×(4～5)μm。褶侧囊体近瓶状，(35～48)μm×(8～14)μm。夏秋季于林中地上及腐木上成丛生长。国内已知分布于黑龙江、山西、青海、福建、四川、云南、西藏等地。

可食用，对小白鼠肉瘤180和艾氏瘤的抑制率均为70%。

12 丝膜菌科(Cortinariaceae)

021 黄丝盖伞 *Inocybe fastigiata* (Schaeff.) Fr.

子实体较小，呈黄褐色。菌盖表面具辐射状条纹及丝光，后期边缘常开裂。直径3～6cm，一般呈钟形，谷黄色、黄褐色至深黄褐色。菌肉白色。菌褶污黄色至黄褐色，弯生至近离生，稍密，不等长。菌柄较长呈圆柱形，长3～10cm，粗0.4～1cm，内部松软，基部稍有膨大。孢子淡锈色，椭圆形或肾形，光滑，(10～43.7)μm×(6～8.1)μm。无褶侧囊体。褶缘囊体棒状成丛生长，(30～38)μm×(10～12)μm。夏秋季在林中或林缘地上单独或成群生长。广泛分布于黑龙江、吉林、内蒙古、新疆、河北、山西、江苏、四川、云南、贵州、福建及香港等地。

有毒，可抗湿疹。

022 粘柄丝膜菌 *Cortinarius collinutus* (Pers.) Fr.

子实体小至中等大。菌盖直径4～10cm，扁半球形，后平展，部分中央凸起，淡黄色至黄褐色，黏滑，边缘平滑无条纹但有丝膜。菌肉近白色。菌褶弯生，土黄色，老后褐色，不等长，中间较宽。菌柄长4～15cm，粗1～1.2cm，圆柱形或向下渐细，污白色，下部带紫色，黏滑，有环状鳞片。菌幕蛛网状。孢子印锈褐色。孢子淡锈色，粗糙，扁球形或近椭圆形，(12.4～16)μm×(7～9)μm。褶缘囊体近棒状，无色，(37.5～50)μm×(9～15)μm。秋季于混交林中群生。国内已知分布于黑龙江、吉林、四川、西藏等地。

可食用，对小白鼠肉瘤180的抑制率为80%，对艾氏瘤的抑制率为90%。

13 粉褶菌科 (Khodophyllaceae)

023 暗蓝粉褶菌 *Rhodophyllus lazulinus* (Fr.) Quél.

子实体小。菌盖直径 1～3.5cm，初期近锥形或钟形，后期近半球形，暗蓝灰色，紫黑色至黑蓝色。中部色更深，表面具毛状鳞片，边缘有条纹。菌肉薄，暗蓝色，具强烈的蘑菇气味。菌褶稍密，直生，初期蓝色或带粉红色。菌柄细长，圆柱形，暗蓝色或蓝紫色，长3～4cm，粗0.1～0.3cm，基部有白毛。孢子印粉色。孢子(8～12)μm×(6.5～8)μm。秋季生草地、灌丛林中地上，散生，单生。国内尚分布于香港、广西等地。

14 桩菇科（Paxillaceae）

024 卷边桩菇 *Paxillus involutus*（Batsch）Fr.

子实体中等至较大，浅土黄色至青褐色。菌盖表面直径 5～15cm，最大达 20cm，开始扁半球形，后渐平展，中部下凹或漏斗状，边缘内卷，湿润时稍黏，老后绒毛减少至近光滑。菌肉浅黄色，较厚。菌褶浅黄绿色、青褐色，受伤变暗褐色，延生，较密，有横脉，不等长，靠近菌柄部分的菌褶渐连接呈网状。菌柄长 4～8cm，粗 1～2.7cm，同盖色，往往偏生，内部实心，基部稍膨大。孢子锈褐色，光滑，椭圆形，(6～10) μm×(4.5～7) μm。褶侧囊体黄色，呈棒状。春末至秋季多在杨树等阔叶林地上群生、丛生或散生。分布广泛。此种含褐色色素，伤处变褐棕色。有囊状体。可与杨、柳、落叶松、云杉、松、桦、山毛榉、栎等树木形成外生菌根。

15 疣孢牛肝菌科（Strobilomycetaceae）

025 松塔牛肝菌 *Strobilomyces strobilaceus*（Scop.:Fr.）Berk.

子实体中等至较大。菌盖直径 2～11.5cm，初半球形，后平展，黑褐色至黑色或紫褐色，表面有粗糙的毡毛鳞片或疣，直立，反卷或角锥幕盖着，后菌幕脱落残留在菌盖边缘。菌管污白色或灰色，后渐变褐色或淡黑色，菌管层直生或稍延生，长 1～1.5cm，管口多角形。菌柄长 4.5～13.5cm，粗 0.6～2cm，与菌盖同色，上下略等粗或基部稍膨大，顶端有网纹，下部有鳞片和绒毛。孢子淡褐色至暗褐色，有网纹或棱纹，近球形或略椭圆形，(8～12) μm×(7.8～10.4) μm。侧囊体褐色，两端色淡，棒形具短尖，近瓶状或一面稍鼓起，(26～85) μm×(11～17) μm。夏秋季于阔叶林或混交林中单生或散生。国内分布于福建、广东、广西、四川、云南等地。

16 牛肝菌科（Boletaceae）

026 褐盖疣柄牛肝菌 *Leccinum scabrum*（Bull.:Fr.）Gray.

子实体较大。菌盖直径 3～13.5cm，淡灰褐色、红褐色或栗褐色，湿时稍黏，光滑或有短绒毛。菌肉白色，伤时不变色或稍变粉黄。菌管初期白色，渐变为淡褐色，近离生。管口同色，圆形，每毫米 1～2 个。柄长 4～11cm，粗 1～3.5cm，下部淡灰色，有纵棱纹并有很多红褐色小疣。孢子印淡褐色或褐色，孢子长椭圆形或近纺锤形，平滑，(15～18) μm×(5～6) μm。管侧囊体和管缘囊体相似，近无色，纺锤状或棒状，(17～55) μm×(8.7～10) μm。夏秋季于阔叶林中单生或散生。分布于黑龙江、吉林、辽宁、新疆、青海、陕西、四川、云南及西藏等地。

可食用，味道鲜美，菌肉细嫩。可与桦、山毛榉、松等形成外生菌根。

027 橙黄疣柄牛肝菌 *Leccinum aurantiacum* (Bull.) Gray.

子实体中等至较大。菌盖直径3～12cm，半球形，光滑或微被纤毛，橙红色、橙黄色或近紫红色。菌肉厚，质密，淡白色，后呈淡灰色、淡黄色或淡褐色，受伤不变色。菌管直生，稍弯生或近离生，在柄周围凹陷，淡白色，后变污褐色，受伤时变肉色。管口与菌盖同色，圆形，每毫米约2个。柄长5～12cm，粗1～2.5cm，上下略等粗或基部稍粗，污白色、淡褐色或近淡红色，顶端多少有网纹。孢子印淡黄褐色。孢子长椭圆形或近纺锤形，淡褐色，(17～20)μm×(5.2～6)μm。管缘囊体无色，顶端尖，近纺锤形，稀少，(37～55)μm×(8～11)μm。夏秋季于林中单生或散生。国内分布于黑龙江、吉林、辽宁、河北、陕西、四川、云南及西藏等地。

可食用，味较好，可与乔松、桦、山杨等树木形成外生菌根。

028 褐环粘盖牛肝菌 *Suillus luteus* (L.: Fr.) Gray.

子实体中等。菌盖直径3～10cm，扁半球形或扁平，光滑、黏、带褐色。菌肉淡白色或稍黄，伤后不变色。菌管米黄色，直生或稍下延，或在柄周围有凹陷。管口角形，2～3个/mm，有腺点。柄长3～8cm，粗1～2.5cm，近柱形或在基部稍膨大，蜡黄色或浅褐色，有散生小腺点，顶端有网纹，菌环在柄上部，薄，膜质，初黄白色，后呈褐色。孢子近纺锤形，平滑带黄色，(7～10)μm×(3～3.5)μm。管缘囊体无色到浅褐色，棒状，丛生，(22～38)μm×(5～8)μm。夏秋季于松林或混交林中单生或群生。国内分布于黑龙江、吉林、辽宁、河北、山东、陕西、甘肃、四川、云南和西藏等地。

17 红菇科(Russulaceae)

029 黑紫红菇 *Russula atropurpurea* (Krombh.) Britz.

子实体大小中等。菌盖直径4～10cm，半球形，后平展并中部下凹，紫红色、紫色或暗紫色，边缘色浅，边缘薄，平滑。菌肉白色，表皮下淡红紫色。味道柔和，后稍辛辣。菌褶白色，后稍带乳黄色，等长，直生，基部变窄，前端宽。菌柄长2～8cm，粗0.8～3cm，圆柱形，白色，有时中部粉红色，基部稍带赭石色，在潮湿情况下老后变灰，中实，后中空。孢子印白色，孢子无色，近球形。有小疣或小刺可相连，(7.3～9.7)μm×(6.1～7.5)μm。褶侧囊体近棱形，(55～94)μm×(7.3～12)μm。夏秋季林中单生或群生。国内分布于黑龙江、吉林、河北、河南、陕西、四川、云南及西藏等地。

可食用，与松、栎、山毛榉等可形成菌根。

030 红菇 *Russlua lepida* Fr.

子实体中等大。菌盖直径4～9cm，扁半球形，后平展至中下凹，不黏，无光泽或绒状，中部有时被白粉，珊瑚红色，后更鲜艳，可带苋菜红色，边缘有时为杏黄色，部分或全部褪至肉粉桂色或淡白色，边缘无条纹，菌肉白色，厚，常被虫食。味道及气味好，但嚼后慢慢有点辛辣味或薄荷味。菌褶白色，老后变为乳黄色，近盖缘处可带红色，稍密至稍稀，常有分叉，褶间具横脉。菌柄长 3.5～5cm，粗 0.5～2cm，白色，一侧或基部带浅珊瑚红色，圆柱形或向下渐细，中实或松软。孢子印浅乳黄色。孢子无色，近球形，有小疣，(7.5～9) μm×(7.3～8.1) μm。褶侧囊体近棱形，(51～85) μm×(8～13) μm。夏秋季林中地上群生或单生。国内分布于辽宁、吉林、甘肃、陕西、四川、云南及西藏等地。

可食用。对小白鼠肉瘤 180 的抑制率为 100%，对艾氏瘤的抑制率为 90%。可与松、栗等形成菌根。

031 松乳菇 *Lactarius deliciosus* (Fr.) S. F. Gray.

子实体中至稍大。菌盖直径 4～10cm，虾仁色、胡萝卜黄色或深橙色，后变浅，伤后变绿色，特别是菌盖边缘变绿色显著。菌肉初白色，后变胡萝卜黄色，最后变绿色。菌褶与菌盖同色，直生或稍延生，近菌柄处分叉，褶间具横脉，伤或老后变绿色。菌柄长 2～5cm，粗 0.7～2cm，近圆柱形，有时具暗橙色凹窝，色同菌褶或更浅。菌柄切面先变橙红色，后变暗红色。孢子印近米黄色。孢子无色，椭圆形，有疣和网纹，(8～10) μm×(7～8) μm。褶侧囊体稀少，近梭形。夏秋季于林中地上单生或群生，分布广泛。

可食用，味道柔和，后稍辛辣。可与松杉、铁杉、冷杉等形成外生菌根。

18 鸡油菌科 (Cantharellaceae)

032 鸡油菌 *Cantharellus cibarius* Fr.

子实体中等大，喇叭形，肉质，杏黄色至蛋黄色。菌盖初扁平，后渐下凹，直径 3～10cm，高 7～12cm，边缘伸展成波浪状或瓣状向内卷。菌肉稍厚，蛋黄色。棱褶窄而分叉或有横脉相连，延生至柄部。柄杏黄色，向下渐细，光滑，内实，长 2～8cm，粗 0.5～1.8cm。孢子无色，光滑，椭圆形，(7～10) μm×(5～6.5) μm。夏秋季在林中生长成蘑菇圈。在我国分布广泛。

可食用，味道鲜美，具浓郁的水果香味。其香味物质主要是挥发性的 1-辛烯-3-醇。含有 8 种人体必需的氨基酸及真菌甘油脂 (mycoglycolipids)。可药用，其性寒、味甘，能清目、益胃肠，用于维生素 A 缺乏症。对小白鼠肉瘤 180 有抑制作用。

19 珊瑚菌科 (Clavariaceae)

033 红拟锁瑚菌 *Clavulinopsis miyabeana* (S. Ito) S. Ito

子实体细长，高 4～15cm，粗 0.3～1cm，数枚丛生在一起，呈细棒状，顶部和基部渐尖，往往扭曲，表面鲜红色至朱红色，菌柄不明显，基部淡红色至白色，内部充实，味温和。担子细长，棒状。孢子印白色。孢子无色，近球形，6～8μm。夏秋季于阔叶林或针叶林中地上群生。分布较广泛。

20 枝瑚菌科（Ramariaceae）

034 淡黄枝瑚菌 *Ramaria lutea*（Vitt.）Schild

子实体中等大，高可达10cm，直径达3.5～4cm，大量分枝由总的粗大的菌柄状基部伸出，然后多次呈“V”形分枝，小枝顶端钝。基部近白色，其他分枝浅黄色至鲜黄色。菌肉白色，有香味。孢子较小，浅黄色，有小疣，柱状椭圆形，(6.5～9)μm×(3.5～4.5)μm。担子棒状，具4小梗。夏秋季于阔叶林下单生或群生。

可食用，对小白鼠肉瘤180及艾氏瘤的抑制率分别为70%和60%。

21 伏革菌科（Corticiaceae）

035 乳白隔孢伏革菌 *Peniophora cremea*（Bres.）Sacc. et Syd.

子实体膜质至纸质，由子实层及结构一致的菌丝体组成，成片贴生于多种阔叶树树皮及枯木的表面，长5～100cm，宽1.5～20cm，厚150～250μm，易与基物分离，白色或乳黄色至蛋壳色，有时干后有裂纹，具短绒毛，白色带蓝色，乳白色至乳黄色。菌丝粗4～6μm，无色，壁厚，有隔膜及分支，无锁状联合，近子实层处常有颗粒状结晶体，囊状体圆柱形，或向上渐细，壁平滑，或顶端有结晶体，突逾子实层达50μm，基部粗6～10μm，无色，非淀粉质，全部埋藏于子实层内部者往往较短，(30～50)μm×(8～10)μm，并全部覆有结晶体。担子棒状，(38～48)μm×(3～5.8)μm，2～4孢，无色，非淀粉质。孢子椭圆形至卵圆形，(5～8)μm×(2.5～3)μm，无色至微黄色，非淀粉质。夏秋季生于树皮及枯树干表面。国内已知分布于西藏、福建、广东、广西、海南、四川、贵州及云南等地。

22 韧革菌科（Stereaceae）

036 丛片韧革菌 *Stereum frustulosum*（Pers.）Fr.

子实体小，直径0.2～1cm，厚1～2mm，初期为半球形小疣，后渐扩大相连但不相互愈合，往往挤压呈不规则角形，形成龟裂状外观，表面近白色、灰白色至浅肉色，坚硬，平伏，木质，边缘黑色粉状。菌肉肉桂色，多层。孢子无色，平滑，长卵形至卵圆形，(5～6)μm×(3～3.5)μm。担子近圆柱状，4小梗。子实层上有瓶刷状的侧丝，粗2～4μm。生于青红栎等枯树干上。分布于黑龙江、四川、云南、广东、广西、福建等地。

23 猴头菌科（Hericiaceae）

037 猴头菌 *Hericium erinaceus*（Bull.:Fr.）Pers.

子实体中等、较大或大型，直径5～10cm或可达30cm，扁半球形或头状。刺细长下垂，长1～3cm，新鲜时白色，后浅黄色至浅褐色。孢子无色，光滑，球形或近球形，(5.1～7.6) μm×(5～7.6) μm。秋季多生于栎等阔叶树立木上或腐木上，少生于倒木。分布广泛。可人工栽培，也可利用菌丝体举行深层发酵培养。

可食用，含有多种人体必需氨基酸，子实体中含多糖体和多肽类物质，其发酵液对小白鼠肉瘤180有抑制作用。

24 齿菌科(Hydnaceae)

038 褐盖肉齿菌 *Sarcodon fuligineo-albus* (Fr.) Quél.

子实体中等大。菌盖直径4～15cm，半球形到平展，中部稍下凹，浅灰黄色、黄褐色，干后色淡，近浅烟灰褐色，平滑，无毛，湿时稍黏。菌肉白黄色。肉刺长1～2mm，乳白色至浅土黄色，延生，锥状。菌柄长3～8cm，粗1.5～2cm，偏生或中生，同菌盖色，表面平滑实心，基部稍膨大。孢子无色透明或稍带淡黄色，具疣状凸起，近球形，4.8～5.3μm。夏季或秋末于针阔混交林地上群生或散生。分布于安徽、四川、云南、西藏等地。

气味香浓，鲜嫩时食用。药用可消炎，并有抗癌作用，对小白鼠肉瘤180的抑制率为96.8%。可能为外生菌根。

25 皱孔菌科(Meruliaceae)

039 肉色皱孔菌 *Merulius corium* Fr.

子实体平伏而边缘反卷，背部着生，革质柔软，反卷部分的背面白色有绒毛，薄，往往左右相连成片。子实层浅肉色至肉桂色，初期表面平滑，后渐形成凹坑或近似网纹及环纹，每毫米约3个。菌肉厚约0.5mm。菌丝粗3～5μm，无色，无结晶。孢子无色，光滑，(5～6) μm×(2～3) μm。夏秋季生阔叶树枯枝或枯干上。国内广泛分布于吉林、河北、甘肃、江苏、四川、贵州、云南等地。

26 多孔菌科(Polyporaceae)

040 青顶拟多孔菌 *Polyporus picipes* Fr.

子实体大，菌盖直径4～16cm，厚2～3.5mm，扇形、肾形、近圆形至圆形，稍凸至平展，基部常下凹，栗褐色，中部色较深，有时表面全呈黑褐色，光滑，边缘薄而锐，波浪状至瓣裂。菌柄侧生或偏生，长2～5mm，粗0.3～1.3cm，黑色或基部黑色，初期具细绒毛后光滑。菌肉白色或近白色，厚0.5～2mm。菌管延生，长0.5～1.5mm，与菌肉色相似，干后呈淡粉灰色。管口角形至近圆形，每毫米5～7个。子实层中菌丝体无色透明，菌丝粗 1.2～2μm。孢子椭圆形至长椭圆形，一端尖狭，无色透明，平滑，(5.8～7.5) μm×(2.8～3.5) μm，生于阔叶树腐木上，有时生针叶树上。国内分布于北起黑龙江、南至广西等广大区域。

属木腐菌，可导致桦、椴、槭等木质部形成白色腐朽，产生齿孔菌酸、有机酸及纤维酶、漆酶等，供化工及医学使用。

041 单色云芝 *Coriolus unicolor*（L.: Fr.）Pat.

子实体一般小，无柄，扇形、贝壳形或平伏而反卷，覆瓦状排列，革质。菌盖宽4～8cm，厚0.5cm，往往侧面相连，表面白色、灰色至浅褐色，有时因有藻类附生而呈绿色，有细长的毛或粗毛和同心环带，边缘薄而锐，波浪状或瓣裂，下侧无子实层，菌肉白色或近白色，厚0.1cm，在菌肉及毛层之间有一条黑线，菌管近白色、灰色，管孔面灰色到紫褐色，孔口迷宫状，平均每毫米2个，很快裂成齿状，但靠边缘的孔口很少开裂。担孢子长方形，光滑，无色，(4.5～6) μm×(3～3.5) μm。生于桦、杨等阔叶树的伐桩、枯立木、倒木上。分布广泛，包括北起黑龙江、南至广西等多数省份。

042 云芝 *Coriolus versicolor*（L.:Fr.）Quél.

子实体较小，无柄，平伏、扇形或贝壳状，常呈覆瓦状生长。菌盖革质，直径1～8cm，厚0.1～0.3cm，表面有细长绒毛和多种颜色组成的同心环带。绒毛边缘薄，波浪状，常有丝绢光彩。菌肉白色。管孔面白色或淡黄色，3～5个/mm。孢子无色，(4.5～7) μm×(3～3.5) μm。生于阔叶树木桩上、倒木或枝上。分布广泛。

该菌可药用，具去湿、化痰、疗肺疾等疗效。从菌丝体和发酵液中提取的多糖均具有强烈的抑癌性，对小白鼠肉瘤180和艾氏瘤的抑制率分别为80%和100%。

043 密粘褶菌 *Gloeophyllum trabeum*（Pers.: Fr.）Murr.

子实体较小，一年生。菌盖革质，无柄，半圆形，(1～3.5) cm×(2～5) cm，厚0.2～0.5cm，有时侧面相连或平伏又反卷，至全部平伏，有绒毛或近光滑，稍有环纹，锈褐色，边缘钝，完整至波浪状，有时色稍浅，下侧无子实层。菌肉同菌盖色，厚1～2mm。担子棒状，具4小梗。菌管圆形，迷路状或褶状，长1～3mm，直径0.3～0.5mm。孢子(7～9) μm×(3～4) μm。生于杨树等阔叶树木材上，有时亦生于冷杉等针叶树木材上。分布于新疆、河北、山西、甘肃、四川、江苏、湖南、广东、广西、贵州及台湾等地。

属木腐菌，可导致木质腐朽，其菌液对小白鼠肉瘤180有抑制作用。

044 篱边粘褶菌 *Gloeophyllum saepiarium*（Wulf:Fr.）Karst.

子实体中等至大型。无柄，长扁半球形，长条形，平伏而反卷，韧，木栓质。菌盖宽2～12cm，厚0.3～1cm，表面深褐色，老组织带黑色，有粗绒毛及宽环带，边缘薄而锐，波浪状。菌种锈褐色到深咖啡色，宽0.2～0.7cm，极少相互交织，深褐色至灰褐色，初期厚，渐变薄，波浪状。担子棒状，具4小梗。孢子圆柱形，无色，光滑，(7.5～10) μm×(3～4.5) μm。生于云杉、落叶松的倒木上，群生。分布广泛。

可药用，有抑癌作用，对小白鼠肉瘤180和艾氏瘤的抑制率均为60%。

045 木蹄层孔菌 *Fomes fomentarius*（L.:Fr.）Kick.

子实体大，马蹄形，无柄，多呈灰色至黑色，(8～42) cm×(10～64) cm，厚 5～20cm，有角质皮壳及环带和环棱，边缘钝。菌管多层，每层厚 3～5mm，锈褐色。菌肉软木栓质，厚 0.5～5cm，锈褐色。管口 3～4 个/mm，圆形，灰色至浅褐色。孢子长椭圆形，无色，光滑，(14～18) μm×(5～6) μm。多年生，见于栎、桦、杨、柳、椴树、苹果等阔叶树树干上或木桩上。往往在阴湿或光少的生境出现棒状畸形子实体。分布广泛。

味微苦，性平有消积化瘀作用，对小白鼠肉瘤 180 的抑制率达 80%。

046 宽鳞大孔菌 *Favolus squamosus*（Huds.: Fr.）Ames.

子实体中等至很大。菌盖扇形，(5.5～26) cm×(4～20) cm，厚 1～3cm，具短柄或近无柄，黄褐色，有暗褐色鳞片。柄侧生，偶尔近中生，长 2～6cm，粗 1.5～3 (6) cm，基部黑色，软，干后变浅色。菌管延生，白色。管口长形，辐射状排列，长 2.5～5mm，宽 2mm。孢子光滑，无色，(9.7～16.6) μm×(5.2～7) μm。菌肉菌丝无色，有分枝，无横隔和锁状联合。生于柳、杨、榆、槐等阔叶树树干上。分布于内蒙古、吉林、河北、山西、江苏、西藏、湖南、陕西、甘肃、青海及四川等地。

幼时可食，老后变木质化不宜食用，对小白鼠肉瘤 180 的抑制率为 60%。此菌可引起被生长树木的木材白色腐朽。

047 漏斗大孔菌 *Favolus arcularius*（Batsch: Fr.）Ames.

子实体一般较小。菌盖直径 1.5～8.5cm，扁平，中部脐状，后期边缘平展或翘起，似漏斗状，薄，褐色、黄褐色至深褐色，有深色鳞片，无环带，边缘有长毛，新鲜时韧肉质，柔软，干后变硬且边缘内卷。菌肉薄厚不及 1mm，白色或污白色。菌管白色，延生，长 1～4mm，干时呈草黄色，管口近长方圆形，辐射状排列，直径 1～3mm。柄中生，同盖色，往往有深色鳞片。长 2～8cm，粗 1～5mm，圆柱形，基部有污白色粗绒毛。孢子无色，长椭圆形，平滑，(6.5～9) μm×(2～3) μm。夏秋季生于多种阔叶树倒木及枯树上。分布广泛。

幼嫩时柔软，可以食用，干时变硬，当湿润时吸收水分恢复原状。对小白鼠肉瘤 180 的抑制率为 90%，对艾氏瘤的抑制率为 100%。常出现在木耳、毛木耳或香菇木上，视为“杂菌”。

048 猪苓菌 *Grifola umbellate*（Pers.: Fr.）Pilát

子实体大或很大，肉质，有菌柄，多分枝，末端生圆形白色至浅褐色菌盖，一丛直径可达 35cm。菌盖直径 1～4cm，圆形，中部下凹近漏斗形，边缘内卷，被深色细鳞片，菌肉白色，孔面白色，干后草黄色。孔口圆形或破裂呈不规则齿状，延生，平均每毫米 2～4 个，孢子无色，光滑，一端圆形，一端有歪尖，圆筒形。生阔叶林中地上或腐木桩旁。分布广泛。

子实体幼嫩时可食，味道鲜美。地下菌核黑色，为著名中药，有利尿治水肿之功效。

27 灵芝科（Ganodermataceae）

049 树舌灵芝 *Ganoderma applanatum*（Pers.）Pat.

子实体大或特大，无柄或几乎无柄。菌盖直径（5～35）cm×（10～50）cm，厚 1～12cm，半圆形、扁半球形或扁平，表面灰色至褐色，有同心环纹棱，有时有瘤，边缘较薄。菌肉浅栗色，有时近皮壳处白色后变暗褐色，孔圆形，每毫米 4～5 个。孢子褐色、黄褐色，卵形，（7.5～10）μm×（4.5～6.5）μm。分布广泛。

可药用，有止痛、清热、化积、止血、化痰之功效，对小白鼠肉瘤 180 的抑制率为 64.9%。

28 木耳科（Auriculariaceae）

050 黑木耳 *Auricularia auricula*（L. ex Hook.）Underwood.

子实体胶质，常浅圆盘形或耳形，宽 2～12cm，干后变深褐色或黑褐色。外面有短毛，青褐色。担子细长，柱形，有 3 个横隔，（50～65）μm×（3.5～5.5）μm。孢子无色，光滑，常弯生，腊肠形，（9～16）μm×（5～7.5）μm。生栎、榆、杨、榕等阔叶树上或朽木及冷杉等针叶树上，丛生，可引起木材腐朽。目前仅青海、宁夏未记载有野生分布。

可食用，并能人工栽培。《本草纲目》中记载木耳性平、味苦，可治痔，有滋润、强壮、通便之功效。试验表明，对小白鼠肉瘤 180 的抑制率为 42.5%～70%，对艾氏瘤的抑制率为 80%。

29 胶耳科（Exidiaceae）

051 焰耳 *Phlogiotis hevelloides*（DC.: Fr.）Martin

子实体较小，高 3～8cm，宽 2～6cm，匙形或近漏斗形，柄部管状半开裂，浅土红色或橙褐色，内侧表面被白色粉末。子实层面近平滑，或有皱或近似网纹状，盖缘卷曲或后期呈波状。孢子无色，光滑，宽椭圆形，（9.5～12.5）μm×（4.5～7.5）μm。夏秋季生于针叶林或针阔混交林中地上、苔藓层或腐木上，单生、群生或近丛生。分布广泛。

可食用，试验对小白鼠肉瘤 180 和艾氏瘤的抑制率分别为 70%和 80%。

30 银耳科（Tremellaceae）

052 金耳 *Tremella aurantialba* Bandoni et Zang

子实体中等至较大，呈脑状或瓣裂状，8～15cm，宽 7～11cm。新鲜时金黄色或橙黄色，干后坚硬。菌丝有锁状联合，担子圆形至卵圆形。纵裂为 4 瓣，上担子长达 125μm，下担子阔约 10μm。孢子仅圆形或椭圆形，（3～5）μm×（2～3）μm。夏秋季生于高山栎等阔叶树木上，有时也见于冷杉等针叶树倒腐木上。分布于西藏、四川、云南、甘肃等地。

可食用，含有甘露糖、葡萄糖及多糖，可防癌抗癌，另有治肺热、气喘、高血压等功效。

053 银耳 *Tremella fuciformis* Berk.

子实体胶质，直径 3～15cm，中等至较大，纯白色至乳白色，由数片至十余片瓣片组成。干后收缩，角质硬而脆，白色或米黄色，子实层生瓣片表面。担子纵分隔，近球形或卵圆形，(10～12) μm×(9～10) μm。孢子无色，光滑，近球形，(6～8.5) μm×(4～7) μm。夏秋季生于阔叶树腐木上。分布广泛。

含多种氨基酸、酸性异多糖及有机磷、铁等成分，可食用和药用，有滋补和强壮作用。

31 花耳科(Dacrymycetaceae)

054 桂花耳 *Guepinia spathularia* (Schw.) Fr.

子实体微小，匙形或鹿角形，上部常不规则裂成叉状，橙黄色，干后橙红色，不孕部分色浅，光滑。子实体高 0.6～1.5cm，柄下部粗 0.2～0.3cm，有细绒毛，基部栗褐色至黑褐色，延伸入腐木裂缝中。担子 2 分叉。孢子 2 个，无色，光滑，初期无横隔，后期形成 1～2 横膜，即成为 2～3 个细胞，椭圆形近肾形，(8.9～12.8) μm×(3～4) μm，担子叉状，(28～38) μm×(2.4～2.6) μm。春至晚秋于杉木等针叶树倒腐木或木桩上往往群生或丛生。分布广泛。

可食用，含类胡萝卜素等。

32 马勃科(Lycoperdaceae)

055 白马勃 *Calvatia candida* (Rostk.) Hollòs

子实体较小或近中等，菌盖直径 6～8.5cm，扁球形、近球形、梨形，浅棕灰色，并有发达的根状菌丝索。外包被薄，粉状，有斑纹。内包被坚实而脆。孢子体蜜黄色到浅茶色。孢子浅青褐色，光滑或有小疣，有短柄，球形，4～5.5μm。夏秋季生草地上。国内已知分布于河北、山西、辽宁、黑龙江、四川、陕西、甘肃、新疆等地。

幼时可食，老后药用，有止血、消炎、解热、利喉之功效。

33 肉座菌科(Hypocreaceae)

056 竹黄菌 *Shiraia bambusicola* P. Henn.

子座较小，长 1～4.5cm，宽 1～2.5cm，形状不规则，多呈瘤状，初期表面色淡，后期粉红色。可龟裂，内部粉红色肉质，后变为木栓质。子囊壳近球形，埋生子座内，直径480～580μm。子囊长，含有6个单行排列的孢子，圆柱形，(280～340)μm×(22～35)μm。侧丝呈线形。孢子无色透明后近无色，堆积一起时柿黄色，两端稍尖，具纵横隔膜，长方椭圆形至近纺锤形，(42～92)μm×(13～35)μm。春夏季生刺竹属(*Bambusa*)及刚竹属(*Phyllostachys*)柱子的枝竿上。分布于浙江、江苏、安徽、江西、福建、湖北、湖南、四川、云南、贵州等地。

药用，可治风湿性关节炎、坐骨神经痛、跌打损伤、筋骨酸痛等，是南方民间常用药物。

34 炭角菌科(Xylariaceae)

057 地棒炭角菌 *Xylaria kedahae* Lloyd

子实体圆筒形或棒状，高 4～8cm，黑色，头部粗 0.5～0.8cm，顶部钝，内部黑褐色，充实。柄近灰褐黑色，有皱，光滑，圆柱形，长0.8～2cm，粗0.2～0.4cm，基部伸长呈根状。子囊壳卵形，(460～540)μm×(300～400)μm，孔口疣状，凸出。子囊圆筒状，有孢子部分(65～80)μm×(5～5.2)μm。孢子暗褐色，不等边，椭圆形，(8.5～10)μm×(4～5)μm。林中地上散生或群生。分布于广西、海南、四川、江西、福建等地。

35 盘菌科(Pezizaceae)

058 红白毛杯菌 *Sarcoscypha coccinea* (Scop.:Fr.) Lamb.

子囊盘小，直径 1.5～5cm，呈杯状，有柄至近无柄，边缘常内卷，子实层面朱红色至近土红色，干时褪色，背面近白色，有微细绒毛，绒毛多弯曲，无色。菌柄长0.5～1.5cm，粗0.4～0.5cm，往往上部稍粗。子囊圆柱形，(240～400)μm×(12～15)μm，含孢子8个，单行排列。孢子无色，光滑，往往含油滴，长椭圆形，(22～30)μm×(9～12)μm。侧丝细线形，顶端稍膨大，粗2～3μm，含有红色小颗粒。夏秋季于林中地上单生或散生。分布于贵州、广西、广东、四川、云南、西藏等地。

36 肉盘菌科(Sarcosomataceae)

059 爪哇盖尔盘菌 *Galiella javanica* (Rehm. in Henn.) Nannf. et Korf

子实体小，直径3～5.5 cm，高4～6.5 cm，呈圆锥形或陀螺形，胶质，有弹性，子实层面灰褐色至黑色，平展下陷，边缘有细长毛，外侧密被一层烟黑色绒毛，毛暗褐色，有横隔，长可达1500μm以上，粗8～18μm，表面粗糙，向上渐细。子囊长筒形，(430～560)μm×(15～22)μm，有孢子部分150～260μm。孢子8个，无色或淡黄色，壁厚，单行排列，不等边，有细疣，椭圆形至长椭圆形，(24～39) μm×(11～16) μm。侧丝无色，丝状，细长，顶部稍膨大，(450～580) μm×(2.5～4) μm。壳斗科等阔叶树腐木上群生。分布于安徽、四川、云南、广东、广西、海南、西藏等地。

37 羊肚菌科(Morchellaceae)

060 羊肚菌 *Morchella esculenta* (L.) Pers.

子实体较小或中等，高 6～14cm。菌盖长 4～6cm，宽 4～6cm，不规则圆形、长圆形，表面形成很多凹坑，丝羊肚状，淡黄褐色。菌柄长 5～7cm，粗 2～2.5cm，白色，有浅纵沟，基部稍膨大。子囊(200～300) μm ×(18～22) μm。子囊孢子 8 个，单行排列，宽椭圆形，(20～24) μm ×(12～15) μm。侧丝顶端膨大，有时有隔。常于阔叶林中地上及路旁单生或群生。分布于吉林、新疆、河北、山西、陕西、甘肃、青海、西藏、四川、江苏及云南等地。

可食用，味道鲜美，为优质食用菌。亦可药用，利肠胃、化痰理气，含 7 种人体必需的氨基酸。

061 黑脉羊肚菌 *Morchella angusticeps* Peck.

子囊果中等大，高 6～12cm。菌盖锥形或近圆柱形，顶端一般尖，高 4～6cm，粗 2.3～5.5cm，凹坑多呈长方圆形，淡褐色至蛋壳色，棱纹黑色，纵向排列，由横脉交织，边缘与菌柄连接一起。菌柄乳白色，近圆柱形，长 5.5～10.5cm，粗 1.5～3cm，上部稍有颗粒，基部往往有凹槽。子囊近圆柱形，(128～280) μm×(15～23) μm。子囊孢子单行排列，(20～26) μm×(13～15.3) μm。侧丝基部有的分隔，顶端膨大，粗 8～13μm。在云杉、冷杉等林地上大量群生。国内已知分布于内蒙古、新疆、山西、甘肃、西藏、青海、四川、云南等地。

可食用，味道鲜美，属重要的野生食用菌，有助消化、益肠胃、理气之功效。

38 马鞍菌科(Helvellaceae)

062 鹿花菌 *Gyromitra esculenta* (Pers.) Fr.

子实体中等大。菌盖直径 4～8cm，高达 8～10cm，皱曲呈大脑状，褐色、咖啡色或褐黑色，表面粗糙，边缘有部分与菌柄相连。菌柄长 4～5cm，粗 0.8～2.5cm，往往短粗，污白色，内部空心，表面粗糙而凹凸不平，有时下部埋在土中或其他基物里。子囊中孢子单行排列。孢子含 2 个小油滴，椭圆形，(18～22) μm×(8～10) μm，侧丝浅黄褐色，细长，分叉，有隔，顶部膨大，粗 5～8μm。春至夏初多生于林中沙地上单生或群生。分布于黑龙江、四川、云南、西藏等地。

39 麦角菌科(Clavicipitaceae)

063 冬虫夏草 *Cordyceps sinensis* (Berk.) Sacc.

子座棒状，一般 1 个，少数 2～3 个，生于鳞翅目幼虫体上，从其头部、胸中生出至地面。头部圆柱形，褐色，中空，长 5～12cm，基部粗 1.5～2cm。子囊壳基部埋于子座中，椭圆形至卵圆形，(330～500)μm×(138～240)μm，子囊长圆筒形，(240～480)μm×(12～16)μm。子囊孢子 2～3 个，无色，线形，横隔多，(160～470)μm×(4.5～6)μm。

分布于海拔 3000m 以上的高山灌丛草甸地带，每年 5～7 月出现，寄生于虫草蝙蝠蛾(*Hepialus armoricanus*)的幼虫体上。已知产区有青海、西藏、甘肃、四川、云南、贵州、新疆等地。

为名贵中药，性温味甘、后微辛，有补精益髓、保肺、益肾、止血化痰、止嗽疗效。

4.3 大型真菌在不同植被带中的分布

大型真菌的种类和分布与林地植被及其演替息息相关，在不同的树种下及草地环境中，往往生长着不同的真菌种类。例如，木腐菌类主要生长于林下枯木及落叶层上，草腐真菌主要生长于草地特别是牛羊等草食动物活动过的草地环境，空旷山地容易生长马勃目类菌物。草坡自然保护区植被类型众多，主要有阔叶林、针阔混交林、针叶林、灌丛、草甸等植被类型，在这些不同的生境中分布有不同的大型真菌。

4.3.1 阔叶林

草坡自然保护区内阔叶林地上通常分布有变黑蜡伞(*Hygrocybe conicus*)、晶粒鬼伞(*Coprinus micaceus*)、裂褶菌(*Schizophyllum commne*)、皂味口蘑(*Tricholoma saponaceum*)、多变拟多孔菌(*Polyporus varius*)等菌种。

4.3.1.1 栎类林

栎类林中常出现木蹄层孔菌(*Fomes fomentarius*)、金耳(*Tremella aurantialba*)、橙盖鹅膏菌(*Amanita caesaea*)、红蜡蘑(*Laccaria laccata*)等菌种。

4.3.1.2 桦木林

桦木林中常出现单色云芝(*Coriolus unicolor*)、黑云芝(*Polystictus microloma*)、毛云芝(*Coriolus hirsutus*)、黄薄芝(*Polystictus membranaceus*)、木蹄层孔菌(*Fomes fomentarius*)等菌种。

4.3.2 针叶林

草坡自然保护区内针叶林地中经常且大量出现松乳菇(*Lactarius deliciosus*)、灰托鹅膏菌(*Amanita vaginata*)、栎小皮伞(*Collibia dryophila*)等菌种。

4.3.2.1 云杉林

云杉林中常出现皂味口蘑(*Tricholoma saponaceum*)、黄褐丝盖伞(*Inocybe flavobrunnea*)、黑脉羊肚菌(*Morchella angusticeps*)、金黄枝瑚菌(*Ramaria aurea*)等菌种。

4.3.2.2 冷杉林

冷杉林地中常出现密粘褶菌(*Gloeophyllum trabeum*)、黑脉羊肚菌(*Morchella angusticeps*)、紫蜡蘑(*Laccaria amethystea*)、冷杉红菇(*Russula abietian*)等菌种。

4.3.2.3 松林

松林地中常出现褐环粘盖牛肝菌(*Suillus luteus*)、篱边粘褶菌(*Gloeophyllum saepiarium*)、油黄口蘑(*Tricholoma flavovirens*)、松塔牛肝菌(*Strobilomyces strobilaceus*)等菌种。

4.3.3 针阔混交林

草坡自然保护区内针阔混交林中常出现粘柄丝膜菌(*Cortinarius collinutus*)、焰耳(*Phlogiotis hevelloides*)等菌种。

4.3.4 灌丛、草甸

草坡自然保护区内灌丛、草甸上常出现暗蓝粉褶菌(*Rhodophyllus lazulinus*)、冬虫夏草(*Cordyceps sinensis*)等菌种。

总体而言，随气候和海拔变化，植被类型呈现规律性变化，并影响到大型真菌的垂直分布，导致种类和数量都有明显的变化。

第5章 蕨类植物

5.1 物种多样性区系组成

草坡自然保护区分布有蕨类植物158种(含种以下单位)，按照秦仁昌分类系统可分为29科61属158种，分别占四川(含重庆)蕨类植物41科120属708种数的70.73%、50.83%、22.32%，占中国蕨类植物52科204属2600种数的55.77%、29.90%、6.08%。

5.1.1 科的分析

草坡自然保护区蕨类植物科及科内种的数量组成见表5.1。

表5.1 草坡自然保护区蕨类植物科及科内种的数量组成

科的类型(种数)	科数	占总科数比例/%	包含种数	占总种数比例/%
多种科(≥10)	3	10.35	58	36.71
中等类型科(5～9)	10	34.48	69	43.67
少种科(2～4)	9	31.03	24	15.19
单种科(1)	7	24.14	7	4.43
合计	29	100.00	158	100.00

在草坡自然保护区内，含10种以上的蕨类植物科共3科，即水龙骨科(Polypodiaceae)(属/种＝10/24)、蹄盖蕨科(Athyriaceae)(属/种＝6/19)、鳞毛蕨科(Dryopteridaceae)(属/种＝4/15)，共有20属58种，分别占草坡自然保护区总属数和总种数的32.79%和36.71%。水龙骨科在东南亚的分布中心为喜马拉雅至横断山区。蹄盖蕨科以北半球发布为主，该科中的蹄盖蕨属(*Athyrium*)以中国西南为现代分布中心。鳞毛蕨科主要分布在北半球温带及亚热带高山森林下。

草坡自然保护区蕨类植物含5～9种的科有10个，所含种数达到69种，分别占该区总科数和总种数的34.48%和43.67%。这10科分别为卷柏科(Selaginellaceae)、石松科(Lycopodiaceae)、膜蕨科(Hymenophyllaceae)、木贼科(Equisetaceae)、凤尾蕨科(Pteridaceae)、中国蕨科(Sinopteridaceae)、裸子蕨科(Hemogrammaceae)、铁线蕨科(Adiantaceae)、铁角蕨科(Aspleniaceae)和金星蕨科(Thelypteridaceae)。

草坡自然保护区蕨类植物含2～4种的科有9个，包括阴地蕨科(Botrychiaceae)、瘤足蕨科(Plagiogyriaceae)、里白科(Gleicheniaceae)、碗蕨科(Dennstaedtiaceae)、蕨科(Pteridiaceae)、乌毛蕨科(Blechnaceae)、球子蕨科(Onocleaceae)、瓶尔小草科(Ophioglossaceae)和书带蕨科(Vittariaceae)，共有物种 24 种，分别占草坡自然保护区总数的 31.03%和 15.19%。

只含 1 种 1 属的科有 7 个，包括海金沙科(Lygodiaceae)、紫萁科(Osmundaceae)、鳞始蕨科(Lindsacaceae)、篠蕨科(Oleandraceae)、肿足蕨科(Hypodematiaceae)、苹科(Marsileaceae)和满江红科(Azollaceae)。

草坡自然保护区蕨类植物大部分种类集中在水龙骨科、蹄盖蕨科、鳞毛蕨科和卷柏科。这表明，该区域蕨类植物区系重点科明显。

从科级分类阶元来看，包含 2～10 种的科在草坡自然保护区内占绝对优势。但从每科所含属和种的数量来看，该区蕨类植物区系中大部分科内属、种贫乏。

5.1.2 属的分析

在植物分类学各阶元中，“属”较稳定，是划分植物区系地理的主要依据。根据吴征镒等关于植物分布区类型的分类方法，将草坡自然保护区 61 属蕨类植物划分为 12 个分布区类型(含 2 个变型)(表 5.2)。其中，以泛热带分布最多，世界分布和北温带分布次之，热带属多于温带属。

表 5.2 草坡自然保护区蕨类植物属、种的分布区类型统计

分布区类型		属数	占总属数比例/%	种数	占总种数比例/%
1. 世界分布		12	19.67	4	2.53
热带分布区类型	2. 泛热带分布	17	27.87	0	0
	3. 热带亚洲至热带美洲间断分布	1	1.64	0	0
	4. 旧世界热带分布	4	6.56	1	0.63
	5. 热带亚洲至热带大洋洲间断分布	2	3.28	2	1.27
	6. 热带亚洲至热带非洲分布	2	3.28	1	0.63
	7. 热带亚洲分布	4	6.56	9	5.70
温带分布区类型	8. 北温带分布	11	18.03	12	7.59
	9. 东亚和北美间断分布	1	1.64	3	1.90
	10. 东亚分布	2	3.28	21	13.29
	10-1. 中国喜马拉雅	2	3.28	27	17.09
	10-2. 中国-日本	3	4.92	31	19.62
11. 中国特有分布		0	0	47	29.75
合计		61	100.0	158	100.00

5.1.3 分布区类型

5.1.3.1 世界分布型

草坡自然保护区属世界分布类型的属共12个，占该地蕨类植物属总数的19.67%。在这一分布类型中，石松属(*Lycopodium*)、卷柏属(*Selaginella*)等为现存蕨类的原始代表，而苹属(*Marsilea*)和满江红属(*Azolla*)则是较为进化的水生蕨类，铁线蕨属(*Adiantum*)、铁角蕨属(*Asplenium*)、蕨属(*Pteridium*)、小阴地蕨属(*Botrychium*)及阴地蕨属(*Sceptridium*)的系统位置处于前两者之间。

5.1.3.2 热带分布型

草坡自然保护区属热带分布型的属共30个，占保护区总属数的49.18%。在这之中，泛热带成分占绝对优势，共17属，包括海金沙属(*Lygodium*)、里白属(*Hicriopteris*)、蕗蕨属(*Mecodium*)、碗蕨属(*Dennstaedtia*)、乌蕨属(*Stenoloma*)、肾蕨属(*Nephropepis*)、毛蕨属(*Cyclosorus*)、凤尾蕨属(*Pteris*)、粉背蕨属(*Aleuritopteris*)、碎米蕨属(*Cheilanthes*)、旱蕨属(*Pellaca*)、凤丫蕨属(*Coniogramme*)、金星蕨属(*Parathelypteris*)、肋毛蕨属(*Ctenitis*)、书带蕨属(*Vittaria*)等。属旧世界热带分布的有4属，分别为瘤足蕨属(*Plagiogyria*)、芒萁属(*Dicranopteris*)、鳞盖蕨属(*Microlepia*)和线蕨属(*Colysis*)。属热带亚洲分布的有4属，分别为角蕨属(*Cornopteris*)、星蕨属(*Microsorium*)、石韦属(*Pyrrosia*)和金鸡蕨属(*Phymatopsis*)。其他热带分布类型(热带亚洲至热带美洲间断分布型、热带亚洲至热带大洋洲分布型、热带亚洲至热带非洲分布型等)，在草坡自然保护区均不占优势。

5.1.3.3 温带分布

温带分布型属在草坡自然保护区内共有19属，占总属数的31.15%。其中，北温带分布有11属，包括小石松属(*Diphasiastrum*)、木贼属(*Equisetum*)、瓶尔小草属(*Ophioglossum*)、紫萁属(*Osmunda*)、膜蕨属(*Hymenophyllum*)、蹄盖蕨属(*Athyrium*)、冷蕨属(*Cystopteris*)、卵果蕨属(*Phegopteris*)、狗脊蕨属(*Woodwardis*)、荚果蕨属(*Matteuccia*)和鳞毛蕨属(*Dryopteris*)；东亚分布属有7个，分别为假冷蕨属(*Pseudocystopteris*)、荚囊蕨属(*Struthiopteris*)、贯众属(*Cytomium*)、节肢蕨属(*Arthromeris*)、瓦韦蕨属(*Lepisorus*)、盾蕨属(*Neolepisorus*)和水龙骨属(*Polypodium*)。东亚和北美间断分布型在保护区内只有峨眉蕨属(*Lunathyrium*)1属。

5.1.4 种的分析

在物种层次上，草坡自然保护区158种蕨类植物可划分为11个分布类型(含2个变型)(表5.2)，以东亚分布和中国特有分布类型为主，共有126种，占该区域蕨类植物种总数的79.75%，基本是温带性质，而其他分布类型共有32种，仅占该区域蕨类植物种总数的 20.25%。

草坡自然保护区蕨类植物以东亚分布类型种类最多，其中包括两个变型，即中国喜马拉雅分布变型和中国-日本分布变型。属中国-日本分布变型的蕨类植物在保护区内有 31 种，占种总数的 19.62%，如凤丫蕨(*Coniogramme japonica*)、金钗凤尾蕨(*Pteris fauriei*)、肾蕨(*Nephropepis cordifolia*)、溪洞碗蕨(*Dennstaedtia wilfordii*)、普通凤丫蕨(*Coniogramme intermedia*)及华北鳞毛蕨(*Dryopteris laeta*)等。属中国喜马拉雅分布变型的蕨类植物在保护区内有 27 种，占该区域种总数的 17.09%，如掌叶凤尾蕨(*Pteris dactylina*)、细裂复叶耳蕨(*Arachniodes coniifolia*)、披针叶新月蕨(*Abacopteris penangianum*)、兖州卷柏(*Selaginella involvens*)及盾蕨(*Neolepisorus ovatus*)等。

草坡自然保护区蕨类植物区系中特有成分极其丰富，属中国特有成分的有 47 种，占该区域蕨类植物种总数的 29.75%。在中国特有种中，以西南分布为主，有 23 种，如蹄盖蕨(*Athyrium filix-femina*)、大叶假冷蕨(*Pseudocystopteris atkinsoni*)、星毛卵果蕨(*Phegopteris levingei*)、多羽节肢蕨(*Arthromeris mairei*)、两色瓦韦(*Lepisorus bicolor*)等。有些种类向北分布到秦岭乃至华北，如白背铁线蕨(*Adiantum davidii*)、网眼瓦韦(*Lepisorus clathratus*)等。

除东亚分布和中国特有分布类型外，其他成分共有 32 种，仅占 20.25%。

综合上述，草坡自然保护区内蕨类植物区系具有以下特点：

(1)种类较丰富。该区有蕨类植物 29 科 61 属 158 种。

(2)特有化程度高。属中国特有蕨类共 47 种，以西南分布为主。

(3)优势科明显，大部分科内属、种贫乏。水龙骨科、蹄盖蕨科和鳞毛蕨科为该区优势类群，所含种数占该区蕨类植物总种数的 36.71%，表明该区优势科明显。少种科和单种科数量占绝大多数，表明该区大部分科内属、种贫乏。

(4)属的分布区类型以热带类型为主，而种的分布区类型则温带性质显著。有 42 属的分布区类型为热带性质的，占总属数的 67.21%，而有 141 种的分布区类型为温带性质(包括中国特有)，占该区蕨类植物总种数的 89.24%，说明该区与其他温带地区和热带地区有一定联系。

5.2 资源现状

5.2.1 药用蕨类植物资源

草坡自然保护区内几乎所有蕨类植物都可以作为药用，数量多，分布广。常见种类有凤丫蕨(*Coniogramme japonica*)、蜈蚣草(*Pteris vittata*)、江南卷柏(*Selaginella moellendorffii*)、蕨(*Pteridium aquiliunm* var. *latiusculum*)、乌蕨(*Sphenomeris chinensis*)、芒萁(*Dicranopteris diobotoma*)、紫萁(*Osmunda japonica*)、海金沙(*Lygodium japonicum*)、水龙骨(*Polypodium nipponicum*)等。已有不少种类在本区民间被广泛使用，包括治疗刀伤、火烫伤、毒蛇和狂犬咬伤、跌打损伤等。近年来在寻找新药资源时，国内外医药工作者对

蕨类植物的研究越来越重视，如已在卷柏科和里白科中发现了防治癌症的药用成分。

5.2.2　观赏蕨类植物资源

大部分观赏蕨类植物耐荫且清雅新奇，因而在室内园艺中具有重要的地位。目前，蕨类植物成为观赏植物极为重要的组成部分，在公园、庭院和室内采用观赏蕨类作为布景和装饰材料逐渐普遍，观赏蕨类的商品生产和栽培育种从而得以迅速发展。在草坡自然保护区蕨类植物中，适宜作为观赏资源的种类有 50 余种，其中观赏价值较大的种类有膜蕨属（*Hymenoplylhum*）、铁线蕨属（*Adiantum*）、蕨、凤丫蕨、狗脊蕨属（*Woodwardis*）、紫萁、贯众等。

5.2.3　指示蕨类植物资源

不少蕨类植物对土壤的酸碱性有特殊的适应性，可作为酸性土壤或碱性土壤的指示植物从而在林业、环保上用途较广。据统计，草坡自然保护区内指示蕨类植物有 20 余种，包括可作为酸性土壤指示植物的铁角蕨（*Asplenium trichomanes*）、石松、紫萁、狗脊蕨、芒萁等以及可作为钙质土和石炭岩土的指示植物舟山碎米蕨（*Cheilanthes chusana*）、井栏边草（*Pteris multifida*）、凤尾蕨（*Pteris cretica* var. *nervosa*）、蜈蚣草、贯众、铁线蕨等。

5.2.4　化工原料蕨类植物资源

从许多蕨类植物体内可提取鞣质、植物胶、油脂、染料等化工原料。在草坡自然保护区内，可作为化工原料资源的蕨类植物有 20 余种，如石松类（*Lycopodium* spp.）、卷柏类（*Selaginella* spp.）、节节草（*Equisetum ramosissimum*）、蕨、凤尾蕨、贯众、海金沙、紫萁、蛇足石杉等。

5.2.5　编织蕨类

许多蕨类植物根、茎、叶柄较为柔韧，富有弹性，可用于编织席子、草帽、草包、篮子、网兜及绳索等生活用品和工艺制品。在草坡自然保护区内，此类蕨类植物资源有 10 余种，如瓦韦、石韦（*Pyrrosia* spp.）、节节草、蕨、海金沙、紫萁、凤丫蕨等。

5.2.6　食用蕨类

许多蕨类植物根状茎富含淀粉，营养价值较高，可作为食用。一些蕨类植物幼叶可作为蔬菜，味道纯美，如芒萁、蕨、狗脊蕨、贯众等。然而，不少蕨类植物体内含有毒成分，对人畜可产生有害作用，因此食用蕨类时要格外小心。

5.2.7 饲料和绿肥蕨类

草坡自然保护区内较重要的饲料和绿肥蕨类有满江红、芒萁等，其中以满江红最为突出。满江红鲜嫩多汁，纤维含量少，味甜适口，是鸡、鸭、鱼、猪的优质饲料。同时，满江红能与固氮蓝藻、念珠藻等共生，同化空气中的氮气，是农业生产中的重要绿肥植物。满江红分布范围广，生长快，适宜大规模开发利用。

5.2.8 农药用蕨类

植物农药因其对人畜安全、易分解、无残毒危害、不污染环境，适于果树、蔬菜类栽培时施用，在当今有极大的发展潜力。蕨类植物中，越来越多的种类被作为农药类资源开发。草坡自然保护区内可作为农药类的蕨类植物主要有贯众、海金沙、水龙骨、蜈蚣草等。

第6章 裸 子 植 物

裸子植物是世界上最原始的种子植物。虽然其物种数量仅为被子植物的 0.8%，但所组成的针叶林面积却比被子植物所组成的阔叶林面积要大得多。因此，裸子植物对于陆地生态环境和生物多样性的维持与保护起着非常关键的作用。同时，裸子植物一般树干通直，材质优良，出材率高，是重要的木材资源。许多裸子植物体内还含有非常重要的可利用物质，常为人类和陆生动物提供大量的食物和药物，并在调节气候和防止水土流失等方面具有不可替代的作用。

6.1 物种多样性与区系组成

6.1.1 物种多样性

据调查，草坡自然保护区分布的裸子植物有 6 科 12 属 23 种，分别占全国裸子植物科数的 60.00%、属数的 35.29%、种数的 9.66%，占四川(含重庆)裸子植物科数的 66.67%、属数的 42.86%、种数的 23.00%(表 6.1)。其中，以松科的属、种数量最多，其次为柏科，是构成本地区裸子植物区系的主体。从表 6.1 中可以发现，草坡自然保护区内裸子植物所占全国及四川裸子植物科、属的比例是比较大的。

表 6.1 草坡自然保护区裸子植物与全国及四川裸子植物的科、属、种比较

地区 种类	全国*			四川(含重庆)			草坡自然保护区		
	科	属	种	科	属	种	科	属	种
裸子植物	10	34	238	9	28	100	6	12	23

资料来源：* 全国及四川的统计数引自《卧龙植被及资源植物》

6.1.2 特有及起源古老的种类

草坡自然保护区有 12 属 23 种裸子植物，其中属于我国特有植物有 19 种，占该区域裸子植物种数的 82.61%，是组成针阔混交林、寒温性针叶林的建群植物。

从地质历史上看，草坡自然保护区在第四纪时虽曾遭受山岳冰川，但影响不大，古老的裸子植物从而得以保存。因此，在草坡自然保护区裸子植物区系中以中生代白垩纪及新生代第三纪的古老植物较多，如产于白垩纪的松属(*Pinus*)、云杉属(*Picea*)、红豆杉属

(*Taxus*)，产于古近纪的冷杉属(*Abies*)、铁杉属(*Tsuga*)、落叶松属(*Larix*)、杉木属(*Cunninghamia*)和麻黄属(*Ephedra*)等，这些古老的植物占保护区总属数的66.67%。

6.1.3 区系成分

在草坡自然保护区自然分布的23种裸子植物中，温带分布类型为4科8属，占草坡裸子植物总科数的66.67%、总属数的66.67%。特有分布1科1属，占草坡裸子植物总科数的16.67%，总属数的8.33%(表6.2)。从表6.2中可以看出，草坡自然保护区裸子植物以温带分布的科数和属数最多，而缺乏热带分布的裸子植物，这表明草坡地区具有以温带分布为主的裸子植物区系特征。

表6.2 草坡自然保护区裸子植物属的分布区类型及与全国的比较

分布区类型	全国		草坡自然保护区		
	属数	占总属数比例/%	属数	占总属数比例/%	占全国同类属比例/%
1. 世界分布	1	2.94	1	9.09	100
2. 泛热带分布	4	11.76	0	0	0
5. 热带亚洲至热带大洋洲分布	1	2.94	0	0	0
7. 热带亚洲(印度-马来西亚)分布	1	2.94	0	0	0
8. 北温带分布	9	26.47	7	58.33	77.78
9. 东亚和北美间断分布	8	23.53	1	9.09	12.5
10. 旧大陆温带(主要在欧洲温带)分布	1	2.94	0	0	0
14. 东亚(东喜马拉雅至日本)	4	11.76	1	9.09	25
15. 中国特有分布	5	14.71	1	9.09	20
合计	34	100	11	100	32.35

根据吴征镒对种子植物属所划分的包括热带、温带、古地中海和中国特有等15个分布区类型，草坡保护区在裸子植物区系地理上所属的分布区类型也是丰富多样的。从表6.2中可以看出，北温带分布属不仅在本地区全部属中所占的比例最高，同时在全国同类属中所占比例高达77.78%，这与草坡地区植被垂直地带性分布规律有关。

1. 世界分布属

草坡自然保护区裸子植物中拥有世界分布属1属，即麻黄科的麻黄属。麻黄属属于干旱、荒漠分布类型，主要分布在亚洲、美洲、欧洲南部及非洲北部等干旱、荒漠地区，在草坡西部海拔3400～4200m的亚高山草甸或高山草甸有分布。

2. 北温带分布属

北温带分布是草坡自然保护区裸子植物分布属最多的类型，占保护区裸子植物总属数的63.63%，如松属、云杉属、冷杉属、落叶松属、圆柏属(*Sabina*)、柏木属(*Cupressus*)、红豆杉属等。其中，云杉属、冷杉属、圆柏属、柏木属的不少种类是森林群落中的建群种和优势种。

3. 东亚分布属

草坡地区东亚分布属仅有 1 属，即三尖杉科(Cephalotaxaceae)的三尖杉属(*Cephalotaxus*)，主要分布于亚洲东部。该属在我国分布最集中，四川地区是其重要的分布区。该属最早化石见于英格兰侏罗系及我国浙江中侏罗统，野外调查见于草坡自然保护区金波、沙排、长河坝等地海拔 1400～1700m 的谷坡上。

4. 东亚和北美间断分布属

该地区东亚和北美间断分布属仅有 1 属，即松科的铁杉属(*Tsuga*)，主要分布于亚洲东部及北美温暖湿润山地，在保护区内主要分布于大白水沟、盐水沟、洪水沟、铁杉杠、松木火地等区域。铁杉属的最早化石发现于西伯利亚东部沿海的始新世地层，在四川理塘古近纪大地层中亦有发现。作为一个典型的东亚和北美间断分布属，铁杉属的现代分布格局是地质历史上东亚和北美大陆在地理空间上相互之间曾有密切联系的反映。

5. 中国特有分布属

本地区中国特有分布属仅有 1 属，即杉科的杉木属。该属广泛分布于秦岭以南温暖地区及我国的台湾，在四川安宁河中下游河谷残存有天然林。野外调查表明，保护区内金波、长河坝、沙排等海拔 1100～1800m 的阔叶林中伴生有杉木属植物，表明该地区在杉木属的系统演化上可能十分重要，是“杉木属起源于中国中低纬度亚热带地区”的又一佐证。

6.2 濒危或特有裸子植物

6.2.1 珍稀濒危裸子植物

珍稀濒危植物是濒危植物、渐危植物和稀有植物的统称，是亿万年生物演化历史的重要遗产。其中，珍稀植物是指在科研和经济上具有重要价值的物种，稀有植物是指在分布区内只有很少的群体或仅存在于有限地区的我国特有单型科、单型属或少型属的代表植物种类，濒危植物是指在分布区濒临绝灭的植物种类。珍稀濒危植物对古气候、古地理、物种系统发育及区系演变等方面研究具有非常重要的意义。

根据国务院 1999 年发布的《国家重点保护野生植物名录(第一批)》，在草坡自然保护区内现知属于国家重点保护的裸子植物共 3 种，其中属于国家 I 级重点保护植物 1 种，属于国家 II 级重点保护植物有 2 种。

1. 国家 I 级重点保护植物

1) 红豆杉 *Taxus chinensis* (Pilg.) Rehd.，濒危种

红豆杉是红豆杉科红豆杉属常绿乔木，中国特有种，世界上濒临灭绝的天然珍稀抗癌濒危植物，对研究植物区系和红豆杉属植物的分类、分布等方面有重要价值。野外调查发现在草坡自然保护区内赤足沟(31.22364°N，103.34674°E，海拔 1753m；31.21041°N，103.38785°E，海拔 1876m；31.21111°N，103.38440°E，海拔 1884m；31.21121°N，103.38157°E，海拔 1811m；31.21258°N，103.37495°E，海拔 1875m；31.21243°N，103.37316°E，海拔

1867m；31.21226°N，103.37033°E，海拔1891m；31.21395°N，103.34656°E，海拔2153m)、小沟(31.27746°N，103.31519°E，海拔2238m)等地海拔1600～2200m有大量分布。

2. 国家Ⅱ级重点保护植物

2)四川红杉 *Larix mastersiana* Rehd. et Wlis.，濒危种

四川红杉是稀有、珍贵、速生用材树种，为四川特有树种，仅分布于岷江流域，对研究落叶松属的分类与系统发育有重要的科学价值。野外调查发现在草坡自然保护区高家岩窝(31.19219°N，103.17309°E)、盐水沟(31.19234°N，103.15359°E；31.19436°N，103.14577°E)、毛毛沟(31.20341°N，103.17522°E)、长河坝(31.21353°N，103.22140°E)、洪水沟(31.21365°N，103.22057°E)等地海拔2100～3300m的针阔混交林和亚高山针叶林中有大量分布。

3)岷江柏木 *Cupressus chengiana* S. Y. Hu，渐危种

岷江柏木为我国特有植物，是中山、干旱河谷地带进行荒山造林的先锋树种，对长江上游水土保持十分重要。岷江柏木材质坚硬、致密、具香气。因过度砍伐，岷江柏木成片林已极为罕见，残存者多散生在交通不便、人类活动极少的岩边峭壁上或峡谷两侧。野外调查发现在草坡自然保护区金波、赤足沟、长河坝、沙排等海拔2500m以下的峡谷两侧仍有零星分布。

6.2.2 特有植物

草坡自然保护区分布有我国特有裸子植物19种，分别是华山松(*Pinus armandii*)、油松(*Pinus tabuliformis*)、黄果冷杉(*Abies ernestii*)、峨眉冷杉(*Abies fabri*)、岷江冷杉(*Abies fargesii* var. *faxoniana*)、四川红杉(*Larix mastersiana*)、云杉(*Picea asperata*)、麦吊云杉(*Picea brachytyla*)、黄果云杉(*Picea balfouriana* var. *hirtella*)、铁杉(*Tsuga chinensis*)、香柏(*Sabina pingii* var. *wilsonii*)、密枝圆柏(*Sabina convallium*)、方枝柏(*Sabina saltuaria*)、岷江柏木(*Cupressus chengiana*)、三尖杉(*Cephalotaxus fortunei*)、刺柏(*Juniperus formosana*)、粗榧(*Cephalotaxus sinensis*)、红豆杉(*Taxus chinensis*)及矮麻黄(*Ephedra minuta*)。其中四川特有植物两种：峨眉冷杉和四川红杉。现就部分物种分述如下：

1. 华山松

华山松又名葫芦松、五须松、果松等，因集中产于陕西的华山而得名。原产我国，主产中部和西南部高山，分布于西北、中南及西南各地。喜温凉湿润气候，不耐寒及湿热。除可供建筑、家具及木纤维工业原料外，华山松树干可割取树脂，树皮可提取栲胶，针叶可提炼芳香油，种子可食用、榨油。在保护区主要分布于赤足沟、长河坝、洪水沟、盐水沟等谷地海拔2000～2600m的地带，常形成山地常绿针叶林-华山松林。

2. 油松

油松又名短叶松、短叶马尾松、红皮松、东北黑松等，是原产我国北部的一种中型常绿乔木，分布于东北、华北、西北、西南和河南、山东、山西等地。在保护区主要分布于长河坝、赤足沟等谷地的阳坡和半阳坡海拔1800～2400m地带，并形成山地常绿针叶林的油松林。

3. 黄果冷杉

黄果冷杉为我国特有树种，产于四川西部及北部、西藏东部，为分布区内分布较低的一种冷杉。常绿乔木，生于海拔2600～3600m、气候较温和、棕色森林土的山地及山谷地带。野外调查发现在保护区零星分布于草坝河、金波河及其支沟海拔2200～2500m的针叶林中。

4. 峨眉冷杉

峨眉冷杉又名冷杉、泡杉、塔杉，因模式标本采自峨眉山而得名。为四川特有树种，主要分布于四川盆地的西缘山地。木材黄褐带红或浅红褐色，可供建筑、板料、家具及木纤维工业原料等用。树皮分泌的胶液，可提炼精制成冷杉胶，为光学仪器的重要黏合剂，树皮粉碎后可作尿醛树脂胶合性增量剂。野外调查发现在保护区主要分布于大岩窝、天台山等海拔2600～3200m的顶梁和山腰谷地。

5. 岷江冷杉

岷江冷杉为我国特有树种，主要分布于甘肃南部，四川岷江上游及大、小金川流域，以及康定折多山东坡海拔2700～3900m的高山地带。在保护区中部及西北侧海拔2700m以上直达林线附近均有大面积的岷江冷杉林分布。

6. 云杉

云杉又名粗枝云杉、大果云杉、粗皮云杉，为原产于我国西部云杉属的特有树种，主要分布于青海东部、甘肃南部、陕西西南与南部到四川西部一带。其树形端正，枝叶茂密，为重要的庭院观赏树种。木材通直，切削容易，无隐性缺陷。可作电杆、枕木、建筑、桥梁用材，还可用于制作乐器、滑翔机等，也是造纸的原料。云杉针叶含油率0.1%～0.5%，可提取芳香油。在保护区内发现零星分布于长河坝等地海拔2600～2800m的阴坡或半阴坡。

7. 麦吊云杉

麦吊云杉为我国特有树种，在四川主要分布在东北部、北部及岷江流域上游等区域。麦吊云杉生于海拔1300～3200m，常与云杉、铁杉、冷杉等混交，偶或散生于针阔混交林中。木材坚韧，纹理细密，可供机械制造、建筑、家具、器具等用材。在保护区海拔2200～2800m地带的阴坡和半阴坡有分布，常作为冷杉林、四川红杉林、铁杉针阔混交林的伴生植物。

8. 黄果云杉

黄果云杉为丽江云杉(*Picea likiangensis*)的变种。主要分布于我国云南西北部、四川西部等地，生于海拔3000～4000m的地区。在草坡地区主要分布于海拔3000m以上直达林线附近，常作为岷江冷杉林的伴生植物。

9. 铁杉

铁杉为我国中亚热带地区特有的第三纪残遗树种，在四川分布于川东部及岷江流域上游、大小金川流域、大渡河流域、青衣江流域、金沙江流域下游等地。其植株高大，材质坚实，耐水湿，适于作建筑、家具等用材，有一定的经济及科研价值。在草坡地区高家岩窝、大白水沟、盐水沟、大岩窝、毛毛沟、长河坝、洪水沟、铁杉杠、松木火地等海拔2100～2700m的阴坡及狭窄谷地两侧常形成铁杉针阔混交林。

10. 香柏

香柏为常绿灌木，产于四川西南部及云南西北部海拔2600～3800m地带。在保护区主要分布于大白水、小白水的沟尾及大圆包等地海拔 3600～4500m 的山地阳坡，往往形成常绿革叶的高山灌丛。

11. 密枝圆柏

密枝圆柏为常绿灌木，主要产于四川岷江上游与大渡河上游以西、西藏东部怒江流域以东海拔 2500～3700m 的高山地带。在保护区主要分布于正沟、毛毛沟、小河等各级支沟的阳坡。

12. 方枝柏

方枝柏在四川主要分布于岷江上游、大小金川流域、大渡河流域、青衣江流域、雅砻江流域及稻城等地海拔 2400～4300m 的山地。木材结构细致、坚实耐用，可作建筑、家具、器具等用材，并可作分布区干旱阳坡的造林树种。在保护区发现主要分布于正沟、毛毛沟、小河等地各级支沟的阳坡和半阳坡，位于海拔 3400～3500m 的冷杉、云杉群落上限林缘地段，呈狭带状分布，常形成亚高山常绿针叶林中的方枝柏林。

13. 刺柏

刺柏为常绿小乔木，我国特有树种，自温带至寒带均有分布。在保护区主要分布于海拔 2500～3000m 的高山石灰岩上或石灰质土壤中。

14. 三尖杉

三尖杉为常绿乔木，又名桃松、山榧树。为我国特产的重要药原植物，从其植物体中提取的植物碱对于癌症治疗具有一定疗效。三尖杉木材坚实，有弹性，具有多种用途，种子榨油可供制皂及油漆，果实入药有润肺、止咳、消积之功效。在保护区内主要分布于金波、沙排、长河坝等地海拔 1400～1700m 的谷坡，为阔叶林下的伴生植物。

15. 粗榧

粗榧为灌木或小乔木，又称粗榧杉、中华粗榧杉、中国粗榧，多数生长于海拔 600～2200m 的花岗岩、砂岩及石灰岩山地。粗榧在保护区的分布与三尖杉相似。

16. 矮麻黄

矮麻黄又名川麻黄、小麻黄、岩麻黄、异株矮麻黄等，主要分布于四川北部及西北部、青海南部(囊谦)海拔 2000～4000m 的高山地带。含麻黄碱，可供药用。野外调查发现在草坡自然保护区内主要分布于西部海拔 3400～4200m 的亚高山草甸或高山草甸。

6.3 裸子植物在保护区内的空间分布

裸子植物的空间分布与植被关系密切，松科、杉科、柏科等植物在植被组成中占有非常重要的地位。由于气候地带性与垂直梯度的变化，植被往往也呈现出明显的地带性分布。此外，人类活动对植被的现代分布格局也影响巨大。

草坡自然保护区内裸子植物在空间分布上可大体划分为以下 3 个片区。

1. 东南片区

东南片区主要指金波村附近白窗子、极星包、松木火地和铁杉杠一线以南区域，植被类型主要为常绿、落叶阔叶混交林和次生落叶阔叶林。红豆杉科、杉科、三尖杉科等裸子植物常作为阔叶林中的伴生植物存在。

红豆杉科仅有红豆杉 1 种，在保护区主要分布于金波、赤足沟等地海拔 1600～2200m 的阔叶林中。杉科有 1 属 1 种，即杉木，主要分布于金波等地海拔 1100～1800m 的阔叶林中，成为常绿、落叶阔叶混交林的伴生植物。三尖杉科有 1 属 2 种，即三尖杉和粗榧（*Cephalotaxus sinensis*），在草坡自然保护区均分布于金波等地海拔 1400～1700m 的谷坡，成为阔叶林下的伴生植物。

2. 中部片区

中部片区指保护区内白窗子、极星包、小全梁和黑岩窝以北区域，以及小沟、大雪塘沟、吊嘴以北、盐水沟、正沟、大白水沟、毛毛沟、长河坝、洪水沟等沟系及其以南海拔 2000～3500m 的广大区域。该区域的主要植被类型为铁杉针阔混交林、云冷杉林、落叶松林和柏树林。目前，草坡地区针叶林的覆盖面积占森林面积的 80%以上，主要树种是岷江冷杉，其次是峨眉冷杉、铁杉、云南铁杉、麦吊云杉、四川红杉等裸子植物。

在松科冷杉属中，以岷江冷杉分布范围较广，在草坡自然保护区中部及西北侧海拔 2700m 以上直达林线附近均有大面积的岷江冷杉林存在。黄果冷杉零星分布在草坝河、金波河及其支沟海拔 2200～2500m 的针叶林中。峨眉冷杉成片出现在天台山一带海拔 2600～3200m 的顶梁和山腰谷地。铁杉属 2 种，其中铁杉分布范围较广，在草坡自然保护区高家岩窝、大白水沟、盐水沟、大岩窝、毛毛沟、长河坝、洪水沟、铁杉杠、松木火地等海拔 2100～2700m 的阴坡，及狭窄谷地两侧谷坡形成铁杉针阔混交林，其面积仅次于冷杉林；其中，零星分布有云南铁杉。云杉属 3 种，其中黄果云杉分布海拔最高，作为岷江冷杉林的主要伴生植物存在；麦吊云杉分布范围最广，在草坡自然保护区海拔 2200～2800m 地带的阴坡和半阴坡有分布，常作为冷杉林、四川红杉林、铁杉针阔混交林的伴生植物；云杉分布范围最窄，仅零星分布于海拔 2600～2800m 的阴坡或半阴坡。落叶松属 1 种，即四川红杉，为阿坝州特有植物，主要分布于正沟、毛毛沟、长河坝、洪水沟等沟系及其各级支沟的溪流沿岸，在阳坡或半阳坡也呈块状林出现，垂直分布海拔为 2300～3000m。华山松主要分布在赤足沟、长河坝、洪水沟、盐水沟等谷地海拔 2000～2600m 的地带，油松主要分布于长河坝、赤足沟谷地的阳坡和半阳坡海拔 1800～2400m 的地带。

柏科有 3 属 6 种，其中岷江柏木在草坡自然保护区海拔 2500m 以下的峡谷两侧有零星分布；方枝柏主要分布于正沟、毛毛沟、小河等各级支沟的阳坡和半阳坡，位于海拔 3400～3500m 的冷杉、云杉群落上限林缘地段，呈狭带状分布，常形成亚高山常绿针叶林中的方枝柏林。

3. 西部和北部片区

西部和北部片区是指保护区内海拔 3500～4200(4400)m 的高山区域，植被类型属于亚高山灌丛和亚高山草甸，分布的裸子植物主要有柏科的香柏、麻黄科的木贼麻黄和矮麻黄。其中香柏主要分布于草坡保护区西部大白水、小白水的沟尾及大圆包等海拔 3600～4500m 的山地阳坡，往往形成常绿革叶的高山灌丛。木贼麻黄和矮麻黄主要分布于草坡西部海拔 3400～4200m 的亚高山草甸或高山草甸。

第7章 被子植物

7.1 物种多样性与区系组成

草坡自然保护区境内地质地貌复杂，气候类型多样，植物物种多样性指数高，珍稀濒危和古老孑遗类群较为丰富。同时，草坡自然保护区与卧龙国家级自然保护区相连，区内大熊猫主食竹类分布面积较广，保护区是邛崃山系大熊猫栖息地最为重要的组成部分之一。

7.1.1 物种多样性

草坡自然保护区被子植物物种多样性与邻近地区差异不明显(表 7.1)，这与其区位、地质条件及复杂的地形地貌有直接关系。此外，珍稀濒危及孑遗保护物种数量不及卧龙国家级自然保护区。然而，该保护区在植被组成上也有自身特点，如在金波寺附近分布有大量的红豆杉，植被类型比较全面，生境多样性程度高。同时，草坡自然保护区作为大熊猫等珍稀保护动物的栖息地，有着不可替代的特殊地位。

表 7.1 草坡自然保护区被子植物区系与邻近地区科、属、种的统计比较

邻近地区 / 分类阶元	草坡自然保护区	卧龙自然保护区*	四川省**
科数	129	135	188
属数	595	632	1493
种数	1545	1604	9953

数据来源：*.《卧龙植被及植物资源》(1987)

**.“四川种子植物区系组成的初步分析”(李仁伟和张宏达，2001)

7.1.2 区系基本特征

科和属的大小是植物区系的一个重要数量特征，其中，属的大小被认为可以反映一个区域植物区系的古老性。按照李仁伟等(2001)对四川被子植物区系的统计方法，可把草坡自然保护区被子植物的科、属划分为 5 个类型，即多种科(≥40 种)、中等类型科(20～39 种)、少种科(2～19 种)、单种科及单型科；多种属(≥20 种)、中等类型属(10～19 种)、少种属(2～9种)、单种属及单型属(表7.2)。

表7.2 草坡自然保护区内被子植物科、属内种的数量组成

科的类型(种数)	科数	占总科数比例/%	包含种数	占总种数比例/%	属的类型(种数)	属数	占总属数比例/%	包含种数	占总种数比例/%
多种科(≥40种)	9	6.98	651	42.14	多种属(≥20种)	4	0.67	88	5.70
中等类型科(20～39种)	11	8.53	309	20.00	中等类型属(10～19种)	20	3.36	237	15.34
少种科(2～19种)	92	71.32	568	36.76	少种属(2～9种)	281	47.23	930	60.20
单种科(1种)	14	10.85	14	0.91	单种属(1种)	281	47.23	281	18.20
单型科(1种)	3	2.33	3	0.19	单型属(1种)	9	1.51	9	0.58
合计	129	100.0	1545	100.0		595	100.0	1545	100.0

7.1.2.1 科的分析

从科的分布水平来看，草坡自然保护区内少种科最为丰富，达92科(共568种)，分别占保护区被子植物总科、总种数的71.32%和36.76%(表7.2)。其次为那些含有40种以上的多种科，达9科651种，分别占该区域被子植物总科、总种数的6.98%和42.14%。中等类型科有11科，但所含物种数量为309种。单种科和单型科在保护区内也有一定分布，达到了17科，占该保护区总科数的13.18%。

少种科在草坡自然保护区最为丰富。作为被子植物区系的重要组成部分，部分少种科在区系性质上也具有一定的古老性，同时也是该区森林生态系统的重要组成部分，如椴树科(Tiliaceae)、胡颓子科(Elaeagnaceae)等。虽然这些少种科在科的数量上所占比例较高，但是多数类群在该区的物种分布数量相对较少且分散，并不是组成该地区植被的主体，却能反映出草坡自然保护区被子植物区系成分具有较完整的系统性。

多种科的数量最能体现该区域被子植物的分布特征。虽然多种科在保护区内只有9科，但所包含种的数量却达到了651种。这些科包括毛茛科(Ranunculaceae)(属数/种数＝18/71)、虎耳草科(Saxifragaceae)(属数/种数＝14/52)、蔷薇科(Rosaceae)(属数/种数＝30/115)、豆科(Leguminosae)(属数/种数＝24/55)、伞形科(Apiaceae)(属数/种数＝24/51)、菊科(Asteraceae)(属数/种数＝42/129)、百合科(Liliaceae)(属数/种数＝22/56)、禾本科(Gramineae)(属数/种数＝35/63)和兰科(Orchidaceae)(属数/种数＝29/60)。这些多种科在本区域种数均超过50种，多数物种同时也是各种植被类型的基础组成部分，在森林、草地群落中占据着优势地位，并在维持生态系统的稳定性中发挥着极为重要的作用。

单种科(指在全球区系中，含有多个种类，而在某个区域内仅含1种)和单型科(指在全球区系中，仅含有 1 个种类)的古老性和新生性，是研究植物区系起源的重要资料，在一定程度上反映了植物区系的古老程度和演化孤立性。草坡自然保护区分布有单种科达到 17 科，包含的 3 个单型科为水青树科(Tetracentraceae)、杜仲科(Eucommiaceae)和透骨草科(Phrymaceae)，单型科占该区总科数的 2.33%。在 3 个单型科中，除透骨草科为东亚和北美间断分布外，其余 2 科都是中国或东亚分布的特有科，在系统演化中属于古老和孤立的类群。

7.1.2.2 属的分析

属是分类学上的重要阶元，相互间能更好地划清界限，因而从某种意义上讲，属在植物区系分析中相对于科来说更准确、更重要。草坡自然保护区被子植物区系组成以单种属(包括单型属在内，单种属和单型属的概念与单种科、单型科相似)最丰富，共计达 290 属，占总属数的 48.74%，所含种数占总种数的 18.78%(表 7.2)。其中，绝大多数单型属和一部分单种属是在漫长的系统发育过程中形成的，属古老孑遗类群，充分反映了该区域植物区系的古老性，如水青树属(*Tetracentron*)、连香树属(*Cercidiphyllum*)等。

在草坡自然保护区内，含 2～9 种的少种属也很丰富，达到 281 属 930 种，是草坡保护区植物区系的主要组成成分。在这些少种属中，属于古老成分的有山桐子属(*Idesia*)、化香属(*Platycarya*)、八角枫(*Alangium chinense*)、润楠(*Machilus pingii*)、山胡椒(*Lindera glauca*)、胡枝子(*Lespedeza bicolor*)等。

最能体现该区域被子植物区系特征的是含有 20 种以上的多种属，如柳属(*Salix*)、蓼属、忍冬属等，以及含有 10～19 种的中等类型属，共计 24 属。它们虽然只占总属数的 4.03%，但所含种数达 325 种，占总种数的 21.04%，反映出草坡自然保护区是它们集中分布区。

7.1.2.3 特有现象

特有现象是种系分化的结果。草坡自然保护区地处邛崃山系，其独特的地理环境和复杂多样的气候特点孕育了较为丰富的特有类群。据统计，在保护区内属于我国特有植物的共 25 属，代表类型有串果藤属(*Sinofranchetia*)、藤山柳属(*Clematoclethra*)、羌活属(*Netopterygium*)、水青树属(*Tetracentron*)及箭竹属(*Fargesia*)等。此外，在保护区内古老孑遗植物也有一定分布，而且不少是我国特有种，如水青树。另外，野外调查期间发现在贝母山海拔 3000m 左右的山坡上，分布有数量可观的独叶草。

7.2 分布区类型

根据吴征镒等(2003)对中国被子植物属及李仁伟等(2001)对四川被子植物区系的分区方法，草坡自然保护区内被子植物科、属可分别划分为世界分布、热带分布、温带分布和中国特有分布四大类型，各大类型中分别包括多个亚型(表 7.3，表 7.4)。

表 7.3 草坡自然保护区内被子植物科的分布区类型

类型	亚型	科数	占总科数的比例/%
世界分布	1 世界分布	38	29.2
热带分布	2 泛热带分布	40	30.8
	3 热带亚洲、美洲间断分布(广义)	8	6.2
	4 旧世界热带	2	1.5
	5 热带亚洲、大洋洲	2	1.5
	6 热带亚洲、热带非洲	1	0.8
	7 热带亚洲	2	1.5
温带分布	8 北温带分布	24	19.2
	9 东亚和北美间断分布	4	3.1
	10 旧世界温带	1	0.8
	14 东亚分布	5	3.8
中国特有	15 中国特有分布	2	1.5
合计		129	100.0

表 7.4 草坡自然保护区内被子植物属分布区类型

类型	亚型	属数	占总属数的比例/%
世界分布	1 世界分布	46	7.73
热带分布	2 泛热带分布	71	11.93
	2-1 热带亚洲、大洋洲、南美洲间断	4	0.67
	2-2 热带亚洲、非洲、南美洲间断	1	0.17
	3 旧世界热带	13	2.18
	4 热带亚洲、美洲间断(广义)	8	1.34
	5 热带亚洲、大洋洲	11	1.85
	6 热带亚洲、热带非洲	17	2.86
	7 热带亚洲	31	5.21
温带分布	8 北温带分布	158	26.55
	9 东亚和北美间断分布	47	7.90
	10 旧世界温带	46	7.73
	11 温带亚洲	15	2.52
	12 地中海、西亚至中亚	3	0.50
	13 中亚分布	5	0.84
	14 东亚分布	39	6.55
	14-1 中国喜玛拉雅分布(SH)	34	5.71
	14-2 中国-日本分布(SJ)	21	3.53
中国特有	15 中国特有分布	25	4.20
合计		595	100

7.2.1 科的分布区类型

在草坡自然保护区内，泛热带分布和世界分布的科最多，分别有40科和38科，各占该区域科总数的30.8%和29.2%，其次，北温带分布的科为24科，约占总科数的19.2%，其他分布类型均占较低成分(表7.3)，导致本区域被子植物泛热带性质的科占主要比例的原因可能与本区域地形地貌复杂有关，地质史上冰期的影响较小，从而有大量古热带性质的科被保留下来。

7.2.2 属的分布区类型

属的性质、特征相对稳定，常常占有比较稳定的分布区。因此，属水平分布区类型比较科水平更能反映系统发育过程和地区特征。根据吴征镒(1991)对中国种子植物属分布区类型的划分方法，草坡自然保护区内被子植物属的分布区类型统计见表7.4。

(1)属温带分布类型的共368属，占总属数的61.85%；热带类型的属有80属，占总属数的13.44%。总体上，温带分布型明显高于热带分布型。具体分布型分析显示：北温带分布类型最为丰富，达158属，占属总数的26.55%，远高于全国北温带分布属(10.03%)的比例，代表属有葱属(*Allium*)、桑属(*Morus*)、蔷薇属(*Rosa*)、杜鹃属(*Rhododendron*)等。在这些属中，有些为广布北温带的属，如槭属(*Acer*)、柳属(*Salix*)、栗属(*Castanea*)、樱桃属(*Prunus*)等。大量温带分布类型属的出现，反映出该地区在气候方面鲜明的山地温带特性。

(2)泛热带分布有71属，占该地区属总数的11.93%，略低于全国水平(12.02%)的比例。泛热带成分比较丰富，说明该地区被子植物在演化过程中与周围其他地区可能有明显的联系。

(3)世界分布属在保护区内有46属，占该区属总数的7.73%，代表类群有蓼属(*Polygonum*)、老鹳草属(*Geranium*)、灯心草属(*Juncus*)、苔草属(*Carex*)、堇菜属(*Viola*)、鼠尾草属(*Salvia*)、车前属(*Plantago*)、毛茛属(*Ranunculus*)、悬钩子属(*Rubus*)、铁线莲属(*Clematis*)及鼠李属(*Rhamus*)等。在这些类群中，大多数为草本层或亚高山、高山灌丛草甸的优势类群。

(4)其他分布类型所占比例都较低。胡椒科(Piperaceae)的胡椒属(*Piper*)全世界约有700种，我国约35种，而草坡自然保护区内仅发现分布有石南藤(*P. wallichii*)1种。紫金牛科(Myrsinaceaae)的紫金牛属(*Ardisia*)全世界共400余种，我国约70种，而在草坡仅发现分布有2种。

综上所述，草坡自然保护区内被子植物区系呈以下特征：

(1)种类丰富。据调查，该区分布有被子植物129科595属1545种。由于山高、谷深、坡陡，保护区内海拔垂直落差达2608m，区内气候垂直变化明显，植被类型比较丰富。在保护区内海拔较低地段由于1998年以前的长期森工砍伐和区内持续干扰的存在(放牧、耕作和泥石流等)，现存植被主要以次生灌丛和人工栽培的柏木林为主。沿主沟两侧的山麓与河滩地，大都以杨柳科柳属(*Salix*)植物、大叶醉鱼草(*Buddleja davidii*)、刺黄花(*Berberis polyantha*)和忍冬科荚蒾属(*Viburnum*)植物为主，并分布有大叶杨(*Populus lasiocarpa*)、糙叶五加(*Acanthopanax henryi*)、灯台树(*Cornus controversa*)、青榨槭(*Acer davidii*)、五裂槭(*Acer oliverianum*)、木姜子(*Litsea cubeba*)、稠李(*Prunus* sp.)、野核桃(*Juglans cathayensis*)、茶藨子属(*Ribes*)植物、椴树(*Tilia tuan*)、栒子属(*Cotoneaster*)植物等相间杂的落叶灌丛，甚至演变为以蒿类(*Arftmsia*)、蟹甲草类(*Cacalia*)与血满草(*Sambucus adnata*)为主的灌草丛。保护区内海拔2400～2700m也曾受到人为采伐的影响，如今一些区域只残留有少量针叶树种，如岷江冷杉、麦吊云杉等。与针叶树种伴生的落叶阔叶树种主要有红桦(*Betula albo-sinensis*)和糙皮桦(*Betula utilis*)，甚至出现以糙皮桦为主的落叶阔叶林。该植被带的常见树种还有槭树属(*Acer*)、杜鹃属(*Rhododendron*)、杨属(*Populus*)等植物类群。海拔2700～3600m地带分布有亚高山针叶林，林分主要以岷江冷杉为主，夹杂了少量的麦吊云杉。林下则以箭竹属(*Fargesia*)植物、拐棍竹、杜鹃属植物及岷江冷杉幼株等为主。该保护区独特的地理位置、多样的气候类型及复杂的地质地貌等因素使区内植物多样性比较丰富。

(2)保护区内单种科、单种属(包括单型科、单型属)有较多分布，特有类群较多，体现出该区域被子植物区系的古老性。同时，由于草坡自然保护区地貌以中、高山为主，地形切割破碎，垂直高差大，在植物区系演化过程中具有相对的独立性。

(3)变种和亚种较多。据不完全统计，在该区域分布有128变种3亚种，其中有不少为该区的新生类群和特有种，表明草坡自然保护区被子植物区系正处于不断发展更新的过程中。

(4)在科级水平上，以热带成分占主导，而在属级水平上则以温带成分为主。科、属的世界分布类型丰富，间断分布类群较多，体现出草坡自然保护区被子植物区系的温带特征，以及与世界被子植物区系之间具有较为密切的联系。

7.3 珍稀濒危保护植物

1. 连香树 *Cercidiphyllum japonicum* Sieb. et Zucc.

别名五君树、山白果。属连香树科(Cercidiphyllaceae)连香树属(*Cercidiphyllum*)，为雌雄异株落叶的高大乔木。为东亚孑遗植物之一，主要分布在中国和日本。国内已知主要分布于山西西南部、河南、陕西、甘肃、安徽、浙江、江西、湖北及四川。生长于海拔1000～1900m的沟谷或山坡的中下部，常与华西枫杨(*Pterocarya insignis*)、秦岭冷杉(*Abies chensiensis*)、亮叶桦(*Betula luminifera*)、椴树、水青树等混生。该物种具有重要的科研、观赏和药用价值。目前，连香树已列入国家II级重点保护植物。

在保护区内分布在：毛毛沟(103°17′53.8″E，31°19′33.7″N，海拔2283m；103°17′57.84″E，31°20′14.19″N，海拔2423m)、转转岩窝(103°17′06.5″E，31°19′19.7″N，海拔2241m)、草坡村村口(103°23′42.9″E，31°12′33.1″N，海拔1810m)、长河坝(103°22′06.41″E，31°21′35.22″N，海拔2329m)等地。连香树常与水青树混生，所以在保护区内的分布常与水青树重叠。

2. 独叶草 *Kingdonia uniflora* Balf. f. et W. W. Smith

属毛茛科(Ranunculaceae)，是我国特有单种属植物，稀有种。该物种目前已知零星分布在陕西南、甘南、川西及云南德钦等地。生于海拔 3000～4000m 的亚高山至高山针叶林和针阔混交林下。独叶草生长于亚高山至高山原始林下荫蔽、潮湿、腐殖质层深厚的环境中，主要依靠根状茎繁殖，天然更新能力差，加之人为破坏森林植被，自然分布日益缩小，已被列为国家Ⅰ级重点保护物种。

在草坡自然保护区贝母山等海拔 3000m 以上地带有分布。

3. 水青树 *Tetracentron sinensis* Oliv.

属水青树科(Tetracentraceae)水青树属(*Tetracentron*)，稀有种。该物种分布较为广泛，主要分布于陕西、甘肃、四川、云南、贵州、湖南、湖北及河南等地，国外在尼泊尔和缅甸北部也有分布。主要生长于海拔 1600～2200m 的沟谷或山坡阔叶林中。

水青树是第三纪古老孑遗珍稀植物。其木材无导管，对研究中国古代植物区系的演化、被子植物系统和起源具有重要科学价值。另外，水青树木材质坚，结构致密，纹理美观，供制家具及作造纸原料等。水青树树形美观，可作造林、观赏树及行道树，现为国家Ⅱ级重点保护植物。

在保护区内分布在：长河坝(103°22′11.18″E，31°21′36.57″N，海拔 2308m；103°22′13.99″E，31°21′35.28″N，海拔 2294m；103°22′06.41″E，31°21′35.22″N，海拔 2329m；103°21′56.49″E，31°21′38.28″N，海拔 2340m；103°21′30.18″E，31°21′38.94″N，海拔 2379m；103°20′59.72″E，31°21′43.71″N，海拔 2485m；103°22′34.72″E，31°21′40.69″N，海拔 2338m；103°22′40.11″E，31°21′46.00″N，海拔 2345m；103°22′42.66″E，31°21′49.59″N，海拔 2340m；103°22′45.85″E，31°21′50.98″N，海拔 2343m、原原沟(103°16′00.18″E，31°19′23.91″N，海拔 2308m；103°14′57.72″E，31°19′43.62″N，海拔 2509m)、盐水沟(113°15′43.89″E，31°19′19.73″N，海拔 2371m；103°15′54.38″E，31°19′19.68″N，海拔 2369m)等地。

4. 珙桐 *Davidia involucrata* Baillin

别名鸽子树。属蓝果树科［或珙桐科(Nyssaceae)］珙桐属(*Davidia*)，稀有种。

该类物种为 1000 万年前新生代第三纪留下的孑遗植物。在第四纪冰川时期，大部分地区珙桐相继灭绝，只有在我国南方的一些地区幸存下来，因而成为了植物界的“活化石”。珙桐为国家Ⅰ级重点保护物种。

珙桐在我国分布较为广泛。四川宜宾珙县王家镇有“珙桐之乡”之称，分布着大面积的珙桐林。此外，陕西东南部、湖北西部至西南部、湖南西北部、贵州东北部至西北部、四川、云南东北部及广东怀集县等地也有一定分布。常混生于海拔 1200～2200m 的阔叶林中，偶有小片纯林。

自 1869 年珙桐在四川穆坪(今宝兴县境内)被发现以后，珙桐先后为各国所引种，逐渐成为各国人民喜爱的名贵观赏树种。在国内，珙桐也逐渐被引种作为观赏植物，北京植物园栽培的珙桐也能正常开花。

该物种在草坡自然保护区内麻龙电站周边山坡及沙盘等地有稀疏分布。

5. 光叶珙桐 *Davidia involucrata* var. *vimoriniana* (Dode) Wanger

为珙桐的变种，稀有种。为国家Ⅰ级重点保护物种。与原变种的区别在于本变种叶下面常无毛或幼时叶脉上被很稀疏的短柔毛及粗毛，有时下面被白霜。产于湖北西部、四川、贵州等地，常与珙桐混生。

在保护区内与珙桐分布类似。

6. 香果树 *Emmcnopterys henryi* Oliv.

属茜草科(Rubiaceae)香果树属(*Emmcnopterys*)落叶乔木，中国特有单种属，稀有种。该物种起源于距今约 1 亿年的中生代白垩纪，为古老孑遗植物，现为国家Ⅱ级重点保护植物。香果树主要分布于我国秦岭以南，生于海拔 430～1630m 处的山谷林中，喜湿润而肥沃的土壤。香果树作为我国特有单种属植物，对研究茜草科系统发育和我国南方植物区系的演化均有意义。

经走访调查，该物种在麻龙电站周边海拔约 2000m 的山地等有少量分布。

7. 油樟 *Cinnamomum longepaniculatum* (Gamble) N. Chao ex H. W. Li

属樟科(Lauraceae)樟属(*Cinnamomum*)，国家Ⅱ级重点保护野生植物，主产于四川宜宾和台湾，湖南、江西等省有引种栽培。

该物种在保护区第一次综合科学考察报告中有记录，但本次科考并未发现。

8. 圆叶木兰 *Magnolia sinensis* (Rehd. et Wils.) Stapf.

属木兰科(Magnoliaceae)木兰属(*Magnolia*)落叶小乔木，渐危种，国家Ⅱ级重点保护野生植物。该物种树皮可代厚朴药用，常因剥皮而死，另外因自然植被破坏严重，致使植株日渐稀少。圆叶木兰分布范围狭窄，仅分布于四川中部和北部的局部地区，生于海拔 2000～2600m 的林缘和灌丛中。

该物种在保护区第一次综合科学考察报告中有记录，但本次科考未发现。

9. 梓叶槭 *Acer catalpifolium* Rehd.

属槭树科(Aceraceae)槭属(*Acer*)，濒危种，中国特有，属国家Ⅱ级重点保护野生植物。零星分布于四川，生于亚热带海拔 500～1300m 的常绿阔叶林中。该物种不仅分布区狭窄，且零星散布。

该物种在保护区第一次综合科学考察报告中有记录，但本次科考未发现。

10. 山莨菪 *Anisodus tangutica* (Maxim.) Pascher.

为茄科(Solanaceae)山莨菪属(*Anisodus*)植物，中国特有，现列为国家Ⅱ级重点保护物种。分布在中国大陆甘肃、西藏、云南、青海等地，生于海拔 2800～4200m 的山坡向阳处。该物种具有重要的药用价值，可用于镇痛解痉、活血去瘀、止血生肌等。

在保护区内分布：该物种主要分布在亚高山或高山草甸、草坡、林缘草丛等处。虽然在第一次科考中有发现，但由于本次科考期间草坡正值特大泥石流灾害，未发现该物种。根据在草坡村的访问调查，在贝母山及沙盘等地海拔约 3000m 的山坡草地上有零星分布。

11. 野大豆 *Glycine soja* Sieb. et Zucc.

属豆科(Fabaceae)大豆属(*Glycine*)，国家Ⅱ级重点保护野生植物。野大豆在国内分布较广，包括从中国东北乌苏里江沿岸和沿海岛屿至西北(除新疆、宁夏)、西南(除西藏外)至华南、华东均有星散分布。多生于海拔 300～1300m 的山野及河流沿岸、湿草地、湖边、沼泽附近或灌丛中。野大豆与大豆是近缘种，具有耐盐碱、抗寒、抗病等优良性状。大豆是我国主要的油料及粮食作物，在育种上可利用野大豆培育优良的大豆新品种。野大豆营养价值高，是牛、马、羊等各种牲畜喜食的牧草。

该物种主要分布在草坡自然保护区东北地区，且分布海拔偏低。

12. 红花绿绒蒿 *Meconopsis punocea* Maxim.

属罂粟科(Papaveraceae)绿绒蒿属(*Meconopsis*)，国家II级重点保护野生植物。

红花绿绒蒿分布在四川西北部、西藏东北部、青海东南部和甘肃南部海拔 2500～4600m 的山坡草地、高山草甸、林缘、沟边、山坡草地等处。可全草入药，具有清热、镇痛、降压、止咳、利尿、固涩、解毒、抗菌等功效。

据访问，红花绿绒蒿在草坡自然保护区内贝母山海拔 3000m 以上有分布。

第8章 植　　被

植被是在历史和现在环境因素的共同影响下，出现在某一地区植物的长期演化发展的结果，是植物与环境长期相互作用后形成的自然复合体。

8.1　植被分类系统

8.1.1　植被基本情况

草坡自然保护区内地质历史古老，在第四纪冰川活动期间仅山岳被冰川侵袭，广大河谷地带未受影响。同时，自然生态环境的水平和垂直差异，孕育了丰富的植物种类和群落。根据植被分区的基本原则和依据，采用植被区、植被地带、植被地区和植被小区4级植被分区单位来划分草坡自然保护区植被区划属于：亚热带常绿阔叶林区、川东盆地及川西南山地常绿阔叶林地带、盆边西部中山植被地区、龙门山植被小区。

8.1.2　植被分类系统

参照《中国植被》的分类方法，草坡自然保护区植被基本类型划分采用的主要分类单位有植被型(高级单位)、群系(中级单位)和群丛(基本单位)三级。在每一级分类单位之上，各设一个辅助单位，即植被型组、群系组和群丛组：

植被型组
　植被型
　　群系组
　　　群系
　　　　群丛组
　　　　　群丛

草坡自然保护区的植被共划分为5个植被型组(即阔叶林、针叶林、灌丛、草甸和高山稀疏植被)、16个植被型、47个群系。保护区的植被分类系统如下。

草坡自然保护区植被分类系统

一、阔叶林
　1. 常绿、落叶阔叶混交林
　　1)樟、落叶阔叶混交林

(1)卵叶钓樟、野核桃林

【1】卵叶钓樟+野核桃-油竹子群落

【2】卵叶钓樟+山胡椒-拐棍竹群落

2)青冈、落叶阔叶混交林

(2)蛮青冈、桦、槭林

【3】蛮青冈+红桦-油竹子群落

【4】蛮青冈+疏花槭-拐棍竹群落

2. 落叶阔叶林

3)桤木林

(3)桤木林

【5】桤木-马桑+水麻群落

4)栎类林

(4)槲栎林

5)野核桃林

(5)野核桃林

【6】野核桃-蕊被忍冬群落

6)桦林

(6)红桦林

【7】红桦+疏花槭-冷箭竹群落

【8】红桦-拐棍竹群落

【9】红桦+陕甘花楸-黄花杜鹃群落

7)杨林

(7)大叶杨林

【10】大叶杨-拐棍竹群落

(8)太白杨林

【11】太白杨+红桦-桦叶荚蒾群落

【12】太白杨-拐棍竹群落

8)沙棘林

(9)沙棘林

3. 硬叶常绿阔叶林

9)高山栎林

(10)川滇高山栎林

10)杜鹃林

(11)大叶金顶杜鹃林

4. 竹林

11)箭竹林

(12)油竹子林

(13)拐棍竹林

12）木竹（冷箭竹）林

（14）冷箭竹林

二、针叶林

5. 暖性针叶林

13）柏木林

（15）岷江柏木疏林

6. 温性针叶林

14）温性松林

（16）油松林

【13】油松-长叶溲疏群落

（17）华山松林

【14】华山松-黄花杜鹃、柳叶栒子群落

7. 温性针阔混交林

15）铁杉针阔混交林

（18）铁杉针阔混交林

【15】铁杉+红桦-拐棍竹群落

【16】铁杉+麦吊云杉+山杨-拐棍竹群落

【17】铁杉+红桦-冷箭竹群落

8. 寒温性针叶林

16）云杉、冷杉林

（19）麦吊云杉林

【18】麦吊云杉-拐棍竹群落

（20）岷江冷杉林

【19】岷江冷杉-冷箭竹林

【20】岷江冷杉-大叶金顶杜鹃群落

（21）峨眉冷杉林

【21】峨眉冷杉+糙皮桦-冷箭竹群落

17）圆柏林

（22）方枝柏林

【22】方枝柏-棉穗柳群落

18）落叶松林

（23）四川红杉林

【23】四川红杉-冷箭竹群落

三、灌丛

9. 常绿阔叶灌丛

19）典型常绿阔叶灌丛

（24）卵叶钓樟灌丛

10. 落叶阔叶灌丛

20）温性落叶阔叶灌丛
（25）四川黄栌灌丛
（26）秋华柳灌丛
（27）马桑灌丛
（28）川莓灌丛
（29）长叶柳灌丛
（30）沙棘灌丛
21）高寒落叶阔叶灌丛
（31）牛头柳灌丛
（32）细枝绣线菊灌丛
（33）华西银露梅灌丛
11. 常绿革叶灌丛
（34）川滇高山栎灌丛
（35）大叶金顶杜鹃灌丛
（36）青海杜鹃灌丛
（37）紫丁杜鹃灌丛
12. 常绿针叶灌丛
22）高山常绿针叶灌丛
（38）香柏灌丛
四、草甸
13. 典型草甸
23）杂类草草甸
（39）糙野青茅草甸
（40）长葶鸢尾、扭盔马先蒿草甸
（41）银莲花、委陵菜草甸
（42）大黄橐吾、大叶碎米荠草甸
14. 高寒草甸
24）丛生禾草高寒草甸
（43）羊茅草甸
25）蒿草高寒草甸
（44）矮生蒿草草甸
26）杂类草高寒草甸
（45）珠芽蓼、圆穗蓼草甸
（46）淡黄香青、长叶火绒草草甸
15. 沼泽化草甸
27） 苔草沼泽化草甸
（47）苔草草甸
五、高山稀疏植被

16. 高山流石滩稀疏植被

28）风毛菊、红景天、虎耳草稀疏植被

一、阔叶林

阔叶林是以阔叶树种为建群种的森林植被类型。阔叶林在保护区森林线以下的地段广泛分布，是保护区的优势植被类型。保护区的落叶阔叶林主要由常绿与落叶阔叶混交林、落叶阔叶林、硬叶常绿阔叶林等组成。区内的低海拔地带本是常绿阔叶林分布的地段，由于该地带水热条件较优，在人类长期生产活动的影响下，常绿阔叶林已不复存在，组成昔日植物群落的优势树种，如樟科的樟、楠，山毛榉科的青冈等散生树在该地段也十分罕见，取而代之的是农地和部分次生灌丛、人工林或经济林。海拔较高地段的阔叶林，如常绿、落叶阔叶混交林，以及大部分的落叶阔叶林群落，虽也不同程度受到过人类的干扰，常绿树种有所减少，并表现出明显的次生性状，但绝大多数群落还保持着正常的生长发育状态，并逐步恢复其群落的原生风貌。

1. 常绿、落叶阔叶混交林

常绿、落叶阔叶混交林是四川植被中常见的类型，它是处于常绿阔叶林与针阔混交林间的过渡类型。在草坡自然保护区主要分布于海拔1600（1700）～2000（2100）m的赤足沟、正河、草坝河、金波河等沟口。该群落的下限以常绿成分占优势，落叶树种次之，而上限（靠近针阔混交林的下缘）以落叶树种占优势，常绿树种次之。因有落叶阔叶树种存在，群落在外貌上随季节不同而变化，具有较为明显的季相特征：春夏季群落外貌呈深绿与嫩绿参差，入秋后树叶呈黄色、红色或紫色，在冬季落叶后林冠呈少数绿色斑块状。

根据建群种的差异，该植被类型可分为青冈、落叶阔叶混交林和樟（卵叶钓樟）、落叶阔叶混交林2个群系组。

1）樟、落叶阔叶混交林

（1）卵叶钓樟、野核桃林（Form. *Lindera limprichtii+Juglans cathayensis*）

卵叶钓樟、野核桃林主要分布于金波河、赤足沟等地海拔1400～2000m一带的山麓坡地。由于人为砍伐，林内阳光充足，落叶树种生长发育快，而形成常绿、落叶阔叶混交林。群落中的卵叶钓樟多为萌生状，树高常处于落叶树种之下。常见的树种还有蛮青冈、刺叶栎（*Quercus spinosa*）、红果树（*Stranvaesia davidiana*）、石楠（*Photinia serratifolia*）等常绿树种，鹅耳枥（*Carpinus turczaninouii*）、华西枫杨、椴树、化香、槲栎（*Quercus aliena*）、灯台树（*Cornus controversa*）及水青树、领春木、连香树、壮丽柳等，针叶树种油松也常在群落中散生。

【1】卵叶钓樟+野核桃-油竹子群落（Gr. ass. *Lindera limprichtii+Juglans cathayensis-Fargesia angustissima*）

该群落代表样地在赤足沟海拔1783m（31.12318°N，103.23352°E）的山麓坡地。坡向为南坡，坡度35°～40°。土质较厚，林内较阴湿。枯枝落叶层分解较好，覆盖率为90%左右。

群落外貌灰绿色，林冠较整齐，成层现象较明显。乔木层高7～10m，总郁闭度为0.8；以卵叶钓樟为优势种，郁闭度0.35，平均高8m，胸径5～6cm；野核桃为次优势种，郁闭度 0.30，平均高 10m，胸径 6～8cm；其次有星毛稠李（*Padus stellipila*）、细齿稠李（*Padus obtusata*），以及鹅耳枥、领春木、猫儿刺等，郁闭度为 0.2；其内有红豆杉 3 株，平均胸径 13cm，平均高 6.5m，平均冠幅为 3m×3m。灌木层高 0.5～4m，总盖度为 85%；第一亚层高 2～4m，以油竹子占优势，盖度为 50%；其次有木姜子、山胡椒、直角荚蒾、桦叶荚蒾和楤木等，盖度共为 10%。第二亚层高 0.5～1.5m，以蕊帽忍冬为主，盖度为 15%；另有腊莲绣球、绣线菊等，盖度共为 8%；川溲疏、野花椒、三颗针等盖度为 5%。草本层高 5～100cm，总盖度为 55%；以高 5～10cm 的丝叶苔草为主，盖度 35%；其次有野棉花、夏枯草、齿果酸模、龙胆、红姑娘、东方草莓等，盖度约 25%。

【2】卵叶钓樟+山胡椒-拐棍竹群落（Gr. ass. *Lindera limprichtii*+*Lindera glauca*-*Fargesia rabusta*）

该群落代表样地在赤足沟海拔 2082m（103.35291°E，31.21441°N）的山麓坡地。坡向为南坡，坡度 10°～20°。土质较厚，林内较阴湿。枯枝落叶层分解较好，覆盖率为 90%左右。

群落外貌灰绿色，林冠较整齐，成层现象较明显。乔木层高 7～10m，总郁闭度为 0.6；以卵叶钓樟为优势种，郁闭度 0.45，平均高 8m，胸径 5～6cm；山胡椒为次优势种，郁闭度 0.20，平均高 10m，胸径 6～8cm；另有藏刺榛、华鹅耳枥、四川蜡瓣花、猫儿刺等，郁闭度为 0.2。灌木层高 0.5～4m，总盖度为 65%；第一亚层高 2～4m，以拐棍竹占优势，盖度为 40%；其次有桦叶荚蒾和楤木等，盖度共为 10%。第二亚层高 0.5～1.5m，以蕊帽忍冬为主，盖度为 10%；另有川溲疏、野花椒、三颗针、直穗小檗等，盖度共为 5%。草本层高 5～100cm，总盖度为 50%；以高 5～10cm 的丝叶苔草为主，盖度 35%；其次有翅茎香青、三角叶蟹甲草、风轮草、倒提壶、红姑娘等，盖度约 25%。

2）青冈、落叶阔叶混交林

（2）蛮青冈＋桦＋槭林（Form. *Cyclobalanopsis oxyodon*＋*Betula* spp.＋*Acer* spp.）

该植被类型分布面积较广，主要分布于金波河、正河、草坝河海拔 1500～2100m 一带的山麓和山腰坡地。一般坡度为 35°～60°，最大坡度在 50°～60°时，土层瘠薄，土壤较干燥，草本层和活地被物稀少。地面枯枝落叶分解较差，林木更新幼苗较少。坡度在 35°～45°的半阳、半阴坡，林内较湿润，草本层和活地被物种类较丰富，枯枝落叶层分解较良好，腐殖层和土层较厚，林木更新幼苗种类和数量较多，自然更新良好。

【3】蛮青冈+红桦-油竹子群落（Gr. ass. *Cyclobalanopsis oxyodon*+*Betula albo-sinensis*-*Fargesia angustissima*）

该群落代表样地在长河坝海拔 2000m 的山麓坡地，坡向为西南坡，坡度 50°。土壤为泥盆系的石英岩、千枚岩等母岩上发育形成的山地黄棕壤，土层较薄，岩石露头多，草本层和藤本植物贫乏。枯枝落叶层分解不完全，覆盖率约 50%。

群落外貌春夏季夹杂绿色斑块，树冠较整齐，成层现象明显。乔木层总郁闭度 0.8，第一亚层高 12～15m，以蛮青冈占优势，郁闭度为 0.4，平均高 13m，最大胸径为 18cm，平均胸径 15cm；次优势种为红桦，郁闭度为 0.3，最高 13m，平均高 11m，最大胸径 25cm，平均胸径 20cm，再次为白桦、五裂槭（*Acer oliverianum*）、鹅耳枥、珙桐（*Davidia involucrata*）等，郁闭度共为 0.1。第二亚层高 6～10m，有薄叶山矾（*Symplocos anomala*）、猫儿刺（*Ilex pernyi*)、化香(*Platycarya strobilacea*)、水青冈(*Fagus longipetiolata*)、领春木(*Euptelea pleiospermum*)等，郁闭度共为0.1。灌木层高1～5m，总盖度为60%；以高2.5～3m的油竹子占优势，盖度为40%；其次为卵叶钓樟，盖度为10%；另有少量的少花荚蒾、多鳞杜鹃、狭叶花椒、腊莲绣球、蕊帽忍冬等，盖度为10%。草本层高5～70cm，总盖度为15%，以高5～15cm的中华秋海棠数量较多，盖度为5%；其次有高70cm的黄金凤、粗齿冷水花、苔草、革叶耳蕨等，盖度约10%。

【4】蛮青冈+疏花槭-拐棍竹群落(Gr. ass. *Cyclobalanopsis oxyodon*+*Acer laxiflorum*-*Fargesia rebusta*)

该群落代表样地在赤足沟铁杉杠海拔2000m的山腰坡地。坡向北偏东30°，坡度45°。土壤为山地黄棕壤，土层较薄，岩石露头较多，林内较为干燥。枯枝落叶层分解较差，覆盖率约60%。

群落外貌深绿色与绿色参差，林冠较为整齐，成层现象明显。乔木层高10～20m，总郁闭度0.85；第一亚层高16～20m，以蛮青冈为优势种，郁闭度0.4，高18～20m，胸径25～40cm；次优势种为疏花槭，郁闭度0.3，高16～18m，胸径20～30cm；其次有灯台树、扇叶槭(*Acer flabllatum*)、青榨槭(*Acer davidii*)、野漆树、华西枫杨、椴树、野核桃等，郁闭度共为0.15。第二亚层高10～13m，以领春木较多，另有圆叶木兰、亮叶桦、水青树(*Tetracentron sinense*)、壮丽柳(*Salix magnifica*)、连香树(*Cercidiphyllum japonicum*)等，郁闭度为0.1。灌木层高0.8～6.5m，总盖度70%；第一亚层高4～6.5m，以拐棍竹为优势种，盖度为50%；其次有卵叶钓樟、少花荚蒾、腊莲绣球、藏刺榛、四川栒子、四川蜡瓣花等，盖度为13%。第二亚层高0.8～2m，有棣棠、蕊帽忍冬、甘肃瑞香、鞘柄菝葜、羊尿泡等，盖度为15%。草本层高20～100cm，总盖度30%；第一亚层高50～100cm，以掌裂蟹甲草为优势，盖度为15%；另有大叶冷水花、双花千里光、荚果蕨等，盖度共为5%；第二亚层高20～40cm，以丝叶苔草数量最多，另有大羽贯众、掌叶铁线蕨、大叶三七、囊瓣芹等，盖度约10%。

2. 落叶阔叶林

落叶阔叶林在亚热带山地中是一种非地带性、不稳定的次生植被类型，是保护区内的常绿阔叶林、针阔混交林、亚高山针叶林等多种地带性植被类型被破坏后形成的次生植被类型。该植被类型具有垂直分布幅度大，并呈块状分布的特点，在保护区森林线以内的各地带均可见到该群落。落叶阔叶林由于海拔及与此相连的气候等自然环境的差异，群落类型差异较大。海拔1800(2000)m以下地段，落叶阔叶林主要是常绿阔叶林，常绿、落叶阔叶混交林等森林群落乔木树种，特别是常绿树种被砍伐或间伐所形成的次生群落，因此处于较低海拔的桤木林、栎类林、野核桃林又常与农耕地相间分布；在海拔(1800)2000～3200m的地带，则是针阔混交林和亚高山针叶林等森林群落中的针叶树种被砍伐后形成的群落。因此落叶阔叶林内，常能见到原植被类型建群种的散生树及幼苗，如细叶青冈、蛮青冈、卵叶钓樟等常绿阔叶树，以及华山松(*Pinus armandii*)、铁杉(*Tsuga chinensis*)、云南铁杉(*Tsuga dumosa*)、麦吊云杉(*Picea brachytyla*)、峨眉冷杉(*Abies fabri*)、岷江冷杉(*Abies fargesii* var. *faxoniana*)、四川红杉(*Larix mastersiana*)等针叶树种。

草坡自然保护区的落叶阔叶林主要有桤木林、栎类林、野核桃林、桦林、杨林、沙棘林等 6 个群系组。

3) 桤木林

(3) 桤木林 (Form. *Alnus cremastogyne*)

桤木林在草坡自然保护区内主要分布在海拔 1800m 以下的河沟两岸及河漫滩和缓坡等地，特别是在沙排、长河坝等区域，多呈零星分布。该种森林植被类型多为人工栽培形成。

【5】桤木-马桑+水麻群落 (Gr.ass. *Alnus cremastogyne-Coriaria sinica+Debregeasia edulis*)

该群落代表样地在长河坝海拔 1680m (103°23′03.37″E，31°20′51.25″N) 的山麓坡地。坡向北偏东 20°，坡度 45°。土壤为山地黄棕壤，土层较薄，岩石露头较多，林内较为干燥。枯枝落叶层分解较差，覆盖率为 70%。

群落外貌夏季呈深绿色，结构简单，生长茂密，林冠不整齐，主要系次生落叶阔叶林，高 10～15m，总郁闭度在 0.6 左右。乔木层主要以桤木 (*Alnus cremastogyne*) 为优势种，其次在部分地区还常见栓皮栎 (*Quercus variabilis*)、青杨 (*Populus cathayana*)、漆树、大叶杨 (*Populus lasiocarpa*)、领春木 (*Euptelea pleiospermum*)、川泡桐 (*Paulownia fargesii*) 等其他阔叶落叶树种，以及香椿 (*Toona sinensis*) 等栽培树种。灌木层盖度为 25%～30%，高 1～4m，主要灌木为马桑 (*Coriaria sinica*)、水麻 (*Debregeasia edulis*)、盐肤木 (*Rhus chinensis*) 等，次为小蘖 (*Berberis* sp.)、腊莲绣球 (*Hydrangea strigosa*)、铁仔 (*Myrsine africana*)、岩桑 (*Morus mongolica*) 等。草本层盖度为 15%～20%，高 0.4～1.5m，主要为茵陈蒿 (*Artemisia capillaries*) 和山蚂蝗 (*Desmodium racemosum*)，其次还有马鞭草 (*Verbena officinalis*)、粘山药 (*Dioscorea hemsleyi*)、元宝草 (*Hypericum* sp.) 等。

4) 栎类林

(4) 槲栎林 (Form. *Quercus aliena*)

以栎属 (*Quercus*) 的槲栎 (*Quercus aliena*) 为建群种的森林群落，保护区多见于海拔 1800m 以下山坡半阳坡及少许阳坡，零星小块，并多与农耕地相间。受人类频繁干扰，槲栎林多为次生林，不少群落呈萌生的矮林状乃至灌丛型。除槲栎外，伴生树种有化香、板栗 (*Castanea mollissima*) 等落叶阔叶树，冬青 (*Ilex chinensis*)、菱叶海桐 (*Pittosporum truncatum*)、红果树等常绿阔叶树，以及油松、岷江柏木 (*Cupressus chengiana*) 等散生针叶树。

5) 野核桃林

(5) 野核桃林 (Form. *Juglans cathayensis*)

以野核桃 (*Juglans cathayensis*) 为优势种组成的群落，在保护区赤足沟、正河、沙排附近、长河坝等海拔 2200m 以下多种坡向的山坡、阶地均可见到，呈块状分布。一般坡度为 5°～30°，土层比较肥厚，土壤较湿润，枯枝落叶层分解较为良好，草本层和活地被物较多，林木更新幼苗较多。

【6】野核桃-蕊被忍冬群落 (Gr.ass. *Juglans cathayensis-Lonicera gynochlamydea*)

该群落代表样地在赤足沟松木火地沟口海拔 2041m (103.35833°E，31.21547°N) 的山麓坡地，为常绿、落叶阔叶林破坏后形成的次生落叶阔叶林。样地坡向南偏西 20°，坡度

5°～10°，土层较厚，为山地黄棕壤，林内较为阴湿。枯枝落叶层分解较为良好。

群落外貌春夏绿色，林冠较整齐，成层现象不明显，乔木层与灌木层相互交替。乔木层高 5～12m，总郁闭度 0.45；第一亚层高 8～12m，以野核桃为优势种，郁闭度 0.3，平均高 11m，平均胸径 40cm，平均冠幅为 9m×7m；第二亚层高 5～8m，领春木、泡花树(*Meliosma cuneifolia*)、尖叶木姜子(*Litsea pungens*)、青肤杨(*Rhus potaninii*)、构树(*Broussonetia papyrifera*)、鸡桑(*Morum australis*)、华西枫杨、圆叶木兰等，郁闭度共为 0.2。灌木层高 0.5～4m，总盖度达 40%；以高 2～3m 的蕊被忍冬为优势种，盖度达 30%；其次为猫儿刺幼苗、三颗针、麻叶绣线菊(*Spiraea cantoniensis*)等，盖度共为 10%；另有少量的甘肃瑞香、红果树、棣棠、蕊帽忍冬等，盖度共为 5%。草本层高 3～70cm，总盖度达 95%；以苔藓和卷柏为优势种，高 3～20cm，盖度达 70%以上；其次为东方草莓(*Fragaria orientalis*)，高 3～10cm，盖度达 30%；另有大火草(*Anemone tomentosa*)、香青(*Anaphalis sinica*)和车前(*Plantago asiatica*)、风轮草、天名精、蛇莓、齿果酸模等，总盖度在 15%以下。藤本植物较丰富，有脉叶猕猴桃、三叶木通、铁线莲(*Clematis* sp.)、川赤爬等缠绕或攀援在野核桃等树干上。

6) 桦林

(6) 红桦林(Form. *Betula albo-sinensis*)

红桦林主要分布于毛毛沟、洪水沟、长河坝、盐水沟等地海拔 2000～2800m 的山腰坡地，为麦吊云杉、四川红杉和铁杉间伐后或森林砍伐后，林内阳光充足，为喜光的落叶阔叶树种创造了良好的生长条件，使针阔混交林逐渐演替为次生落叶阔叶林，而呈块状分布。

【7】红桦+疏花槭-冷箭竹群落(Gr. ass. *Betula albo-sinensis+Acer laxiflorum-Bashania fangiana*)

该群落代表样地在长河坝海拔 2280m 左右的山腰坡地(103.22232°E，31.21356°N)。坡向北偏东 30°，坡度 10°。土壤为山地棕色森林土，土质肥厚，疏松湿润。枯枝落叶层分解较为良好，覆盖率可达 90%。

群落外貌茂密、绿色，林冠整齐，成层现象明显。乔木层高 7～20m，总郁闭度 0.85。第一亚层高 13～20m，以红桦居优势，郁闭度 0.5；次优势种为疏花槭，郁闭度 0.3；其次有五尖槭、青榨槭、毛果槭、多毛椴、尾叶樱(*Cerasus dielsiana*)、山杨等，郁闭度 0.1。第二亚层高 7～13m，有扇叶槭、五裂槭、泡花树、陕甘花楸、水青树、领春木、西南樱桃、三桠乌药、吴茱萸五加、尖叶木姜子、铁杉、麦吊云杉等，郁闭度 0.15。

灌木层高 0.4～6m，总盖度 75%。第一亚层高 3～6m，以冷箭竹占优势，盖度 60%；其次有猫儿刺、多鳞杜鹃、桦叶荚蒾等，盖度为 10%；蕊帽忍冬、陇塞忍冬、鞘柄菝葜、醉鱼草、红毛悬钩子等，盖度 4%。

草本层高 5～70cm，总盖度 70%。第一亚层高 40～70cm，仅有少量的管花鹿药、蔓龙胆、荚果蕨、革叶耳蕨等，盖度 5%。第二亚层高 5～30cm，以山酢浆草为优势，盖度 15%；其次有苔草、沿阶草、六叶葎、虎耳草、单叶细辛、掌裂蟹甲草等，盖度 5%。另外活地被物丰富，苔藓盖度达 50%以上。

【8】红桦-拐棍竹群落(Gr. ass. *Betula albo-sinensis-Fargesia robusta*)

该群落代表样地在毛毛沟沟口海拔 2395m 的山腰坡地或台地，为铁杉或麦吊云杉砍伐后形成的次生落叶阔叶林。坡向北偏东 60°，坡度为 30°。土壤为山地棕色森林土，其中枯枝落叶层分解良好，覆盖率约 80%。

群落外貌春夏绿色，林冠较整齐，成层现象明显。乔木层高 9～25m，总郁闭度为 0.6。第一亚层以红桦占优势，郁闭度为 0.5，最高 25m，平均胸径 30cm；其次为糙皮桦，郁闭度 0.1。第二亚层高 9～11m，以陕甘花楸和星毛稠李数量最多，郁闭度 0.1；其次是疏花槭、领春木、藏刺榛、红果树等，郁闭度 0.05。

灌木层高 0.5～7m，总盖度 85%～90%。第一亚层高 3～7m，以拐棍竹占优势，盖度 75%；其次是猫儿刺、多鳞杜鹃、桦叶荚蒾，盖度 10%；另有铁杉幼苗、蕊帽忍冬、秀丽莓、小檗，盖度 3%。

草本层高 5～60cm，总盖度 70%。第一亚层高 30～60cm，仅有少量的报春花、糙苏、凤仙花等，盖度 5%。第二亚层高 5～30cm，以山酢浆草为优势，盖度 10%；其次有苔草、象鼻南星、六叶葎、夏枯草、西南委陵菜、紫花碎米荠等，盖度 5%。另有苔藓层，盖度为 15%～20%。

【9】红桦+陕甘花楸-黄花杜鹃群落（Gr. ass. *Betula albo-sinensis+Sorbus koehneana-Rhododendron lutescens*）

该群落代表样地在洪水沟海拔 2338m 的山腰坡地（103.22347°E，31.21407°N），坡向南坡，坡度为 45°。土壤为山地棕色森林土，其枯枝落叶层分解较为良好，覆盖率达 75%。

群落外貌春夏绿色，茂密，林冠较整齐，林下较为空旷，灌木层、草本层盖度较小，藤本植物贫乏，但层次结构明显。乔木层高 5～25m，总郁闭度 0.7。第一亚层高 15～20m，以红桦居优势，郁闭度 0.5，最高 20m，平均 16m，最大胸径 25cm，平均胸径 18cm；次优势种为陕甘花楸，郁闭度为 0.15，平均高 13m，平均胸径 20cm。第二亚层高 5～12m，有麦吊云杉、华山松、水青树等，郁闭度 0.1 左右。

灌木层高 0.3～6m，总盖度 30%。第一亚层高 4～6m，其中以高 5～6m 的黄花杜鹃占优势，盖度 20%；其次有桦叶荚蒾、心叶荚蒾、拐棍竹等，盖度 5%。第二亚层高 30～80cm，有糙叶五加、鞘柄菝葜等，盖度 5%。

草本层高 5～70cm，总盖度 20%，以东方草莓为主，盖度 10%；其次有夏枯草、蛇莓、车前等，盖度 10%。

7）杨林

（7）大叶杨林（Form. *Populus lasiocarpa*）

【10】大叶杨-拐棍竹群落（Gr. ass. *Populus lasiocarpa-Fargesia robusta*）

该群落代表样地在盐水沟海拔 2241m 的山麓坡地（103.17065°E，31.19197°N），坡向北偏东 40°，坡度为 10°。土壤为山地棕色森林土，土壤较厚，疏松湿润。枯枝落叶层分解较差，覆盖率达 70%。

群落外貌春夏绿色，林冠较整齐，成层现象明显。乔木层高 7～22m，总郁闭度 0.8。第一亚层以大叶杨占优势，郁闭度 0.75，最高 22m，平均高 18m，最大胸径 45cm，平均胸径 25cm；其次有黄毛槭、野樱、落叶松、铁杉等，郁闭度共 0.1。

灌木层高 0.7～7m，总盖度 85%。第一亚层高 3～7m，以拐棍竹占优势，盖度 75%；

其次是星毛杜鹃、河柳、刚毛忍冬等盖度10%；另有水青树幼苗、蕊帽忍冬、秀丽莓、直穗小檗，盖度3%。

草本层高30～100cm，总盖度80%。以苔草和东方草莓为主，盖度50%；其次有重楼排草、单叶细辛、六叶葎、紫花碎米荠、山酢浆草等，盖度25%；另有掌裂蟹甲草、木贼、梅花草、三角叶蟹甲草、七叶一枝花、鸭儿芹等，盖度10%。

(8)太白杨林(Form. *Populus purdomii*)

【11】太白杨+红桦-桦叶荚蒾群落(Gr. ass. *Populus purdomii*+*Betula albo-sinensis*-*Viburnum betulifolium*)

该群落代表样地在松木火地海拔2286m的山麓坡地(103.35027°E，31.22050°N)，坡向南偏东20°，坡度为20°。土壤为山地棕色森林土，土层较深厚，湿润。其枯枝落叶层分解较差，覆盖率达80%。

群落外貌春夏绿色，林冠较整齐，成层现象较明显。乔木层高6～24m，总郁闭度0.8。第一亚层以太白杨占优势，郁闭度0.45，最高25m，平均高20m，最大胸径40cm，平均胸径30cm。第二亚层高6～8m，以红桦数量最多，郁闭度0.3，高6～8m，胸径5～8cm；其次有五尖槭、星毛稠李、红毛花楸等，郁闭度共0.1。

灌木层高1～6m，总盖度40%。以高1～1.5m的桦叶荚蒾占优势，盖度为20%。其次有拐棍竹，高3～6m，盖度10%；高丛珍珠梅，盖度5%；茅莓，盖度5%。

草本层高30～100cm，总盖度95%。以东方草莓为主，盖度50%；其次有掌裂蟹甲草、蛇莓、楼梯草等，盖度35%；另有透茎冷水花、长籽柳叶菜、六叶葎、水杨梅等，盖度10%。

【12】太白杨-拐棍竹群落(Gr. ass. *Populus purdomii*-*Fargesia robusta*)

该群落代表样地在松木火地海拔2180m的山麓坡地(103.35201°E，31.21881°N)。坡向南偏东10°，坡度为20°。土壤为山地棕色森林土，土层较深厚，湿润。枯枝落叶层分解较差，覆盖率达75%。

群落外貌春夏绿色，林冠较整齐，成层现象明显。乔木层高7～22m，总郁闭度0.5。第一亚层以太白杨占优势，郁闭度0.45；其次有稠李、铁杉等，郁闭度共0.1。灌木层高0.7～7m，总盖度85%。第一亚层高3～7m，以拐棍竹占优势，盖度75%；其次是多鳞杜鹃、刚毛忍冬、蕊帽忍冬、秀丽莓、直穗小檗等，盖度10%。草本层高30～100cm，总盖度80%。以东方草莓为主，盖度50%；其次有西南委陵菜、积雪草、风轮草、头花蓼、掌裂蟹甲草等，盖度25%。另有齿果酸模、长籽柳叶菜、六叶葎、一把伞南星等，盖度为10%。

8)沙棘林

(9)沙棘林

沙棘林在保护区内主要分布于海拔2000～3200m的河岸及河滩，面积不大，多呈斑块状分布。群落外貌灰绿色，林冠整齐。沙棘林郁闭度为0.5左右，高4～6m。在沙棘林中常伴生有多种柳树，与沙棘几乎同高；部分地段偶有大叶杨、华山松、铁杉、麦吊云杉、冷杉树种散生其中。沙棘林下灌木主要是绢毛蔷薇(*Rosa sericera*)、细枝茶藨(*Ribes tenue*)、小叶栒子(*Cotoneaster microphyllus*)、高丛珍珠梅(*Sorbaria arborea*)、狭叶绣线菊

(*Spiraea japonica* var. *acuminata*)和刚毛忍冬(*Lonicera hispida*)等，盖度为40%。草本层植物较多，主要有多种禾草、藜芦(*Veratrum nigrum*)、橐吾、圆穗蓼(*Polygonum macroplyllum*)、太白韭(*Allium prattii*)、一把伞南星(*Arisaema consunguineum*)、滇川唐松草(*Thalictrum finetii*)、蓝翠雀(*Delphinium caeruleum*)、紫菀及毛茛状金莲花(*Trollius ranunculoides*)等，盖度达60%以上。

3. 硬叶常绿阔叶林

硬叶常绿阔叶林是指由部分硬叶阔叶栎属(*Quercus*)和杜鹃属(*Rhododendron*)植物为优势种所组成的阔叶林。这些植物具有耐寒冷、抗风、对土壤及光照等环境因素要求不严、萌蘖生长能力特强的特点。其中栎属的高山栎还具对生态环境的寒冷及干旱气候因素，以及瘠薄土壤的适应能力。在保护区内，硬叶常绿阔叶林主要分布于海拔2200～3400m的山坡，以杜鹃为主的硬叶常绿阔叶林分布仅见于阴坡和半阴坡，垂直分布幅度也不大；高山栎为主的硬叶常绿阔叶林可分布于多种坡向，垂直分布幅度大，常跨多个垂直带。

9) 高山栎林

(10) 川滇高山栎林(Form. *Quercus aquifoliodes*)

川滇高山栎林主要分布在保护区正沟、盐水沟、广福寺沟、小沟等沟尾海拔2600～3400m的山腰，或近山顶的凹陷部分或漕沟地带，以阳坡和半阳坡为多见。土壤一般为山地棕色森林土，土层较为深厚，或为土层较薄的棕色森林土棕褐土，林内干燥，枯枝落叶厚而表层有机质含量高。

群落外貌黄绿色，林冠波状。乔木层高15～20m，郁闭度0.7以上，以川滇高山栎占优势；最高25m，胸径最大可达50cm左右。林内散生陕甘花楸、西南花楸、亮叶杜鹃等，居于乔木亚层。灌木层高0.5～1.5m，常见高山绣线菊、细致绣线菊、小叶忍冬、刚毛忍冬、冰川茶藨、峨眉蔷薇、金露梅、箭竹等，盖度15%。林下草本层不发达，高0.3～1m，常见掌裂蟹甲草、肾叶金腰、高山唐松草、黄精、双花堇菜、粗齿冷水花、星叶草等，盖度20%左右。

10) 杜鹃林

(11) 大叶金顶杜鹃林 (Form. *Rhododendron faberi* subsp. *prattii*)

大叶金顶杜鹃林在保护区内主要分布于桂花坪、大圆包等地海拔3000～3400m的山顶或近山顶的山脊地带，以阴坡多见。大叶金顶杜鹃主干多呈弯曲状，树高仅数米，故又称杜鹃矮曲林，它既可在亚高山针叶林带上缘，形成较大郁闭度的杜鹃矮曲林，也常在林间的水沟边形成块状林。群落种类组成简单，乔木层以大叶金顶杜鹃占绝对优势，常见的伴生树种有四川红杉、岷江冷杉、陕甘花楸、柳(*Salix* sp.)等。灌木层主要有细枝绣线菊、陇塞忍冬、山梅花、菝葜、茶藨、中华青荚叶、小檗和溲疏等。草本植物种类较多，但数量较少，多为山地耐阴种，以苔草为最多，另有糙苏、梅花草、肾叶金腰、龙胆和多种马先蒿等。

4. 竹林

竹林是由禾本科竹类植物组成的多年生常绿木本植物群落。由于竹类植物多喜温暖湿润气候，热带和亚热带是其主要分布区域，仅部分竹种延伸到温带或亚寒带山地。因保护区地理位置和海拔，以及其与此相联系的水分、热量等环境因素的制约，虽然竹类分布广泛，但种类组成简单。由于竹类植物的生物学和生态学特征与一般禾本科植物又有明显的区别，各种竹类群落分布的地带和区域各不相同。按保护区分布的竹种本身的特点看，应为灌木型的小茎竹；从生境的特点可归为温性竹林。同时，保护区海拔 1000m 以上的地带所分布的竹种，更多的是组合常绿、落叶阔叶混交林，针阔混交林及亚高山针叶林等森林植被的各类型中，构成灌木层的优势种或灌木的优势层片，仅在上述森林植被破坏后的局部地段才形成竹林群落。保护区的竹林多呈块状分布，生长密集，群落种类组成单纯，常有原森林植被的乔木树种散生其中。

保护区内的竹林可分为箭竹林、林竹(冷箭竹)林 2 个群系组。

11)箭竹林

(12)油竹子林(Form. *Fargesia angustissima*)

该植被类型主要分布于赤足沟、沙排、长河坝等地海拔 1400～1700m 的谷坡。在这一带除人迹罕至的地段还保存有局部乔木林、稍缓谷坡已辟为耕地外，大部区域均为油竹子林所占据。群落一般上接常绿、落叶阔叶混交林，下抵河谷灌丛或直达溪边，在坡度较缓地段多与农耕地镶嵌。土壤主要为山地黄壤，分布上段局部有黄棕壤出现。

群落外貌油绿色，冠幅不整齐，结构较为零乱。盖度 35%～75%，其中油竹子占绝对优势，秆高 2～3m，基径 1～2cm。其盖度大小及群落种类组成，常因立地条件与人为影响程度不同而不同，在岩石裸露较多的陡坡及居民点附近的油竹子林，因土层瘠薄立地条件差，或因人为影响较为频繁，上层郁闭度通常在 0.5 以下，并零星渗杂有野核桃、盐肤木、青麸杨、领春木、卵叶钓樟、银叶杜鹃、湖北花楸等低矮乔木及其萌生枝。喜阳的落叶灌木如鸡骨柴、岩椒、喜阴悬钩子、鞘柄菝葜(*Smilax stans*)、吴茱萸五加、覆盆子、川溲疏、腊莲绣球等也常伴生。草本层主要为糙野青茅、打破碗花花、苔草、狭瓣粉条儿菜等。远离居民点的缓坡，一般土层较肥厚，人为活动影响较小，上层郁闭度通常为 0.7～0.9。并常有蛮青冈、黑壳楠、岩桑、异叶榕、青榨槭、青荚叶、蕊帽忍冬等乔木种类渗杂其中。

草本层盖度约 20%，以喜阴的阔叶型草榴为主，主要有荚果蕨、东方荚果蕨、掌叶铁线蕨、十字苔草、吉祥草和秋海棠等。

(13)拐棍竹林(Form. *Fargesia robusta*)

拐棍竹林广布于保护区的盐水沟、大白水沟、毛毛沟、大红岩沟、大雪塘沟、赤足沟、广福寺沟等沟系及其支沟谷底的阴坡和半阴坡，以及狭窄谷地的两侧谷坡，生于海拔 1800～2500m 的常绿、落叶阔叶混交林，针阔混交林带内。从竹类植物在该区的自然分布来看，一般拐棍竹下接油竹子、上连冷箭竹。

在天然情况下，拐棍竹一般为常绿、落叶阔叶混交林及铁杉为主的针阔混交林的林下植物，在其分布区的上段将渗入岷江冷杉林下段，构成其灌木层的竹类层片，或者优势层片。当林地遭破坏后，即可形成竹林。

拐棍竹林一般外貌绿色，茂密，结构单纯。秆高 3～5m，最高可达 7m，基径 0.5～3cm，盖度 40%～90%。群落结构与植物组成均随地域或生境的差异而不同。随着海拔的逐渐升高，常渗杂入青冈栎、蛮青冈、槭树和桦等；在分布区上段常渗杂常绿针叶类树种，以及杜鹃属、忍冬属、茶藨子属等灌木树种。

草本层盖度较小，一般不超过 20%，以蕨类、苔草属、蟹甲草属、沿阶草属、酢浆草属、赤车属等喜阴湿种类为主。

12）林竹（冷箭竹）林

（14）冷箭竹林（Form. *Bashania fangiana*）

由木竹属（*Bashania*）的冷箭竹为优势所组成的群落，分布于保护区草坝河、金波河等地的各级支沟尾部海拔 2300～3600m 地带，但集中成片分布在海拔 3000～3400m 的亚高山地带。在天然乔木保存较好的情况下，冷箭竹常组合于岷江冷杉林林下，成为其灌木层的优势层片，仅在林缘或林窗处，以及森林树种被砍伐后的迹地上形成竹林。

冷箭竹林外貌翠绿，植株短小密集，一般秆高 1～3m，基径粗 0.5～1cm，盖度 70%～90%。常零星渗杂糙皮桦、西南樱桃、岷江冷杉等散生植株，在半阳坡偶见川滇高山栎、麦吊云杉等渗入。灌木除杜鹃外，以陇塞忍冬、红毛五加（*Eleutherococcus giraldii*）、角翅卫矛、陕甘花楸等为常见。

草本层盖度小，通常低于 20%，常见种有宝兴冷蕨、苔草、四川拉拉藤、华北鳞毛蕨、卵叶韭、钝齿楼梯草、山酢浆草、沿阶草、繁缕虎耳草、邹叶驴蹄草等。

二、针叶林

针叶林是以针叶树种为建群种或优势种组成的森林植被类型。它既包含了以针叶树种为建群种的纯林、不同针叶树种为共建种的混交林及含有阔叶树种的针阔混交林。

针叶林是保护区植被重要的组成部分，也是分布面积最大的森林植被类型，从保护区的低海拔（1300m）地段，直至高海拔（3800m）林限以内，都有不同类型出现。组成保护区针叶林的优势树种主要有松科的松属（*Pinus*）、铁杉属（*Tsuga*）、云杉属（*Picea*）、冷杉属（*Abies*）、落叶松属（*Larix*），柏科的柏木属（*Cupressus*）、圆柏属（*Sabina*）等植物。这些树种多为我国西南部的特有植物。

按组成保护区针叶林建群种生活型相似性及其与水热条件生态关系的一致性，保护区的针叶林可划分为暖性针叶林、温性针叶林、温性针阔混交林和寒温性针叶林 4 个类型。

5. 暖性针叶林

暖性针叶林系分布于海拔 2400m 以下，以常绿针叶树种为建群种的森林植被。暖性针叶林植被类型在保护区分布的地带常有着最佳热量条件，但多数地段已被垦为农耕地，森林群落所处的局部生境却多是较贫瘠和干旱的环境。因而该植被类型分布虽然常见，但多呈零星块状分布，不少地段因与农耕地相间而受人为活动的频繁干扰，原有的自然群落多已被破坏，尤其是岷江柏木，在保护区适生的海拔地带内的阳坡或半阳坡，散生树随处可见，房前屋后和耕地边生长十分普遍，但却难以见到群落存在。暖性针叶林仅有柏木林一个群系组。

13）柏木林

（15）岷江柏木疏林（Form. *Cupressus chengiana*）

由柏木属（*Cupressus*）的岷江柏木（*Cupressus chengiana*）所构成的群落，在保护区分布的上限海拔稍低，主要分布在赤足沟、长河坝、沙排等地海拔 1800m 以下的阳坡、半阳坡，中性至碱性土壤，多为花岗岩、石英岩及石灰岩发育而形成的坡积山坡棕褐土或山地褐土，或生于无结的母质碎块上或千枚岩、云母片岩、花岗结晶岩等母质风化的土壤上。岷江柏木生长十分普遍，房前屋后和耕地边，散生树随处可见，但却未见由它组成的成块群落。与岷江柏木伴生的树种有华西枫杨、野核桃、苦枥木(*Fraxinus retusa*)、黄连木(*Pistacia chinensis*)、臭椿、栾树(*Koelreuteria paniculata*)、蒙桑等。灌木以西南杭枝梢(*Campylotropis delavayi*)、鞍叶羊蹄甲(*Bauhinia brachycarpa*)、水栒子(*Cotoneaster multiflorus*)及细弱栒子(*Cotoneaster gracilis*)等居多。

6. 温性针叶林

温性针叶林系指我国温带地区分布最广的森林类型之一，分布于整个温带针阔叶林区域、暖温带落叶阔叶林区域及亚热带的中低山地，主要由松属植物组成。本保护区的温性针叶林并不典型，常与落叶阔叶林镶嵌生长或在群落中混生落叶阔叶乔木，主要分布在海拔1800～2700m地段，仅有温性松林一个群系组。

14)温性松林

温性松林包含油松林和华山松林两个群落类型。

(16)油松林(Form. *Pinus tabuliformis*)

油松为我国特有树种，油松林为我国华北地区的代表性针叶林之一。草坡地区的油松林已属油松自然分布区的西南边缘。油松在保护区主要分布在长河坝、赤足沟等地谷地的阳坡和半阳坡，跨海拔1800～2400m，所处地域相当于温带或部分暖温带气候制约下的山地向阳生境。

【13】油松-长叶溲疏群落(Gr. ass. *Pinus tabuliformis-Deutzia longifolia*)

该群落代表性样地位于长河坝至河心梁子的阳坡上段，海拔 2032m(103.22285°E，31.21246°N)，坡向南偏西45°，坡度60°以上，土壤瘠薄，故群落外貌稀疏，黄绿色与灰黑色的岩石露头相间，林冠极不整齐。乔木层郁闭度0.3～0.4，在200m^{2}的样地内计有油松9株，高仅7～12m，胸径15～50cm，冠幅可达3m×3m，而枝下高仅0.5m。另有云杉、野漆树各1株，高均在8m以下。林内采伐痕迹明显。

灌木层高1～4m，总盖度40%左右，以长叶溲疏为优势，小舌紫菀、黄花杜鹃、鞘柄菝葜、匍匐栒子、蕊帽忍冬、西南悬钩子、牛奶子、金丝梅等喜阳树种较为多见。

草本层盖度40%，高0.3～1.5m，以毛蕨和单穗拂子茅占优势，其次有旋叶香青、糙野青茅、齿果酸模、水杨梅、尼泊尔蓼、川甘唐松草等。

(17)华山松林(Form. *Pinus armandii*)

华山松在赤足沟、长河坝、洪水沟、盐水沟等地谷地海拔2000～2600m地带均见分布。林下土壤为山地棕壤，土层较为深厚肥沃，排水良好。

【14】华山松-黄花杜鹃-柳叶栒子群落(Gr. ass. *Pinus armandii-Rhododendron lutescens-Cotoneaster salicifolius*)

该群落位于长河坝与洪水沟等地附近坡度较为平缓的阴坡和半阴坡。群落一般上接以铁杉为主的针阔混交林，下连常绿、落叶阔叶混交林或河滩灌丛，也常与常绿、落叶阔叶混交林交错分布。代表样地在长河坝谷坡的山腰，海拔2300m(103.22057°E，31.21365°N)，坡度30°～40°，坡向南偏东20°。

群落外貌翠绿与绿色相间，林冠整齐，成层现象明显。乔木层郁闭度0.8～0.9。第一亚层高 12～17m，以华山松为主，胸径 8～30cm，冠幅 4～8m，郁闭度 0.5。第二亚层高 7～12m，郁闭度 0.4 左右，以刺叶栎占优势，另有麦吊云杉、四川红杉、陕甘花楸、高丛珍珠梅、藏刺榛、尖叶木姜子、青榨槭等树种出现，郁闭度共为 0.2。灌木层高 1～5m，盖度 50%，以黄花杜鹃、柳叶栒子占优势，其次有冰川茶藨、牛奶子、楤木、川溲疏、鞘柄菝葜、铁杉幼苗、拐棍竹、直穗小檗等。草本层高 0.2～1m，盖度约 20%。以沿阶草为主，其次有毛蕨、鬼灯擎、宝铎草、齿果酸模、黄水枝、尼泊尔老鹳草、透茎冷水花等。层间植物多见脉叶猕猴桃。

7. 温性针阔混交林

温性针阔混交林是由常绿针叶树种与落叶阔叶树种混生一起，并共同构成群落优势种的森林群落。针阔混交林是山地植被垂直分布中处于常绿、落叶阔叶混交林与亚高山针叶林之间过渡地带的植被类型，它是由分布于前述两植被带的树种相互渗透而形成的植被类型。保护区的针阔混交林是以针叶树种云南铁杉、铁杉和桦（*Betula* spp.）、槭树（*Acer* spp.）、椴树等多种能形成一定优势的阔叶树种共同组成，在海拔 2000～2600（2700）m 的阴坡、半阴坡及山坡顶部均有分布。由于针阔混交林在山地植被垂直分布上处于常绿、落叶阔叶混交林与亚高山针叶林之间，该垂直带上段的群落中常有岷江冷杉、麦吊云杉、四川红杉等亚高山针叶林的树种渗入，垂直带下部的群落中有油松、华山松等针叶树种散生。但是，云南铁杉和铁杉在群落中的优势明显，树高也明显高出所有阔叶树，山坡顶部及山脊处尤其显著。

15）铁杉针阔混交林

（18）铁杉针阔混交林

铁杉针阔混交林为草坡地区主要森林，从覆盖面积来看，仅次于冷杉林。广泛分布于保护区的高家岩窝、大白水沟、盐水沟、大岩窝、毛毛沟、长河坝、洪水沟、铁杉杠、松木火地等地海拔 2100～2700m 的阴坡及狭窄谷地两侧谷坡。

铁杉针阔混交林的垂直分布跨度达 600m 的海拔幅度，环境梯度分异大，致使群落结构与种类组成等均随所处地域不同而发生相应的变化，导致出现以下群落类型。

【15】铁杉+红桦-拐棍竹群落（Gr. ass. *Tsuga chinensis+Betula albo-sinensis-Fargesia robusta*）

该群落代表样地位于保护区毛毛沟海拔 2395m（103.17557°E，31.19466°N）的半阴坡。坡度 40°～45°，坡向南偏东 45°，土层较厚。

群落外貌暗绿色，林冠整齐，分层结构明显。乔木层郁闭度 0.7，具两个亚层。第一亚层由铁杉组成，郁闭度 0.6 左右，平均高 30m，平均胸径 36cm，最大胸径 85cm。第二亚层主要由落叶阔叶树种组成，郁闭度 0.2，以红桦为主，平均高 12m，最高可达 20m，平均胸径 30cm；其次有糙皮桦、藏刺榛、青榨槭、疏花槭、五裂槭等，另有陕甘花楸、大叶柳、领春木等零星出现。灌木层高 0.8～6m，盖度 65%。以高 3～6m 的拐棍竹为优势，其次为红果树、桦叶荚蒾、杜鹃、角翅卫矛等植物。草本层高 0.1～0.7m，盖度 16%。以苔草和苔藓为优势，盖度 10%；其次有楼梯草、报春花、土三七、山酢浆草、肉穗草、糙苏、六叶葎、象鼻南星等，盖度共为 10%。藤本植物有狗枣猕猴桃、少花藤山柳、防己叶菝葜等。

【16】铁杉+麦吊云杉+山杨-拐棍竹群落(Gr. ass. *Tsuga chinensis+Picea brachytyla+Populus davidiana-Fargesia robusta*)

该群落代表样地位于保护区毛毛沟海拔2447m(103.17522°E，31.20340°N)的半阴坡。坡度40°，坡向南偏东30°，土层较深厚肥沃。

群落外貌暗绿色，林冠整齐，分层结构比较明显。乔木层郁闭度0.7，具两个亚层。第一亚层由铁杉组成，郁闭度0.6左右，平均高30m，平均胸径36cm，最大胸径85cm。第二亚层主要由麦吊云杉和山杨等落叶阔叶树种组成，郁闭度0.2；其中山杨平均高12m，最高可达20m，平均胸径30cm；另外还有华山松零星分布。灌木层高0.8～6m，盖度65%。以高3～5m的拐棍竹为优势种，其次为忍冬、桦叶荚蒾、杜鹃等植物。草本层高0.1～0.7m，盖度30%；以苔草和苔藓为优势种，盖度25%；其次有裂叶千里光、糙苏、六叶葎、黄金凤等，盖度共为10%。藤本植物相对较少。

【17】铁杉+红桦-冷箭竹群落(Gr. ass. *Tsuga chinensis+Betula albo-sinensis-Bashania fangiana*)

该群落代表样地位于保护区长河坝海拔2373m(103.21421°E，31.21385°N)的半阴坡。坡度20°，坡向南偏东20°，土层较深厚肥沃。

群落外貌暗绿色，林冠整齐，分层结构明显。乔木层郁闭度0.6，具两个亚层。第一亚层由铁杉组成，郁闭度0.5左右，平均高24m，平均胸径32cm，最大胸径65cm。第二亚层主要由落叶阔叶树种组成，郁闭度0.2，以红桦为主，平均高12m，最高可达20m，平均胸径25cm；其次有糙皮桦、水青树、陕甘花楸、大叶柳、领春木等。灌木层高0.8～4m，盖度95%；以高1～3m的冷箭竹为优势，盖度达70%；其次为红果树、华西忍冬、高丛珍珠梅、角翅卫矛等植物，盖度30%。草本层高0.1～0.7m，盖度50%；以东方草莓和苔藓为优势种，东方草莓盖度20%，苔藓盖度40%；其次有川甘唐松草、山酢浆草、大火草、火绒草、肾叶金腰等，盖度共为10%。藤本植物有红花五味子、少花藤山柳等。

8. 寒温性针叶林

寒温性针叶林是保护区主要的森林植被类型。该类型广泛分布于海拔2700～3600(3800)m的阴坡、半阴坡。保护区的寒温性针叶林由松科冷杉属(*Abies*)的岷江冷杉、冷杉，云杉属(*Picea*)的麦吊云杉，柏科圆柏属(*Sabina*)的方枝柏(*Sabina saltuaria*)等种类组成，既有单优势种的纯林或多优势种的混交林多种类型的群落。保护区分布的云杉属植物有云杉(*Picea asperata*)、黄果云杉(*Picea balfouriana* var. *hirtella*)、青扦(*Picea wilsonii*)和麦吊云杉4种，云杉生长的上限海拔较高，可达3200m左右，麦吊云杉、黄果云杉、青扦则多在海拔3000m以下。云杉、黄果云杉及青扦在群落中不构成优势，常零星伴生于麦吊云杉中，或散生于岷江冷杉林林缘；麦吊云杉既可在局部地段形成优势，也常以伴生成分或亚优势种出现在铁杉针阔混交林、冷杉林中。冷杉属(*Abies*)植物是欧亚大陆北部广泛分布的一类常绿针叶乔木，它比云杉更适应湿润和寒冷，具有较强的耐阴性。保护区的冷杉属植物有岷江冷杉、峨眉冷杉和黄果冷杉3种，岷江冷杉和峨眉冷杉均可独自成林，黄果冷杉仅在保护区的长河坝、毛毛沟等地的河岸阶地有散生树。冷杉林是保护区针叶林的主体，其中又以岷江冷杉林在保护区分布面积最大。岷江冷杉分布的上限海拔较高，在连续的阴坡和半阴坡可达海拔3800m。圆柏属在保护区分布的有方枝柏、高山柏、香柏等种，仅方枝柏能成林，但极零星小块，多见于岷江冷杉林上缘。

保护区的寒温性针叶林按群落种类组成和生态特性，可划分为云杉、冷杉林，圆柏林和落叶松林3个群系组。

16）云杉、冷杉林

（19）麦吊云杉林（Form. *Picea brachytyla*）

麦吊云杉广布于草坡地区海拔2200～2800m地带的阴坡和半阴坡。但多零星出现，通常为以伴生成分或亚优势种出现在铁杉针阔混交林、冷杉林、油松林、华山松林中，以及峨眉冷杉林、岷江冷杉林、四川红杉林等针叶林分布区下段的伴生成分；麦吊云杉独自成林的不多，常呈片块状零星出现。

【18】麦吊云杉-拐棍竹群落（Gr. ass. *Picea brachytyla-Fargesia robusta*）

该群落代表样地位于盐水沟、正沟等地海拔2500m左右（103.14493°E，31.19524°N；103.14291°E，31.20189°N）的坡地。坡度10°～15°，坡向南偏西15°～20°。

群落外貌暗灰绿色与绿色相间，林冠稠密而不整齐，层次结构较复杂。乔木层总郁闭度0.8～0.95，可以分为3个亚层。第一亚层高20～40m，郁闭度约0.5，以麦吊云杉为优势；其次为铁杉、连香树、椴树等。第二亚层高10～20m，郁闭度约0.3，以红桦为主；另有水青树、华西枫杨等。第三亚层高10m以下，优势种不明显，常有四川红杉、西南樱桃、大叶柳、四川花楸等小乔木。

灌木层高1～7m，盖度85%；以3～7m的拐棍竹为优势种，盖度达65%；其伴生灌木种类贫乏，仅有心叶荚蒾、桦叶荚蒾、陇塞忍冬、蓝锭果、糙叶五加等树种，盖度25%左右。

草本层高0.1～0.6m，盖度高达90%。以苔草和东方草莓占优势，盖度达70%；其次有蓝翠雀、鬼灯擎、蹄盖蕨、卷叶黄精等，盖度20%左右；另有零星的凤仙花、山酢浆草、黄水枝、金腰、钝齿楼梯草等耐阴植物分布。

藤本植物较多钻地风，另有狗枣猕猴桃、少花藤山柳、阔叶青风藤等分布。附生植物繁多，除多种藓类外，常见庐山石韦、丝带蕨、树生杜鹃、宝兴越橘等。

（20）岷江冷杉林（Form. *Abies fargesii* var. *faxoniana*）

岷江冷杉林是草坡地区中部及其西北侧分布最广、蓄积量最大的针叶型森林。一般从海拔2700m向上直抵森林线，大部地域均为岷江冷杉覆盖。在连续的阴坡和半阴坡，其分布上限可达海拔3800m，且连绵成片；但向阳坡面支沟的阴坡和半阴坡，其分布上限仅达海拔3600m，且多呈块状林。这显然是以条件为主导的环境梯度分异结果。坡向影响不明显的峡谷，则可延伸至谷底。

岷江冷杉林一般下界铁杉针阔混交林，但在偏阳坡面，也可与四川红杉林、油松林等相连接，向上直抵高山灌丛，但在局部沟尾也偶与方枝柏林相衔接。

【19】岷江冷杉-冷箭竹林（Gr. ass. *Abies fargesii* var. *faxoniana-Bashania fangiana*）

该群落在正沟、小河、毛毛沟等沟系及其支沟谷地海拔2700～3600（3800）m均有分布，上连岷江冷杉-大叶金顶杜鹃群落。所处位置为岷江冷杉林分布的中心地带，为岷江冷杉林的主体，在岷江冷杉林各群落类型中，占有最大的覆盖面积和蓄积量。土壤为山地棕色暗针叶林土。

群落外貌茂密、暗绿色，林冠较整齐，分层明显。多为异龄复层林。乔木层高8～30m，最高可达40m，林冠总郁闭度0.4～0.9。乔木第一亚层高20～40m，几由岷江冷杉组成，平均郁闭度0.55；另有零星的红桦、白桦等渗入。第二亚层高8～20m，平均郁闭度0.2，仍以岷江冷杉为优势种，另有少量的糙皮桦、川滇长尾槭、山杨、陕甘花楸、川滇高山栎、大叶金顶杜鹃等阔叶树和麦吊云杉、粗枝云杉、四川红杉等针叶树渗入。

灌木层高0.5～6m，盖度50%～80%，以冷箭竹占优势。其种类组成随冷箭竹丛疏密程度不同而有差异。密者仅见少数杜鹃属、忍冬属、花楸属与五加属植物；竹丛稀疏的则有茶藨子属、卫矛属、瑞香属、栒子属等多种灌木分布。

草本层高10～90cm，盖度10%～80%，其种类组成与盖度大小均随林下生境差异而变化。偏陡的谷坡，一般土层瘠薄，冷箭竹低矮，草本层种类比较贫乏，常以苔草为优势种，少蕨类植物，而云南红景天、繁缕虎耳草等常见；相反在土壤深厚、竹丛密度适中的生境，一般竹丛植株较高大，草本种类复杂，优势种不明显，以较多蕨类和喜阴肥沃的阔叶型草本为特色，如蟹甲草属、葱属、冷水花属、苎麻属、楼梯草属等。

【20】岷江冷杉-大叶金顶杜鹃群落(Gr. ass. *Abies fargesii* var. *faxoniana*-*Rhododendron faberi* subsp. *prattii*)

该群落在正沟、小河、毛毛沟等沟系的谷地，沿沟尾的支沟与谷坡广布，跨海拔3400～3600m，在阴坡海拔可达3800m。群落一般下接岷江冷杉-冷箭竹群落，上连亚高山或高山灌丛，但在阳坡偶与方枝柏林相接。土壤属山地棕色暗针叶林土，一般瘠薄多砾石。

在分布区下段或坡度平缓土层深厚处，该群落外貌茂密、整齐、呈暗绿色，分层明显，岷江冷杉枝下高2～8m，林内透视度低；相反，在近分布区上限和立地条件较差处，林冠多不整齐，在绿褐色杜鹃背景上点缀着塔形凸起的暗绿色岷江冷杉树冠，乔木层和灌木层之间过渡不明显，岷江冷杉枝下高通常在1m以下，林内透视度高。乔木层一般高8～30m，在立地条件较为优裕处分为2个亚层：第一亚层由岷江冷杉组成，第二亚层主要是槭、桦、花楸等落叶树种；立地条件较差处，乔木层高不过12m，一般无亚层划分，岷江冷杉与伴生的落叶树种处于同一垂直高度幅度内。乔木层郁闭度0.4～0.8。

灌木层高0.3～6m，个别大叶金顶杜鹃植株高达9m。总盖度40%左右。大叶金顶杜鹃占绝对优势，盖度可达30%。伴生灌木以忍冬属、茶藨子属、蔷薇属植物为最常见，高山灌丛的习见种如金露梅、蒙古绣线菊等已在林下出现。

草本层高5～70cm，盖度20%～90%，盖度大小与种类组成均随生境而异。如上层郁闭度适中，土层较湿润肥沃处，则草类繁茂，盖度可达90%，常见稳舌橐吾、掌叶报春、粗糙独活、肾叶金腰、康定乌头等。在接近林限的偏阳坡地，一般土壤瘠薄，乔木层郁闭度小，草本层盖度仅20%左右，且组成种类特多亚高山草甸常见成分，如白花刺参、小丛红景天、钩柱唐松草、展苞灯心草等。

(21)峨眉冷杉林(Form. *Abies fabri*)

峨眉冷杉林成片出现在天台山一线，是草坡地区东南侧最主要的亚高山针叶林。所处地形为这些山地的顶梁与山腰台地，坡面向阴，分布起自海拔2600～3200m约600m的垂直分布幅度。峨眉冷杉群落中伴生的树种有红桦、糙皮桦、疏花槭、扇叶槭、多毛椴、湖北花楸、川滇高山栎，以及铁杉、云南铁杉、麦吊云杉、四川红杉等。冷杉林下多数地段竹类植物生长很盛，常成为林下灌木层的优势层片。群落一般下界铁杉针阔混交林，毗邻阳向的山坡和谷地，则多与川滇长尾槭、糙皮桦、冷箭竹为主的群落相接，向上直达山顶或连以杜鹃、柳为主的山地灌丛。

【21】峨眉冷杉+糙皮桦-冷箭竹群落(Gr. ass. *Abies fabri+Betula utilis-Bashania fangiana*)

该群落外貌深绿色与绿色镶嵌，成层现象明显。乔木层高8～30m，郁闭度0.7～0.85。可分为2个亚层：第一亚层高18～30m，由峨眉冷杉组成，平均郁闭度0.66，平均高24～25m，最高可达30m，平均胸径31cm左右，最大胸径70cm。乔木第二亚层高8～18m，由单一的阔叶树种糙皮桦与少数峨眉冷杉组成，其中糙皮桦平均郁闭度0.2左右，平均高13m，最高18m，平均胸径12cm，最大胸径25cm，另有峨眉冷杉高7～10m，胸径6～10cm。

灌木层一般高0.5～5m，总盖度30%～95%，以冷箭竹占绝对优势，其次为杜鹃属、忍冬属、荚蒾属、花楸属、蔷薇属与菝葜属植物。草本层高5～30cm，盖度10%～70%，因灌木层盖度大小而变化。当冷箭竹盖度达70%以上时，则竹丛密集，致使林下草本稀疏而矮小，常成单丛散生于林窗透光处，则草本层盖度通常在10%以下；反之，如竹丛稀疏，则草本种类随之增多，草本层盖度随之加大。一般优势种不明显，多以喜阴湿的低矮草类占有较大的盖度和频度，常见苔草、单叶升麻、钝齿楼梯草与山酢浆草等略占优势，此外百合科、堇菜科、蔷薇科、五加科、菊科和茜草科植物也常见。

17) 圆柏林

圆柏属植物具小型鳞片叶，是对干燥环境的强烈适应，故多在森林垂直带上缘、贫瘠的石灰质土壤等地段，才能见到它们形成的疏林群落。保护区的圆柏植物又分方枝柏、山柏、香柏等数种，其中仅方枝柏能成林，山柏常星散伴生于偏阳的亚高山针叶林中，香柏仅成块状灌丛出现于高山或亚高山地区。

(22) 方枝柏林(Form. *Sabina saltuaria*)

方枝柏林主要分布于正沟、毛毛沟、小河等各级支沟的阳坡和半阳坡，位于海拔3400～3500m的冷杉、云杉群落上限林缘地段，多呈狭带状或块状出现于岷江冷杉-大叶金顶杜鹃群落的上方，上接高山灌丛或高山草甸。伴生树种常有四川红杉、糙皮桦、山杨、大叶金顶杜鹃等。常见方枝柏-棉穗柳群落一个类型。

【22】方枝柏-棉穗柳群落(Gr. ass. *Sabina saltuaria-Salix eriostachya*)

该群落立地土壤为砂岩、板岩、千枚岩等发育的山地棕色暗针叶林土。林地湿润，枯枝落叶层覆盖率小，土层厚薄不一。

群落外貌灰绿色，林冠稀疏，欠整齐，多呈塔形突起，结构简单。其种类组成与群落结构常因立地条件不同而异。在砾石露头多的阳坡，林木稀疏，单株冠幅大，枝下高很低，并有糙皮桦渗入，一般乔木高不过10m，郁闭度0.4左右。灌木层亦仅30%左右，且种类单纯，以成丛着生于石隙的棉穗柳为主，另有小檗零星出现。草本层种类少，且不足以形成盖度，仅见火焰草、长鞭红景天等零星分布；但在缓坡、土层较深厚肥沃的半阳坡，则林木高大，组成种类趋于复杂；郁闭度0.6，高15～20m，胸径45～60cm，枝下高4m。灌木层高1～5m，盖度50%左右，仍以棉穗柳为优势，其次为大叶金顶杜鹃、细枝绣线菊、小檗和野玫瑰等。草本层繁茂，高10～30cm，盖度可达80%，优势种不明显，以美观糙苏、太白韭、耳蕨、宝兴冷蕨、耳叶风毛菊等最普遍。

18)落叶松林

(23)四川红杉林(Form. *Larix mastersiana*)

四川红杉主要分布于正沟、毛毛沟、长河坝、洪水沟等沟系及其各级支沟的溪流沿岸，在阳坡或半阳坡也呈块状林出现。垂直分布海拔为2300～3000m。四川红杉除独自组成群落外，并是麦吊云杉、岷江冷杉等针叶林，以及铁杉针阔混交林、川滇高山栎林及落叶阔叶林的常见伴生树种。保护区的四川红杉林既有自然群落也有人工群落，自然群落不多，但两者生长均良好。四川红杉林中常见的伴生树种主要有麦吊云杉、岷江冷杉、山杨、川滇高山栎、白桦、红桦、疏花槭、四蕊槭(*Acer tetramerum*)等。

【23】四川红杉-冷箭竹群落(Gr. ass. *Larix mastersiana-Bashania fangiana*)

该群落分布于草坡自然保护区海拔2700m以上的半阳坡。代表样地位于毛毛沟沟尾，海拔2800m，坡向南偏东35°，坡度40°，土壤为山地棕色暗针叶林土。

群落外貌淡绿色并夹杂暗绿色斑块，林冠欠整齐，分层明显。乔木层郁闭度0.8左右，分为2个亚层。第一亚层高20～30m，郁闭度0.7以上，以四川红杉占优势，平均高22m，最高26m，平均胸径25cm，最大胸径40cm；另有铁杉、麦吊云杉、岷江冷杉渗入，高25m左右，胸径35～50cm。乔木层第二亚层高8～20m，郁闭度0.1左右，优势种不明显，主要有水青树、疏花槭、四蕊槭、尾叶樱与丝毛柳等。

灌木层高1～5m，盖度80%左右。冷箭竹占绝对优势，盖度达70%以上；另有桦叶荚蒾、紫花丁香、陕甘花楸、糙叶五加、刺榛等零星出现。

草本植物稀少，仅见零星双舌蟹甲草植物，不足以形成盖度。

三、灌丛

灌丛是以无明显的地上主干、植株高度一般在5m以下，多为簇生枝的灌木为优势所组成，且群落盖度为30%～40%及以上的植物群落。在保护区内灌丛类型分布十分普遍，从海拔1350m到4400m的山坡，均有不同的灌丛出现。由于灌丛植被所跨海拔幅度大，生境类型多样，以及人为活动的影响不同，因而组成群落的灌木种类和灌丛类型也较多。分布于海拔2400m以下多系次生类型，由原常绿阔叶林，常绿、落叶阔叶混交林，针阔混交林等被破坏演替形成。海拔2400～3600m森林线以内的灌丛群落，除部分生态适应幅度广的高山栎类，以及适应温凉气候特点的常绿杜鹃所组成的较稳定的群落外，占主要优势的是原亚高山针叶林破坏后，由林下或林缘灌木发展而来的稳定性较差的次生灌丛。海拔3600m以上的灌丛植被，主要由具有适应高寒气候条件的生态生物学特性植物组成，群落也相对稳定。

9. 常绿阔叶灌丛

19)典型常绿阔叶灌丛

(24)卵叶钓樟灌丛(Form. *Lindera limprichtii*)

卵叶钓樟灌丛主要由原森林植被的乔木树种卵叶钓樟的萌生枝所组成，零星分布于金波、沙排和长河坝等海拔1400～1700m的半阴坡或半阳坡的山麓或谷底。土壤主要为发育于灰岩、板岩、砂岩和页岩基质的山地黄壤，土壤厚薄不一，多见岩石裸露。

群落外貌绿色，丛灌不整齐，结构较简单。灌木总盖度多在40%～70%，高1～7m，具2个亚层。第一亚层高2～7m，卵叶钓樟占优势，盖度40%以上，高4～6m；其次有香叶树(*Lindera communis*)、水红木，单种盖度可达10%，植株高度超过卵叶钓樟，达7m左右，呈小乔木状。另有细叶柃(*Eurya loguiana*)、杨叶木姜子(*Litsea populifolia*)、尖叶旌节花(*Stachyurus chinensis* var. *cuspidatum*)等植物。如海拔增高，群落所处地势向阳，则山茶科、樟科常绿灌木成分随之递减，而野核桃、岩桑、青榨槭等落叶成分显著增加，在赤足沟、长河坝等地还有油竹子丛渗入。第二亚层高2m以下，优势种不明显，常有西南卫矛(*Euonymus hamiltonianus*)、川溲疏(*Deutzia setchuenensis*)、长叶胡颓子(*Elaeagnus bockii*)、异叶榕等植物出现。

草本层高0.2～0.9m，总盖度40%左右，以单芽狗脊蕨、苔草为优势种，粗齿冷水花、细叶卷柏、蛇足石松、齿头鳞毛蕨、吉祥草、大叶茜草、荚果蕨等较常见。

藤本植物在低处多见川赤爬，高处主要有刚毛藤山柳、粉叶爬山虎等。

10. 落叶阔叶灌丛

20)温性落叶阔叶灌丛

山地落叶阔叶灌丛在保护区较为常见，主要由四川黄栌(*Cotinus szechuanensis*)灌丛、马桑(*Coriaria sinica*)灌丛、柳(*Salix* sp.)灌丛和川莓灌丛所组成。

(25)四川黄栌灌丛(Form. *Cotinus szechuanensis*)

四川黄栌灌丛在保护区广泛分布，在草坡乡、赤足沟、长河坝、沙排等地海拔2400m以下的山坡多有出现，是垂直分布幅度较大的灌丛类型。群落外貌富季节变化，夏季黄绿色，秋季红色。盖度一般较大，常达50%～80%。群落主要伴生灌木有野核桃、红肤杨、盐肤木(*Rhus chinensis*)、宝兴栒子(*Cotoneaster moupinensis*)、棣棠(*Kerria japonica*)、四川蜡瓣花(*Corylopsis willmottiae*)、毛叶南烛(*Lyonia villosa*)、川溲疏、中华绣线菊(*Spiraea chinensis*)、川榛(*Corylus heterophylla* var. *sutchuenensis*)、柳(*Salix* sp.)等。

(26)秋华柳灌丛(Form. *Salix variegata*)

秋华柳在草坡自然保护区广布于海拔1400～2000m的河边及河滩，一般零星分布。群落一般上接野核桃、木姜子为主的次生落叶阔叶林，或以川莓植物为主的落叶灌丛。

土壤为砂岩、灰岩、板岩、千枚岩或页岩等基质发育的山地黄壤，或为冲积岩屑基质上发育的冲积土。

群落外貌浅绿色，丛冠整齐，结构明显。灌木层盖度70%～90%，秋华柳占优势，一般在河滩、溪岸，秋华柳盖度可达60%，平均高4m。此外，宝兴柳(*Salix moupinensis*)盖度也可达10%，其他灌木成分少见。但沿山麓而上，由于地形因素的影响，环境条件即发生相应改变，秋华柳的盖度通常在40%左右，其伴生灌木成分显著增多，木姜子、川莓(*Rubus setchuenensis*)、蕊帽忍冬各具8%～10%的盖度，宝兴栒子、野花椒、小泡花树、腊莲绣球、茅莓、云南勾儿茶(*Berchemia yunnanensis*)、牛奶子也常见，有时还有零星的拐棍竹出现，盖度多在5%以下。

草本层盖度50%～90%，常因立地条件与上层盖度大小而异，优势种有荚果蕨、粗齿冷水花、蜂头菜、日本金星蕨，其次有石生楼梯草、七叶一枝花、六叶葎、打破碗花花、问荆、星毛卵果蕨、沿阶草、蛇莓、风轮草、连翘、小金挖耳等。藤本植物有华中五味、绞股蓝、南蛇藤、紫花牛姆瓜、鹿藿等。

(27) 马桑灌丛 (Form. *Coriaria sinica*)

马桑灌丛主要见于保护区金波河、沙排、长河坝等地海拔1800m以下的溪沟两岸及山坡和坡麓等地段，呈零星小块状间断分布。常与川莓灌丛、秋华柳灌丛或农耕地镶嵌分布。

土壤主要为千枚岩、灰岩和板岩等坡积物发育的山地黄壤、山地黄棕壤，或为多种冲积母岩基质发育的冲积土。土层一般厚薄不均，除表土层外，以下各层均有明显的碳酸盐反应。

群落夏季外貌绿色，丛生呈团状，丛冠参差不齐。盖度60%～80%，高1～5m，最高达7m，常可分为2个亚层。第一亚层平均高2～5m，马桑占优势，盖度40%左右，其伴生灌木主要有秋华柳、宝兴柳、牛奶子、薄叶鼠李、复伞房蔷薇、川榛、烟管荚蒾 (*Viburnum utile*) 等；第二亚层高2m以下，常有黄荆 (*Vitex negundo*)、铁扫帚 (*Indigofera bungeana*)、盐肤木、地瓜藤 (*Ficus tikoua*)、大叶醉鱼草 (*Buddleja davidii*) 等，局部地段可见沙棘。

草本植物繁茂，盖度70%左右，高低悬殊较大。主要优势种有荚果蕨、掌裂蟹甲草、蕺菜、东方草莓、蛇莓、沿阶草、透茎冷水花、珠芽蓼、苔草等。零星分布的有小金挖耳、六叶葎、鬼灯擎、广布野豌豆、三褶脉紫菀、石生楼梯草、腋花马先蒿、天南星和木贼等，禾本草类少，仅于局部有鸭茅、鹅观草、乱子草等出现。

(28) 川莓灌丛 (Form. *Rubus setchuenensis*)

川莓灌丛分布广泛，在各大沟系谷地的林缘、路旁或撂荒地上均见分布。常与常绿阔叶灌丛、马桑灌丛或农耕地交错分布，多呈小块出现，分布海拔1400～2000m。

土壤为山地黄壤或山地黄棕壤，湿润，除母岩岩屑外，一般无碳酸盐反应。

群落夏季外貌深绿色，结构与种类组成随不同生境而变化。处于山涧两侧的川莓灌丛，植丛特别密集，丛冠披靡，盖度90%以上，丛下阴湿，其他灌木少见，偶有大叶柳等喜湿植物渗杂，草本层一般不发育。位于低海拔山麓的川莓灌丛，灌木层盖度亦可达90%以上，且灌木种类复杂，优势种不明显，一般川莓的盖度在30%左右，平均高3m，在局部地段腊莲绣球、小泡花树、少花荚蒾等也可成为优势种，此外云南勾儿茶、宝兴栒子、蕊帽忍冬、猫儿刺、岩桑、杨叶木姜子、川溲疏、甘肃瑞香等也常见。草本种类多，盖度通常在40%以下，优势成分有粗齿冷水花、东方草莓、深圆齿堇菜、打破碗花花，其次为显苞过路黄、凤丫蕨、翠云草、六叶葎、三褶脉紫菀、水杨梅、吉祥草、沿阶草、苔草、七叶一枝花等。藤本植物多见华中五味子、鹿藿、毛葡萄、紫花牛姆瓜、刚毛藤山柳等。

(29) 长叶柳灌丛 (Form. *Salix phaneva*)

长叶柳在草坡保护区主要分布在海拔2400～2600m的溪流两岸，但以长叶柳为优势的灌丛则分布星散，一般仅于较开阔谷地的多砾石的河滩、阶地及坡积扇沿溪流呈小块状出现。

群落外貌绿色，丛冠参差不齐，结构零乱。灌木层盖度50%～80%，以长叶柳为优势种，盖度均在40%左右，高约2m。伴生的灌木成分随生境差异而有变化。分布于山坡地段的柳灌丛，伴生灌木有冰川茶藨、西南花楸、唐古特忍冬 (*Lonicera tangutica*)、宝兴栒子、疣枝小檗 (*Berberis verruculosa*) 等。分布于河岸及河滩地段还有沙棘、水柏枝 (*Myricaria germanica*)、牛奶子 (*Elaeagnus umbellata*)、大叶醉鱼草 (*Buddleja davidii*)

等。草本层盖度约30%，以野蒿、双舌蟹甲草为优势，其次为东方草莓、龙牙草、旋叶香青、柔毛水杨梅等。

(30)沙棘灌丛(Form. *Hippophae rhamnoides*)

沙棘灌丛多沿正沟、长河坝、赤足沟等谷地的河滩地段，多为常绿、落叶阔叶林或针叶林、针阔混交林的林缘伴生成分。土壤多为千枚岩、页岩、板岩和灰岩等坡积物的山地棕壤，或为砾石、砂砾等河滩堆积物形成的冲积土，一般中下土层有明显的碳酸盐反应。

群落外貌有明显的季节变化，春末嫩绿色，夏秋灰绿色，至严冬树叶脱落后，则在灰褐色的枝杈背景上衬以橙黄色的累累小果，丛冠整齐或欠整齐，结构明显。灌木层盖度50%～90%，常因群落发育年龄与生境条件差异，以及人为影响等条件不同而有差异。优势种沙棘的盖度在70%以上，高4～5m，最高可达7m，伴生灌木主要有刚毛忍冬(*Lonicera hispida*)、长叶柳、水柏枝、大叶醉鱼草、唐古特瑞香(*Daphne tangutica*)等。草本层盖度40%～80%，常以双舌蟹甲草占优势，盖度达30%～50%，其次为荚果蕨、猪毛蒿、东方草莓、蕺菜、茅叶荩草、问荆等，再次为蛛毛蟹甲草、粗齿冷水花、破子草、珠芽蓼、升麻、大叶火烧兰、千里光、长叶天名精、夏枯草、双参、苔草、野灯心草、火绒草等。藤本植物不繁茂，但种类较多，有绞股蓝、茜草、南蛇藤、狗枣猕猴桃、白木通等。

21)高寒落叶阔叶灌丛

(31)牛头柳灌丛(Form. *Salix dissa*)

该群落类型主要广布于正沟、毛毛沟、赤足沟等沟系的河源地带，分布海拔多在3000～4500m。群落夏季外貌绿色，丛冠整齐或欠整齐，结构明显。灌木层盖度60%～80%，高度随海拔升高而降低，在分布区下缘一般高3m，最高可达4m，至分布区上缘一般高1m以下。以牛头柳为主，盖度50%以上，伴生灌木随海拔变化而有差异。在分布区下缘，多伴生丝毛柳、裂柱柳、卷毛蔷薇、高丛珍珠梅、茅莓、山光杜鹃等。至海拔3400m以上伴生灌木明显减少，主要有杂乌饭柳、棉穗柳、金露梅、陇塞忍冬、刚毛忍冬、紫丁杜鹃等。在海拔3900m以上常出现棉穗柳为优势种的灌丛片段。

草本层盖度50%左右，其组成种类随海拔升高而有明显差异；在分布区下缘，优势种有耳翼蟹甲草、糙野青茅等，其次为歪头菜、毛蕊老鹳草、珠芽蓼、扭盔马先蒿、甘青老鹳草、藜芦、短柱梅花草、西南手参、鬼灯擎、蛛毛蟹甲草、川甘蒲公英、黄耆等；分布区上段主要为高山草甸成分，优势种有珠芽蓼、川甘蒲公英、白苞筋骨草、禾叶风毛菊、云南金莲花、丽江紫菀、甘肃贝母等。

(32)细枝绣线菊灌丛(Form. *Spiraea myrtilloides*)

该灌丛多沿阴坡的沟缘呈狭带状分布，跨海拔3500～3800m。

群落外貌灰绿色，丛冠欠整齐。灌木层盖度40%～50%，高2m左右，以细枝绣线菊为主，伴生灌木种类少，常见有陇塞忍冬、西藏忍冬、冰川茶藨、青海杜鹃、大叶金顶杜鹃、柳(*Salix* spp.)等渗入。草本植物繁茂，组成种类多，以喜阴湿的阔叶型草类为主。草本层盖度80%～90%，以大黄橐吾、膨囊苔草占绝对优势，次为卷叶黄精、大戟、红花紫堇、四川拉拉藤、冷蕨、大叶火烧兰、早熟禾、珍珠茅、长籽柳叶菜、落新妇等。

(33) 华西银露梅灌丛(Form. *Potentilla glabra*)

华西银露梅在保护区海拔 3600m 以上的谷坡均见分布，但多零星分散，不成优势；只有土壤非常贫瘠的局部沟尾砾石坡，才有团块状的华西银露梅出现。该群落一般处于半阴坡，下接岷江冷杉林或大叶金顶杜鹃灌丛，上接高山草甸。

群落外貌黄绿色与灰绿色相间，丛冠不整齐，分层明显。灌木层盖度 50%左右，具 2 个亚层，第一亚层高 2m，盖度 15%～20%，优势种不明显，由分布稀疏的青海杜鹃、细枝绣线菊、陇塞忍冬与红毛花楸组成；第二亚层高约 1m，以华西银露梅占优势，盖度 30%左右，偶见冰川茶藨。

草本植物分布稀疏，盖度仅 30%左右，以钩柱梅花草占优势，另有糙野青茅、紫花碎米荠、长籽柳叶菜、粗根苔草、小花风毛菊、条纹马先蒿、山地虎耳草等。

11.常绿革叶灌丛

(34) 川滇高山栎灌丛(Form. *Quercus aquifolioides*)

川滇高山栎灌丛主要见于正沟、盐水沟、广福寺沟、小沟等沟系及丫丫棚等海拔 2600～3600m 的阳坡和半阳坡，部分地段群落可连续上延至亚高山针叶林带之上，达海拔 3800m 左右。群落一般下接沙棘林或沙棘灌丛，上接高山灌丛草甸。土壤主要为山地棕色暗针叶林土，一般较干燥瘠薄。

群落外貌黄绿色、茂密、丛冠平整，盖度通常在 90%以上。由于多种灌木渗杂，分布区边缘常结构零乱，丛冠不平整，盖度通常在 80%以下。一般以川滇高山栎占绝对优势，盖度 60%～80%，高 1.5～3m。伴生灌木种类少，以山杨、木帚栒子、平枝栒子、毛叶南烛、鞘柄菝葜、细枝绣线菊(*Spiraea myrtilloides*)、南川绣线菊(*Spiraea rosthornii*)、唐古特忍冬(*Lonicera tangutica*)等为常见，仅平枝栒子和鞘柄菝葜的盖度可分别达 8%以上。在分布区的下部边缘尚有紫花丁香、四川蜡瓣花、西南樱桃、红花蔷薇、丝毛柳、黄花杜鹃、宝兴茶藨(*Ribes moupinense*)等渗入，上部边缘则常有几种柳和大叶金顶杜鹃等渗杂。

草本种类少，高 0.3～1m，盖度仅 15%左右，以光柄野青茅、旋叶香青为优势种，次为西南委陵菜、钉柱委陵菜、沿阶草、川藏沙参、紫花缬草、珠芽蓼、双花堇菜、白背鼠麹草等。灌木内未见藤本植物，地表少苔藓植物，多见枝状和叶状地衣。

(35) 大叶金顶杜鹃灌丛(Form. *Rhododendron faberi* subsp. *prattii*)

该群落主要分布于各大沟系的沟尾地带，分布范围及所跨海拔幅度均较广泛，在海拔 3000～3600m 地带较常见，一般构成岷江冷杉-大叶金顶杜鹃林的优势灌木层片，仅在人为影响强烈的局部地段，才有小片大叶金顶杜鹃灌丛出现。成片的大叶金顶杜鹃灌丛一般在岷江冷杉林上限之上，与岷江冷杉-大叶金顶杜鹃林紧接。

土壤主要为发育于千枚岩、页岩、板岩和灰岩基质的山地棕色暗针叶林土，肥沃湿润，土层厚薄不一，仅分布区上段出现高山灌丛草甸土。

群落外貌绿褐色背景上点缀着绿色斑块，丛冠参差不齐，群落高度约 4m，灌木层盖度 80%～90%。以大叶金顶杜鹃为优势，盖度 50%。另有冰川茶藨(*Ribes glaciale*)、陇塞忍冬、紫丁杜鹃、青海杜鹃、陕甘花楸(*Sorbus koehneana*)、心叶荚蒾(*Viburnum cordifolium*)、峨眉蔷薇(*Rosa omeiensis*)、金露梅(*Potentilla fruticosa*)、鲜黄小檗(*Berberis diaphana*)、柳(*Salix* sp.)等。草本层盖度20%左右，具一定盖度的种有齿裂千里光、四叶葎、山酢浆草，次为紫花碎米荠、箭叶橐吾、丝叶苔草、钩柱唐松草、露珠草等。

(36)青海杜鹃灌丛(Form. *Rhododendron przewalskii*)

该群落主要分布于正沟、小河、毛毛沟等沟系的河源地带海拔 3600～3900m 坡度较缓的阴坡、半阴坡。群落一般下接岷江冷杉林，或直接渗入林内，构成下木的组成成分，向上直达林线以上，成为高山灌丛草甸植被的组成部分。

土壤主要为发育于千枚岩、页岩、板岩基质的山地灰棕壤，土层厚薄不一，湿润，灰化明显。分布区上部的土壤则为高山灌丛草甸土。

群落外貌灰绿色，丛冠整齐。结构与种类组成均随生境不同而有差异。在封闭沟尾的阴坡和半阴坡，雾帘时间长，生境特别湿润，青海杜鹃灌丛可高达5m以上，丛冠密接，盖度90%以上，常呈矮林状。因上层盖度大，林下阴暗，加之地表枯枝落叶层覆盖率高，且分解缓慢，故草本层与活地被物均不发育。

在海拔 3700m 以上的开阔河谷阴坡，坡度平缓，土层较深厚，青海杜鹃灌丛常与高山草甸交错分布，具有灌木和草本两层结构，丛冠高2.5m左右，盖度约60%，并有褐毛杜鹃渗入。草本层繁茂，盖度达50%以上，以毛叶藜芦、刺参、珠芽蓼等阔叶草类为优势，次为膨囊苔草、羊茅、卷叶黄精、康定贝母、曲花紫堇、双花堇菜、白顶早熟禾、紫花碎米荠、东方草莓等。

在开阔向阳的半阴坡，青海杜鹃灌丛高2m左右，具明显的灌木、草本与活地被物层三层结构，灌木层盖度80%左右，除青海杜鹃外，尚有陕甘花楸、细枝绣线菊渗入，分种盖度 8%以上；在岩石露头多、上层盖度偏低的局部地段，更有紫丁杜鹃、金露梅、华西银露梅(*Potentilla glabra*)、刚毛忍冬等零星出现。草本层盖度约20%，优势种有齿裂千里光、滇黄芩、空茎驴蹄草，次有箭叶橐吾、条纹马先蒿、掌叶报春、林荫银莲花、甘青老鹳草、银叶委陵菜、毛杓兰、小花火烧兰、鹿药、轮叶黄精等。活地被物发育良好，盖度70%左右，厚 5～10cm。

在 3900m 左右的近山顶缓坡，青海杜鹃灌丛常依地形起伏而呈斑块状出现。整个群落由2个优势灌木层片组成，草本层和活地被物不发育。灌木第一亚层优势种为青海杜鹃，平均高 1.5m，盖度约 70%，并有陕甘花楸、紫丁杜鹃等渗杂；第二亚层优势种为短叶岩须，高约 0.2m，密集如地毯，盖度 90%以上。短叶岩须植丛之上仅有个别林荫银莲花和苔草，但不足以形成盖度。

(37)紫丁杜鹃灌丛(Form. *Rhododendron vioaceum*)

该群落主要分布于海拔 3800～4200m 的阴坡和半阴坡，部分地段分布海拔可上升至4500m。群落一般下接牛头柳灌丛，或以橐吾属、驴蹄草属、报春属植物为主的高山草甸。

群落外貌灰绿色，低矮密集，丛冠整齐，结构简单。灌木层盖度60%～80%，以紫丁杜鹃占绝对优势，盖度45%～65%，高0.3～1m。次为金露梅，盖度5%～10%，并有牛头柳、陇塞忍冬等渗入。草本层高8～40cm，盖度20%～40%，可分2个亚层，第一亚层高20cm 以上，以羊茅、珠芽蓼占优势，次为大戟、扭盔马先蒿、淡黄香青、苔草、黄耆、红景天等；第二亚层特多矮生嵩草、早熟禾，另有甘青老鹳草、矮风毛菊、无毛粉条儿菜、银叶委陵菜、盾叶银莲花、短柱梅花草等。

12. 常绿针叶灌丛

22）高山常绿针叶灌丛

由常绿针叶（包括鳞叶）灌木为建群种组成的群落。在保护区内，主要由圆柏属（*Sabina*）的香柏（*Sabina squamata* var. *wilsonii*）所构成。

（38）香柏灌丛（Form. *Sabina squamata* var. *wilsonii*）

该灌丛分布于海拔 3600～4500m，因建群种具有较强的耐寒性，且性喜阳，常占据山地的阳坡，与高山草甸相间分布，同时又与阴坡常绿革叶杜鹃灌丛沿山体不同坡向呈有规律的复合分布。

群落外貌暗绿色，低矮密集，结构简单。以香柏为群落的建群种，盖度 50%左右，在坡度稍缓地带可达 85%。植株高达 1m，但近山脊处一般仅 0.5m 左右，且匍匐丛生，分枝密集成团状。伴生灌木在山顶及山脊处常有匍匐栒子（*Cotoneaster adpressus*）、小垫柳（*Salix brachista*）、冰川茶藨、小檗（*Berberis* sp.）；谷坡中段以高山绣线菊、冰川茶藨、金露梅等为伴生种；海拔稍低地段，香柏常与川滇高山栎、西藏忍冬、紫丁杜鹃、青海杜鹃等混生。

草本植物稀少，仅于丛间空隙处集生，一般盖度均低于 20%。常见种有轮叶龙胆、苔草、羽裂风毛菊、珠芽蓼、黄总花草等，近沟谷处更有掌叶大黄、肾叶山蓼等渗入。地表活地被物盖度达 40%，以藓类为主。

四、草甸

草甸是以多年生中生草本植物为主的植物群落。决定草甸形成和分布的因素是水分条件。在山地特别是高山，当气流上升到一定高度，大气中所含的水汽形成云雾，或凝结成雨雪下降，从而形成不同的湿度带和相应的植被带。山地草甸垂直带就是这样在大气降水的影响下形成的，它是在适中的水分条件下形成的比较稳定的植物群落。而不同于在平原地区，经常由于地下潜水的影响而发育起来草甸，也不出现有连续的成带现象，因而被称为“非地带性”或“隐域性”的植被类型。

由于保护区处于高山峡谷地带，区内的草甸植被虽然也具有分布集中连片，组成草甸的建群种和优势种，也与青藏高原及其东缘的川西北地区草甸相似，如高原及川西北地区草甸占据重要地位的珠芽蓼（*Polygonum vivparum*）、圆穗蓼在保护区草甸中仍能形成建群成分，风毛菊属（*Saussurea*）、龙胆属（*Gentiana*）、报春花属（*Primula*）、马先蒿属（*Pedicularis*）等植物在保护区草甸类型中集聚和繁衍。但是，保护区的草甸中已没有大面积覆盖川西北高原宽谷、阶地和高原丘陵的极为壮观的蒿草、披碱草、鹅冠草等草甸类型，莎草科和禾本科植物在草甸中的优势度也较逊色。保护区的草甸多了一些森林下或林缘的植物种类，少了一些高原及川西北地区草甸中常见的成分。保护区的草甸植被，已有别于草甸植物长期经历和适应地势高、气温低、多风和强烈日照辐射作用下形成的具有高原生物生态学特征的草甸植被。

草坡自然保护区内的草甸可划分为典型草甸、高寒草甸和沼泽化草甸三大类型。

13. 典型草甸

典型草甸是指在垂直分布范围与亚高山针叶林分布相应的草甸植被类型。保护区内主要分布于海拔 2600～3800m 的地势稍开阔、排水良好的半阳坡和阳坡的林缘，林间空地、小沟尾及山前洪积扇等地段。典型草甸的植物种类组成较丰富，以中生性杂类草和部分疏丛性禾草组成群落的优势层片。草群一般较密茂，并因杂类草优势明显，林下及林缘草本植物混生较多，花色、花期又相异，群落常呈五彩缤纷的华丽外貌，且富季相变化。

根据建群植物的类别，保护区典型草甸仅有杂类草草甸 1 个群系组。

23) 杂类草草甸

(39) 糙野青茅草甸(Form. *Deyenxia scabrescens*)

该草甸见于正沟、毛毛沟、大雪堂沟等海拔 2800～3600m 的开阔向阳的山腰、丘顶、宽敞的沟尾等地段，常处于亚高山杂类草草甸的上缘。在海拔 3200m 以上土层深厚肥沃的平缓半阳坡，糙野青茅草甸可出现面积稍大的群落；海拔 3200m 以下的地带，多呈零星小块状出现于林间或林缘。除糙野青茅为主要优势种外，平缓半阳坡地段的群落中钝裂银莲花(*Anemone geum*)、空茎驴蹄草(*Caltha palustris* var.*barthei*)、川黄芩(*Scutellaria hypericifolia*)、藜芦(*Veratrum nigrum*)、箭叶橐吾(*Ligularia sagitta*)等也常形成一定优势。此外常见的植物还有轮叶黄精(*Polygonatum verticillatum*)、全缘绿绒蒿 (*Meconopsis integrifolia*)、轮叶景天(*Sedum verticillatum*)、曲花紫堇(*Corydalis curviflora*)、苔草(*Carex* sp.)、珠芽蓼、长叶风毛菊(*Saussurea longifolia*)、轮叶马先蒿(*Pedicularis verticillata*)等。分布于林间空地及林缘的群落中其他优势植物有鬼灯擎(*Rodgersia aesculifolia*)、蛛毛蟹甲草(*Cacalia roborowskii*)、独活(*Heracleum hemsleyanum*)、苔草(*Carex* sp.)、长籽柳叶菜(*Epilobium pyrrcholophum*)等。常见的还有云南金莲花(*Tyollius yunnanensis*)、松潘棱子芹(*Pleurospermum franchetianum*)、长葶鸢尾(*Iris delavayi*)、草玉梅(*Anemone rivularis*)、扭盔马先蒿(*Pedicularis davidii*)等。

(40) 长葶鸢尾、扭盔马先蒿草甸(Form. *Iris dalavax*、*Pedicularis davidii*)

长葶鸢尾、扭盔马先蒿草甸主要出现于海拔 3100～3200m 的半阴向的缓坡与山腰台地，分布范围狭窄。群落外貌茂密，夏秋季相非常华丽，群落结构层次不清，盖度达 100%，草层高 0.5m 左右。优势种为长葶鸢尾和扭盔马先蒿，盖度 20%～30%；草甸的亚优势种是珠芽蓼、淡黄香青、甘青老鹳草、川甘蒲公英、多舌飞蓬(*Erigeron multiradiatum*)等，盖度共为 20%左右；常见种还有多种早熟禾(*Poa* spp.)、毛叶藜芦(*Veratrum grandiflorum*)、云南金莲花、狭叶紫菀(*Aster lavandulaefolius*)、银叶委陵菜(*Potentilla leuconota*)、毛果草(*Lasiocaryum densiflorum*)、黄花马先蒿(*Pedicularis seeptumcorolinum*)等。

(41) 银莲花、委陵菜草甸(Form. *Anemone* sp.、*Potentilla* sp.)

该群落分布范围局限，仅在正沟等尾部各支沟的阴坡山麓出现，跨海拔 3500～3700m。一般上接以大叶金顶杜鹃为主的灌丛，下连河漫滩或以苔草、灯心草为主的沼泽草甸。群落外貌茂密，色调单一。草层高达 1m，盖度 90%以上，以银莲花、委陵菜占绝对优势，次为钝叶银莲花、珠芽蓼、淡黄香青(*Anaphalis flavescens*)、长叶火绒草(*Leontopodium longifolium*)等；此外，重冠紫菀(*Aster diplostephioides*)、长果婆婆纳、异叶米口袋(*Gueldenstaedtia diversifolia*)等杂类草，以及岩生剪股颖(*Agrostis perlaxa*)、垂穗披碱草(*Elymus nutans*)、垂穗鹅冠草(*Roegneria nutans*)等禾草为常见种类。

(42) 大黄橐吾、大叶碎米荠草甸(Form. *Ligularia duciformis*、*Cardamine macrophylla*)

群落多见于山麓集水区、溪涧沿岸，分布面积较大，多见于缓坡及山腰台地，海拔为3400～3900m。

群落外貌整齐，茂密，花色单调欠华丽。草层高度与组成植物种类随生境不同而有差异。在阴湿的沟缘地带，土层肥厚，草层繁茂，高度通常在 1m 以下，盖度几达 100%，大黄橐吾盖度 50%左右，大叶碎米荠可保持 20%左右盖度，常见独活、粗糙独活、康定乌头（*Aconitum tatsienensis*）、掌叶大黄（*Rheum palmatum*）、膨囊苔草、早熟禾、条纹马先蒿、垂头虎耳草、川甘蒲公英、蛇果黄堇等。另外，伴生的种类还有川滇苔草（*Carex schneideri*）、驴蹄草（*Caltha palustris*）、全缘绿绒蒿、松潘棱子芹（*Pleurospermum franchetianum*）、抱茎葶苈、长鞭红景天、甘肃贝母等。

14. 高寒草甸

高寒草甸在保护区内主要分布于海拔 3600m 以上地段，在山地植被垂直分布上，位于高山流石滩植被带与亚高山针叶林带之间部分山坡凹槽地段。高寒草甸可伸入高山流石滩植被带，与流石滩植被交错出现，山岭、山脊地带又常下延至亚高山针叶林带内，与典型草甸紧密相接。保护区中高寒草甸多出现在排水良好的山坡阳坡、半阴坡、丘顶及山脊地带，土壤为高山草甸土。

保护区中高寒草甸多出现在排水良好的山坡阳坡，优势种较单一，且草群低矮，多无明显分层。不少种类都具有密丛、植株矮小、呈莲座状和垫状等适应高寒气候条件的形态特征。

根据草甸植物类群的差异，可分为丛生禾草高寒草甸、蒿草高寒草甸、杂类草高寒草甸。

24）丛生禾草高寒草甸

丛生禾草高寒草甸是由中生的多年生禾草型草本植物构成建群层片的草甸群落。在保护区仅有羊茅（*Festuca ovina*）草甸一种。

（43）羊茅草甸（Form. *Festuca ovina*）

该草甸主要分布于海拔 3600～4000m 的阳坡和半阳坡，一般坡度在 30°以上。羊茅草甸的草群生长较密集，草层总盖度 90%左右，高约 30cm。羊茅的盖度通常在 30%以上。群落中禾本科植物种类较多，常见有草地早熟禾、紫羊茅（*Festuca fubra*）、鹅冠草（*Roegneria kamoji*）、川滇剪股颖（*Agrostis limprichtii*）、光柄野青茅（*Deyeuxia levipes*）等，它们与羊茅共同组成群落的禾草层片。可形成一定优势的杂类草有珠芽蓼、圆穗蓼、乳白香青（*Anaphalis lactea*）、长叶火绒草（*Leontopodium longifolium*）、异叶米口袋（*Gueldenstaedtia diversifolia*）等，常见种类是淡黄香青（*Anaphalis flavescens*）、禾叶风毛菊（*Saussurea graminea*）、红花绿绒蒿（*Meconopsis punocea*）、短柱梅花草（*Parnassia brevistyla*）、高山唐松草（*Thalictrum alpinum*）、银叶委陵菜（*Potentilla leuconota*）等。

25）蒿草高寒草甸

蒿草高寒草甸适应低温，是以多年生中生莎草科丛生草本植物为主的植物群落。保护区的莎草草甸是由莎草科蒿草属植物所组成，蒿草属植物在区内分布有矮生蒿草、四川蒿草、甘肃蒿草等数种，除矮生蒿草能形成优势，组成群落外，其他蒿草多为零星生长。

保护区内的蒿草高寒草甸仅有矮生蒿草草甸一个类型。

(44)矮生嵩草草甸(Form. *Kobresia humilis*)

该草甸在保护区分布的海拔较高，为3800～4400m，多在土层较厚的阳坡缓坡、山顶呈块状出现，海拔4200m以上的山坡凹槽处，矮生嵩草草甸常镶嵌于高山流石滩植被中。

由于山高风大，温度日变幅大，太阳辐射与霜冻强烈等严酷的气候条件特点，致使草群生长低矮，出现叶小、枝丛密集的垫状植物类型。群落总盖度80%左右，草层高15cm以下，优势种矮生嵩草盖度30%～60%，此外条叶银莲花、云生毛茛(*Ranunculus nephelogenes*)、淡黄香青、禾叶风毛菊也可形成优势种，常见的植物还有多种虎耳草(*Saxifraga tangutica*、*Saxifraga montana*)、多种龙胆(*Gentiana hexaphlla*、*Gentiana squarrosa*、*Gentiana spathulifolia*)、毛茛状金莲花(*Trollius ranunculoides*)、松潘矮泽芹(*Chamaesium thalictrifolium*)、草甸马先蒿(*Pedicularis roylei*)，以及苔草(*Carex* sp.)、四川嵩草(*Kobresia setchwanensis*)、羊茅、展苞灯心草(*Juncus thomsonii*)、高河菜(*Megacarpaea delavayi*)等。

26）杂类草高寒草甸

以杂类草型草本植物组成的高山杂类草草甸在保护区主要有珠芽蓼、圆穗蓼草甸，淡黄香青、长叶火绒草草甸两个类型。

(45)珠芽蓼、圆穗蓼草甸(Form. *Polygonum viviparum*、*Polygonum macrophyllum*)

该类草甸分布于海拔3500～4400m阳向的缓坡、台地。土壤主要为高山草甸土，土层较薄。上段常同矮生嵩草草甸或高山流石滩植被交错出现。

草群生长茂密，一般高0.5m以下，草层参差不齐，无明显层次变化，总盖度70%～90%。以珠芽蓼与圆穗蓼为优势种，盖度达30%以上。但两者在群落中的优势度也因海拔高低而有差异，在海拔稍低和较湿润地段，珠芽蓼的优势度常大于圆穗蓼；在海拔较高及较干燥地段，圆穗蓼盖度大于珠芽蓼。除珠芽蓼和圆穗蓼外，羊茅、溚草(*Koeleria cristata*)、多种早熟禾(*Poa sinattenuata*、*Poa alpigena*、*Poa acroleuca*)、川滇剪股颖(*Agrostis limprichtii*)及矮生嵩草虽也能形成一定优势，但盖度均不大。常见种类还有钝裂银莲花、芸香叶火绒草(*Leontopodium haplophylloides*)、羽裂风毛菊、滇黄芩、黄总花草、绵毛果委陵菜(*Potentilla eriocarpa*)、鳞叶龙胆、麻花艽(*Gentiana straminea*)、红花绿绒花、长果婆婆纳、胀萼蓝钟花(*Cyananthus inflatus*)、草甸马先蒿、独一味(*Lamiophlomis rotata*)等。

(46)淡黄香青、长叶火绒草草甸(Form. *Anaphalis flavescens*、*Leontopodium longifolium*)

该类草甸分布于海拔3500～4200m阳向的缓坡、台地，常见于较干燥的山坡，呈零星小块分布。群落以淡黄香青和长叶火绒草为优势种，次为乳白香青、戟叶火绒草(*Leontopodium dedekensii*)、羊茅等种类，常见植物还有珠芽蓼、圆穗蓼、草玉梅、圆叶筋骨草(*Ajuga ovalifolia*)、独一味、鳞叶龙胆、东俄洛橐吾(*Ligularia tongolensis*)、羽裂风毛菊、丽江紫菀、甘青老鹳草(*Geranium pylzowianum*)、狭盔马先蒿(*Pedicularis stenocotys*)、多齿马先蒿(*Pedicularis polyodonta*)、长果婆婆纳、狼毒(*Stellera chamaejasme*)等。

15. 沼泽化草甸

沼泽草甸是以湿中生多年生草本植物为主形成的植物群落，它是沼泽边缘、宽谷洼地、有泉水露头且排水不良的坡麓地段等特定地形，所引起的地表有季节性积水，土壤过分潮湿，通透性不良等环境条件下发育起来的。沼泽草甸是隐域性植被类型，同时也是草甸与沼泽植被之间的过渡类型，它的植物种类组成既有草甸成分的种类，也有沼泽植被的植物种类，但前者多，后者少。保护区因受自然环境制约，沼泽草甸不甚发育，组成群落的植物中也不出现沼泽植被的种类。保护区的沼泽草甸仅有苔草沼泽化草甸1个类型，分布少而零星。

27）苔草沼泽化草甸

苔草沼泽化草甸仅有苔草草甸一个类型。

(47)苔草草甸(Form. *Carex pachyrrhiza*、*Carex fastigiata*、*Carex souliei*)

该类型主要沿正沟沟尾部分支沟的谷底呈块状或条带状出现，是以湿中生多年生的苔草(*Carex* spp.)为优势的沼泽草甸，在保护区海拔2800～3500m的河漫滩、山麓泉水溢流处零星出现。

群落外貌茂密，整齐，色调单一。总盖度90%～100%，草层高约0.5m，以苔草为优势种，盖度常在70%左右。如环境偏阴则以粗根苔草(*Carex pachyrrhiza*)为主，多砾石河滩则紫鳞苔草(*Carex souliei*)居优势，地势向阳则帚状苔草(*Carex fastigiata*)优势度增大，并有黄帚橐吾共为优势组成群落。除优势种苔草外，问荆(*Equisetum arvense*)、葱状灯心草(*Juncus concinnus*)、野灯心草(*Juncus setchuensis*)、黄帚橐吾(*Ligularia virgaurea*)尚可在群落中形成优势，部分地段问荆常形成小群聚，群落中常见的植物还有展苞灯心草、珠芽蓼、多叶碎米荠(*Cardamine macrophylla* var. *polyphylla*)、毛莨状金莲花、花葶驴蹄草(*Caltha scaposa*)、发草(*Deschampsia caespitosa*)、窄萼凤仙花(*Impatiens stenosepala*)、垂穗披碱草等。

五、高山稀疏植被

16. 高山流石滩稀疏植被

高山流石稀疏滩植被为现代积雪线以下的季节融冻区，以适应冰雪严寒自然环境条件的寒旱生、寒冷中生耐旱的多年生植物组成的植被类型。高山流石滩植被类型的植物低矮且极度稀疏，仅在土壤发育稍好地段，形成盖度稍大的小群聚，其结构也极简单。该类型植物种类贫乏，主要以菊科风毛菊属、景天科景天属、虎耳草科虎耳草属、石竹科蚤缀属、报春花科点地梅属等最为常见。

在保护区内该植被类型仅零星、片断地分布于海拔4200m以上的山顶、山脊地段，极个别海拔4000m左右的山顶也有该类型出现。

28)风毛菊、红景天、虎耳草稀疏植被

该类型分布于海拔4370m左右的大圆包山顶，坡向北坡，坡度20°左右。堆积岩主要为片麻岩与石灰岩。岩隙之间的土层厚约10cm；7cm以上多碎石。

草群低矮，一般在10cm以下，盖度小于10%，多沿石隙和石缝呈小聚群出现，分布极不均匀。常见种主要是风毛菊属的粘毛风毛菊(*Saussurea velutina*)、鼠麴风毛菊(*Saussurea gnaphaloides*)、苞叶风毛菊(*Saussurea obovallata*)；虎耳草属的山地虎耳草(*Saxifraga montana*)、狭瓣虎耳草(*Saxifraga pseudohirculus*)、甘青虎耳草(*Saxifraga tangutica*)、黑心虎耳草等，红景天属主要有长鞭红景天(*Rhodiola fastigiata*)、红景天(*Rhodiola guao-drifida*)等。常见的植物还有多刺绿绒蒿、红花绿绒蒿、暗绿紫堇(*Corydalis trachycarpa*)、美丽紫堇(*Corydalis adrieni*)、高河菜(*Megacarpaea delavayi*)、垫状点地梅(*Androsace tapete*)、绵参(*Eriophyton wallichianum*)、具毛无心菜(*Arenaria trichaphora*)等。高山流石滩植被下缘地带,常渗入高山草甸成分,如羊茅、矮生嵩草、苔草(*Carex* sp.)、葱(*Allium* sp.)、黄帚橐吾、垫状女娄菜(*Melandrium caespitosum*)等。局部缓坡洼地,雪茶(*Thamnolia* spp.)等地衣植物常形成小群聚。

8.2 植被空间分布

影响植被空间分布的自然因素多种多样,但最重要的是气候条件。热量和水分及二者间的空间搭配决定了植被成带分布。气候条件是沿着南北纬向与东西经向,以及由低至高的海拔变化而有规律性地变化着,相应地,植被也沿着这三个方向往往呈有规律的带状分布。纬向和经向变化构成植被分布的水平地带性,而海拔变化则构成垂直地带性。人为活动的塑造作用对植被类群空间分布的影响也很大。

8.2.1 水平分布

按全国植被区划,该区处于湿润森林区的范围,并在其地带性的基带植被与植被垂直带谱组成等方面均有充分反映。地带性的基带植被是反映山地植被垂直带谱组成的基础。该区的地带性植被是亚热带常绿阔叶林,其植被水平分布应具有常绿阔叶林的亚热带北缘地带性特点。

首先,其水平地带性区域性特点反映在常绿阔叶林的种类组成、结构与分布幅度等方面。该区常绿阔叶林的优势种主要为樟科与山毛榉科成分。樟科中有樟属的油樟和川桂皮,楠木属的小果润楠,新木姜子属的巫山新木姜子等,充分反映了该区植被与盆地西缘山地植被的联系性。由于纬度偏北和海拔增高的影响,桢楠、润楠等樟科中一些喜暖湿气候的物种都是川西南和川西北边缘山地常绿阔叶林的优势建群种,而在该区罕见或未见,处于优势地位的主要是上述耐寒性较强的树种。该区的山毛榉科成分也有相类似的情况,所含属种甚少,具优势建群作用的仅有石栎属的全苞石栎、青冈属的细叶青冈和蛮青冈两种,这些植物也都是耐寒抗旱性较强的物种;至于川南、川西南常见的栲树则在该区已无分布。从常绿阔叶林中所含的山茶科植物而言,在我国南部、西南部和西部的常绿阔叶林中,山茶科种类成分丰富,如木荷属、大头茶属和柃木属等都很明显,常处于建群或优势地位,而在该区不仅属种组成简单,一般在群落中也不起建群作用。

从竹类成分看,在川南和川西南构成林下优势竹类层片的小径竹类有方竹(*Chimonobambusa quadrangularis*)、八月竹(*Chimonobambusa szechuanensis*)、刺竹子(*Chimonobambusa pachystachys*)、刚竹(*Phyllostachys sulphurea*)、白夹竹(*Phyllostachys nidularia*)、大节竹(*Indosasa crassiflora*)等多种,而且毛竹与慈竹等大径竹类均可独立成林,也常渗入常绿阔叶林中形成混交林,而在川西一带,毛竹林已少见,但慈竹林和刚竹林尚较普遍,而小径竹类已不见喜暖的大节竹等。在常绿阔叶林下的竹种以白夹竹、刺竹和方竹常见。然而，在草坡自然保护区，基本上皆为耐寒性较强的箭竹属和巴山木竹属竹类，如赤足沟、长河坝一带油竹子已渗入常绿阔叶林，成为其他地区罕见的常绿阔叶林油竹子层片，从另一方面反映了该区常绿阔叶林具有亚热带北缘的地带性特点。

其次，该地区植被的垂直带幅度与植被带的群落类型组合也是对其植被的水平地带性区域特点的最好反映。在川西南的西昌一带，由于热量条件好，常绿阔叶林上限一般为海拔 2600m，最高海拔可达 2800m；而位于东南季风交汇地带的大凉山，其常绿阔叶林的最上限为海拔 2200m；至盆地西缘山地，由于纬度偏北、年雨量高、日照时数少，故年蒸发量小而年平均气温偏低，故常绿阔叶林上限仅达海拔 1800m。该区常绿阔叶林的垂直分布，皆为海拔 1600m 左右。再从植被的群落类型组合来看，位于海拔 2000～2700m 的针阔混交林带，其主体植被是以铁杉为主的针阔混交林，但在阳坡山麓与溪河沿岸，有油松林和四川红杉林与之形成组合。油松是华北地区的标志种，其分布中心在山西和陕西，我省北部为其分布区的南缘；四川红杉分布仅限于岷江流域，以汶川、茂县、理县为分布中心。上述群落类型在同属于邛崃山东坡的二郎山植被组合中并没有出现，由此可见本地区的植被水平地带性特点。总体而言，该区植被与我省北部龙门山东坡植被的垂直分布具有同一性。

8.2.2 垂直分布

保护区地处青藏高原东南缘的高山峡谷地带，海拔高差达 2600m 以上。较大的海拔高差所带来的温度、水分、光照等气候因素及其配合方式，导致山地植被随海拔递增而变化的垂直地常性规律。保护区所具有的从基带植被河谷灌丛、寒温性针叶林直至高山流石滩稀疏植被带的较完整的山地植被垂直分布格局，反映青藏高原东南缘高山峡谷地带特征性的山地垂直带谱(图 8.1)。

海拔 1600(1700)m 以下为基带植被。按保护区地理位置特点，代表类型应是以樟科的油樟、卵叶钓樟，山毛榉科的青冈、细叶青冈、蛮青冈、全苞石栎等为主的常绿阔叶林。因该海拔地段气候温暖湿润，人类开发历史悠久，常绿阔叶林基本上已为耕地及苹果、核桃等经济林木所替代。在人类生产、生活等诸多活动的频繁干扰下，组成原生的常绿阔叶林的建群树种或优势树种的高大散生树已十分罕见。在该植被带内，现分布的自然植被类型主要是卵叶钓樟、四川黄栌等次生灌丛，栎类次生林和桤木林、岷江柏木疏林等人工林。

海拔 1600(1700)～2000(2200)m 为常绿、落叶阔叶混交林带，代表类型是以细叶青冈、蛮青冈、全苞石栎等常绿阔叶树种和亮叶桦、多种槭树、椴树、多种稠李、漆树、枫杨，以及珙桐、水青树、领春木、连香树、圆叶木兰等落叶树种组成的常绿、落叶阔叶混交林，该类型外貌富季节变化，尤其是秋和初冬时节，景观十分艳丽。常绿、落叶阔叶混交林带不仅是保护区阔叶树种最丰富的植被带，属国家重点保护植物也较多。该植被带中，一些局部地段还出现由上述落叶阔叶树占优势的斑块状落叶阔叶林或油松人工林。

海拔 2000～2500m 是温性针阔混交林带，由针叶树种云南铁杉、铁杉和阔叶树种红桦、糙皮桦、五裂槭、扇叶槭、青榨槭等组成。处于该植被带上部的各种植物群中常有冷杉、麦吊云杉、四川红杉等针叶树种散生，植被带下部的群落又常渗入蛮青冈、苞石栎等常绿阔叶树种。此外，局部地段也出现桦、槭等为优势种的落叶阔叶林，零星小块的刺叶栎林，华山松林，以及秀丽莓、喜阴悬钩子、拐棍竹等组成的次生灌丛和竹丛。

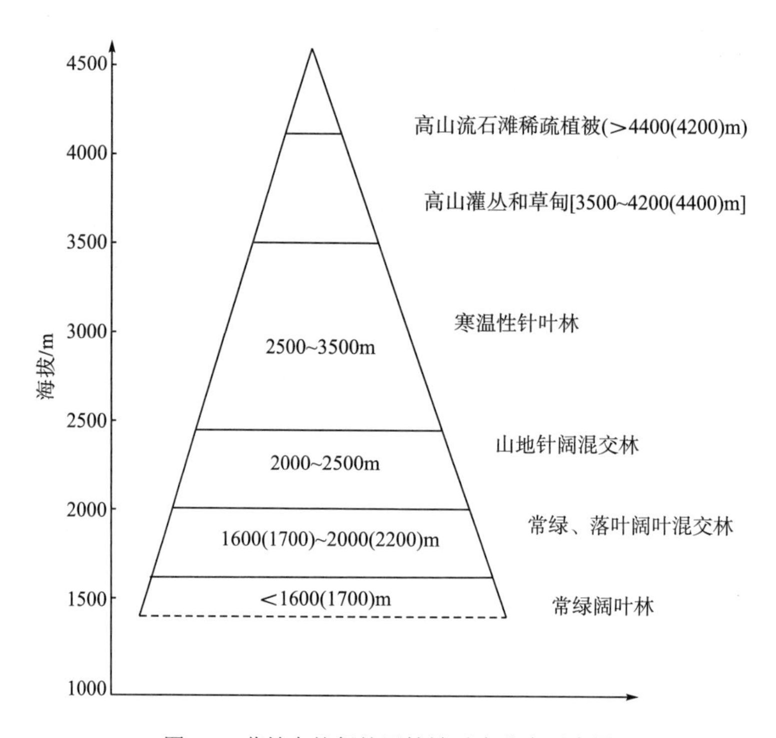

图 8.1　草坡自然保护区植被垂直分布示意图

海拔 2500～3500(3600)m 为寒温性针叶林带，以冷杉和岷江冷杉组成的冷杉林，以及麦吊云杉林等为代表类型。在该植被带同时出现的有红桦、糙皮桦、山杨等为优势的落叶阔叶林，四川红杉、方枝柏等针叶林，川滇高山栎、大叶金顶杜鹃为建群种的硬叶常绿阔叶林，大叶金顶杜鹃、多种悬钩子组成的灌丛，冷箭竹、华西箭竹、短锥玉山竹等组成的竹丛，以及糙野青茅、长葶鸢尾、扭盔马先蒿组成的典型草甸等。

海拔 3500～4200(4400)m 为高山灌丛和草甸带。主要包括高寒落叶阔叶灌丛、常绿革叶灌丛、高山常绿针叶灌丛与高寒草甸等群系组。其中高寒阔叶灌丛包括金露梅、绣线菊等类型，常绿革叶灌丛包括紫丁杜鹃、青海杜鹃等多种类型，高山常绿针叶灌丛包括香柏灌丛等类型；高山草甸则由羊茅、圆穗蓼、珠芽蓼、淡黄香青、长叶火绒草、矮生嵩草等组成的禾草、杂类草草甸、嵩草草甸。高山灌丛主要分布在阴坡和半阴坡的溪沟边等，而高山草甸则多见于阳坡及半阳坡平缓的山脊或山体顶部等，在分布海拔常高于前者。

海拔 4400(4200)m 以上地段为高山流石滩稀疏植被，主要以适应高寒大风、强烈辐射的多种风毛菊、红景天、虎耳草、紫堇、垫状蚤缀等植物组成。在洼地和岩隙有多种雪茶等地衣类植物形成的小群聚。

8.3 竹　林

8.3.1 竹子种类与分布

根据本次野外调查，并结合历史调查资料，草坡自然保护区内共生长有竹子 3 属 5 种。其中，箭竹属 3 种，玉山竹属和巴山木竹属各 1 种(表 8.1)。

由表 8.1 可知，箭竹属种类在保护区内种类最多。冷箭竹的分布海拔较高，而油竹子的分布海拔范围最低。

表 8.1 草坡自然保护区内分布的竹种

属名	竹种	分布海拔	分布区域
箭竹属(*Fargesia*)	华西箭竹(*Fargesia nitida*)	2400～3200m	长河坝、洪水沟等沟系
	油竹子(*Fargesia angustissima*)	1400～2000m	赤足沟、沙排、长河坝等低海拔区域
	拐棍竹(*Fargesia robusta*)	1400～2800m	赤足沟、广福寺沟、正沟、毛毛沟、大雪塘沟、丫丫棚等沟系
玉山竹属(*Yushania*)	短锥玉山竹(*Yushania brevipaniculata*)	1800～3400m	各大沟系均有分布
巴山木竹属(*Bashania*)	冷箭竹(*Bashania fangiana*)	2300～3900m	各大沟系高海拔区域

8.3.2 竹子生长状况

1. 冷箭竹

冷箭竹的秆高 1～3m，基径粗 0.5～1cm。生长高度以 2m 以下为主，比例超过了 90%。盖度相对较低，中等(50%～75%)和中等偏下(25%～50%)的盖度比例占 56%，低盖度(0～25%)的比例占 30%左右。

生长状况中等，好、中两级的比例超过 70%。从年龄结构来看，以成竹为主，竹笋+幼竹的比例(15.3%)稍大于枯死竹+开花竹的比例(13.6%)，说明竹子的更新状况正常。

2. 短锥玉山竹

短锥玉山竹的秆高 2～4m，基径粗 0.5～1.5cm。生长高度以 1～3m 居多，比例为 79.2%。盖度相对较低，中等(50%～75%)和中等偏下(25%～50%)的盖度居多，比例占 67.5%，低盖度(0～25%)的比例超过了 20%。

生长状况较好，好、中两级的比例超过 80%。从年龄结构来看，以成竹为主，竹笋+幼竹的比例(20.9%)大于枯死竹+开花竹的比例(12.1%)，说明竹子的更新状况良好。

3. 拐棍竹

拐棍竹的秆高 3～8m，基径 1～3cm。生长高度以 2～5m 居多，比例占到了 84.5%。

盖度较低，中等(50%～75%)和中等偏下(25%～50%)的盖度居多，比例占 75.3%，低盖度(0～25%)的比例占 20%左右。

生长状况良好，好、中两级的比例接近 90%。从年龄结构来看，以成竹为主，竹笋+幼竹的比例(13.0%)稍大于枯死竹+开花竹的比例(11.0%)，说明竹子的更新状况正常。

4. 华西箭竹

草坡地区的华西箭竹经历了 1981～1984 年的竹子开花，许多竹子正在逐渐的恢复中。其秆高 2～5m，基径 1～2cm。生长高度以 1～2.5m 居多，比例占到了 82%。盖度较低，中等(50%～75%)和中等偏下(25%～50%)的盖度比例占 58.2%，低盖度(0～25%)的比例占 33.8%左右。

生长状况较好，好、中两级的比例超过了 70%。从年龄结构来看，以成竹为主，竹笋+幼竹的比例(17.1%)稍低于枯死竹+开花竹的比例(18.1%)，说明竹子的更新状况一般。

5. 油竹子

油竹子的秆高 4～7m，基径 1～2cm。生长高度以 2～3m 居多，比例超过了 80%。盖度较低，中等(50%～75%)和中等偏下(25%～50%)的盖度居多，比例占 72.0%，低盖度(0～25%)的比例占 25%左右。

生长状况良好，好、中两级的比例接近 80%。从年龄结构来看，以成竹为主，竹笋+幼竹的比例(5.3%)明显小于枯死竹+开花竹的比例(40.4%)，说明竹子的更新状况较差。

第9章 昆 虫

9.1 物种多样性

本次调查在草坡自然保护区共采集8000余号昆虫标本。经鉴定并结合文献资料记载，整理出保护区昆虫共18目133科504属674种(亚种)。草坡自然保护区处于横断山区的东北边缘。这里山高谷深，生态环境复杂多样，保存了良好的植被及适宜昆虫生存和繁殖的条件，因此孕育了非常丰富的昆虫资源。各目中科、属及种的数量分布见表9.1。

表9.1 草坡自然保护区各目昆虫科、属及种的数量统计

目	科	属	种	目	科	属	种
半翅目 Hemiptera	24	86	110	等翅目 Isoptera	2	4	6
鞘翅目 Coleoptera	23	94	113	革翅目 Deraptera	2	2	2
膜翅目 Hymenoptera	19	45	72	蜚蠊目 Blattoidea	1	2	2
鳞翅目 Lepidoptera	18	173	228	螳螂目 Mantodea	1	2	2
直翅目 Orthoptera	15	35	38	衣鱼目 Zygentoma	1	1	1
双翅目 Diptera	8	35	69	蜉蝣目 Ephemeroptera	1	1	1
蜻蜓目 Odonata	8	12	14	襀翅目 Plecoptera	1	1	1
蚤目 Siphonaptera	4	6	6	竹节虫目 Phasmatodea	1	1	1
毛翅目 Trichoptera	3	3	7	缨翅目 Thysanoptera	1	1	1

在科级水平上，排在前四位的分别是半翅目(24科)、鞘翅目(23科)、膜翅目(19科)和鳞翅目(18科)，四目共84科，占科总数的63.16%。蜚蠊目、螳螂目、衣鱼目、蜉蝣目、襀翅目、竹节虫目和缨翅目都只有1科。在属级上，鳞翅目最多，有173属，占属总数的34.33%；鞘翅目94属，占18.65%，居第二；半翅目86属，占17.06%，位列第三。从种数上看，最多的是鳞翅目，有228种，占33.83%；其次是鞘翅目(113种)和半翅目(110种)，分别占16.77%和16.32%；三目合计451种，占总种数的66.91%。

在区系成分上，草坡自然保护区内南北走向的山系为古北界成分的南进创造了条件，低海拔的纵向河谷又有利于东洋界成分的向北突伸，南进北突的结果导致了该区域形成两大区系的交叉重叠。同时，巨大的高差使得该区域昆虫区系成分更加复杂，低海拔地区属于东洋界区系，高海拔地区则以古北界区系成分为主，山体中部还有一个古北界、东洋界

成分的交汇过渡地带。就整体而言，草坡自然保护区昆虫区系主要由东洋种、古北种、广布种和地区特有种4种成分组成，区系特征是以东洋界区系成分为主体，同时高山种、特有种、原始古老种类极其丰富。

9.2 昆虫在保护区内的空间分布

随着海拔的变化，水热、辐射、风速、气压、土壤及植被类型等生态因子均会明显发生变化。昆虫是生态系统中的一个有机组成部分，现有的分布状态是昆虫亿万年来对环境长期适应的结果。昆虫的垂直分带现象与自然地理分带情况密切相关，而自然地理分带情况的最好反映就是植被的带状分布。因此，山地昆虫的垂直分布与植被类型的垂直带谱之间具有一定的相关性。

9.2.1 常绿、落叶阔叶混交林带

该区域环境复杂多变，食物充足，水热条件良好，是保护区昆虫分布最为丰富的地带。代表性昆虫有七星瓢虫（*Coccinella septempunctata*）、六斑月瓢虫（*Menochilus sexmaculatus*）、黑缘红瓢虫（*Chilocorus rubidus*）、眼斑食植瓢虫（*Epilachna ocellatae*）、黄斑短突花金龟（*Glyeyphana fulvistemma*）、小青花金龟（*Oxycetonia jucunda*）、蓝胸圆肩叶甲（*Humba cyanicollis*）、长斑褐纹卷蛾（*Phalonidia melanothica*）、南方长翅卷蛾（*Acleris divisana*）、龙眼裳卷蛾（*Cerace stipatana*）、云丛卷蛾（*Gnorismoneura steromorphy*）、眉丛卷蛾（*Gnorismoneura violascens*）、褐盗尺蛾（*Docirava brunnearia*）、沼尺蛾（*Acasis viretata*）、双角尺蛾（*Carige cruciplaga*）、黄异翅尺蛾（*Heterophleps fusca*）、弥斑幅尺蛾（*Photoscotosia isosticta*）、溪幅尺蛾（*Photoscotosia rivularia*）、云南松洄纹尺蛾（*Chartographa fabiolaria*）、黄枯叶尺蛾（*Gandaritis flavomacularia*）、啄黑点尺蛾（*Xenortholitha dicaea*）、灰涤尺蛾（*Dysstroma cinereata*）、直纹白尺蛾（*Asthena tchratchrria*）、竖平祝蛾（*Lecithocera erecta*）、黑线钩蛾（*Nordstroemia nigra*）、豹大蚕蛾（*Loepa oberthuri*）、老豹蛱蝶（*Argyronome laodice*）、云南橘蝽（*Dalpada oculata*）、大臭蝽（*Eurostus validus*）、红花丽蝽（*Hoplistodera fpulchra*）、黑益蝽（*Picromerus griseus*）、金绿宽盾蝽（*Poecilocoris lewisi*）、尖角普蝽（*Priassus spiniger*）、棱蝽（*Rhynchocoris humeralis*）、瘤缘蝽（*Acanthocoris scaber*）、小点同缘蝽（*Homoeocerus marginellus*）、平肩棘缘蝽（*Cletus tenuis*）、黄伊缘蝽（*Aschyntelus chinensis*）、南普猎蝽（*Oncocephalus philippinus*）、环斑猎蝽（*Sphedanolestes impressicollis*）、豆突眼长蝽（*Chauliops fallax*）、侏地土蝽（*Geotomus pygmaeus*）、拟褐飞虱（*Nilaparvata bakeri*）、透翅结角蝉（*Antialcidas hyalopterus*）、宽斑无齿角蝉（*Nondenticentrus latustigmosus*）、枯黄彩带蜂（*Nomia megasoma*）、熟彩带蜂（*Nomia maturans*）、拟刺背淡脉隧蜂［*Lasioglossam* (*Lasioglossum*) *pseudomontanum*］、山大齿猛蚁（*Odontomachus monticola*）、黄足短猛蚁（*Brachyponera luteipes*）、四川凸额蝗（*Traulia orientalis szetschuanensis*）、绿拟裸蝗（*Conophymacris viridis*）、微翅小蹦蝗（*Pedopodisma microptera*）、

山稻蝗(*Oxya agavisa*)、峨眉腹露蝗(*Fruhstorferiola omei*)、四川华绿螽(*Sinochlora szechwanensis*)、陈氏掩耳螽(*Elimaea cheni*)、艳眼斑花螳(*Crebroter urbanus*)、中华大刀螳(*Tenodera aridifolia sinensis*)、东方蜚蠊(*Blatta orientalis*)、斑蠊(*Neostylopyga rhombifolia*)、长尾黄蟌(*Cerigrion fallax*)、紫闪溪蟌(*Caliphaea consimilis*)、细腹绿综蟌(*Megalestes micans*)等。

9.2.2　针阔混交林带

本区域昆虫种类也很丰富，其数量仅次于常绿落叶阔叶混交林带。代表性昆虫有隐斑瓢虫(*Harmonia yedoensis*)、细网巧瓢虫(*Oenopia sexareata*)、奇变瓢虫(*Aiolocaria hexaspilota*)、黄室盘瓢虫(*Pania luteopustulata*)、连斑食植瓢虫(*Epilachna hauseri*)、长管食植瓢虫(*Epilachna longissima*)、瓜茄瓢虫(*Epilachna admirabilis*)、斧斑广盾瓢虫(*Platynaspis angulimaculata*)、黑跗长丽金龟(*Adoretosoma atritarse*)、斧须发丽金龟(*Phyllopertha suturata*)、墨绿彩丽金龟(*Mimela spelendens*)、皮纹球叶甲(*Nodina tibialis*)、圆角胸叶甲(*Basilepta ruficolle*)、雅安锯龟甲［*Basiprionota* (*s. str.*) *gressitti*］、毛圆眼花天牛(*Lemula pilifera*)、沟胸金古花天牛(*Kanekoa lirata*)、脊负泥虫(*Lilioceris subcostata*)、黑缝负泥虫(*Oulema atrosuturalis*)、腿管伪叶甲(*Donaciolagria femoralis*)、毛束象(*Desmidophorus hebes*)、戴狭锹甲(*Pris mognathus*)、八字地老虎(*Xestia c-nigrum*)、冥灰夜蛾(*Polia mortua*)、盈潢尺蛾(*Xanthorhoe saturata*)、眼点小纹尺蛾(*Microlygris multistriata*)、拉维尺蛾(*Venusia laria*)、大豹银蛱蝶(*Childrena childreni*)、小双瞳眼蝶(*Callerebia oberthuri*)、圆翅大眼蝶(*Ninguta schrenckii*)等。

9.2.3　亚高山针叶林带

本区域采集到的昆虫标本数量相对较少，主要采于相对较为裸露的林间灌丛。针叶林由于较高的郁闭度，林下其他植被稀疏，光照条件也不好，所以昆虫数量明显少于前两个植被带。代表性昆虫有十五斑崎齿瓢虫(*Afidentula quinquedecemguttata*)、墨绿彩丽金龟(*Mimela spelendens*)、中华彩丽金龟(*Mimela chinensis*)、川绿弧丽金龟(*Popillia sichuanensis*)、陷缝异丽金龟 (*Anomala rufiventris*)、中华星步甲(*Calosoma chinense*)、肖毛婪步甲(*Harpalus jureceki*)、黄斑青步甲(*Chlaenius micans*)、灿丽步甲(*Callida splendidula*)、五斑狭胸步甲(*Stenlophus quinquepustulatus*)、毛青步甲(*Chlaeoius pallipes*)、褐黄环斑金龟(*Paratrichius castanus*)、短毛斑金龟(*Lasiotrichius succinctus*)、蒿金叶甲(*Chrysolina aurichalcea*)、李叶甲(*Cleoporus variabilis*)、素带台龟甲［*Taiwania* (*s. str.*) *postarcuata*］、美黄卷蛾(*Archips sayonae*)、川广翅小卷蛾(*Hedya gratiana*)、松实小卷蛾(*Retinia cristata*)、黑兜蝽(*Aspongopus nigriventris*)、纹须同缘蝽(*Homoeocerus striicornis*)等。

9.2.4 高山灌丛草甸带

该区域由于生境简单，温度相对较低，食物资源相对匮乏，所以昆虫种类不多。

就采集情况看，主要为双翅目、鞘翅目及鳞翅目一些种类。代表性种类有日铜罗花金龟（*Rhomborrhina japonica*）、杨叶甲（*Chrysomela populi*）、红胸丽甲（*Callispa ruficollis*）、九江卷蛾（*Argyrotaenia liratana*）、苹褐卷蛾（*Pandemic heparana*）、油松球果小卷蛾（*Gravitarmata margarotana*）、归光尺蛾（*Triphosa rantaizanensis*）、宽缘幅尺蛾（*Photoscotosia albomacularia*）、叉涅尺蛾（*Hydriomena furcata*）、淡网尺蛾（*Laciniodes denigrata*）、中华豆斑钩蛾（*Auzata chinensis*）、六条白钩蛾（*Ditrigona legnichrysa*）、新瘤耳角蝉（*Maurya neonodosa*）、竹梢凸唇斑蚜（*Takecallis taiwanus*）、娇驼跷蝽（*Gampsocoris pulchellus*）、波姬蝽［*Nabis*（*Milu*）*potanini*］、玉龙肩花蝽（*Tetraphleps yulongensis*）、黄胸木蜂（*Xylocopa appendiculata*）等。

9.2.5 高山流石滩稀疏植被带

在此区域分布的昆虫较少，而且标本采集困难，主要见到了一些飞行能力较强的膜翅目和双翅目的种类，偶见鳞翅目种类。

第10章 鱼　类

10.1 物种多样性与区系组成

鱼类调查主要通过肩背式电鱼机(800W，24V)(经汶川县林业局批准)，根据草坡自然保护区地形地貌特点，沿主要河道设置 3 条采样线路，随机捕捞。采集时间为 7:00～15:00，沿水中逆流而行。同时，对保护区周边的渔民进行了访问调查。

野外调查过程中共设置了 3 条样线，具体如下：

(1)观音庙样线：采集样点包括燕子岩窝、养丰坪、五道桥、老游坪、观音庙、苍平、牛王庙。

(2)树村口样线：采集样点包括谭家集、花石包、麻龙。

(3)沙牌村样线：采集样点包括城外磨子桥、小沟口、龙灯桥、亲嘴坡、飞水岩、城外电站、七出桥。

在野外调查的基础上，结合草坡自然保护区第一次综合科学考察报告，发现该保护区共分布有鱼类 4 种，隶属于 2 目 3 科 3 属(表 6)，主要属于青藏高原类群。在调查过程中，由于受特大泥石流影响，除齐口裂腹鱼(*Schizothorax prenanti*)采集到标本外，在上述样点没有采集到其他鱼类标本。

10.2 濒危或特有鱼类

在保护区 4 种鱼类中，属国家Ⅱ级重点保护水生动物 1 种，即川陕哲罗鲑(*Hucho bleekeri*)；属省级重点保护水生动物 1 种，即重口裂腹鱼(*Schizothorax davidi*)。另外，齐口裂腹鱼(*Schizothorax prenanti*)和戴氏山鳅(*Oreias dabryi*)是我国特有鱼类。

(1)齐口裂腹鱼[*Schizothorax* (*Schizothorax*) *prenanti*]，隶属于鲤形目(Cypriniformes)鲤科(Cyprinidae)裂腹鱼属(*Schizothorax*)，当地称为“白鱼”，在雅安称为“雅鱼”，是长江上游特有名贵鱼类。由于捕捞过度和生境破坏，数量已经很少。

(2)重口裂腹鱼［*Schizothorax*(*Racoma*)*davidi*］，隶属于鲤形目 (Cypriniformes)鲤科(Cyprinidae)裂腹鱼属(*Schizothorax*)，当地称为“白鱼”，在雅安称为“雅鱼”，是四川省级保护鱼类，数量较少，据访问调查在区内有分布。

(3)戴氏山鳅(*Oreias dabryi*)，隶属于鲤形目 (Cypriniformes)鳅科(Cobitidae)山鳅属(*Oreias*)，分布于激流砾石底质河段等小水体中，是长江上游特有名贵鱼类。由于捕捞过度和生境破坏，数量已经很少，据访问调查在区内有分布。

图 10.1 齐口裂腹鱼［*Schizothorax*（*Schizothorax*）*prenanti*（Tchang）］

图 10.2 重口裂腹鱼［*Schizothorax*（*Racoma*）*davidi*（Sauvage）］

(4)川陕哲罗鲑(*Hucho bleekeri*)，隶属于鲑形目(Salmoniformes)鲑科(Salmonid)哲罗鱼属(*Hucho*)，又名四川哲罗鲑、虎鱼、猫鱼等，有“水中大熊猫”之称，为国家Ⅱ级重点保护水生动物和中国濒危动物红皮书中物种，历史上曾有记载，但已多年未见。

第11章 两 栖 类

11.1 物种多样性与区系组成

经鉴定，本次调查在保护区内共采集两栖动物 8 种，分别是山溪鲵(*Batrachuperus pinchonii*)、西藏山溪鲵(*Batrachuperus tibetanus*)、西藏齿突蟾(*Scutiger boulengeri*)、中华蟾蜍华西亚种(*Bufo gargarizans andrewsi*)、理县湍蛙(*Amolops lifanensis*)、四川湍蛙(*Amolops mantzorum*)、昭觉林蛙(*Rana chaochiaoensis*)和黑斑蛙(*Rana nigromaculata*)。

结合四川省陆生野生动物调查队 1998 年 9 月的初步调查结果和 2004 年草坡自然保护区第一次综合科学考察，保护区内共分布有两栖动物 11 种，隶于 2 目 5 科 8 属。这些两栖动物分别为：山溪鲵、西藏山溪鲵、小角蟾(*Megophrys minor*)、大齿蟾(*Oreolalax major*)、西藏齿突蟾、中华蟾蜍华西亚种、理县湍蛙、四川湍蛙、昭觉林蛙、沼水蛙(*Hylarana guentheri*)、黑斑蛙。在本次调查中发现，草坡自然保护区是西藏山溪鲵、西藏齿突蟾、理县湍蛙的新分布区域。

按分布型分析，保护区内两栖类动物属东洋界物种 4 种，包括小角蟾、中华蟾蜍华西亚种、黑斑蛙和沼水蛙，占保护区两栖动物总种数的 36.4%；其余 7 种为古北界物种，占保护区爬行动物总数的 63.6%。在 11 种两栖物种中，7 种属喜马拉雅-横断山区型，主要分布在横断山区；3 种属南中国型；1 种属季风型(表 7)。上述物种组成显示本地区的两栖动物区系受到来自高海拔的喜马拉雅-横断山区型和来自低海拔、热带和亚热带的南中国型物种的较大影响。

11.2 濒危或特有两栖类

在保护区分布的 11 种两栖动物中，属中国特有物种共 9 种，属国家保护的有益的或者有重要经济、科学研究价值的两栖动物共 10 种。

(1) 山溪鲵(*Batrachuperus pinchonii*)(图 11.1)，俗名羌活鱼、白龙、杉木鱼，属小鲵科，中国特有物种。分布于四川、贵州、云南等地，常见于高山溪流、湖泊或融雪泉水碎石下。分布海拔为 1700～4000m，属“三有”动物。野外调查期间，在城外小沟海拔 3000m 处及大学塘沟海拔 2800m 处采集到该物种样本，相对密度为 0.02 只/m^2。

(2) 西藏山溪鲵(*Batrachuperus tibetanus*)(图 11.2)，俗名娃娃鱼、羌活鱼、山辣子、杉木鱼，属小鲵科，中国特有物种。分布于四川、西藏和甘肃等省份。分布海拔为 1500～

4300m，成鲵以水栖生活为主，白天多隐于溪内石块下或倒木下。野外调查期间，在大红岩沟 2700m 处 50m 长得山溪内仅采集到 1 只样本，数量相对稀少。

图 11.1　山溪鲵(*Batrachuperus pinchonii*)

图 11.2　西藏山溪鲵(*Batrachuperus tibetanus*)

(3) 西藏齿突蟾(*Scutiger boulengeri*)(图 11.3)，别名癞瓜子，锄足蟾科，中国特有物种。分布于四川、西藏、甘肃、青海等地，多生活于小山溪的尽源处或大中型溪流缓流处岸边石下或石块间隙内。分布海拔为 2900～5100m。属“三有”动物。野外调查期间，在大雪塘沟海拔 3100m 处采集到 2 只样本，数量较为稀少。

(4) 小角蟾(*Megophrys minor*)，角蟾科，中国特有物种。在国内分布广泛，多居于山溪旁小溪流的石块和附近的草丛中。属“三有”动物。四川省第一次陆生动物资源调查资料表明区内分布，但本次调查在野外未采集到样本。

图 11.3　西藏齿突蟾(*Scutiger boulengeri*)

(5) 大齿蟾(*Oreolalax major*)，锄足蟾科。多生活于山溪附近，其生存的海拔约 2000m。大齿蟾体长仅 8cm 左右，为中国特有种，也是国家重点保护动物。属“三有”动物。在草坡自然保护区第一次综合科学考察中发现区内有该物种分布，但在本次调查中未采集到该物种样本。

(6) 中华蟾蜍华西亚种 (*Bufo gargarizans andrewsi*) (图 11.4)，蟾蜍科，中国特有物种。主要分布于四川、云南等省份。穴居在泥土中，或栖于石下及草间，黄昏爬出捕食。属“三有”动物，数量丰富。野外调查期间，在城外正河电站附近采集到大量样本，其相对密度为 0.08 只/m^2。

图 11.4　中华蟾蜍华西亚种(*Bufo gargarizans andrewsi*)

(7)理县湍蛙(*Amolops lifanensis*)(图 11.5)，蛙科，中国特有物种。分布于四川等地，分布于海拔 1000～3400m 植被较为丰茂的湍流中。属“三有”动物，数量较多，其相对密度为 0.03 只/m^2。

(8)四川湍蛙(*Amolops mantzorum*)(图 11.6)，蛙科，中国特有物种。生活于海拔 1000～3800m 植被较为丰茂的湍流中。属“三有”动物，区内数量丰富。野外调查期间，在城外正河电站海拔 1900m 处及簇头沟海拔 1800m 处采集到一定数量样品，其相对密度为 0.005 只/m^2。

图 11.5 理县湍蛙(*Amolops lifanensis*)

图 11.6 四川湍蛙(*Amolops mantzorum*)

(9)昭觉林蛙(*Rana chaochiaoensis*)(图 11.7)，中国特有物种。分布于四川、贵州、云南、陕西等地，常栖息于山岭近水草间及树林里。属“三有”动物，分布海拔为 1150～

3340m。野外调查期间在保护区采集到 1 只样本。

图 11.7 昭觉林蛙（*Rana chaochiaoensis*）

（10）沼水蛙（*Hylarana guentheri*），别名田狗，蛙科，广泛分布于中国大陆及台湾岛。常栖息于静水池或稻田及溪流，分布海拔为 452～1200m。属“三有”动物，据访问调查在保护区内有一定数量分布。

（11）黑斑蛙（*Rana nigromaculata*）（图 11.8），别名青蛙，蛙科，广泛分布于中国，在日本和朝鲜也有分布。常栖息于稻田、池塘、湖泽、河滨、水沟内或水域附近的草丛中。属“三有”动物，保护区数量较多，本次在草坡乡附近采集到一定数量的样本，其相对密度为 0.01 只/m^2。

图 11.8 黑斑蛙（*Rana nigromaculata*）

11.3 两栖类在保护区内的空间分布

物种地理分布与生态环境之间具有密切的关系。草坡自然保护区内具有丰富的、类型多样的自然生态环境，不同环境中栖息的两栖动物种类不同。如栖居于流溪内的山溪鲵和西藏山溪鲵，主要分布于海拔 2500m 以上山溪内的大石块下。河沟内生活的四川湍蛙和理县湍蛙，主要分布于保护区海拔 2000m 以上的各小河沟内的大石块下，并在夜间露出水面。流溪边生活的有小角蟾、大齿蟾和西藏齿突蟾，其中大齿蟾主要分布于沙排村等地海拔 2500m 以上的流溪边。属静水塘繁殖、陆栖性较强的有中华蟾蜍华西亚种、沼水蛙和黑斑蛙。特别是中华蟾蜍华西亚种，在保护区内广泛分布，而沼水蛙和黑斑蛙主要分布在保护区低海拔的地区(表 11.1)。

表 11.1 草坡自然保护区调查发现的两栖动物栖息的植被带

种名	栖息植被带					分布海拔/m
	常绿阔叶林	常绿落叶阔叶混交林	针阔混交林	亚高山针叶林	高山灌丛草甸	
山溪鲵(*Batrachuperus pinchonii*)			◆	◆	◆	1890～3100
西藏山溪鲵(*Batrachuperus tibetanus*)			◆	◆	◆	2300～3200
西藏齿突蟾(*Scutiger boulengeri*)			◆	◆		2400～2900
中华蟾蜍华西亚种(*Bufo gargarizans andrewsi*)	◆	◆	◆			1150～2340
理县湍蛙(*Amolops lifanensis*)	◆	◆	◆			1200～2500
四川湍蛙(*Amolops mantzorum*)	◆	◆				1100～1900
昭觉林蛙(*Rana chaochiaoensis*)	◆	◆	◆			1300～2400
黑斑蛙(*Rana nigromaculata*)	◆					＜1900

第12章 爬 行 类

12.1 物种多样性与区系组成

本次调查在草坡自然保护区内共采集爬行动物 5 种，经鉴定分别是铜蜓蜥（*Sphenomorphus indicus*）、虎斑颈槽蛇（*Rhabdophis tigrina*）、菜花原矛头蝮（*Trimeresurus jerdonii*）、黑眉锦蛇（*Elaphe taeniura*）和王锦蛇（*Elaphe carinata*）。结合四川省陆生野生动物调查队 1998 年 9 月的调查结果及相关研究报道，草坡自然保护区内共分布有爬行动物 15 种，隶属 1 目 5 科 11 属。这些爬行动物分别为：康定滑蜥（*Scincella potanini*）、长肢滑蜥（*Scincella doriae*）、汶川攀蜥(*Japalura zhaoermii*)、白条草蜥（*Takydromus wolteri*）、铜蜓蜥、美姑脊蛇（*Achalinus meiguensis*）、王锦蛇、横斑锦蛇（*Elaphe perlacea*）、黑眉锦蛇、翠青蛇（*Entechinus major*）、大眼斜鳞蛇（*Pseudoxenodon macrops*）、颈槽蛇（*Rhabdophis nuchalis*）、虎斑颈槽蛇、菜花原矛头蝮和高原蝮（*Gloydius strauchi*）。本次调查发现，草坡自然保护区是虎斑颈槽蛇的新分布区。

按分布型分析，保护区内爬行类属东洋界物种 10 种，包括铜蜓蜥、汶川攀蜥、长肢滑蜥、翠青蛇、王锦蛇、大眼斜鳞蛇、美姑脊蛇、颈槽蛇、虎斑颈槽蛇和菜花原矛头蝮，占保护区爬行动物总种数的 66.67%；古北界物种 4 种，包括康定滑蜥、横斑锦蛇、白条草蜥和高原蝮，占总种数的 26.67%，广布种 1 种，为黑眉锦蛇，占总种数的 6.67%。在 15 个物种中，3 种属喜马拉雅-横断山区型，主要分布在横断山区，7 种属南中国型，5 种属东洋型。

12.2 濒危或特有爬行类

草坡自然保护区内无国家级重点保护爬行类动物。然而，有 11 种爬行动物为《国家保护的有益的或者有重要经济、科学研究价值的陆生野生动物名录》中的“三有”动物，占总数的 73.33%。同时，仅 4 种爬行类为中国特有种，占区内爬行动物的 26.67%。

各物种简介如下：

(1) 铜蜓蜥（*Sphenomorphus indicus*）（图 12.1），俗名铜石龙子、石蜥、山龙子、铜楔蜥、四脚蛇，石龙子科。主要分布于海拔 2000m 以下的低海拔地区平坝及山地阴湿草丛，以及荒石堆或有裂缝的石壁处。野外调查期间，在保护区内雷打木海拔 2100m 处采集到 3 只。

图 12.1 铜蜓蜥(*Sphenomorphus indicus*)

(2)长肢滑蜥(*Scincella doriae*)，石龙子科，中国特有物种。栖息于低海拔地区的竹林或干扰较少的果园等开垦环境。分布于四川、云南、贵州等省。四川省第一次陆生动物调查资料记载有分布，数量稀少。

(3)白条草蜥(*Takydromus wolteri*)，蜥蜴科，栖息于荒山灌丛、杂木林边缘、山坡、田地等处。广泛分布于我国北方地区。属“三有”动物，访问调查确定保护区内分布数量非常稀少。

(4)康定滑蜥(*Scincella potanini*)，石龙子科滑蜥属，中国特有物种。一般栖息于海拔 250～1800m 的低山区，活动于路旁落叶或林下草丛中。属“三有”动物。在保护区内数量稀少。

(5)汶川攀蜥(*Japalura zhaoermii*)，鬣蜥科，新近发表的中国特有物种(2001 年)，目前仅知分布于汶川县。栖息于海拔 1200～1600m 的山坡稀疏灌丛、岩隙或树枝上，多在晴天或阴天中午活动。

(6)王锦蛇(*Elaphe carinata*)(图 12.2)，游蛇科，体大凶猛，遇到同类相互缠杀。广泛分布于中国大陆。国外分布于越南。生活于平原、丘陵和山地。属“三有”动物，野外调查期间，在大梧桐海拔 1800m 处观察到 1 条王锦蛇样本。

(7)颈槽蛇(*Rhabdophis nuchalis*)，游蛇科颈槽蛇属，多栖息于海拔 2000m 左右山区的灌丛或草丛间。属“三有”动物。草坡自然保护区第一次资源调查资料记载有该物种分布，数量较少。

(8)虎斑颈槽蛇(*Rhabdophis tigrina*)(图 12.3)，俗称野鸡脖子等，游蛇科。广泛分布全国各地，是一种分布较广的微毒后毒牙的达氏腺毒蛇。主要生活于河流、湖泊、水库、稻田等附近，以蛙、蟾蜍、蝌蚪和小鱼为食。属“三有”动物。野外调查期间，在城外一矿区海拔 2000m 处观察到 2 条，数量较多。

图 12.2 王锦蛇(*Elaphe carinata*)

图 12.3 虎斑颈槽蛇(*Rhobdophis tigrina*)

(9)横斑锦蛇(*Elaphe perlacea*)，游蛇科，四川西部的特产动物，已被列入中国极危动物。生活于海拔 2000～2500m 湿润山地落叶阔叶林下或农耕地周围的草、灌丛中。属“三有”动物。草坡自然保护区第一次资源调查资料记录有分布，数量稀少。

（10）黑眉锦蛇（*Elaphe taeniura*）（图 12.4），游蛇科，栖息环境多样，常出现在稻田、河边、草丛及农舍附近。分布广泛。属“三有”动物，本次调查在大梧桐海拔 1700m 处观察到 1 条样本。

图 12.4 黑眉锦蛇（*Elaphe taeniura*）

（11）美姑脊蛇（*Achalinus meiguensis*），游蛇科，中国特产物种。生活在湿润山地落叶阔叶林下或农耕地周围的草、灌丛中。属“三有”动物，四川省第一次陆生动物调查发现该物种在草坡自然保护区内有分布，数量较少。

（12）翠青蛇（*Entechinus major*），游蛇科翠青蛇属。栖息于山区、丘陵和平地，常于草木茂盛或荫蔽潮湿环境中活动。属“三有”动物，据访问记录表明在保护区有分布，数量较多。

（13）大眼斜鳞蛇（*Pseudoxenodon macrops*），游蛇科斜鳞蛇属。分布广泛，常栖息于高原山区及山溪边、路边、菜园地及石堆上。分布海拔为 700～2700m。属“三有”动物，据访问在保护区内有少量个体分布。

（14）菜花原矛头蝮（*Trimeresurus jerdonii*）（图 12.5），蝰科原矛头蝮属。生活在海拔较高的山区或者高原，常见于荒草坡、农耕地、路边草丛、乱石堆或灌木丛下，也见于溪沟附近草丛或枯树枝上。野外调查期间在保护区内每条沟海拔 1400～2000m 均发现大量个体，数量丰富。

（15）高原蝮（*Gloydius strauchi*）（图 12.6），蝰科蝮蛇亚科，生活于高山高原地区，多出没于杂草乱石堆处、山坡、路边、溪流旁。以啮齿类、蜥蜴及蛙类等为食。属“三有”动物，四川省第一次陆生动物调查资料记载该物种在保护区内广泛分布，保护区工作人员于 2006 年 8 月拍到照片，数量较多。

图 12.5 菜花原矛头蝮(*Trimeresurus jerdonii*)

图 12.6 高原蝮(*Gloydius strauchi*)

12.3 爬行类在保护区内的空间分布

草坡自然保护区内爬行动物资源物种多样性相对较为丰富，但资源量不大，开发潜力有限。爬行动物的时空分布格局在该保护区不太明显，但不同物种的海拔分布也有差异。如分布在高海拔地带的高原蝮，其主要分布在海拔 2500m 以上的高山高原地区。虎斑颈槽蛇主要分布在海拔 1200m 的低海拔地区，而本次调查在海拔 2000m 处也发现有该物种的分布(表 12.1)。王锦蛇主要分布在海拔 300～2300m 的各种环境，本次调查发现在该保护区海拔 1800m 处有该物种的分布。本次调查没有发现横斑锦蛇，该物种数量非常稀少，但资料记载保护区有分布。

表 12.1 草坡自然保护区察见爬行动物栖息的植被带

种名	栖息植被带					分布海拔
	常绿阔叶林	常绿落叶阔叶混交林	针阔混交林	亚高山针叶林	高山灌丛草甸	
铜蜓蜥(*Sphenomorphus indicus*)	◆	◆	◆			1190～2400
虎斑颈槽蛇(*Rhabdophis tigrina*)	◆	◆				1300～2200
菜花原矛头蝮(*Trimeresurus jerdonii*)	◆	◆				1400～2000
黑眉锦蛇(*Elaphe taeniura*)	◆					1150～1740
王锦蛇(*Elaphe carinata*)	◆					1200～1850

草坡自然保护区绝大多数爬行动物属农林益虫，对防治农林害虫，保持自然界生态平衡具有重要作用。部分爬行动物，如王锦蛇等具有较大的经济价值，但由于受适宜生存环境较少，人类过度利用等因素影响，野外数量已经很少，应加强野外保护。

第13章 鸟　　类

13.1 物种多样性与区系组成

13.1.1 鸟类物种组成

结合本次调查和已有资料，保护区内分布有鸟类15目55科279种(表13.1，表9)，占四川省鸟类目(21)、科(80)、种(683)的71.43%、68.75%和40.85%。其中，雀形目鸟类有30科181种，占该保护区鸟类科、种总数的54.55%和64.87%。

表13.1 草坡自然保护区鸟类目、科、种数及其百分比

编号	目	科数	种数	占总种数百分比/%
1	鹈形目 Pelecaniformes	1	1	0.36
2	鹳形目 Ciconiiformes	2	4	1.43
3	雁形目 Anseriformes	1	4	1.43
4	隼形目 Falconiformes	2	12	4.30
5	鸡形目 Galliformes	2	12	4.30
6	鹤形目 Gruiformes	3	5	1.79
7	鸻形目 Charadriiformes	7	18	6.45
8	鸽形目 Columbiformes	1	6	2.15
9	鹃形目 Cuculiformes	1	8	2.87
10	鸮形目 Strigiformes	1	10	3.58
11	雨燕目 Apodiformes	1	4	1.43
12	佛法僧目 Coraciiformes	1	3	1.08
13	戴胜目 Upupiformes	1	1	0.36
14	䴕形目 Piciformes	1	10	3.58
15	雀形目 Passeriformes	30	181	64.87
	合　计	55	279	100.00

13.1.2 留居类型和区系成分

从居留型上看，留鸟有171种，占总数的61.29%；夏候鸟63 种，占总数的22.58%；

冬候鸟 12 种，占总数的 4.30%；旅鸟 33 种，占总数的 11.83%(图 13.1)。留鸟和夏候鸟占总种数比例为 83.87%，表明保护区鸟类以本地繁殖鸟类为主体。

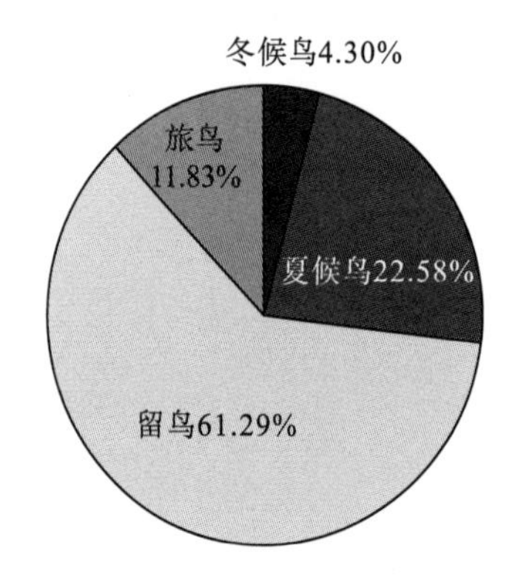

图 13.1 草坡自然保护区鸟类居留类型

对保护区鸟类的区系分析发现：属东洋界物种 140 种，占总数的 50.18%；属古北界物种 102 种，占总数的 36.56%；广布种 37 种，占总数的 13.26%。因此，保护区鸟类区系特点是古北界和东洋界鸟类相互渗透，但以东洋界为主，更具南方鸟类区系特色。从分布型构成看，保护区鸟类有 13 种分布型，以喜马拉雅-横断山区型、东洋型及古北型为主，分别占保护区鸟类总数的 22.94%、18.28%及 18.28%(图 13.2)。

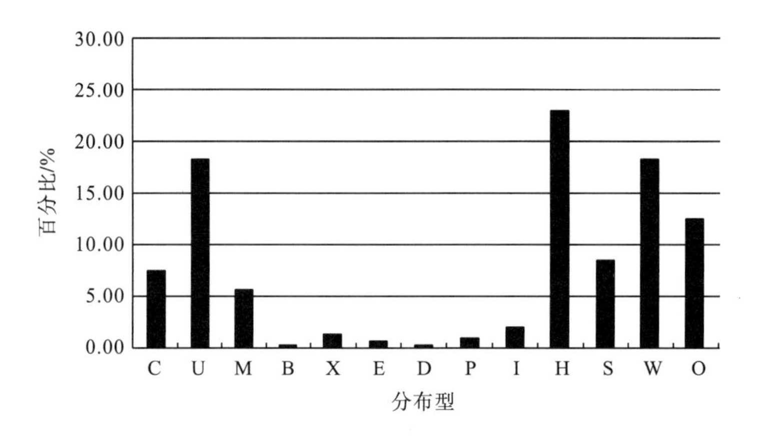

图 13.2 草坡自然保护区鸟类分布型构成状况

“U”古北型，“C”全北型，“M”东北型，“B”华北型，“X”东北-华北型，“E”季风型，“P”或“I”高地型，“H”喜马拉雅-横断山区型，“S”南中国型，“W”东洋型，“D”中亚型，“O”不易归类的分布

13.1.3 鸟类多样性

为了评估草坡自然保护区鸟类多样性状况，作者参考已发表的自然保护区鸟类名录，并选择反映一个地区科属多样性的 *G-F* 指数进行不同地区鸟类多样性的比较，分类系统参考《中国鸟类分类与分布名录》(郑光美，2011)。选择的 4 个保护区除草坡自然保护区

毗邻的米亚罗自然保护区外，其余 3 个都为国家级自然保护区（表 13.2）。在 5 个保护区中，四川省草坡自然保护区鸟类的科、属数量都较其余 4 个保护区高，反映科、属多样性的 D_F 指数、D_G 指数、$D_{G\text{-}F}$ 指数的值也较高，表明保护区鸟类在科属水平上拥有更高的多样性。四川米亚罗自然保护区在空间上与草坡自然保护区毗邻，其 *G-F* 指数也较其余 3 个保护区高，整体上反映出草坡自然保护区及邻近区域鸟类多样性较高。

表 13.2 草坡自然保护区与其他保护区鸟类多样性 *G-F* 指数比较

自然保护区	数量				D_F	D_G	$D_{G\text{-}F}$
	目	科	属	种			
四川省草坡自然保护区	15	55	154	279	32.4880	4.7370	0.8542
四川省米亚罗自然保护区	15	45	118	209	25.6949	4.4268	0.8277
四川省九寨沟自然保护区	14	43	118	222	24.0658	4.3967	0.8173
四川省雪宝顶自然保护区	15	47	122	210	24.7308	4.5460	0.8162
四川省海子山自然保护区	16	48	121	210	25.5004	4.5269	0.8225

注：D_F. 科的多样性指数；D_G. 属的多样性指数；$D_{G\text{-}F}$. 科属多样性指数

13.2 濒危或特有鸟类

13.2.1 国家重点保护鸟类

草坡自然保护区内属国家Ⅰ级重点保护鸟类有黑鹳（*Ciconia nigra*）、胡兀鹫（*Gypaetus barbatus*）、金雕（*Aquila chrysaetos*）、斑尾榛鸡（*Bonasa sewerzowi*）、红喉雉鹑（*Tetraophasis obscurus*）及绿尾虹雉（*Lophophorus lhuysii*），共计 6 种，占保护区鸟类总数的 2.15%，占四川省国家Ⅰ级重点保护鸟类 18.75%（表 13.3）。属于国家Ⅱ级重点保护的鸟类有黑鸢（*Milvus migrans*）、秃鹫（*Aegypius monachus*）、白尾鹞（*Circus cyaneus*）、雀鹰（*Accipiter nisus*）、苍鹰（*Accipiter gentilis*）、普通鵟（*Buteo buteo*）、大鵟（*Buteo hemilasius*）、红隼（*Falco tinnunculus*）、燕隼（*Falco subbuteo*）、游隼（*Falco peregrinus*）、血雉（*Ithaginis cruentus*）、红腹角雉（*Tragopan temminckii*）、勺鸡（*Pucrasia macrolopha*）、白马鸡（*Crossoptilon crossoptilon*）、红腹锦鸡（*Chrysolophus pictus*）、灰鹤（*Grus grus*）、领角鸮（*Otus bakkamoena*）、红角鸮（*Otus sunia*）、雕鸮（*Bubo bubo*）、黄腿渔鸮（*Ketupa flavipes*）、灰林鸮（*Strix aluco*）、四川林鸮（*Strix davidi*）、领鸺鹠（*Glaucidium brodiei*）、斑头鸺鹠（*Glaucidium cuculoides*）、纵纹腹小鸮（*Athene noctua*）及长耳鸮（*Asio otus*）26 种，占保护区鸟类总数的 9.32%，占四川省国家Ⅱ级重点保护鸟类 32.50%（表 13.3）。

表 13.3 草坡自然保护区重点保护鸟类名录

编号	鸟类名称	保护级别	中国红皮书中濒危等级	IUCN 濒危等级	CITES 附录
1	黑鹳 *Ciconia nigra*	I	濒危(E)		II
2	胡兀鹫 *Gypaetus barbatus*	I	易危(V)		II
3	金鵰 *Aquila chrysaetos*	I	易危(V)		I
4	斑尾榛鸡 *Bonasa sewerzowi*	I	濒危(E)		
5	红喉雉鹑 *Tetraophasis obscurus*	I	稀有(R)		
6	绿尾虹雉 *Lophophorus lhuysii*	I	濒危(E)	濒危(EV)	I
7	黑鸢 *Milvus migrans*	II	易危(V)		II
8	秃鹫 *Aegypius monachus*	II	易危(V)	易危(V)	II
9	白尾鹞 *Circus cyaneus*	II			II
10	雀鹰 *Accipiter nisus*	II			II
11	苍鹰 *Accipiter gentilis*	II			II
12	普通鵟 *Buteo buteo*	II			II
13	大鵟 *Buteo hemilasius*	II			II
14	红隼 *Falco tinnunculus*	II			II
15	燕隼 *Falco subbuteo*	II			II
16	游隼 *Falco peregrinus*	II	稀有(R)	稀有(R)	I
17	血雉 *Ithaginis cruentus*	II	易危(V)		II
18	红腹角雉 *Tragopan temminckii*	II	易危(V)		
19	勺鸡 *Pucrasia macrolopha*	II			
20	白马鸡 *Crossoptilon crossoptilon*	II	易危(V)		I
21	红腹锦鸡 *Chrysolophus pictus*	II	易危(V)		
22	灰鹤 *Grus grus*	II			II
23	领角鸮 *Otus bakkamoena*	II			II
24	红角鸮 *Otus sunia*	II			II
25	鵰鸮 *Bubo bubo*	II	稀有(R)	稀有(R)	II
26	黄腿渔鸮 *Ketupa flavipes*	II	稀有(R)		II
27	灰林鸮 *Strix aluco*	II			II
28	四川林鸮 *Strix davidi*	II	稀有(R)		II
29	领鸺鹠 *Glaucidium brodiei*	II			II
30	斑头鸺鹠 *Glaucidium cuculoides*	II			II
31	纵纹腹小鸮 *Athene noctua*	II			II
32	长耳鸮 *Asio otus*	II			II

保护区内国家重点保护鸟类分述如下：

1. 国家 I 级重点保护鸟类

(1) 黑鹳(*Ciconia nigra*)：在中国红皮书中列为濒危(E)，CITES 中为附录 II 物种。体大的黑色鹳，于中国北方繁殖，越冬则迁飞至长江以南地区及台湾。栖于沼泽地区、池塘、湖泊、河流沿岸及河口。繁殖于中国北方，越冬至长江以南地区及台湾。性惧人。冬季有时结小群活动。据资料记载及访问调查，在保护区正河、长河坝等地有分布。

(2) 胡兀鹫(*Gypaetus barbatus*)：在中国红皮书中列为易危(V)，CITES 中为附录Ⅱ物种。体大的皮黄色鹫，分布于非洲、南欧、中东、东亚及中亚，在中国主要分布于西部及中部山区。栖息于海拔 3000m 以上的高山，高可至海拔 7000m，食动物尸体，亦食中小型兽类。当食物缺乏时也捕捉山羊、雉鸡、家畜等为食。据资料记载及在保护区访问有分布，但数量稀少。

(3) 金鵰(*Aquila chrysaetos*)：在中国红皮书中列为易危(V)，CITES 中为附录Ⅰ物种。体大的浓褐色鵰，分布于中国多数山区及喜马拉雅山脉高海拔处。栖息于草原、荒漠和森林地带，冬季亦常到山地丘陵和山脚平原地带活动。以大中型鸟类和兽类为食，数量稀少。据资料记载及在保护区访问有分布，在本保护区内的海拔 3000m 以上的高山草甸或接近草甸的森林灌丛地带偶能见到，主要分布于盐水沟、木姜坪、赤足沟、天台山等地。

(4) 斑尾榛鸡(*Bonasa sewerzowi*)：中国红皮书列为濒危(E)，CITES 中为附录Ⅰ物种。形小而满布褐色横斑的松鸡，称羊角鸡，为中国特有种，只产于中国甘肃、青海、四川等地。主要以柳、榛的鳞芽、叶、云杉种子，以及其他植物的花、花序、叶、嫩枝梢为食。分布区狭窄，加上人为和天敌的破坏，数量日少，已处于濒危状态。经调查在保护区天台山、赤足沟、盐水沟、大白水、桂花坪、丫丫棚、河心梁子及卷洞门等地都有分布，主要栖息于海拔 2500～3500m 的针阔混交林、冷杉林或杜鹃灌丛中。

(5) 红喉雉鹑(*Tetraophasis obscurus*)：中国红皮书列为稀有(R)。体大的灰褐色鹑类，又称木坪雉雷鸟，为中国特有种，分布青藏高原东部至中国中部，全球性近危。喜栖息于海拔 3500m 以上的高山杜鹃灌丛中，偶见于针叶林及针阔混交林，常出没于杜鹃林中的空地。保护区境内天台山、赤足沟、盐水沟、大白水、丫丫棚、河心梁子及卷洞门等地都有分布，但数量稀少。

(6) 绿尾虹雉(*Lophophorus lhuysii*)：中国红皮书列为濒危(E)，IUCN 列为濒危(EV)，CITES 中附录Ⅰ物种。体大具紫色金属样光泽，又称贝母鸡，中国特有种，分布于四川西部、云南西北部、西藏东部、青海东南部及甘肃南部。栖息于海拔 3300m 以上的亚高山草甸和灌丛。春夏季见于阴坡和阳坡，冬季则见于阳坡的岩石上或山坳中，并可下迁到混交林。主要以植物根、茎、叶、花为食，兼食昆虫，也掏食贝母，故称贝母鸡。在保护区内有分布于赤足沟、盐水沟、大白水、桂花坪、河心梁子及卷洞门等地的高山灌丛草甸，数量稀少。

2. 国家Ⅱ级重点保护鸟类

(1) 黑鸢(*Milvus migrans*)：中国红皮书列为易危(V)，CITES 中附录Ⅱ物种。深褐色，中等体型，具浅叉形尾，飞行时初级飞羽基部浅色斑与近黑色的翼尖成对照。主要栖息于开阔草地、荒原和低山，也出现于海拔 2000m 以上高山森林和林缘地带。白天活动，常单独高空飞翔。主要以小鸟、鼠类、蛇、蛙、鱼、野兔、蜥蜴和昆虫为食，也食动物尸体。保护区境内大多数地方都有分布，但数量稀少。

(2) 秃鹫(*Aegypius monachus*)：中国红皮书列为易危(V)，IUCN 列为易危(V)，CITES 中附录Ⅱ物种。体型硕大的深褐色鹫。具松软翎颌，颈部灰蓝。栖息于海拔 2500m 以上的草原、高山和河谷地带，能在海拔5000～6000m的高空飞行3～4h。主要以动物尸体为食，在食物缺乏时亦攻击病弱的小型兽类和家畜，冬季可移到低山、平原。据调查，在保护区境内赤足沟、盐水沟、大白水、桂花坪、卷洞门等地有分布，但数量稀少。

(3)白尾鹞(*Circus cyaneus*)：CITES中附录II物种。体型略大的灰色或褐色猛禽，繁殖于全北界；冬季南迁至北非、中国南方、东南亚及婆罗洲。栖息于低山荒野、草原、河谷、沼泽、湖泊和林间。主要以鼠类、鸟类和大型昆虫为食，以晨昏最为活跃。迁徙时在低山河谷偶能见到。境内有分布，但数量较少。

(4)雀鹰(*Accipiter nisus*)：CITES中附录II物种。中等体型而翼短的猛禽，又称鹞子，繁殖于古北界；候鸟迁至非洲、印度、东南亚。喜林缘或开阔林区，主要捕食小鸟和鼠类等。保护区内栖息于针叶林、混交林和阔叶林等山地森林和林缘地带，冬季主要栖息于低山，尤喜欢在林缘、河谷、采伐迹地和耕地附近的小块丛林地带活动。日出性，常单独活动。以雀形目小鸟、鼠类、昆虫为食。过去境内有分布，但现已很稀少。

(5)苍鹰(*Accipiter gentilis*)：CITES中附录II物种。体大而强健的鹰，广泛分布于北美洲、欧亚区、北非。林地鹰类，为该地区的旅鸟，栖息于境内不同海拔的针叶林、混交林和阔叶林等林带，主要食物为森林鼠类、兔类、雉类、鸠鸽类和其他中小型鸟类。主食受毒鼠强二次中毒，现数量十分稀少，资料记载保护区内盐水沟、正沟、桂花坪及卷洞门等地有分布。

(6)普通鵟(*Buteo buteo*)：CITES中附录II物种。体型略大的红褐色鵟，繁殖于古北界及喜马拉雅山脉；北方鸟至北非、印度及东南亚越冬。为该地区的冬候鸟，喜栖息于山地森林及林缘地带，从低山阔叶林到高山海拔3000m以上的针叶林均有分布。以鼠类为食，也食蛙、蛇、兔、小鸟和大型昆虫等动物性食物。过去在境内常见，现已不常见，据访问本区有分布。

(7)大鵟(*Buteo hemilasius*)：CITES中附录II物种。体大，棕色，在青藏高原及我国北方较常见，而在南方罕见。在保护区内栖息于高山林缘及灌丛、草甸地带，冬季可出现在低山丘陵地区。以蛙、蛇、雉鸡、野兔、鼠兔、鼠类等啮齿动物为食。数量稀少。

(8)红隼(*Falco tinnunculus*)：CITES中附录II物种。体小的赤褐色猛禽，广泛分布于非洲、古北界、印度及中国。喜栖息于山地森林，尤以林缘、林间空地、疏林和有疏林生长的旷野、河岩、山崖。白天活动，低空飞行寻找食物，主要以昆虫为食，也食鼠类、鸟类、蛙、蛇等小型脊椎动物。过去有分布，现在数量已很稀少。

(9)燕隼(*Falco subbuteo*)：CITES中附录II物种。体小黑白色隼，俗称青条子、蚂蚱鹰、青尖等，为小型猛禽，广泛分布于非洲、古北界、喜马拉雅山脉、中国及缅甸。喜栖息于有稀疏树木生长的林缘地带。在保护区内栖息于海拔2000m以下低山的阔叶林、林缘和开阔地。飞行迅速，空中捕食昆虫及鸟类，数量稀少。

(10)游隼(*Falco peregrinus*)：中国红皮书列为稀有(R)，IUCN列为稀有(R)，CITES中附录I物种。体大而强壮的深色隼，分布甚广，几乎遍布于世界各地，是中型猛禽。主要栖息于山地、丘陵、沼泽与湖泊沿岸地带，也到农田、耕地和村屯附近活动。成对活动，从高空呈螺旋形而下猛扑猎物，为世界上飞行最快的鸟种之一。据资料记载在保护区内有分布。数量稀少。

（11）血雉（*Ithaginis cruentus*）：中国红皮书列为易危（V），CITES中附录Ⅱ物种。体小的雉类，别名血鸡、松花鸡，分布于喜马拉雅山脉、中国中部及西藏高原，为中国地方性常见鸟。栖息于海拔2000～4500m以上的混交林、针叶林和杜鹃灌木间，食物为绿色植物及其种子、甲虫及虫卵等。保护区境内天台山、赤足沟、盐水沟、大白水、丫丫棚、河心梁子及卷洞门等地高山针叶林及灌丛草甸有分布，并且有一定的种群数量。

（12）红腹角雉（*Tragopan temminckii*）：中国红皮书列为易危（V）。体大而尾短的雉类，别名娃娃鸡、寿鸡，在国内分布于中、西部地区。栖息于海拔1000～3500m的常绿、落叶阔叶混交林和针阔混交林，以蕨类、草本及木本植物叶、芽、花、果实和种子为食，兼食一些昆虫及小型动物。保护区境内树林口、龙头堡、天台山、赤足沟、木姜坪、嘎哪耶梁子、盐水沟、大白水、毛毛沟、丫丫棚、长河坝、洪水沟等地都有分布，种群密度基本稳定，受威胁程度相对较低，数量较多。

（13）勺鸡（*Pucrasia macrolopha*）：体大而尾相对短的雉类，分布于喜马拉雅山脉至中国中部及东部。栖息于海拔1000～4000m的阔叶林、针阔混交林和针叶林中，尤喜林下植被发达、地势起伏不平又多岩石的混交林地带。常成对或成群活动，主要以植物嫩芽、嫩叶、花、果实、种子，以及部分昆虫、蜘蛛、蜗牛等为食。保护区境内树林口、龙头堡、天台山、赤足沟、木姜坪、嘎哪耶梁子、盐水沟、大白水、毛毛沟、丫丫棚、长河坝、洪水沟等地都有分布，数量较多。

（14）白马鸡（*Crossoptilon crossoptilon*）：中国红皮书列为易危（V），CITES附录Ⅰ物种。体大，白色，又名雪雉，中国特产，分布于四川、西藏东部、甘肃东南部、青海南部和云南西北部一带。栖于海拔3000～4000m的高山林线灌丛。于林间草地觅食，不喜飞行，受惊扰时钻入附近灌丛躲避。保护区境内主要分布于桂花坪等高海拔林线灌丛地带，但数量稀少。

（15）红腹锦鸡（*Chrysolophus pictus*）：中国红皮书列为易危（V），中国中部特有种。体型小而修长，又名彩鸡、金鸡和锦鸡，分布在青海东南部、甘肃南部、四川、陕西南部、湖北西部、贵州、广西北部及湖南西部。栖息于海拔1400～2500m的阔叶林、针阔混交林和林缘疏林灌丛地带，冬季常到林缘草坡、荒地活动和觅食。单独或成对活动，冬季常成群。主要以野豌豆等植物的叶、芽、花、果实、种子为食，也食农作物及甲虫等。保护区境内树林口、龙头堡、天台山、赤足沟、木姜坪、嘎哪耶梁子、盐水沟、大白水、毛毛沟、丫丫棚、长河坝、洪水沟等地都有分布，种群数量较大。

（16）灰鹤（*Grus grus*）：CITES中附录Ⅱ物种。体型中等，灰色，于中国东北及西北繁殖。冬季南移至中国南部及印度部分地区。喜湿地、沼泽地及浅湖。越来越稀少。栖息于高原、草地、沼泽、河滩、旷野、湖泊地带，尤喜栖于有水边植物的开阔湖泊和沼泽地带。常成5～10只的小群活动，冬季也下到开阔且僻静的河谷、河滩。主要以植物叶、茎、嫩芽、块茎、草籽、谷粒、软体动物、昆虫、鱼、蛙等为食。在境内仅在冬季偶见于低山河谷。

（17）领角鸮（*Otus bakkamoena*）：CITES中附录Ⅱ物种。体型略大，偏灰色或偏褐色，分布于印度次大陆、东亚、东南亚等地，为夜行性猛禽。栖息于山地阔叶林、针阔混交林中，也出现于山麓林缘和住宅附近树林内。通常单独活动。主要以鼠类、甲虫、蝗虫和昆虫为食。境内有分布，由于食中毒鼠的食物后二次中毒死亡，现数量也很稀少。

(18)红角鸮(*Otus sunia*)：CITES中附录Ⅱ物种。体小的“有耳”型角鸮，别名棒槌雀、普通鸮，分布于古北界西部至中东及中亚。栖息于山地阔叶林和混交林中，也出现于林缘次生林和低山住宅附近的树林内。夜行性，白天多潜伏于林内。主要以昆虫、小型无脊椎动物和啮齿类为食，也食蛙、爬行类和小鸟。由于食中毒鼠的食物后二次中毒死亡，境内低山偶有所见，但数量稀少。

(19)鵰鸮(*Bubo bubo*)：中国红皮书列为稀有(R)，IUCN列为稀有(R)，CITES中附录Ⅱ物种。体型硕大的鸮类，分布于古北界、中东、印度次大陆。耳羽簇长，在该地区为冬候鸟，常栖于有林山区，营巢于岩崖，主要捕食野鼠、小鸟及昆虫。冬季还到平原丘陵，食毒鼠后二次中毒而数量锐减，比较稀少。资料记载本区有分布，但数量稀少。

(20)黄腿渔鸮(*Ketupa flavipes*)：中国红皮书列为稀有(R)，CITES中附录Ⅱ物种。体型硕大的棕色渔鸮，喜马拉雅山脉至中国南部及印度部分地区。栖于山林，常到溪流边捕食，嗜食鱼类，也食蟹、蛙、蜥蜴和雉类。本保护区内见于低海拔的溪流边林中，为罕见留鸟。全球性近危。

(21)灰林鸮(*Strix aluco*)：CITES中附录Ⅱ物种。中等体型、偏褐色，分布于古北界的西部、中东、喜马拉雅山脉、中国、朝鲜。栖息于海拔2500m以下的山地阔叶林和混交林中，尤好沟谷森林地带，也出现于林缘疏林和灌丛。常单独或成对活动。夜行性，白天躲在茂密的森林中。主要以啮齿类为食，也食昆虫、蛙、小鸟和小型兽类。境内低山有分布，数量稀少。

(22)四川林鸮(*Strix davidi*)：中国红皮书列为稀有(R)，CITES中附录Ⅱ物种，中国中部特有种。体大的灰褐色鸮鸟，稀有留鸟，分布在青海东南部和四川北部、中部及西部。喜栖息于海拔2700～4200m的开阔针叶林及亚高山混交林。境内有分布，数量稀少。

(23)领鸺鹠(*Glaucidium brodiei*)：CITES中附录Ⅱ物种。体小而多横斑的夜行性猛禽，分布于喜马拉雅山脉至中国南部、东南亚、苏门答腊及婆罗洲。栖息于海拔2600m以下的森林和林缘地带，夜晚栖于高树，由凸显的栖木上出猎捕食，主要以昆虫和鼠类为食。保护区境内有分布，数量稀少。

(24)斑头鸺鹠(*Glaucidium cuculoides*)：CITES中附录Ⅱ物种。体小而遍具棕褐色横斑的鸮鸟，为该地区的留鸟，分布于喜马拉雅山脉、印度东北部至中国南部及东南亚。栖息于阔叶林、混交林、次生林和林缘灌丛，也出现于住宅和耕地附近的疏林和树上。分布从低山到海拔2000m左右的中山混交林地带。食物以鼠、小鸟和昆虫为主，也食鱼、蛙、蛇等。境内见于低山林中，有一定数量。

(25)纵纹腹小鸮(*Athene noctua*)：CITES中附录Ⅱ物种。体小而无耳羽簇的鸮鸟，广泛分布于亚洲、欧洲、非洲东北部、亚洲西部和中部及朝鲜等地。栖息于海拔3200～3400m的灌丛草甸、石崖、土坡，常出现于树上或电杆上。主要以鼠类和鞘翅目的昆虫为食，也捕食小鸟、蛙等其他小型动物。猎食主要在黄昏和白天。数量稀少。

(26)长耳鸮(*Asio otus*)：CITES中附录Ⅱ物种。中等体型的鸮鸟，分布于全北界。栖息于混交林和阔叶林，也出现于林缘疏林，冬季下到河谷、河漫滩。主食鼠类，也食昆虫和小鸟。分布于低山，数量稀少。

13.2.2　四川省重点保护鸟类

草坡自然保护区分布有四川省重点保护的鸟类有普通鸬鹚(*Phalacrocorax carbo*)、普通燕鸥(*Sterna hirundo*)、鹰鹃(*Cuculus sparverioides*)、小白腰雨燕(*Apus affinis*)、白喉针尾雨燕(*Hirundapus caudacutu*)、黑啄木鸟(*Dryocopus martius*)6 种，占保护区鸟类总数的 2.15%，占四川省重点保护鸟类 15.00%。

(1)普通鸬鹚(*Phalacrocorax carbo*)：大型水鸟，“三有”动物。栖息于河流、湖泊、池塘、水库、河口及沼泽地带，分布广泛。在保护区内为冬候鸟。

(2)普通燕鸥(*Sterna hirundo*)：夏候鸟，“三有”动物。分布广泛。栖息于平原、草地、荒漠中的湖泊、河流、水塘和沼泽地带，也出现于河口、海岸和沿海、沼泽与水塘。在保护区内为旅鸟。

(3)鹰鹃(*Cuculus sparverioides*)：体略大，灰褐色，“三有”动物。分布广泛。鹰鹃食物主要为农林害虫，因此对该鸟的保护具有重要的生态价值。本次调查在野外曾察见实体，在该地为夏候鸟，但数量稀少。

(4)白喉针尾雨燕(*Hirundapus caudacutus*)：四川省重点保护动物，属“三有”动物。体大的偏黑色雨燕，繁殖于亚洲北部、中国、喜马拉雅山脉；冬季南迁至澳大利亚及新西兰。国内分布于东北、西藏、四川、云南、台湾等地。调查发现在保护区内有分布，多栖息于海拔 1800～2000m 的岩壁或破庙，以飞虫为食。

(5)小白腰雨燕(*Apus affinis*)：四川省重点保护动物，属“三有”动物。中等体型的偏黑色雨燕，分布于非洲、中东、印度、喜马拉雅山脉、中国南部、日本、东南亚、菲律宾、苏拉威西及大巽他群岛。成大群活动，栖息于开阔的林区、城镇、悬岩和岩石海岛等各类生境中。营巢于屋檐下、悬崖或洞穴口。调查发现境内有分布，多栖息于海拔 1800～2000m 的岩壁或破庙，以飞虫为食。

(6)黑啄木鸟(*Dryocopus martius*)：体大，属“三有”动物。分布范围广泛，在保护区内主要见于针阔混交林、暗针叶林地带。

12.2.3　特有鸟类

草坡自然保护区内特有鸟类包括斑尾榛鸡(*Bonasa sewerzowi*)、红喉雉鹑(*Tetraophasis obscurus*)、灰胸竹鸡(*Bambusicola thoracica*)、绿尾虹雉(*Lophophorus lhuysii*)、白马鸡(*Crossoptilon crossoptilon*)、红腹锦鸡(*Chrysolophus pictus*)、四川林鸮(*Strix davidi*)、宝兴歌鸫(*Turdus mupinensis*)、山噪鹛(*Garrulax davidi*)、斑背噪鹛(*Garrulax lunulatus*)、大噪鹛(*Garrulax maximus*)、橙翅噪鹛(*Garrulax elliotii*)、宝兴鹛雀(*Moupinia poecilotis*)、三趾鸦雀(*Paradaxornis paradoxus*)、白眶鸦雀(*Paradaxornis conspicillatus*)、银脸长尾山雀(*Aegithalos fuliginosus*)及黄腹山雀(*Parus venustulus*)17 种，分别占我国和四川的中国特有鸟类种数的 22.37%和 45.95%。

(1)灰胸竹鸡(*Bambusicola thoracica*)：中国特有种，属“三有”动物。中等体型的红棕色鹑类，为中国中部、南部、东部及东南部的常见留鸟。栖息于海拔 2000m 以下低山林区和农耕区，主要以植物性食物为主，也食昆虫等无脊椎动物。保护区境内有分布，为常见种。

(2)宝兴歌鸫(*Turdus mupinensis*)：中国特有种，属“三有”动物。中型鸣禽，分布于中国中部的留鸟。栖息于海拔 2200m 以下的阔叶林、杂木林、灌丛或竹林中，冬季降至更低处。境内低山阔叶林带或更低均有分布，种群数量较少。

(3)山噪鹛(*Garrulax davidi*)：中国特有种，属“三有”动物。中等体型的鸣禽，分布于中国北方及华中的留鸟。栖息于山地斜坡上的灌丛中。经常成对活动，善于地面刨食。夏季食昆虫，辅以少量植物种子、果实；冬季则以植物种子为主。

(4)斑背噪鹛(*Garrulax lunulatus*)：中国特有种，属“三有”动物。体型略小的暖褐色鸣禽，分布于甘肃、陕西、四川、云南等地。群栖于阔叶林及针叶林和林下竹丛。

(5)大噪鹛(*Garrulax maximus*)：中国特有种，属“三有”动物。体大而具明显点斑的中型鸣禽，别名花背噪鹛，分布在甘肃、青海、四川、云南、西藏等地。栖息于亚高山的灌丛中，主要以昆虫为食。

(6)橙翅噪鹛(*Garrulax elliotii*)：中国特有种，属“三有”动物。中等体型，在该地区为留鸟，分布于中国中部至西藏东南部及印度东北部。栖息于海拔 3800m 以下，终年在阔叶林带至暗针叶林带，夏季可升至高山灌丛。数量较多，为常见种。

(7)宝兴鹛雀(*Moupinia poecilotis*)：中国特有种，属“三有”动物。中等体型的棕褐色鹛，分布于四川及云南山地。栖息于海拔 1100～3700m，终年在阔叶林带的顶部，夏季可升至暗针叶林带或略高处。数量稀少。

(8)三趾鸦雀(*Paradaxornis paradoxus*)：中国特有种，属“三有”动物。小型鸣禽，分布于陕西南部太白山及秦岭、四川岷山及邛崃山、甘肃。结小群栖息于海拔 2500～3600m 的阔叶林及针叶林中的竹林密丛，喜栖息于卫茅、山楂、小檗、棣棠、蔷薇、五角枫及花溪箭竹等树丛或灌木丛。

(9)白眶鸦雀(*Paradaxornis conspicillatus*)：中国特有种，属“三有”动物。小型鸣禽，分布于自青海向东至陕西、南抵四川和湖北等区域。性活泼，结小群栖息于山地竹林及灌丛中。数量稀少。

(10)银脸长尾山雀(*Aegithalos fuliginosus*)：中国特有种，属“三有”动物。小型鸣禽，分布于甘肃、陕西、四川、湖北等地。栖息于海拔 2600m 以下的落叶阔叶林及多荆棘的栎林，留鸟。数量稀少。

(11)黄腹山雀(*Parus venustulus*)：中国特有种，属“三有”动物。体小而尾短的山雀类，在该地区为留鸟，分布于华南、东南、华中及华东部，北可至北京；夏季高可至海拔 3000m，冬季较低。喜结群栖息于的落叶混交林林区。

13.3 鸟类在保护区内的空间分布

鸟类分布受多种因素的影响, 其中植被垂直分布对其影响最大。草坡自然保护区内相对海拔高差较大，自然景观及植被垂直带谱明显。

1. 低山河谷区水域

水域分布鸟类主要指活动于河流水域、河漫滩及其附近灌丛的鸟类，植被以位于海拔1700～2000m 常绿、落叶阔叶林为主。草坡自然保护区内生活在水域或附近的鸟类有 9 目20 科55种(表13.4)，占保护区鸟类总数的19.71%。河谷区水域鸟类主要包括涉禽类(如鹳形目、鸻形目的种类)、游禽类(如鹈鹕目、雁形目的种类)及佛法僧目、雀形目的部分鸟类，主要分布于保护区的几条河流及其沟系。此外，电站形成的水库如城外电站水库在每年的3～4月可能有雁形目、鹤形目、鸻形目的种类途经此地停留。

低山河谷区鸟类 *G-F* 指数较低(表 13.5)，说明该群落单属科的比例最大，在科属水平上多样性较低。该区域常见种类有白鹭(*Egretta garzetta*)、绿头鸭(*Anas platyrhynchos*)、赤麻鸭(*Tadorna ferruginea*)、矶鹬(*Actitis hypoleucos*)、白鹡鸰(*Motacilla alba*)、灰鹡鸰(*Motacilla cinerea*)、红尾水鸲(*Rhyacornis fuliginosus*)及白顶溪鸲(*Chaimarrornis leucocephalus*)等。国家重点保护鸟类有3种，即黑鹳、灰鹤和黄腿渔鸮。

表13.4 草坡自然保护区河谷区水域鸟类目、科、种数及其百分比

编号	目	科数	种数	占该区总种数百分比/%
1	鹈形目 Pelecaniformes	1	1	1.82
2	鹳形目 Ciconiiformes	2	4	7.27
3	雁形目 Anseriformes	1	4	7.27
4	鹤形目 Gruiformes	3	5	9.09
5	鸻形目 Charadriiformes	7	18	32.73
6	鸮形目 Strigiformes	1	1	1.82
7	佛法僧目 Coraciiformes	1	3	5.45
8	戴胜目 Upupiformes	1	1	1.82
9	雀形目 Passeriformes	3	18	32.73
	合计	20	55	100.00

表13.5 草坡自然保护区不同海拔带鸟类多样性分析

植被垂直带	数量				D_F	D_G	D_{G-F}
	目	科	属	种			
低山河谷区水域	9	20	39	55	8.2903	3.5189	0.5755
低山常绿、落叶阔叶林	10	38	95	168	21.9945	4.2867	0.8051
中山针阔混交林	8	23	57	101	13.9380	3.7654	0.7298
亚高山针叶林	8	24	58	111	13.7430	3.7204	0.7293
高山灌丛草甸	5	16	36	49	8.6233	3.4744	0.5971
高山流石滩	2	3	4	4	6.4263	2.1279	0.6689

注：D_F.科的多样性指数；D_G.属的多样性指数；D_{G-F}.科属多样性指数

对水域鸟类的居留型组成分析发现，留鸟有16种，占水域鸟类总数的29.09%；夏候鸟8种，占水域鸟类总数的14.55%；冬候鸟4种，占水域鸟类总数的7.27%；旅鸟27种，占水域鸟类总数的49.09%。因此，水域鸟类主要以迁徙鸟类为主。在繁殖鸟类群落中，东洋界13种，占总数的49.09%；古北界3种，占总数的12.50%；广布种8种，占总数的33.33%。因此，河谷区繁殖鸟类区系特点是以东洋界为主，其分布型构成主要以东洋型(9种)为主，占繁殖水域繁殖鸟类总数的37.50%(图13.3)。

2. 低山常绿、落叶阔叶林带

栖息于常绿、落叶阔叶林的鸟类主要计有10目38科168种(表13.6)，占保护区鸟类总数的60.22%。这些鸟类主要包括猛禽类的隼形目和鸮形目的种类，陆禽类的鸡形目和鸽形目，攀禽类的鹃形目、戴胜目及䴕形目，鸣禽类的雀形目的部分鸟类，主要分布于海拔1700～2100m的各类森林、林缘及灌丛。低山常绿、落叶阔叶林带鸟类*G-F*指数较最高(表13.5)，说明该带鸟类在科属水平上多样性较最高。该带常见鸟类有红腹角雉(*Tragopan temminckii*)、勺鸡(*Pucrasia macrolopha*)、环颈雉(*Phasianus colchicus*)、山斑鸠(*Streptopelia orientalis*)、黑枕黄鹂(*Oriolus chinensis*)、松鸦(*Garrulus glandarius*)、红嘴蓝鹊(*Urocissa erythrorhyncha*)、红嘴相思鸟(*Leiothrix lutea*)、画眉(*Garrulax canorus*)、黄眉柳莺(*Phylloscopus inornatus*)、黄腰柳莺(*Phylloscopus proregulus*)、绿背山雀(*Parus monticolus*)、暗绿绣眼鸟(*Zosterops japonicus*)等。国家重点保护鸟类有黑鸢、白尾鹞、雀鹰、普通鵟、大鵟、红隼、燕隼、游隼、红腹角雉、勺鸡、红腹锦鸡、领角鸮、红角鸮、灰林鸮、四川林鸮、领鸺鹠、斑头鸺鹠、长耳鸮等共18种，均为国家Ⅱ级重点保护鸟类。

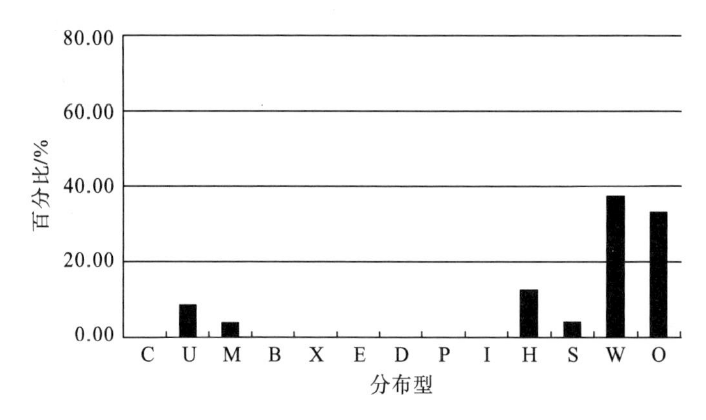

图13.3 草坡自然保护区低山河谷区水域繁殖鸟类分布型构成状况

“U”古北型，“C”全北型，“M”东北型，“B”华北型，“X”东北-华北型，“E”季风型，“P”或“I”高地型，“H”喜马拉雅-横断山区型，“S”南中国型，“W”东洋型，“D”中亚型，“O”不易归类的分布

表13.6 草坡自然保护区低山常绿、落叶阔叶林鸟类鸟类目、科、种数及其百分比

编号	目	科数	种数	占该带总种数百分比/%
1	隼形目 Falconiformes	2	8	4.76
2	鸡形目 Galliformes	2	5	2.98
3	鹤形目 Gruiformes	1	1	0.60

续表

编号	目	科数	种数	占该带总种数百分比/%
4	鸽形目 Columbiformes	2	5	2.98
5	鹃形目 Cuculiformes	1	7	4.17
6	鸮形目 Strigiformes	1	7	4.17
7	雨燕目 Apodiformes	1	4	2.38
8	戴胜目 Upupiformes	1	1	0.60
9	䴕形目 Piciformes	1	7	4.17
10	雀形目 Passeriformes	26	123	73.21
	合计	38	168	100.00

对常绿、落叶阔叶林带鸟类的居留型分析发现，留鸟有 100 种，占该带总种数的 59.52%；夏候鸟 53 种，占该带总种数的 31.55%；冬候鸟 7 种，占该带总种数的 4.17%；旅鸟 8 种，占该带总种数的 4.76%。因此，常绿、落叶阔叶林带鸟类的区系主要以繁殖鸟类为主。从该带鸟类区系组成看，东洋界 91 种，占该带总种数的 54.17%；古北界 59 种，占该带总种数的 35.12%；广布种 18 种，占该带总种数的 19.71%。因此，常绿、落叶阔叶林带繁殖鸟类区系特点是以东洋界为主。从鸟类区系的分布型构成看，共有 12 类分布型，以东洋型(37 种)、喜马拉雅-横断山区型(31 种)为主，分别占该带总种数的 22.02%及 18.45%(图 13.4)。

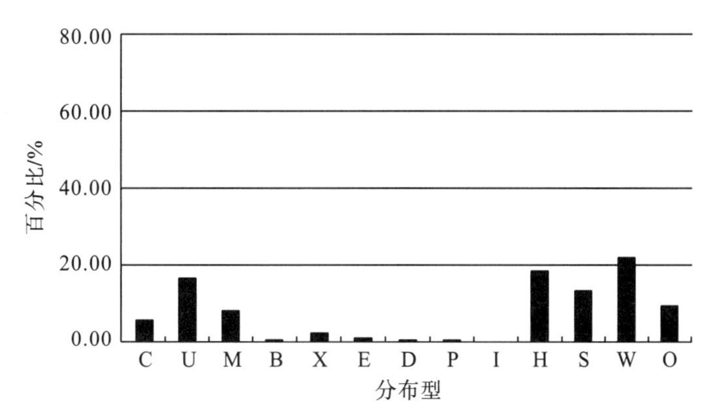

图 13.4　草坡自然保护区低山常绿、落叶阔叶林鸟类分布型构成状况

“U”古北型，“C”全北型，“M”东北型，“B”华北型，“X”东北-华北型，“E”季风型，“P”或“I”高地型，“H”喜马拉雅-横断山区型，“S”南中国型，“W”东洋型，“D”中亚型，“O”不易归类的分布

3. 中山针阔混交林带

栖息中山针阔混交林中的鸟类主要有 8 目 23 科 101 种(表 13.7)，占保护区鸟类总数的 36.20%。这些鸟类主要包括猛禽类的隼形目和鸮形目的种类，陆禽类的鸡形目和鸽形目，攀禽类的鹃形目、雨燕目及䴕形目，鸣禽类的雀形目的部分鸟类。中山针阔混交林带鸟类 *G-F* 指数位居第二(表 13.5)，说明该带鸟类在科属水平上仍有较高的多样性。该带常见鸟类有红腹角雉、勺鸡、斑林鸽(*Columba hodgsonii*)、大斑啄木鸟(*Picoides major*)、

松鸦(*Garrulus glandarius*)、白领凤鹛(*Yuhina diademata*)、橙翅噪鹛(*Garrulax elliotii*)、柳莺类等。国家重点保护鸟类有16种，其中国家Ⅰ级重点保护鸟类只有金鹏，国家Ⅱ级重点保护鸟类有黑鸢、秃鹫、白尾鹞、雀鹰、苍鹰、普通鵟、大鵟、红隼、血雉、红腹角雉、勺鸡、鵰鸮、灰林鸮、四川林鸮、领鸺鹠等共15种。

对针阔混交林鸟类的居留型分析表明，留鸟有79种，占该带总种数的78.22%；夏候鸟20种，占该带种总数的19.80%；冬候鸟2种，占该带总种数的1.98%。因此，本带鸟类仍主要以繁殖鸟类为主。从繁殖鸟类区系组成看，东洋界56种，占该带总种数的55.45%；古北界35种，占该带总种数的34.65%；广布种10种，占该带总种数的9.90%。因此，针阔混交林繁殖鸟类区系特点是古北界和东洋界鸟类相互渗透，但以东洋界为主。从繁殖鸟类区系的分布型构成看，共有12类分布型，以喜马拉雅-横断山区型(38种)及古北型(17种)为主，分别占该带总种数的37.62%和16.83%(图13.5)。

表13.7 草坡自然保护区针阔混交林鸟类鸟类目、科、种数及其百分比

编号	目	科数	种数	占该带总种数百分比/%
1	隼形目 Falconiformes	2	9	8.91
2	鸡形目 Galliformes	2	4	3.96
3	鸽形目 Columbiformes	1	3	2.97
4	鹃形目 Cuculiformes	1	1	0.99
5	鸮形目 Strigiformes	1	4	3.96
6	雨燕目 Apodiformes	1	1	0.99
7	䴕形目 Piciformes	1	8	7.92
8	雀形目 Passeriformes	14	71	70.30
	合计	23	101	100.00

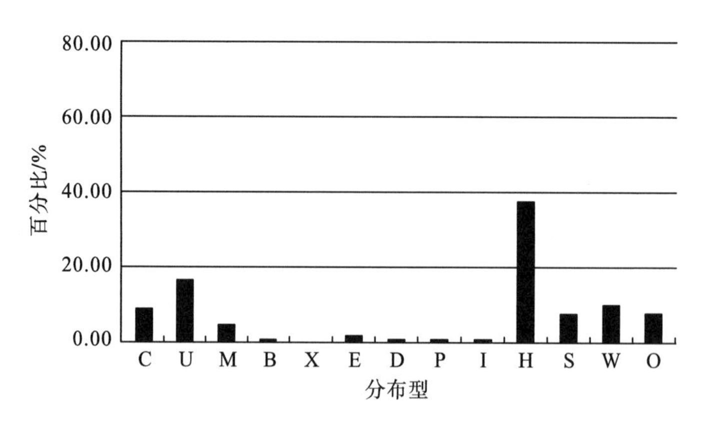

图13.5 草坡自然保护区中山针阔混交林鸟类分布型构成状况

“U”古北型，“C”全北型，“M”东北型，“B”华北型，“X”东北-华北型，“E”季风型，“P”或“I”高地型，“H”喜马拉雅-横断山区型，“S”南中国型，“W”东洋型，“D”中亚型，“O”不易归类的分布

4. 亚高山针叶林带

栖息亚高山针叶林中的鸟类主要有 8 目 24 科 111 种(表 13.8)，占保护区鸟类总数的 39.78%。这些鸟类主要包括猛禽类的隼形目和鸮形目的种类，陆禽类的鸡形目和鸽形目，攀禽类的鹃形目、雨燕目及䴕形目，鸣禽类的雀形目的部分鸟类。亚高山针叶林带鸟类 *G-F* 指数位居第三(表 13.5)，说明随着海拔的上升，该带鸟类在科属水平上的多样性开始趋于减少。该带常见鸟类有红腹角雉(*Tragopan temminckii*)、血雉(*Ithaginis cruentus*)、岩鸽(*Columba rupestris*)、啄木鸟类、星鸦(*Nucifraga caryocatactes*)、大嘴乌鸦(*Corvus macrorhynchos*)、白喉噪鹛(*Garrulax albogularis*)、橙翅噪鹛(*Garrulax elliotii*)、黄腹柳莺(*Phylloscopus affinis*)、银脸长尾山雀(*Aegithalos fuliginosus*)及红腹山雀(*Parus venustulus*)等。国家重点保护鸟类有 18 种，其中国家 I 级重点保护鸟类只有金鹏和斑尾榛鸡 2 种，国家 II 级重点保护鸟类有黑鸢、秃鹫、白尾鹞、雀鹰、苍鹰、普通鵟、大鵟、红隼、血雉、红腹角雉、勺鸡、白马鸡、鵰鸮、灰林鸮、四川林鸮、领鸺鹠等共 16 种。

表 13.8　草坡自然保护区亚高山针叶林鸟类鸟类目、科、种数及其百分比

编号	目	科数	种数	占总种数百分比/%
1	隼形目 Falconiformes	2	9	8.11
2	鸡形目 Galliformes	2	5	4.50
3	鸽形目 Columbiformes	1	4	3.60
4	鹃形目 Cuculiformes	1	1	0.90
5	鸮形目 Strigiformes	1	4	3.60
6	雨燕目 Apodiformes	1	1	0.90
7	䴕形目 Piciformes	1	8	7.21
8	雀形目 Passeriformes	15	79	71.17
	合计	24	111	100.00

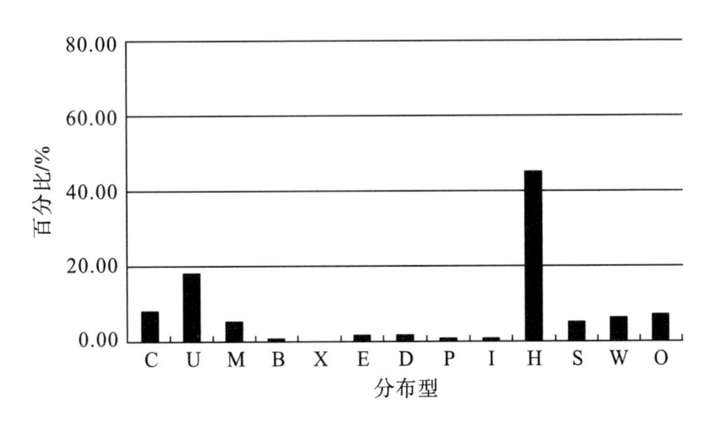

图 13.6　草坡自然保护区亚高山针叶林鸟类分布型构成状况

“U”古北型，“C”全北型，“M”东北型，“B”华北型，“X”东北-华北型，“E”季风型，“P”或“I”高地型，“H”喜马拉雅-横断山区型，“S”南中国型，“W”东洋型，“D”中亚型，“O”不易归类的分布

对针叶林鸟类的居留型分析发现，留鸟有 87 种，占该带总种数的 78.38%；夏候鸟 22 种，占该带总种数的 19.82%；冬候鸟 2 种，占该带总种数的 1.80%。因此，本带鸟类还是主要以繁殖鸟类为主。从鸟类区系组成看，东洋界 63 种，占该带总种数的 56.76%；古北界 38 种，占该带总种数的 34.23%；广布种 10 种，占该带总种数的 9.01%。因此，针叶林鸟类区系特点是古北界和东洋界鸟类相互渗透，仍以东洋界为主。从鸟类区系的分布型构成看，共有 12 类分布型，以喜马拉雅-横断山区型(50 种)及古北型(20 种)为主，分别占总数的 45.05%和 18.02%(图 13.6)。因此，随着海拔上升，适应山地及北方分布的鸟类明显增加。

5. 高山灌丛草甸带

栖息高山灌丛草甸鸟类主要计有 5 目 16 科 49 种(表 13.9)，占保护区鸟类总数的 17.56%。这些鸟类主要包括猛禽类的隼形目和鸮形目的种类，陆禽类的鸡形目和鸽形目，鸣禽类的雀形目的部分鸟类。与河谷区鸟类相似，高山灌丛草甸带鸟类 *G-F* 指数也较低(表 13.9)，说明随着海拔进一步上升，该群落单属科的比例开始增加，在科属水平上表现出较低的多样性。在鸟类群落中，常见种类有红喉雉鹑(*Tetraophasis obscurus*)、高原山鹑(*Perdix hodgsoniae*)、绿尾虹雉(*Lophophorus lhuysii*)、百灵类、红嘴山鸦(*Pyrrhocorax pyrrhocorax*)、中华雀鹛(*Alcippe striaticollis*)、褐头雀鹛(*Alcippe cinereiceps*)、林岭雀(*Leucosticte nemoricola*)及朱雀类等。国家重点保护鸟类有 11 种，其中国家Ⅰ级重点保护鸟类只有金雕、斑尾榛鸡、红喉雉鹑、绿尾虹雉及胡兀鹫 5 种，国家Ⅱ级重点保护鸟类有黑鸢、秃鹫、普通鵟、大鵟、白马鸡及纵纹腹小鸮等共 6 种。

表 13.9 草坡自然保护区高山灌丛草甸鸟类目、科、种数及其百分比

编号	目	科数	种数	占总种数百分比/%
1	隼形目 Falconiformes	1	6	12.24
2	鸡形目 Galliformes	2	6	12.24
3	鸽形目 Columbiformes	1	1	2.04
4	鸮形目 Strigiformes	1	1	2.04
5	雀形目 Passeriformes	11	35	71.43
	合计	16	49	100.00

对高山灌丛草甸鸟类的居留型分析发现，留鸟有 36 种，占该带总种数的 73.47%；夏候鸟 8 种，占该带总种数的 16.33%；冬候鸟 4 种，占该带总种数的 8.16%；旅鸟 1 种，占该带总种数的 2.04%。因此，本带鸟类还是以繁殖鸟类为主。从鸟类区系组成看，东洋界 19 种，占总数的 38.78%；古北界 20 种，占总数的 40.82%；广布种 10 种，占总数的 20.41%。因此，高山灌丛草甸鸟类区系特点是古北界和东洋界鸟类相互渗透，以古北界成分为主。从鸟类区系的分布型构成看，共有 9 类分布型，主要以喜马拉雅-横断山区型(18 种)为主，占该带总种数的 36.73% (图 13.7)。

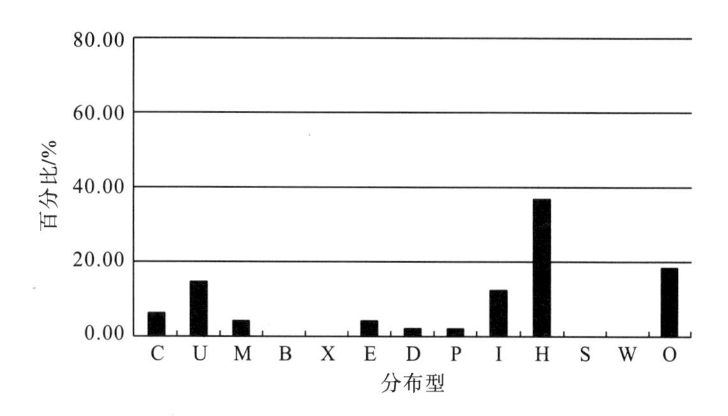

图 13.7 草坡自然保护区高山灌丛草甸鸟类分布型构成状况

“U”古北型，“C”全北型，“M”东北型，“B”华北型，“X”东北-华北型，“E”季风型，“P”或“I”高地型，“H”喜马拉雅-横断山区型，“S”南中国型，“W”东洋型，“D”中亚型，“O”不易归类的分布

6. 高山流石滩带

栖息高山流石滩鸟类主要计有2目3科4种，占保护区鸟类总数的1.43%。这些鸟类主要包括陆禽类的鸡形目，鸣禽类的雀形目的部分鸟类，主要分布于海拔 4400m 以上地段的高山流石滩稀疏植被带。高山流石滩带位于保护区最该海拔段，生境单一，因而鸟类 *G-F* 指数也低(表 13.5)，在科属水平上表现出很低的多样性。

在鸟类群落中，常见种类主要是雪鹑(*Lerwa lerwa*)、褐岩鹨(*Prunella fulvescen*)、高山岭雀(*Leucosticte brandti*)及红胸朱雀(*Carpodacus puniceus*)等。

从居留型上看，全部为留鸟。因此，高山灌丛草甸鸟类主要是以适应高海拔繁殖鸟类为主。对高山灌丛草甸鸟类的区系分析发现，东洋界 1 种，占该带总种数的 25.00%；古北界 3 种，占该区总种数的 75.00%。因此，高山流石滩鸟类区系特点是以古北界成分为主。从鸟类区系的分布型构成看，共有 2 类分布型，主要以高地型(3 种)和喜马拉雅-横断山区型(1 种)为主，分别占该区总种数的 75.00%和 25.00%(图 13.8)。

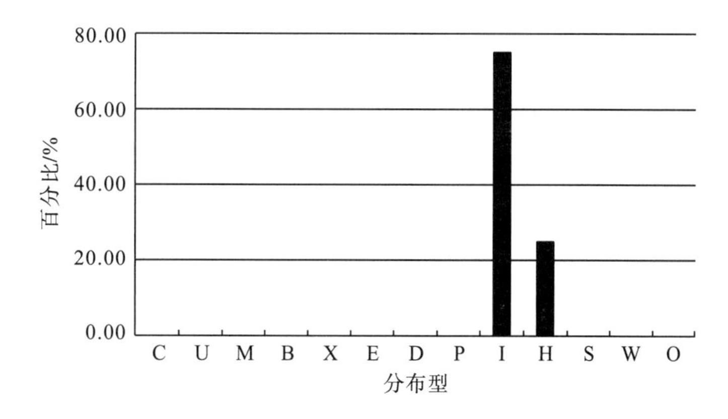

图 13.8 草坡自然保护区高山流石滩鸟类分布型构成状况

“U”古北型，“C”全北型，“M”东北型，“B”华北型，“X”东北-华北型，“E”季风型，“P”或“I”高地型，“H”喜马拉雅-横断山区型，“S”南中国型，“W”东洋型，“D”中亚型，“O”不易归类的分布

第 14 章　兽　　类

14.1　物种多样性与区系组成

根据野外调查及相关文献资料，草坡自然保护区内分布有兽类 103 种，隶属 7 目 26 科 65 属，占四川省兽类总种数的 50%(表 14.1)。在各类群中，以鼩鼱科(Soricidae)最多，多达 15 种，占种总数的 14.56%；其次为鼠科(Muridae)、鼬科(Mustelidae)、猫科(Felidae)、蝙蝠科(Vespertilionidae)。草坡兽类各目种数大体上与四川省兽类组成相似，但缺少鳞甲目、奇蹄目物种，翼手目种类较少(表 14.2)。

表 14.1　草坡自然保护区兽类目别组成

地区	目别 / 种数	啮齿目	食肉目	食虫目	偶蹄目	翼手目	灵长目	兔形目	合计
草坡自然保护区	种数	29	25	20	12	11	3	3	103
	百分比/%	28.16	24.27	19.42	11.65	10.68	2.91	2.91	100.00
四川省	种数	62	37	31	20	37	6	12	205
	百分比/%	30.24	18.05	15.12	9.76	18.05	2.93	5.85	100.00

表 14.2　草坡自然保护区兽类各科种组成与四川相应科种数组成

科	草坡自然保护区			四川省(相应科)	
	种数	占该区总种数的百分比/%	区特有种数量	种数	该区占四川省该科总种数百分比/%
猬科	1	0.97	1	3	33.33
鼩鼱科	15	14.56	6	21	71.43
鼹科	4	3.88	3	8	50.00
菊头蝠科	5	4.85	0	10	50.00
蝙蝠科	6	5.83	0	25	24.00
猴科	3	2.91	2	3	100.00
犬科	4	3.88	1	5	80.00
熊科	1	0.97	0	2	50.00
大熊猫科	1	0.97	1	1	100.00

续表

科	草坡自然保护区			四川省（相应科）	
	种数	占该区总种数的百分比/%	区特有种数量	种数	该区占四川省该科总种数百分比/%
小熊猫科	1	0.97	1	1	100.00
鼬科	8	7.77	0	13	61.54
灵猫科	3	2.91	0	5	60.00
猫科	7	6.80	0	10	70.00
猪科	1	0.97	0	1	100.00
麝科	2	1.94	0	2	100.00
鹿科	5	4.85	1	8	62.50
牛科	4	3.88	0	9	44.44
松鼠科	4	3.88	1	8	50.00
鼯鼠科	3	2.91	3	9	33.33
鼠科	13	12.62	5	21	61.90
跳鼠科	2	1.94	1	2	100.00
竹鼠科	1	0.97	1	2	50.00
田鼠科	5	4.85	4	15	33.33
豪猪科	1	0.97	0	2	50.00
兔科	1	0.97	0	2	50.00
鼠兔科	2	1.94	1	9	22.22
合计	103	100.00	32	197	52.28

就区系成分而论，保护区内分布有南方代表性的科，也是东洋界特有的科——大熊猫科(Ailuropodidae)，有旧大陆热带-亚热带特有的竹鼠科(Rhizomyidae)和主要分布于这个带的猴科(Cercopithecidae)、灵猫科(Viverridae)、豪猪科(Hystricidae)，有主要分布于热带-亚热带的菊头蝠科(Rhinolophidae)。此外，保护区内也分布有一些北方代表性科，如林跳鼠科(Zapodidae)、鼠兔科(Ochotonidae)和鼹科(Talpidae)。

就区系从属关系分析，保护区内属现代东北亚界动物区系成分的有狼(*Canis lupus*)、赤狐(*Vulpes vulpes*)、狗獾(*Meles meles*)、须鼠耳蝠(*Myotis mystacinus*)、伶鼬(*Mustela nivalis*)等33种，占总种数的32.03%。其中，属北方型的有黄鼬(*Mustela sibirica*)、猞猁(*Lynx lynx*)、大耳蝠(*Placotus auriel*)、兔狲(*Otocolobus manul*)等16种，占该区总种数的15.53%；属高山型的有藏鼠兔(*Ochotona thibetana*)、中国红鼠兔(*Ochotona erythrotis*)、松田鼠(*Pitymys ierne*)、根田鼠(*Microtus oeconomus*)、喜马拉雅旱獭(*Marmota himalayana*)、四川林跳鼠(*Eozapus setchuanus*)等12种，占总种数11.65%。

保护区内属中印亚界区系成分的有大熊猫(*Ailuropoda melanoleuca*)、小熊猫(*Ailurus fulgens*)、毛冠鹿(*Elaphodus cephalophus*)、藏酋猴(*Macaca thibetana*)、果子狸(*Paguma *larvata*)等 64 种，占该区总种数的 62.14%。其中，属喜马拉雅-横断山区型的有大熊猫、小熊猫、川鼩(*Blarinella quadraticauda*)、纹背鼩鼱(*Sorex cylindricauda*)、印度长尾鼩(*Chodsigoa leucops*)、大长尾鼩(*Soriculus salenskii*)、斯氏水鼩(*Chimmarogale styani*)等 27 种，占该区域总种数的 26.21%；属南中国型的有中国伏翼(*Pipistrellus pulveratus*)、四川短尾鼩(*Anourosorex squamipes*)、毛冠鹿、小麂(*Muntiacus reevesi*)、中华姬鼠(*Apodemus draco*)等 5 种，占总种数的 4.85%；属旧大陆热带-亚热带型的有马铁菊头蝠(*Rhinolophus ferrumequinum*)、大菊头蝠(*Rhinolophus luctus*)、亚洲宽耳蝠(*Barbstella leucomelas*)、东方蝙蝠(*Vespertilio superans*)、藏酋猴、猕猴(*Macaca mulatta*)、黑熊(*Selenarctos thibetanus*)、果子狸等 31 种，占总种数的 30.10%；属中国季风特产种的有林麝(*Moschus berezovskii*)、川西斑羚(*Naemorhedus goral*)、岩松鼠(*Sciurotamias davidianus*)、复齿鼯鼠(*Trogopterus xanthipes*)和豺(*Cuon alpinus*)等 5 种，占总种数的 4.85%。

广布于现代东北和中印亚界的广布种有野猪(*Sus scrofa*)、香鼬(*Mustela altaica*)、水獭(*Lutra lutra*)、褐家鼠(*Rattus norvegicus*)和长尾鼠耳蝠(*Myotis frater*)等 6 种，占保护区总种数的 5.83%。

由上述可见，草坡自然保护区兽类区系组成主要是中印亚界成分，占该区域总种数的 62.14%。也有部分现代东北亚界成分，占总种数的 28%。就分布型而言，保护区以喜马拉雅-横断山区型的种类最多，是该地区兽类区系组成的显著特征。

14.2 兽类在保护区内的空间分布

草坡自然保护区地处横断山系北段东南边缘，山高谷深，自然条件垂直差异极大。海拔 3600m 以下地区具有我国季风区的特点，又随海拔不同可分为亚热带、暖温带、温带和寒温带等气候带。海拔 3600m 以上地区的东坡和南坡具有青藏高原严寒半干旱特点，北坡和西北坡具有蒙新区干旱色彩。与复杂的自然条件相关联，草坡自然保护区兽类区系组成混杂，南北、东西的兽类能够在此生存繁衍。

在水平分布上，西南区西南山地亚区的特产种有大熊猫、小熊猫、扭角羚(*Budorcas taxicolor*)、鼩鼹(*Uropsilus soricipes*)、长尾鼹(*Scaptonyx fusicaudaus*)、黑腹绒鼠(*Eothenomys melanogaster*)、四川田鼠(*Microtus millicens*)等 25 种，占该区域总种数的 24.27%。华中区西部高原山地亚区的主产种有藏酋猴、金猫(*Catopuma temminckii*)、小麂、中华竹鼠(*Rhizomys sinensis*)、果子狸、社鼠(*Niviventer confucianus*)、针毛鼠(*Niviventer fulvescens*)、四川短尾鼩等 36 种，占该区域总种数的 34.95%。青藏区青海藏南亚区的特产种或主产种有白唇鹿(*Cervus albirostris*)、高山麝(*Moschus sifanicus*)、松田鼠(*Pitymys irene*)、藏鼠兔(*Ochotona thibetana*)、雪豹(*Panthera uncia*)、岩羊(*Pseudois nayaur*)等 16 种，占该区域总种数的 15.53%。华北区、中国季风区特产种及贯穿欧亚大陆湿润地带的有川西斑羚、岩松鼠、复齿鼯鼠、猞猁(*Lynx lynx*)、赤狐(*Vulpes vulpes*)、狼(*Canis lupus*)、黄鼬(*Mustela sibirica*)等 15 种，占该区域总种数的 14.56%。广布于全国各地的有香鼬、水獭(*Lutra lutra*)、小家鼠(*Mus musculus*)和野猪等物种。

保护区海拔高差较大，气候、土壤、植被等垂直分布带明显，兽类垂直分布差异也较明显。

(1) 常绿阔叶林带中分布有兽类 39 种，占该区域总种数的 37.86%。其中东洋界有 33 种，占该带种数的 84.62%；古北界 3 种，占 7.69%；广布种 3 种，占 7.69%。常见兽类有褐家鼠、巢鼠(*Micromys minutus*)、大足鼠(*Rattus nitidus*)、针毛鼠、社鼠(*Niviventer confucianus*)、珀氏长吻松鼠(*Dremomys pernyi*)、四川短尾鼩、猕猴、藏酋猴、果子狸、云豹(*Neofelis nebulosa*)、猪獾(*Arctonyx collari*)、豪猪(*Hystrix hodgsoni*)、毛冠鹿等。

(2) 常绿落叶阔叶混交林带中兽类种类较多，有 51 种，占该区域总种数的 49.51%。其中东洋界种 38 种，占该带种数的 74.51%；古北种 6 种，占 11.76%；广布种和季风区特产种共 5 种，占 9.80%。常见兽类有藏酋猴、毛冠鹿、水鹿(*Cervus unicolor*)、中华鬣羚(*Capricornis milneedwardsii*)、川西斑羚、须鼠耳蝠(*Myotis mystacinus*)、岩松鼠、中华竹鼠(*Rhizomys sinensis*)、豪猪、黑熊、黄喉貂(*Martes flavigula*)、果子狸、林麝等。

(3)针阔混交林带在保护区内分布面积大，受人类活动影响较小，分布有兽类 48 种，占该区域总种数的 46.60%。其中东洋种 37 种，占该带种数的 77.08%；古北种 7 种，占 14.58%；广布种和季风区特产种共 4 种，占 8.33%。该林带中分布的主要是亚热带森林动物群，常见种有毛冠鹿、水鹿、林麝、大熊猫、小熊猫、黑熊、野猪、川金丝猴、黄喉貂、香鼬、四川短尾鼩、大长尾鼩(*Soriculus salenskii*)、隐纹花鼠(*Tamiops swinhoei*)、高山姬鼠、大耳姬鼠(*Apodemus latronum*)、川西白腹鼠(*Niviventer excelsior*)等。

(4) 亚高山针叶林带植被结构单一，共分布有兽类 41 种，占该区域总种数的 39.80%。其中东洋种 29 种，占该带种数的 70.73%；古北种 7 种，占 17.07%；广布种和季风区特产种共 5 种，占 12.20%。该林带中分布的主要是北亚热带的喜湿动物群，常见种有金猫(*Catopuma temminckii*)、毛冠鹿、林麝、中华鬣羚、川金丝猴、扭角羚、隐纹花鼠、高山姬鼠、大耳姬鼠等。

(5) 亚高山灌丛草甸带在保护区内分布面积较小，环境单调，共分布有兽类 26 种，占该区域兽类总种数的 25.24%。该植被林带中分布的主要是寒温带、寒带高地型和北方型种类。常见种有藏鼠兔(*Ochotona thibetana*)、岩羊、中华蹶鼠(*Sicista concolor*)、四川林跳鼠(*Eozapus setchuanus*)、根田鼠(*Microtus oeconomus*)、松田鼠(*Pitymys irene*)、高山麝、灰尾兔(*Lepus oiostolus*)等。

从草坡自然保护区兽类垂直分布可见，随着海拔升高，环境条件逐渐简化，兽类种数逐渐减少；反之，随着海拔降低，环境条件逐渐复杂，兽类种数逐渐增多。在区系组成上，东洋界兽类种数随海拔的增高而逐渐递减，古北界兽类种数随海拔的增高而逐渐递增。

14.3　国家重点保护兽类

草坡自然保护区内属国家 I 级重点保护的兽类有大熊猫、川金丝猴、扭角羚、豹(*Panthera pardus*)、云豹、雪豹、高山麝、白唇鹿(*Cervus albirostris*)及林麝 9 种，占草坡自然保护区兽类种数的 8.74%，占全国 I 级重点保护兽类种数的 19.1%，占全省 I 级重点保护兽类种数的59%。属国家Ⅱ级重点保护的兽类有藏酋猴、猕猴、豺、石貂、黄喉貂、金猫、黑熊、小熊猫、水獭、小灵猫、大灵猫、猞猁、水鹿、中华鬣羚、川西斑羚、岩羊、兔狲、白臀鹿18种，占全国Ⅱ级重点保护兽类种类的33.33%，占全省Ⅱ级重点保护兽类种数的56%。在这些保护种类中，列入IUCN红皮书(2010)濒危等级(EN)的有大熊猫、小熊猫、川金丝猴、雪豹、林麝、高山麝和白臀鹿7种，属易危等级(VU)的有黑熊、扭角羚、豺、云豹、中华鬣羚、川西斑羚和白唇鹿7种。有21种兽类被列入CITES附录Ⅰ和附录Ⅱ中，其中属于CITES附录Ⅰ的有大熊猫、川金丝猴、黑熊、豹、云豹、雪豹、金猫、中华鬣羚和川西斑羚9种，属于CITES附录Ⅱ的有藏酋猴、猕猴、豺、狼、小熊猫、兔狲、水獭、猞猁、豹猫、扭角羚、林麝和高山麝12种。保护区内分布的国家重点保护兽类分述如下：

(1)大熊猫(*Ailuropoda melanoleuca*)：为我国特产兽类。在保护区内主要栖息于海拔2200～3000m的落叶阔叶林、针阔混交林和针叶林下的竹丛中，主要以拐棍竹(*Fargesia robusta*)、冷箭竹(*Bashania fangiana*)等为食。草坡自然保护区的大熊猫在四川以至全国密度都较高。根据全国第三次大熊猫调查，保护区有大熊猫约28只，密度为0.06只/km^2。草坡保护区西南面与卧龙国家级自然保护区通过海子塘、大卡子、老婆子岩、烂墩子梁子、九大包、天台山山脊彼此相连。草坡自然保护区的大熊猫主要分布于龙头堡、赤足沟的青山棚子、两河口及松木火地等处，在这些区域中以龙头堡分布最多。草坡的大熊猫主要通过老婆子岩、烂墩子梁子、九大包、天台山和卧龙自然保护区的大熊猫进行有效的基因交流。而在草坡自然保护区的架子沟、嘎哪夷梁子、大水沟和木姜坪之间的地区，以及城外附近、二矿周围、牛厂沟尾、正沟、洪水沟、登干沟、长河坝的针阔混交林中亦分布有一定数量的大熊猫，特别是长河坝和正沟近沟尾发现有较多的大熊猫痕迹。调查时在海拔2240m处正沟的沟边较缓地带，发现有大熊猫的粪便。草坡自然保护区在北面与米亚罗自然保护区相接，米亚罗保护区的大熊猫处于邛崃山系的最北面，它只有通过草坡自然保护区才能融入邛崃山系的整个大熊猫大家庭之中。而邛崃山系的大熊猫要扩大它的栖息地而尽量向北面发展，草坡自然保护区无疑是它扩散的重要通道。因此，草坡自然保护区对邛崃山系大熊猫种群的交流具有重大的意义。

(2)川金丝猴(*Rhinopithecus roxellana*)：为我国特产兽类。体长0.52～0.78m，尾长0.57～0.8m，雄猴重15～17kg，雌猴重6.5～10kg。它的嘴唇厚而突出，鼻孔向上仰，成兽嘴角上方有很大的瘤状突起，幼兽不明显。面孔天蓝，犹似一只展翅欲飞的蓝色蝴蝶。头圆、耳短，尾较体稍长。四肢粗壮，后肢比前肢长。手掌与脚掌均为青黑色，指和趾甲为黑褐色。保护区内川金丝猴主要栖息于海拔1500～3500m一带的针阔混交林和针叶林中。树栖，有时也下到地上活动。白天成群，夜间3～5只结成小群蹲在高大树上睡眠。夏季在海拔3000m左右林中活动，冬季可下移到海拔1500m林中。在树上或地面采食、嬉戏，在树上休息。以幼芽、嫩枝、叶、花序、树皮、果实、种子、竹笋、竹叶等为食。繁殖无季节性，发情高峰期多在8～10月，孕期193～203天，翌年3～5月产仔，胎产1仔。IUCN列为渐危种，CITES列入附录Ⅰ。在草坡自然保护区内，它们主要分布于乾兜棚和洪水沟一带。

(3)扭角羚(*Budorcas taxicolos*)：当地俗称“盘羊”，为喜马拉雅山脉特有种，多营群栖生活。体长1.7～2.2m，重250～600kg。扭角羚又名羚牛，模式标本于1850年由Hodgson采集于不丹阿萨姆北部的米什米山区。由于其形态介于牛属（*Bos*）与羚羊属（*Dorcas*）之间，故命名为羚牛。主要分布于我国秦岭，岷山（包括四川和甘肃），邛崃山，大、小相岭和凉山山系。此外，西藏东部、云南东北部也有分布，国外尚见于不丹、印度、缅甸等地。现存羚牛分为1属1种4亚种，即指名亚种（*B. t. taxicolor*）、不丹亚种（*B. t. whitei*）、四川亚种（*B. t. tibetana*）和秦岭亚种（*B. t. bedforidi*）。其中，指名亚种分布于不丹、中国西藏和云南；不丹亚种分布于不丹和中国西藏；四川亚种分布于四川、甘肃；秦岭亚种仅分布于中国陕西。四川亚种和秦岭亚种为中国特有。扭角羚栖息于海拔1500～4000m的各植被带中，多营群栖，少则3～5头，一般为10～45头。扭角羚具有舔盐习性，含盐较高的地点称"牛井"或"牛场"。舔盐时间为每年的6～10月。特别是天气较好的中午，一个家族可以在一个盐井呆至少半小时以上，比较悠闲地饮水、晒太阳。当它们受到惊吓时，即迅速地向山坡上逃跑，逃跑时沿着固定的线路，群牛总体上呈一条线，幼仔和亚成体夹在中间，体壮的雄性公牛断后。此外，它们有季节性迁移现象。羚牛每年有随海拔作垂直迁移的规律，迁移原因主要为温度和食物。夏季主要是气温促使其从低海拔向高海拔迁移，冬季它们下移到针阔混交林中找寻食物。扭角羚为植食性，食物主要为各种树枝、幼芽、树皮、竹叶、青草、草根、种子、果实等。羚牛雄体4岁左右性成熟，雌体较雄体略早，交配期在每年的6～8月，孕期8～9个月，翌年3～4月产仔，胎产1仔。IUCN列为易危，CITES列为附录Ⅱ。在保护区主要分布于城外、盐水沟、沙排、毛毛沟、金波、长河坝等区域。

（4）林麝（*Moschus berezovskii*）：国家Ⅰ级重点保护动物，为主要分布于我国的兽类。当地俗称"獐子"，体型小，体重约6.8kg，体长约0.61m，吻短于颅全长之半，通体毛色一般为深棕褐色，颈纹明显，臀部毛色近黑色，成体不具斑点。栖息于海拔2200～3600m的阔叶林、混交林和针叶林。有季节性垂直迁移的习性，入秋后迁移至河谷地区。有较稳定的家域，活动路线也相对稳定，排粪也有固定地点。性孤独。跳跃能力强，也能登上悬崖陡壁，或爬上有枝杈的乔木，或稍倾斜的高树。主食灌木嫩叶，喜食松萝，很少食禾本科植物。据访问，林麝过去在保护区内曾广泛分布。由于盗猎严重，目前种群数量已大幅度下降。

（5）高山麝（*Moschus sifanicus*）：国家Ⅰ级重点保护动物。当地俗称"獐子"，体长0.8～0.9m，体重9.6～13kg。背毛棕褐色或淡黄褐色；前额、前顶及面颊褐色，略沾青灰色，颈纹黄白色，纹的轮廓不明显；头骨狭长，吻长大于颅全长之半，泪、颚骨间缝长超过12mm。栖息于3000～4000m的高山草甸、山地裸岩、冷杉林缘灌丛、杜鹃灌丛、邻近山脊的灌丛或草丛等地。从不上树，以高山草类、灌丛枝叶、地衣等为食。冬季交配，孕期6个月，胎产1仔。CITES列为附录Ⅱ。据访问，保护区内有分布，主要分布在林缘高山草甸、灌丛。

（6）豺（*Cuon alpinus*）：国家Ⅱ级重点保护动物。体形似犬，体重约17.5kg，体长约1m，体色赤棕色，尾较粗短。海拔2200～4000m均有分布。常于晨昏在有草坡、灌丛的地带活动，主要捕食毛冠鹿、野猪等兽类。

（7）黄喉貂（*Martes flavigula*）：国家Ⅱ级重点保护动物。体形似猫，但头较尖细，躯体细长，体重20kg左右，体长约0.6m，尾圆柱状，超过体长之半，头尾黑褐色，躯体带黄色。栖息于海拔2200～3100m山地。巢筑于树洞或石洞中。晨昏活动。主要捕食鼠类、蛙类及鸟类，也捕食果子狸、毛冠鹿等中型兽类。保护区内其活动痕迹比较常见，有一定数量。

(8) 大灵猫(*Viverra zibetha*)：国家Ⅱ级重点保护动物。体长0.5～0.95m，重3.4～9.2kg。栖息于海拔2400m以下林缘茂密的灌丛或草丛，独栖，昼伏夜出。食性广，主要以鼠类、鸟类、蛇等为食，也食带甜味的果实，如猕猴桃、野柿子等。仅资料记载在保护区内有分布，本次调查未发现。

(9) 小灵猫(*Viverricula indica*)，国家Ⅱ级重点保护动物。大小似家猫，头、体、尾较细长，尾长约为体长的2/3，具7～8个黑棕色与白色或黄白色相间的环；背至体侧具5条纵行的黑褐色条纹。耳后至肩前具4条暗褐色纹，通体棕黄色，从背至腰有5行由黑褐色斑点连成的较模糊的纵纹。栖息于草灌林木的洞穴中。昼伏夜出，以昆虫、蛙、蛇、小兽和野果为食。2～4月发情，5～6月产仔，胎产4～5仔。CITES列入附录Ⅲ。据访问，小灵猫在保护区有分布。

(10) 金猫(*Catopuma temminckii*)：为一种大型野猫，体重约10kg，体长约0.8m，尾长略大于头躯长的1/2～2/3，尾均为两色，尾背似体色，尾腹浅白色。栖息于海拔3000m以下山地针叶林、针阔混交林和阔叶林或灌丛中。常独居生活，夜行性，善于爬树，但多在地面活动，有领域性，活动范围2～4km^2。主要以啮齿类和食虫类为食，也捕食地栖的鸟类、蜥蜴。据访问，保护区有分布。

(11) 豹(*Panthera pardus*)：体型大，体重50kg左右，体长1m以上，体棕黄色，其上遍布黑色斑点和环纹。主要隐居于海拔2000～2800m的山地阔叶林、针阔混交林。独栖，昼伏夜出，性机警，跳跃能力强，善于爬树，常捕食毛冠鹿、猪獾等中型兽类。据访问，豹在保护区附近山梁上曾有人目睹过，但数量稀少。

(12) 小熊猫(*Ailurus fulgens*)：易危(V)，国家Ⅱ级重点保护动物。头短而宽，颜面近圆形，但吻部较突出，两耳突出并向前伸长。体毛为棕黄色和黑褐色。尾长超过体长之半，并具棕红、沙白相间的9个环纹。足爪锐利而弯，足底生密毛。栖息于高山峡谷地带森林中。10月至翌年4月常在海拔1400～2900m地带活动，5～9月常在海拔2600～3800m一带出没，是一种喜温湿而又比较耐高寒的森林动物。全年大多时候以竹叶为食，但当竹笋长出时，又主要以竹笋为食。春季发情交配，孕期约4个月，产仔期在6～7月，每胎2～3仔，最多可达5仔。寿命约为12年。CITES列入附录Ⅰ。在保护区主要分布于嘎哪夷山梁、金波、赤足沟、沙排、毛毛沟、洪水沟、乾兜棚、神树林、龙潭沟、城外等，比较常见。

(13) 黑熊(*Selenarctos thibetanus*)，易危(V)，国家Ⅱ级重点保护动物。被毛漆黑，胸部具有白色或黄白色新月形斑纹，故又称为月熊。头宽而圆，吻鼻部棕褐色或赭色，下颏白色。颈的两侧具丛状长毛。胸部毛短，一般短于4cm。前足腕垫发达，与掌垫相连；前后足皆5趾，爪强而弯曲，不能伸缩。为林栖动物，主要栖息于阔叶林和针阔混交林中。杂食性，但以植物性食物为主，也食鱼、蛙、鸟卵及小型兽类，特喜食栎类的果实。在熊类活动的区域，秋天可见大量的被熊类扳断的枯死的枝椏。在8月中旬至10月中旬，山里农民的玉米成熟时，也盗食农作物，能在一夜之间将农民的一块农作物糟蹋60%～70%。黑熊发情交配在6～8月，孕期6.5～7个月，12月至翌年1～2月间产仔，每胎产2仔，也有1或3仔。寿命一般为30年。CITES列入附录Ⅰ。在保护区主要分布于小沟、金波、赤足沟等地。

(14)云豹(*Neofelis nebulosa*)：主要栖息于阔叶林，分布于海拔1400～2200m。喜攀援，活动和睡眠主要在树上。独居，夜间沿山脊有蹄类活动的兽径活动，以野禽、小型兽类为食，有时也攻击中到大型的有蹄类。发情期一般为秋末春初，孕期约3个月，胎产2仔。数量稀少。据访问，保护区有分布。该种IUCN列为易危，CITES列入附录Ⅰ。

(15)雪豹(*Panthera uncia*)，在中国也被称为艾叶豹、荷叶豹、草豹，是一种重要的大型猫科食肉动物和旗舰物种，由于其常在雪线附近和雪地间活动，故名“雪豹”。雪豹皮毛为灰白色，有黑色点斑和黑环，尾巴相对长而粗大。由于非法捕猎等多种人为因素，雪豹的数量正急剧减少，现已成为濒危物种。资料记载在保护区内有分布，本次调查未发现。

(16)兔狲(*Felis manul*)：国家Ⅱ级保护动物。体长0.45～0.65m，体重2.3～4.5kg，身体粗壮而短，耳短而宽，呈钝圆形，两耳距离较远。尾毛蓬松，显得格外肥胖。兔狲夜行性，但晨昏活动频繁。以旱獭、野禽及鼠类为食，视觉、听觉较为敏锐。栖息于海拔3000～3800m的裸露岩石区。主食旱獭、鼠兔、小型鼠类、野禽。发情交配多在2月，4～5月产仔，胎产3～4仔。CITES列入附录Ⅱ。仅资料记载有分布，本次调查未发现。

(17)猞猁(*Lynx lynx*)：国家Ⅱ级重点保护动物。体长0.8～1.3m，体重18～38kg。栖息于海拔3100m以上的森林灌丛地带及山岩上。喜欢独居，擅于攀爬及游泳，耐饥性强。可在一处静卧几日，不畏严寒，喜欢捕杀狍子等中大型兽类。晨昏活动频繁，独栖。栖息于高山密林，灌丛草甸、荒漠。以野禽、松鼠、鼠兔和高原兔等为食；亦捕食小鹿、藏原羚、鹿等大中型动物。1～2月发情，孕期63～74天，胎产1～5仔。CITES将其列入附录Ⅱ。仅资料记载有分布，本次调查未发现。

(18)中华鬣羚(*Capricornis milneedwardsii*)：当地俗称“山驴”，为中型牛科动物，体形似羊，体重约63kg，体长约1.05m，两性均具1对短而尖的角，耳长似驴，颈背有鬣毛，尾短小。能在陡峭的山坡奔跑、跳跃、攀爬。晨昏活动频繁，白天则藏在高山悬岩下或山洞中休息。常单独活动。以杂草及木本植物的枝叶为食，也食少量果实。有定点排便的习性。9月下旬至10月交配，翌年5～6月产仔，每胎1仔。在CITES列入附录Ⅰ。在保护区内主要分布于神树林、龙潭大春包、金波、城外及正沟等地。

(19)川西斑羚(*Naemorhedus goral*)：当地俗称“岩羊”，体大如山羊，体重约30kg，体长约0.95m，鬣毛很短，尾较短，四肢短，蹄狭窄。栖息于海拔2200～3800m的中、高山森林中，尤其是有稀树的峭壁裸岩处。独栖或成对，栖息地相对固定，一般在向阳的山坡。冬季进入林中，夏季多在山顶活动，以乔木和灌木的嫩枝叶及青草等为食。在保护区内主要分布于沙排、毛毛沟、长河坝及正沟等地。

(20)岩羊(*Pseudois nayaur*)：当地俗称“青羊”，中等体型，体长1.2～1.65m，体重50～80kg。国家Ⅰ级重点保护动物。雄性体长1～1.3m，雌性约1m；肩高雄体为70～89cm，雌体为70～75cm；尾长雄体14～19cm，雌体为13～14cm。体重雄体为50～74.5kg，雌体为 44.5～50kg。头形狭长，颌下无须，两性均具角。雄羊角粗大，大者长达 60cm。两角基部很靠近，仅距一狭缝隙。角自头顶往上，然后向外弯曲，稍扭而角尖微向上方，两角尖距大者可达 68cm。角基粗壮，横切面呈棱形、圆形或三角形，表面光滑，唯内侧微现横嵴，角尖光滑。雌角细小而短，角形较直，微向后弯，角长约 15cm，两角尖距仅约 11cm。冬毛深厚，毛基部为灰色，上段青灰，吻为白色。面颊灰白色带黑色毛尖，耳内侧白色。从头至躯身背部为青灰色稍带棕色，而部分毛尖还带黑色。尾背部为暗灰色，至尾尖逐渐转为黑色。喉、胸黑褐色，向后延伸至前肢的前缘转为黑色条纹，直达蹄部，在体侧至后肢前缘达蹄，也有一条黑纹。前肢间腋下，腹部和两腿间鼠蹊部及尾的腹侧为白色。四肢的内侧也是白色，雌羊面颊黑色较浅，喉和胸部黑褐色较狭。岩羊是典型的高寒动物。喜群居，常组成 40～50 只群体。清晨和黄昏觅食，以各种青草、灌丛枝叶为食。冬末春初发情，雄羊间有剧烈格斗。孕期约 5 个月，每胎多产 1 仔，偶产 2 仔。栖息于高原、丘原和高山裸岩与山谷间的草地，无一定的居所。据访问在保护区内有分布。

(21)藏酋猴(*Macaca thibetana*)：国家Ⅱ级重点保护动物。藏酋猴体形粗壮，一般体重约 13kg，雄猴最重的有 33.5kg。尾很短，仅 7～9cm 长。雄猴面色青灰，全身背毛黑褐色，雄猴两颊和下胲有灰褐或黑褐色胡须，故又称为大青猴。它们喜爱群居，小的群 20～40 只，大的群可达 50～70 只。群居生活，很有利于它们共同防御和保卫本群占领权的不可侵犯。同时，对保护本群幼猴成长也有积极意义。猴群通常有数只成年猴攀登高处担任哨猴，一旦发现有异常情况，立即发出报警声，随之整个猴群或隐蔽、或逃窜。藏酋猴为昼行性，它们的食物以一些植物的叶、种子及野山楂和悬钩子等果实为主。秋季爱盗食玉米和萝卜等作物。有时也捕捉小型爬行动物和小鸟。觅食多在早晨和黄昏。每个猴群等级社会十分明显，在社会生活中常分为 4 个等级。最高等级层属猴王，它居群猴的首领地位。猴王的产生，常是通过一番激烈撕咬，最强的获胜者称王。它的职责是在漫游时由它开路，带领群猴觅食、投宿、隐蔽和防御天敌。藏酋猴 5 岁左右性成熟，全年都可繁殖，孕期约 6 个月，每胎多产 1 仔。偶有 2 仔。CITES 列入附录Ⅱ。据访问在保护区内有分布。

(22)猕猴(*Macaca mulatta*)：国家Ⅱ级重点保护动物。个体稍小，颜面瘦削，头顶无四周辐射的旋毛，额略突，肩毛较短，尾较长，约为体长之半。通常多灰黄色，不同地区和个体间体色往往有差异。有颊囊。四肢均具 5 指(趾)，有扁平的指甲。臀胝发达，肉红色。从低丘到海拔 3000～4000m 都有栖息，喜生活在有乱石的林灌地带，特别是悬崖峭壁又夹杂着溪流沟谷、藤蔓盘绕的广阔地段。集群生活，猴群大小因栖息地环境优劣而有别。采食野果贪婪嗜争，边采边丢，故对野果的利用率较低。作物成熟，亦盗食农作物。一般于 11～12 月发情，翌年 3～6 月产仔，孕期 160 天左右。每胎 1～2 仔。雌猴 2.5～3 岁性成熟，雄猴 4～5 岁性成熟，在饲养条件下寿命长达 30 岁。CITES 列入附录Ⅱ。保护区内在长河坝有分布。

(23)水獭(*Lutra lutra*)：国家Ⅱ级重点保护动物。水獭是半水栖的中型鼬科动物，体长 50～80cm，尾长 30～50cm，体重 3～6kg。它们常活动于鱼类较多的江河、湖泊、水库等水域。尤以水流缓慢、水草较少的河流及两岸林木繁茂、流水透明度较大的山溪，活动频繁。穴居，除哺乳雌獭定居外，一般都无固定的洞穴。洞穴多选择在河岸的岩石缝中或树根下，利用其他的旧洞稍加整理而成。洞口有多个，出入的洞口常在水面以下。洞道深浅不一，长的可达20～30m。以鱼类为主食，也食蟹、蛙、鼠类等。春夏季发情，孕期2个月，胎产1～5仔。CITES列入附录Ⅰ。据访问，水獭在保护区内有分布。

14.4 特有兽类

在草坡自然保护区分布的103种兽类中，属于我国特有和主要分布于我国的共有32种，占保护区兽类总数的31.07%。这32种兽类包括中国鼩猬、川鼩、陕西鼩鼱、大长尾鼩、山地纹背鼩鼱、纹背鼩鼱、川西长尾鼩、鼩鼹、长吻鼹、长吻鼩鼹、藏酋猴、川金丝猴、藏狐、大熊猫、小熊猫、小麂、岩松鼠、复齿鼯鼠、红白鼯鼠、灰鼯鼠、高山姬鼠、龙姬鼠、大耳姬鼠、安氏白腹鼠、川西白腹鼠、四川林跳鼠、洮州绒鼠、黑腹绒鼠、松田鼠、四川田鼠、中华竹鼠、藏鼠兔。

(1)中国鼩猬(*Neotetracus sinensis*)，猬科。栖息于落叶阔叶林、灌丛及林缘草地，以多种昆虫和多汁的根茎为食。稀有种。

(2)川西长尾鼩（*Chodsigoa hypsibia*)：鼩鼱科，体长73～99mm，尾长60～80mm。栖息于海拔1500～2100m的灌丛，主要以蚯蚓、昆虫等为食，亦食植物种子。保护区内川西长尾鼩数量稀少，野外调查期间曾捕获实体。

(3)长吻鼹(*Talpa longirostris*)，鼹科。栖息于海拔2600m以下的山地林缘草地和山地灌丛；营地下生活，以昆虫和蠕虫为食。

(4)山地纹背鼩鼱(*Sorex bedfordiae*)，鼩鼱科。栖息于海拔2000～3000m的山地灌丛区或次生林。以蚂蚁、甲虫及其他蠕虫为食。

(5)川鼩(*Blarinella quadraticauda*)，鼩鼱科。栖息于海拔1000～2500m高山峡谷的灌丛。主要分布于我国。

(6)大长尾鼩(*Soriculus salenskii*)，鼩鼱科。栖息于有水的岩洞内，以昆虫及其幼虫为食。为中国稀有种。

(7)纹背鼩鼱(*Sorex cylindricauda*)：鼩鼱科，小型鼩鼱，背部有一宽2～3mm、起于颈后肩部、止于臀部或尾基部前的黑色纵走条纹。栖息于海拔2200～3000m的次生林和灌丛，以昆虫为食，属稀有种。

(8)鼩鼹(*Uropsilus soricipes*)：鼹科，体长66～80mm，尾长50～69mm，体形似鼩鼱，栖息于海拔2200m以下的林缘灌丛、草地。营地表洞穴生活，以昆虫和蠕虫为食。在保护区内为常见种，野外调查期间曾捕获实体。

(9)长吻鼩鼹(*Uropsilus gracilis*)：鼹科，体长74mm，尾长72mm。体型与少齿鼩鼹和峨眉鼩鼹相似。稍大于少齿鼩鼹，为该属中较大者。体背自头前至尾基为暗褐色，腹面为深灰色，尾与体背同色，上下一色。四足背淡棕色。头骨上面观呈等腰三角形，脑部圆，吻尖，管状。保护区内有一定数量的分布。

(10)岩松鼠(*Sciurotamias davidianus*)：松鼠科，地栖性松鼠，体长190～250mm，尾长125～200mm，栖息于海拔2600m以下林下灌丛、竹林的石隙中，以浆果、坚果和种子为食。为保护区内常见种。

(11)复齿鼯鼠(*Trogopterus xanthipes*)：鼯鼠科，体长200～300mm，尾长260～270mm，栖息于海拔2200～3100m的亚高山针叶林、针阔混交林及常绿阔叶林。据访问，保护区内有分布，但数量稀少。

(12)红白鼯鼠(*Petaurista alborufus*)，体形像松鼠，体长35～60cm，体重约2000g。头短而圆，眼睛大，眼圈赤栗色，瞳孔特别大，可以感受微弱光线，适宜于在黑暗的环境里生活。身体背面体毛为红色，面部和身体腹面为白色。尾长达40～50cm，几乎与身体的长度相等。数量稀少。

(13)灰鼯鼠(*Petaurista xanthotis*)：鼯鼠科，头体长325～430mm，尾长294～350mm。栖息于海拔2000～3500m高山针叶林带，筑窝于树穴或枝桠间。稀有种。

(14)大耳姬鼠(*Apodemus latronum*)：鼠科，中型鼠类，头体长92～107mm，耳较大，平均为19.5mm。栖息于海拔2200～3500m的林缘、灌丛。

(15)高山姬鼠(*Apodemus chevrieri*)，鼠科。栖息于海拔1000～2800m的山地，特别是盆地西缘山地林缘、灌丛，以种子为食。保护区分布较多，如城外、正沟等地的高山柳灌丛、落叶阔叶林中。为钩端螺旋体的寄主，可传播钩体病。

(16)中华姬鼠(*Apodemus draco*)，鼠科栖息于海拔800～3500m的林区、山间耕地、灌丛。以含淀粉的种子类为主食。

(17)川西白腹鼠(*Niviventer excelsior*)：鼠科，中大型鼠类，头体长127～175mm，尾长190～213mm。腹面纯白色，尾尖端具1/5～1/3的白色区。栖息于海拔2200～2900m的林缘、灌丛。

(18)安氏白腹鼠(*Niviventer andersoni*)：鼠科，中大型鼠类，头体长150～198mm，尾长194～269m。腹面纯白色，尾端具约1/3的白色区。在本区为常见种，野外调查期间曾捕获实体。

(19)四川林跳鼠(*Eozapus setchuanus*)：跳鼠科，小型跳鼠，体背为明亮的锈棕色，体背中央有一宽约8mm的纵走棕褐色区。腹面纯白色。四足纯白色，后足长26mm，适于跳跃。栖息于海拔2200～3400m的森林及林缘草地，为稀有种。

(20)松田鼠(*Pitymys irene*)：仓鼠科，头体长80～108mm，尾长22～40mm。栖息于海拔3000～4000m的高山草地和灌丛。

(21)四川田鼠(*Microtus millicens*)：田鼠科，别名川西田鼠。体型中等，体长102～115mm，尾长约53mm，体重17～38g。耳灰棕色，体背暗棕褐色或黄褐色；腹面灰白色或黄白色。尾背灰褐色，尾腹污白色。四足背面灰白色。我国特有，分布在西藏、云南等地，栖息于海拔2000～4000m的山地常绿、阔叶针叶林，山地针阔混交林，山地针叶林和山地灌丛草甸地带，以草为食。模式标本产于汶川县。

(22)小麂(*Muntiacus reevesi*)，鹿科。栖息于海拔2300m以下的林缘、草丛等环境。以青草、树木的嫩叶、幼芽为食。由于利用过度，已十分稀少。

(23)洮州绒鼠(*Caryonys eva*)，田鼠科。栖息于海拔2000～2800m的灌丛、阳坡草地，以植物为食，冬季则主要以树皮为食。易对栽种的人工林幼林形成危害。

(24)黑腹绒鼠(*Eothenomys melanogaster*)，田鼠科。栖息于海拔500～3000m的农田、灌丛、草地。喜食草类、大豆的根茎。也食栽种的人工林，它们将栽种的幼苗根部环形啃皮，导致树木缺水而死，为人工林的主要害鼠之一。危害较为严重。

(25)中华竹鼠(*Rhizomys sinensis*)：又名普通竹鼠，是竹鼠属的一种。栖息于海拔2200～2500m的山间竹林中，筑洞生活，主要以竹及笋为食。体长240～270mm，尾长约75mm，颅长约65mm，颧宽约38mm，两鼻骨后部宽度约等于额骨和前颌骨之间骨缝的长度。成体长30～40cm，体重2～4kg，体色随年龄而不同，幼体的毛色比成体的毛色深。成体身体背部毛色为棕灰色并长有百尖针毛，吻部及两侧的毛色略淡，身体腹部毛被较为稀疏，色白而暗，其间也杂有闪亮的细毛，个别个体的足背与尾部的毛色均为灰棕褐色。

(26)藏鼠兔(*Ochotona thibetana*)，鼠兔科。栖息于海拔1500～3000m的亚高山林缘草地及灌丛。以草为食。保护区本底调查时，在正沟的2240m处的豹猫粪便中发现其头骨及牙齿，周围生境为针阔混交林，微生境为多石的高山柳灌丛。其粪便为中药“草灵脂”，可入药。

(27)藏狐(*Vulpes ferrilata*)，犬科。栖息于海拔3600～3800m的灌丛草甸。多在晨昏活动，以啮齿类、鼠兔、地栖鸟类等为食，对农林牧业有益，目前数量也较稀少，为四川省重点保护动物。

14.5 有重要经济价值的兽类

草坡自然保护区内有毛皮、革用兽类有毛冠鹿、香鼬、黄鼬、黄喉貂、果子狸、猪獾、野猪、隐纹花鼠等25种，占该区兽类种数的24.27%。药用兽类种类较多，属国家Ⅰ级重点保护的有豹、雪豹、云豹、白唇鹿、林麝、高山麝；属国家Ⅱ级重点保护的兽类有黑熊、藏酋猴、水獭、大灵猫、水鹿、中华鬣羚、川西斑羚等14种；非保护动物有猪獾、灰尾兔等22种，占草坡资料保护区兽类种数的21.36%。相关兽类分述如下：

(1)赤狐(*Vulpes vulpes*)：栖息于海拔2200～3500m的山地森林边缘，利用废洞而居；傍晚和夜间活动，有时白天也活动。杂食性，鼠、鸟、蛇、蛙、鱼、昆虫均食，也食浆果、草等。其数量已十分稀少，为四川省重点保护动物。

(2)香鼬(*Mustela altaica*)：栖息于海拔2200～3600m的山地森林及高山灌丛草甸。穴居。白天或晨昏活动。主要以鼠类为食，也食小鸟、蛙、鱼等动物。数量较少，为四川省重点保护动物。

(3)猪獾(*Arctonyx collaris*)：栖息于海拔3400m以下的中低山荒野的溪边、草灌丛。穴居或洞居。吼叫似猪，嗅闻觅食，或似猪以鼻翻掘。杂食，以根茎、果实、鼠、蛙等为食。保护区内发现的粪便、拱迹等数量较多。

(4)黄鼬(*Mustela sibirica*)：栖息于海拔2000m以下的低山、河谷、林缘、乱石堆和村落附近的堆积物中。多夜间活动，以小型兽类为主食，也食鸟、蛙，为控制鼠害的有益兽类。

(5)果子狸(*Paguma larvata*)：栖息于海拔2500m以下阔叶林、稀疏树丛或林灌。树洞或岩洞居住。昼伏夜出，善攀援。以野果、野菜、树叶和小动物为食。据访问在保护区内有分布，但数量较少。

(6)豹猫(*Prionailurus bengalensis*)：栖息于海拔3500m以下的中低山森林、灌丛。夜行性。性凶猛。以鼠、鸟等各种小型动物为食。对控制鼠害作用很大。为四川省重点保护动物，CITES已将其列入附录Ⅱ。保护区内常见其粪便痕迹。

(7)野猪(*Sus scrofa*)：栖息于海拔3500m以下中低山灌木丛、蒿草丛、针阔混交林。多于夜间活动，结群。杂食性，以幼嫩树枝、果实、草根、块根、动物尸体等为食。保护区内野猪留下的拱迹、粪便等较多。

(8)毛冠鹿(*Elaphodus cephalophus*)：栖息于海拔2200～3400m的森林中。善隐蔽，黄昏活动最频繁。以各种草类为食。为四川省重点保护动物。保护区内数量较少。

(9)隐纹花鼠(*Tamipos swinheoi*)：栖息于海拔2200～3500m的亚高山针叶林或灌丛，树栖。以嫩叶、果实等为食。晨昏活动。为常见种。

(10)珀氏长吻松鼠(*Dremomys pernyi*)：栖息于海拔2300m以下的森林灌丛，尤以谷地灌丛为多。以果实、嫩叶为食。为常见种。

(11)社鼠(*Niviventer confucianus*)：栖息于海拔2500m以下中低山灌丛、林缘耕地、荒坡。夜间活动，以种子为食的野鼠。为优势种。

(12)豪猪(*Hystrix hodgsoni*)：栖息于海拔2400m以下的山坡，穴居，夜间活动。以枝叶或农作物为食。为常见种。

(13)灰尾兔(*Lepus oiostolus*)：栖息于海拔3000m以上的高寒草原、灌丛中，穴居，以棘豆、苔草等高山植物为食。据访问，保护区内有分布，但数量稀少。

第15章　大熊猫数量与分布

草坡自然保护区有关大熊猫的记载可追溯至20世纪30年代，一个非常幸运的美国妇女哈克纳斯夫人(Harkness)在邛崃山东山麓汶川草坡获得了1只6.4kg的雄性幼体大熊猫，并取名为苏琳，带到芝加哥展出。苏琳是第一只被带出国门的活体大熊猫。后来，哈克纳斯夫人撰写了《女人与熊猫》(*The Lady and the Panda*)一书，并在国外风靡一时。此外，20世纪30年代Sheldon等亦曾在草坡自然保护区猎捕和调查过大熊猫。

15.1　种群数量与分布

15.1.1　种群数量

大熊猫生境是指大熊猫赖以生存和繁衍的场所。邛崃山系大熊猫栖息地在50年前分布广泛。然而，由于有小金、川西和红旗等森工企业的大面积采伐，大熊猫栖息地到20世纪70年代急剧减少，至80年代仅存3400余km^2，到90年代仅约3000km^2。根据全国第三次大熊猫调查，草坡自然保护区有大熊猫28只，平均约18km^2一只，密度为0.06只/km^2，在全国属密度较高的区域。

15.1.2　分布

草坡自然保护区的大熊猫主要分布于长河坝、城外、赤足沟所属的大部分区域，然而在这些区域中大熊猫密度最大的为赤足沟(图15.1)，然后依次为嘎哪夷梁子、长河坝和城外。而在赤足沟区域内，痕迹点主要出现在极星包、两岔河、烂墩子梁子和天台山，这些区域正好与卧龙自然保护区接壤，通过老婆子岩、麻麻杠、洞洞岩窝、烂墩子梁子、九大包、天台山这两个保护区的边界，形成了天然的优良廊道，大熊猫刚好可以相互交流，繁衍后代。

在长河坝的洪水沟、河心梁子、丫丫棚，以及城外、毛毛沟、盐水沟、小河区域是草坡自然保护区的大熊猫主要分布地，特别是洪水沟、毛毛沟和盐水沟等沟尾发现有较多的大熊猫痕迹，这正是大熊猫分布的核心区域。草坡自然保护区的北面有邛崃山系的最北端的米亚罗自然保护区，草坡自然保护区的洪水沟、毛毛沟和盐水沟等区域正是衔接理县与草坡自然保护区各大熊猫种群关键区域。

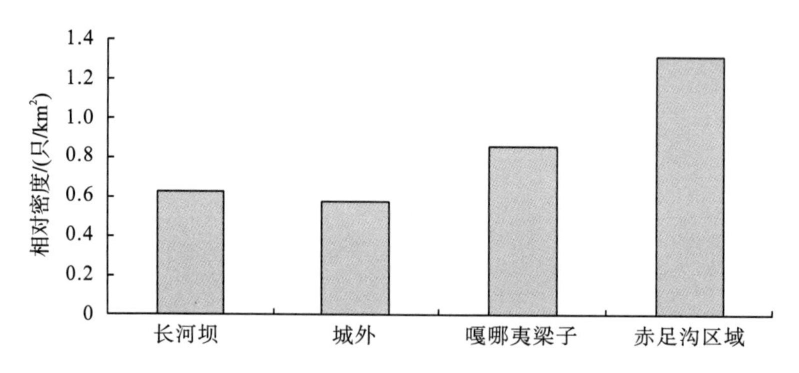

图 15.1 草坡自然保护区不同区域大熊猫分布密度

草坡自然保护区内大熊猫主要分布于海拔 2200～3000m 的区域(图 15.2)，这些区域正是各个山梁子的山顶、山肩和背坡的落叶阔叶林、针阔混交林和针叶林(图 15.3，图 15.4)，并以林下的拐棍竹、冷箭竹等为食。大熊猫频繁活动于较平缓的山坡，在这些区域土质肥厚，水热条件有利于森林和竹类生长，既有利于大熊猫摄取最优质的竹类，并能在日常活动中降低能量消耗。

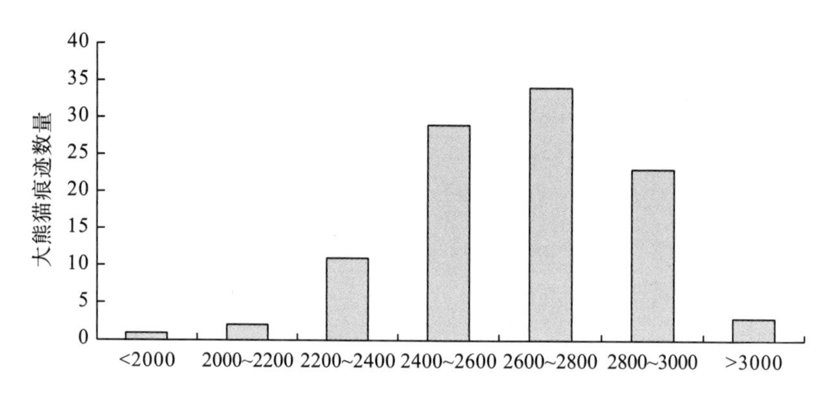

图 15.2 草坡自然保护区大熊猫分布海拔范围

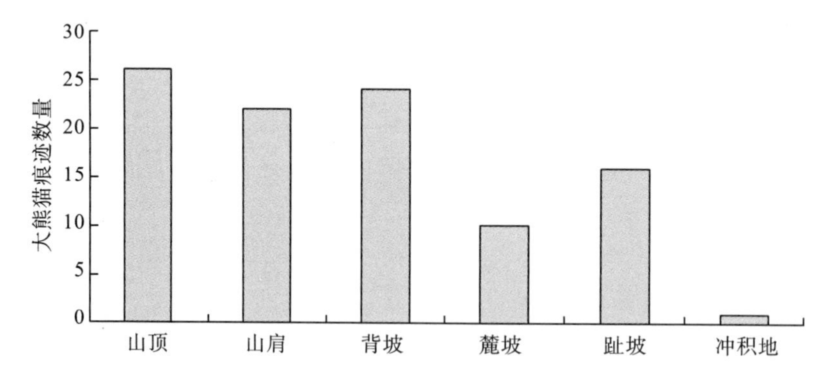

图 15.3 草坡自然保护区大熊猫分布坡位

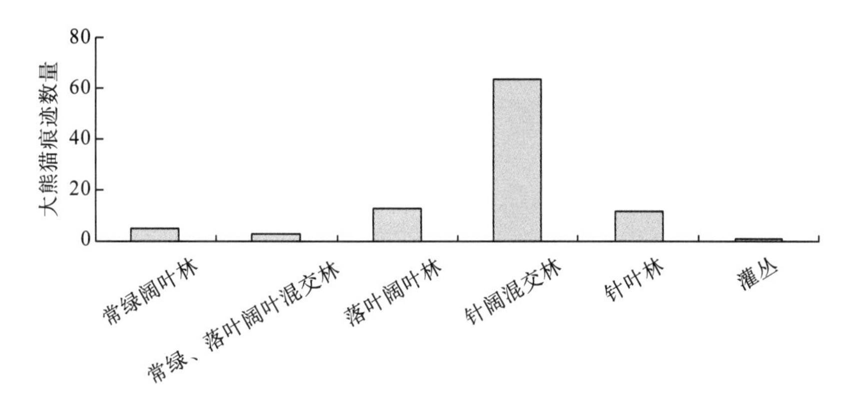

图 15.4　草坡自然保护区大熊猫分布生境类型

15.2　生 境 选 择

15.2.1　数据分析

分析数据来源于第三次全国大熊猫调查。首先对数据通过 Kolmogorov-Smirnov Test 进行正态分布检验。如果不符合正态分布，则采用平方根转换法进行转换，并运用 Kruskal-Wallis *H* Test 比较转换后仍然不符合正态分布的数据，对满足正态分布的数据采用 One-way ANOVA 进行分析。随后对大熊猫选择的各生境变量进行逻辑斯谛回归分析，以找出影响草坡自然保护区大熊猫生境选择的主要因子。

所有分析均在 SPSS17.0 中进行。变量数值以平均值±标准差(Mean±SD)表示，显著性水平设为 0.05。

15.2.2　结果与讨论

在所分析的 12 个变量中，草坡自然保护区大熊猫微生境样方中的海拔、乔木高度、乔木胸径显著大于对照样方中的这 3 个变量，而微生境样方中乔木郁闭度、灌木盖度则是显著小于对照样方。除此之外，其他变量在微生境样方和对照样方之间差异不显著(表 15.1)。

表 15.1　影响草坡大熊猫生境选择各变量的 One-way ANOVA 或 Kruskal-Wallis *H* Test

变量	微生境样方(N=96)	对照样方(N=150)	F 或 χ^2	P
海拔	2621.35±227.25	2513.72±291.16	F=10.534	0.001*
地形部位	2.71±1.43	2.47±1.55	F=0.584	0.445
植被类型	3.80±0.92	3.66±1.17	F=0.951	0.330
植被起源	1.24±0.43	1.43±0.51	χ^2=9.132	0.003*
乔木高度	2.47±0.85	2.08±1.06	F=9.671	0.002*

续表

变量	微生境样方(*N*=96)	对照样方(*N*=150)	*F* 或 χ^2	*P*
乔木郁闭度	1.98±0.85	2.25±0.90	*F*=5.780	0.017*
乔木胸径	3.01±1.00	2.32±0.88	*F*=34.443	0.000*
灌木高度	4.04±0.99	3.72±1.06	*F*=6.087	0.014
灌木盖度	1.95±0.86	2.24±0.821	*F*=7.586	0.006*
竹子高度	3.45±0.91	3.33±0.78	*F*=1.296	0.256
竹子盖度	2.38±0.79	2.34±0.90	*F*=0.159	0.691
水源	1.51±0.50	1.61±1.36	*F*=0.567	0.452

注：表中数据以平均值±标准差表示；*：显著性小于 0.05

如表 15.2 所示，在所有的 6 个差异显著的变量中只有乔木胸径与乔木高度间的相关性系数超过了 0.5。与乔木高度相比，乔木胸径对大熊猫而言可能更具有生物学意义，因此选择了乔木胸径进入随后的逻辑斯谛回归分析。

表 15.2 乔木高度与乔木胸径之间的 Spearman 相关系数、显著性及剔除的变量

变量组	相关系数	显著性	剔除的变量
乔木胸径-乔木高度	0.630	0.000	乔木高度

对 5 个差异显著的变量进行二元逻辑斯谛回归分析(表 15.3)，发现乔木胸径对回归方程的贡献最大，紧随其后的为植被起源、海拔，最后为乔木郁闭度、灌木盖度。最终对所有样方的正判率为 72.8%(表 15.4)。

表 15.3 微生境样方和对照样方之间逻辑斯谛回归分析

变量	B	S.E.	Wald	df	Sig.	Exp(*B*)
乔木胸径	0.075	0.028	5.243	1	0.012	1.078
植被起源	0.272	0.146	3.351	1	0.078	1.330
海拔	−0.069	0.040	2.654	1	0.093	1.071
乔木郁闭度	0.403	0.343	1.365	1	0.148	0.764
灌木盖度	−0.005	0.010	0.282	1	0.423	0.563
常量	2.601	2.746	0.843	1	0.423	14.670

表 15.4 基于逻辑斯谛回归分析的微生境样方和对照样方的正确预测率

Observed		Predicted		
		微生境样方	对照样方	Percentage Correct/%
微生境样方	96	63	33	65.6
对照样方	150	34	116	77.3
总计百分比/%				72.8

草坡自然保护区的大熊猫夏季主要选择较高海拔、高大乔木、灌木盖度较小的原始林。Lu 等以大熊猫的粪便为指标研究了择伐林与人工林中大熊猫对生境的选择，发现相对于人工林大熊猫更喜欢在择伐林中停留，主要是因为人工林的郁闭度较大，严重影响了林下竹子的生长，而择伐林中的林窗处是竹子密度较大的地方，这正是大熊猫更喜欢光顾的地方。而对卧龙自然保护区来说，采伐后森林植被至少得花 37 年的时间恢复，才能恢复到采伐之前的生境状态，恢复得越趋近于原始林，大熊猫分布得越多。在繁殖季节，大熊猫的嗅味标记与树表粗糙程度、是否容易被察觉、是否有苔藓附着、乔木胸径、距小径距离等相关。此外，雌雄大熊猫在不同季节标记并不一样。对雄性大熊猫来说，雌性大熊猫对生境的选择更加严格，他们喜欢高海拔的针叶林和 10°～20°的坡度，这些可能是雌性大熊猫对洞穴和稠密竹子需求来更好地抚育后代的原因。大熊猫更喜欢具有高大乔木的原始林，可能也是因为对繁殖的需要。

草坡自然保护区内大熊猫选择的栖息地主要位于受东南湿润气候影响较大的亚高山针阔叶混交林和针叶林，林下温暖潮湿，有利于竹类生长，并能为大熊猫提供适宜的起居生活场所。在保护区内大熊猫主要以阔叶林、针阔混交林和针叶林下的拐棍竹和冷箭竹等为食。喜活动的缓坡主要在海拔 2800m 和 3100m 的第三、第四级夷平面上下，坡度多在 20°左右。

以往研究表明，大熊猫偏好乔木层的郁闭度在 50%以上，过稀过密均为较劣质的栖息地。适当的乔木层郁闭度可提供优良的小气候条件，林下竹丛密度适度，保持常年青绿，为大熊猫提供良好的食物基地。

影响动物生境选择的不少生态因子彼此相互关联。因此，动物对生境的选择、适应也必然会表现出一定的相关性，即所谓的“适应组合”。草坡自然保护区的大熊猫主要以高大乔木为选择对象，是源于对育幼优质资源的选择，更是源于对具有优质育幼资源的原始生境中各个因素综合的选择，如食物资源、水资源及地形等因素的综合考量。大熊猫对乔木因子的选择除了繁殖育幼因素外，很大程度上是源于其对原始生境下各类因子的综合选择。

第16章　社会经济状况

开展自然保护工作的目的在于保证自然资源的可持续利用，让当代人和子孙后代都能够获得自然资源。中国的自然保护区大多数都分布在“老”、“少”、“边”、“山”等经济欠发达而生物多样性较为丰富的地区。在这些地区，社区群众的自然资源利用活动与保护区的资源保护工作之间的矛盾突出，而这种业已存在的矛盾和冲突尚无有效的解决办法，使得生物多样性保护工作面临来自保护区周边社区的资源利用压力不断增加。

自然保护区不同于普通的生态系统，它是一个由社会系统与生态系统组合而成的，复合而又开放的生态系统。在这个系统里，生态系统有其自身的运行规律，开展保护工作的目的是为了更好地遵循这种规律，从而确保该系统能够维持其完整性与稳定性。社会有其发展的需要，经济要取得进步，人民生活水平要得到提高，而社会经济的发展需要耗费当地的资源，这必然会对保护工作产生诸多影响。生态系统与社会经济系统两者息息相关，密不可分，保护工作的开展需要得到当地群众的理解与支持，良好的经济条件和较高的公民素质无疑会对资源保护起到促进作用。

鉴于此，在开展保护工作的过程中，不能一味简单地强调保护，而忽视当地社会经济发展的需要，要在保护工作开展的过程中充分关注社区群众的生存和发展诉求。在此次草坡自然保护区本底调查过程中，社会经济调查组分析了保护区所在的汶川县及保护区周边社区的社会经济发展状况、特征、趋势，在此基础上分析总结了目前社会经济发展现状的形成原因及社区与保护区的关系，并提出了一些致力于缓解和消除“保护与发展”之间矛盾及冲突、促进保护工作开展的建议。

草坡自然保护区位于四川省阿坝藏族羌族自治州汶川县境内，地处邛崃山系北部东坡，岷江中游北岸，西南与卧龙自然保护区接壤，西北与米亚罗自然保护区相邻，周边涉及汶川县草坡乡和绵虒镇的部分行政区域，与13个行政村相邻。

本次社会经济调查首先从区域角度来考察保护区所处区域汶川县的社会与经济发展状况，调查的范围主要涉及人口、自然资源、社会经济、基础设施等4个层面的内容。为了深入考察保护区建设给社区带来的影响，本次调查选择了一些离保护区较近或与其接壤的周边社区进行了更为微观的分析和研究。这些地区在建立保护区前对区内的资源依赖性较强，生产、生活与保护区的关系密切，保护区的建立对他们的影响较大，可以称为典型地区，包括草坡乡的沙排村、克充村、金波村、两河村，绵虒镇的克约村、羌锋村。对这些特定地区的研究内容包括人口状况、经济发展水平、生产方式、能源利用方式和交通状况等方面。

本次调查采取实地调查和二手统计资料收集相结合的方法。实地调查涉及保护区周边对于保护区内及周边自然资源具有一定依赖性的6个社区。通过问卷调查和半结构性访谈等方式，累计调查了 16 户农户，获得了翔实的一手资料。二手统计资料的收集主要用于分析保护区所处区域汶川县的社会经济状况，所收集的数据涵盖近十年该县的统计年鉴等资料。除特别说明以外，二手资料均来自于 2012 年汶川县统计局统计公报和该县统计局 2003～2012 年统计年鉴。

16.1　汶川县经济社会发展现状

16.1.1　人口状况

在社会经济不发达地区，自然环境、生态系统往往面临着较大的压力。保护区所处的汶川县是华夏文明先祖大禹的故里，人口稀少，人口密度不大。正确认识既是生产者又是消费者的人口在数量、结构、素质、传统习惯等方面的现状、特点及变化趋势对于保护区工作的开展有着重要的现实意义。

16.1.1.1　人口总量与人口密度

从表 16.1 中可以看出，汶川县人口总量不多，人口密度也不大，只有 24.73 人/km^2，虽然高于阿坝州人口密度(10.85 人/km^2)，但远远低于四川省人口密度(166.52 人/km^2)和全国平均人口密度(142.76 人/km^2)，地广人稀。

表 16.1　2012 年汶川县人口总量及密度

地区	人数/人	土地面积/km^2	人口密度/(人/ km^2)
汶川县	100 991	4 083	24.73
阿坝州	914 400	84 242	10.85
四川省	80 762 000	485 000	166.52
全国	1 370 536 875	9 600 000	142.76

16.1.1.2　人口变化趋势

总体上看，近十年来汶川县的人口在逐渐下降，在 2003～2012 年，人口总量减少了 11 712 人，减少幅度达到 10.39%(表 16.2)。

表 16.2　汶川县近十年来人口变化数量表

年份	2003	2004	2005	2006	2007	2008	2009	2010	2011	2012
人数/人	112 703	111 424	106 119	106 238	105 436	104 131	102 855	101 517	101 085	100 991

为了进一步了解汶川县人口变化情况，根据该县近十年来人口变化情况计算得出最近

10年的人口增长率。为能更好地反映人口变化趋势，采用了3年为一期的表示办法(表16.3)。总的来看，近十年来该县的人口出现负增长，尤其是在2004～2006年，人口减少幅度达到了46.54‰，最近3年人口减少幅度基本维持在5‰～6‰的水平。

表16.3 汶川县近十年人口增长率情况表

年份	2004～2006	2007～2009	2010～2012
增长率/‰	−46.54	−24.48	−5.18

16.1.1.3 性别结构

人口性别比是人口中男性人数与女性人数之比，通常用女性人口数为100时所对应的男性人口数来表示，是反映人口性别构成的指标之一。一个地区人口在性别比例、年龄结构上的特点能够决定其未来发展变化的趋势，如人口增长趋势及性别比例协调情况等。

由于山区平地少，生产经营方式相对来说比较落后，耕地作业量大，对男性的需求要比女性的需求大。此外，封建思想在农村尚一定程度存在，男孩仍被视为家族传宗接代和维持香火的标志。基于这两个方面的因素，该县的性别比呈现出偏高的现象，近十年来，基本维持在108的水平，特别是在2004年，达到了115.55(表16.4)，较国际上公认的正常值(103～107)高出8～12个单位。

表16.4 汶川县近十年性别结构情况表

年份	2003	2004	2005	2006	2007	2008	2009	2010	2011	2012
总人口/人	112 703	111 424	106 119	106 238	105 436	104 131	102 855	101 517	101 085	100 991
男性/人	58 819	59 732	55 134	55 184	54 757	54 115	53 445	52 776	52 566	52 483
女性/人	53 884	51 692	50 985	51 054	50 679	50 016	49 410	48 741	48 519	48 508
男女比例/%	109.16	115.55	108.14	108.09	108.05	108.20	108.17	108.28	108.34	108.19

16.1.1.4 民族组成

汶川县境内主要分布有汉族、藏族、羌族和回族4个民族。2012年，全县汉族人口占总人口的41.79%，少数民族占58.21%，其中，藏族占20.01%，羌族占36.59%，回族占1.21%，其他民族占0.40%(图16.1)。

16.1.1.5 职业结构

一个地区人口的从业情况，即一个地区的职业结构，不仅能反映该地区的就业情况，也能够较为客观地反映出该地区的产业发展水平，以及人们的文化素质水平和经济收入情况。

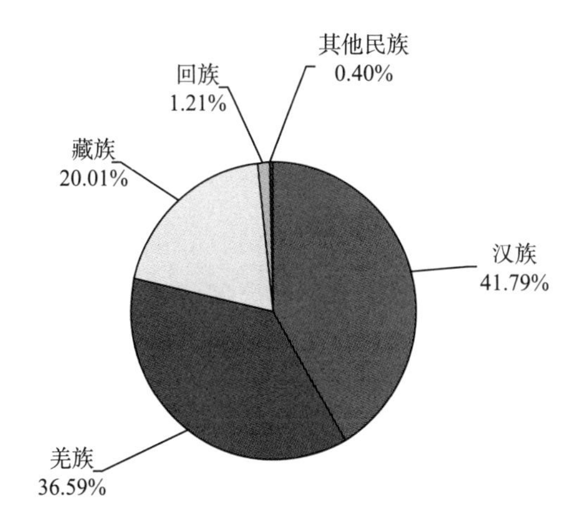

图 16.1　汶川县人口民族构成

据汶川县志记载，1950 年，汶川县农业人口占总人口的比例为 93.48%。1985 年，农业人口占总人口的比例为 71.55%。近年来，汶川县的农业人口比例基本维持在 63%左右。由此可见，随着城镇化水平的提高，汶川县的农业人口在减少。将该县近十年的农业人口变动情况与总人口变动情况进行比较，可以发现该县近十年的农业人口变化趋势与总人口的变化趋势一致。近十年来，汶川农业人口占总人口的比例维持在 63%左右波动(表 16.5)，与 2012 年全国农业人口所占比例 64.71%的水平基本一致。

表 16.5　汶川县近十年人口职业结构情况表

年份	总人口/人	农业人口		非农业人口	
		数量	比例/%	数量	比例/%
2003	112 703	71 975	63.86	40 728	36.14
2004	111 424	70 115	62.93	41 309	37.07
2005	106 119	66 332	62.51	39 787	37.49
2006	106 238	66 934	63.00	39 304	37.00
2007	105 436	67 438	63.96	37 998	36.04
2008	104 131	67 366	64.69	36 765	35.31
2009	102 855	66 835	64.98	36 020	35.02
2010	101 517	64 977	64.01	36 540	35.99
2011	101 085	64 750	64.06	36 335	35.94
2012	100 991	64 061	63.43	36 930	36.57

16.1.1.6　文化程度

文化与思想道德素质、健康素质一起构成人的综合素质。一个地区文化素质水平的高低决定了人们可能从事的经济活动类型，进而决定该地区的社会经济发展状况及未来的路径选择，包括经济活动类型的优化、经济活动的效益和效率能否得到提高，以及产业结构能否实现升级。

总的来说，汶川县对教育非常重视，“九年制义务教育”得到较好普及。2012 年，全县各级各类学校 27 所，在校生(学历教育)19 047 人，教职工 1994 人，其中专任教师 1832 人。全县有幼儿园 5 所，专任教师 92 人，在园幼儿 1649 人。有小学校 15 所，专任教师 674 人，在校生 4657 人；小学学龄儿童入学率达 99.7%，小学毕业升学率达 99.9%。初中 2 所，专任教师 423 人，在校生 4032 人，初中升学率 91.0%。特殊教育学校 1 所，专任教师 25 人，在校生 86 人。高中 3 所，专任教师 189 人，在校生 2952 人；高中升学率 78.0%。藏区“9+3”免费中等职业教育计划得到全面推行。有大专院校 1 所，有专任教师 429 人，在校生 7406 人。

在保护区周边农村地区，村民文化水平不高。保护区周边社区群众的文盲率为 12.50%，小学及以下文化水平的人口占 31.25%，初中文化程度人口占 43.75%，高中文化程度人口占 8.25%，大专以上的文化人口只占总人口的 4.25%。年龄在 20～30 岁的青年农民的知识文化水平多为小学或初中。

16.1.1.7 外出务工情况

随着保护区的建立及“天然林保护工程”和“退耕还林工程”的实施，保护区周边社区原有的以自然资源利用为主的经济活动受到限制，相当一部分的土地不能再耕作。因而，保护区周边社区逐步出现了富余劳动力，外出打工的人员逐渐增多。

以草坡乡为例，2013 年外出务工人员总数为 435 人，平均每户有 0.346 个劳动力外出务工，占该乡劳动力总数的 19.16%。外出打工人员中，19～25 岁的人数占外出打工人数的 58%；25～35 岁的人数占 30%；35 岁以上的人数占 12%。外出打工人员以初、高中及一些大专毕业生为主。这种现象在我国经济相对落后地区较为普遍。

从务工方向来看，外出务工人员多在都江堰、成都务工，或在当地打短工。省外务工分布较广，以广东、浙江等沿海省份为主要务工地，但数量不大。

就所从事职业来看，外出务工人员主要集中在制造业、住宿餐饮业、建筑业、采矿业等行业，从事体力劳动的居多。这表明该地区外出务工人员掌握的技能较少，外出打工前难以获得必要的技术、技能培训。

16.1.2 资源状况

一个地区所拥有的自然资源、矿产资源的类型和数量是其经济发展的物质基础。该地区的自然资源丰富，一方面意味着该地区经济发展具有潜力，另一方面也意味着该地区可能会面临由于对自然资源不合理开采而带来的生态破坏和环境恶化。下面对汶川县各种自然资源和矿产资源的种类、数量、空间分布，以及资源利用方式、利用程度、开采地离保护区距离的远近进行分析，为探析保护区所面临的来自自然资源利用的各种威胁奠定基础。

16.1.2.1　土地资源

1. 土地资源概况

汶川处于四川盆地边缘的高山峡谷地带，属于典型的山区，农业用地少，林业用地多，特别是实行退耕还林工程后，大量坡地耕地退为林业用地，加之城镇建设、农村建房、工矿占地、公路修建、“5·12”地震和“7·10”草坡特大山洪泥石流等地质灾害损毁，使得该县的农业用地逐步减少，这也进一步突显林业用地的主导地位(图 16.2)。

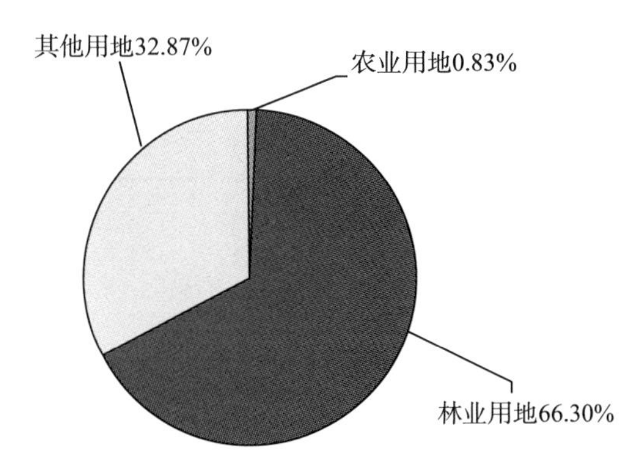

图 16.2　2012 年汶川县土地使用情况

2012 年汶川县耕地面积 50 580 亩[①]，占土地总面积的 0.83%，有林地 4 060 544 亩，占土地总面积的 66.30%。从林地面积与耕地面积的比值上不难发现，该县林业用地面积远大于农业用地(表 16.6)。

表 16.6　2012 年汶川县土地利用基本情况

土地总面积/亩	林业用地面积/亩	林业用地占土地面积比/%	耕地面积/亩	耕地占土地面积比/%	林地与耕地比/%
6 124 500	4 060 544	66.30	50 580	0.83	79.88

2. 耕地

据汶川县县志记载，1983 年，汶川尚有耕地 145 215 亩，占全县土地面积的 2.4%，农业人均耕地 2.36 亩。自 1998 年以来，由于该县普遍开展“退耕还林工程”，加之“都汶高速”修建、其他公路扩宽、水电站建设征用土地、自然灾害损毁、灾后重建占用土地等，该县耕地面积减少非常迅猛。在 2003～2012 年，耕地面积只有 4 万～5 万亩(表 16.7)。

① 1 亩≈666.7m^2

表 16.7 汶川县近十年耕地变化情况表

年份	2003	2004	2005	2006	2007	2008	2009	2010	2011	2012
耕地面积/亩	48 885	48 150	52 605	53 724	53 625	48 900	47 025	46 785	44 640	50 580

与耕地面积变化趋势相一致，汶川县人均耕地面积也呈现出明显的下降趋势。在2003～2012年，人均耕地面积只有0.68～0.80亩(表16.8)。

表 16.8 汶川县近十年人均耕地面积变化情况

年份	2003	2004	2005	2006	2007	2008	2009	2010	2011	2012
人均耕地面积/(亩/人)	0.68	0.69	0.79	0.80	0.80	0.73	0.70	0.72	0.69	0.79

16.1.2.2 森林资源

随着天保工程和退耕还林工程的实施，汶川县林业用地面积不断扩大。据2012年统计资料显示，汶川县境内森林覆盖面积已达2 307 717亩，覆盖率为38.1%，完成封山育林9403.9hm^2，飞播造林813.4hm^2，人工造林3723.1hm^2，治沙面积14 605.54万hm^2。

汶川县山体高大，相对高差悬殊，光照、降水随海拔增高而变化，植物资源十分丰富，种类繁多，科属很全，药用植物达850多种，占四川省药用植物的1/4，有天麻、贝母、猪苓、党参、当归等名贵药材。就森林植被而言，特用林和灌木林已占森林面积的82.85%，稀疏林地、未成造林林地、迹地更新地只占17.15%，可见其森林资源的丰富程度。

16.1.2.3 水资源

汶川县境内河流均属于岷江水系。岷江在县境内流长88km，流域面积1428.476km^2。各级支流多呈树枝状，河流纵横，共192条。其中，流域面积大于50km^{2}的16条，较大的支流有杂谷脑河、二河、草坡河、寿江等。这些河流不但为当地人民的生产生活、农业灌溉和水力发电创造了良好的条件，也为都江堰、成都等城市的供水提供了保障。

杂谷脑河是县境岷江的主要支流，发源于理县西北鹧鸪山南麓，由西北流向东南，经理县流入汶川，在威州汇入岷江。在汶川境内流长约11km，流域面积316.58km^2。最大流量为677m^3/s，年平均流量为91.9～122m^3/s，年径流量达34.5亿m^3。

二河(原名渔子溪)，发源于巴朗山东坡，由西南流向东北。经卧龙、耿达、映秀三乡镇注入岷江，全长89km。流域面积1742km^2。最大流量为79.1m^3/s，县境出口处多年平均流量63.2m^3/s，年径流量19.58亿m^3。

寿江又名寿溪河，发源于汶川与大邑县交界处大雪塘门坎山南麓。三江口以上称西河，下游称寿江。流域面积596km^2。最大流量189m^3/s，年平均流量34.6m^3/s，年径流量8.44亿m^3。

草坡河在县境中部草坡乡境内，发源于与理县交界的环梁子南麓，源头及上游称正河，流经沙排、樟排村称草坝河，在两河口与金波河汇合，以下称草坡河，在绵虒镇汇入岷江。

全长 45.5km，流域面积 528km^2。草坡河最大流量 26.2m^3/s，多年平均流量 17.1m^3/s。

此外，县境内还有雁门沟、茶园沟、七盘沟、板桥沟、福烟沟、簇头沟、桃关沟、佛堂坝沟、沙坪关沟、太平驿沟、古溪沟等较大溪流流入岷江，处于各乡境内。

全县水能资源丰富，水能理论蕴藏量达 348 万 kW，占阿坝州理论蕴藏量的 17.36%，占四川省理论蕴藏量的 2.67%。全县水能资源可开发量为 170 万 kW，现已开发 100 万 kW，开发潜力巨大。

16.1.2.4　*矿产资源*

汶川县地质构造复杂，地层发育完整，岩浆岩分布广，矿产资源丰富，特别是非金属矿产品种较多。现已探明的矿藏资源有金属、非金属、能源、水气等四大类 20 多个品种，如金矿、银矿、铅锌矿、铜矿、铁矿、石英石、大理石、石膏矿、石棉矿、石灰石、白云石、方解石、石墨矿、黄铁矿、硫铁矿、煤等。丰富的矿产资源为汶川的经济发展提供了重要的物质基础。由于“5·12”地震对地质环境破坏严重，为了保护生态环境，原则上不鼓励进行矿产资源的开发。

16.1.2.5　*旅游资源*

汶川自然环境优美，生物多样性丰富，历史文化底蕴深厚，拥有众多的自然景观和人文景观，结成丰富的旅游资源。

1. 旅游资源概况

2008 年“5·12”特大地震给汶川带来了巨大的灾难。地震后满目疮痍，百业待兴，坚强的汶川人民从悲壮走向豪迈，在四川头一个打出“全域景区”大旗。经过灾后重建，汶川旅游发生了翻天覆地的变化，旅游基础设施建设得到极大提升，旅游产品精彩纷呈。重建期间，汶川县坚持“旅游统筹，全域景区，一三互动，接二连三”的旅游发展思路，以“世界汶川、水墨桃园”为旅游定位，以精品景观、精美村寨、精致农庄为发展起跳方向，成功创建了覆盖 70%乡镇的世界自然遗产大熊猫栖息地——汶川三江生态旅游景区，联合国灾后重建最佳范例——汶川水磨古镇，世界温情小镇——汶川映秀 5.12 纪念地，华夏始祖——大禹文化旅游区 4 个国家 AAAA 级旅游景区，并荣获四川省乡村旅游示范县称号。

汶川是大禹的故里，大禹是中华民族的治水英雄。汶川县绵虒镇传说是大禹的出生地。灾后重建期间，修建了禹帝祭坛，并恢复了禹王宫，打造了绵虒老街、绵虒高店村、三官庙村，创建了大禹文化旅游景区。

汶川是活化石之乡，包括动物活化石——大熊猫，植物活化石——珙桐，中华民族的“活化石”——羌族，中国国家建立的“活化石”——大禹王及古老羌族建筑文化艺术“活化石”——羌寨羌碉。

汶川是中华民族大爱的汇聚地。汶川是开展防震减灾研究和科普教育、了解灾后重建成果、缅怀波澜壮阔的中华民族抗震救灾精神的目的地。有地震遗址震源牛圈沟、百花大桥、天崩石、漩口中学等遗迹；有保罗·安德鲁、贝津铭、吴良镛、何镜堂、周福霖、郑时龄等国际国内著名建筑大师、抗震设防专家为映秀重建所设计的作品，堪称“世界级温情小镇规划的映秀”。

汶川是体验历史人文和独特羌族风情的热土。在汶川，您可以寻踪大禹等历史人物和神话传说；您可以找到悠远的藏羌走廊、茶马古道……您可以看到古羌族人创造的羌族碉楼、彻井等包容深刻石文化内涵的建筑艺术，精美的挑花刺绣羌绣，古朴艳丽的羌族服饰和有几千年历史的大禹文化、陶文化、古蜀文化、先秦文化、三国文化等古迹、文物；您还可以感受浓郁的藏羌民族风情、多彩的民风民俗、欢快的羌族锅庄、独特的羊皮鼓舞、传统年节习俗羌历年，体验具有神秘色彩的羌族释比文化、奇异的白石崇拜。

2. 重点旅游景区介绍

三江生态旅游区：位于阿坝藏羌族自治州汶川县三江乡境内，岷江支流寿江上游西河、中河、黑石河流域，因三江汇合故称三江或三江口。这里谷深峡幽，风景绮丽历史文化底蕴深厚，是成都平原通向大小金川茶马古道必经之地，也是距离成都平原最近的嘉绒藏乡，是汉、藏、羌民族文化交融之地。

卧龙大熊猫自然保护区：位于汶川县境内，面积 20 万 km^2。处于邛崃山脉东麓、青藏高原向四川盆地过渡地带的高山峡谷区。这里峰峦重叠、云雾缭绕，原始森林、箭竹林郁郁葱葱。保护区以“熊猫之乡”、“宝贵生物基因库”、“天然动植物园”享誉中外。

水磨古镇景区：联合国灾后重建最佳范例景区。该镇历史悠久，文化积淀厚重，据碑文记载可追溯到商代，汉代有老人村，至今还残存唐宋古道、明代台阶和清代古树。古镇景区距都江堰市 25km，距成都市 70 余 km，属于成都一小时经济圈和成都特大城市旅游圈，区位优势明显。传统文化在这里延续，羌、藏、汉建筑艺术在这里融合，得天独厚的自然风光独具魅力，浓厚的乡土风情、民族文化、人文景观及校园风情交相辉映、和谐统一。

映秀 5·12 纪念地：位于汶川县东南部，距离都江堰市 45km，都汶高速公路仅为 13km。地处国道 213 线和省道 303 线交汇处，是通往黄龙、九寨沟和四姑娘山的交通枢纽，区位优势明显。境内自然条件十分优越，渔子溪河和岷江穿境而过，雨量充沛，植被丰茂，冬暖夏凉，气候宜人，是理想的休闲避暑之地。映秀运用虚拟技术、网络等数字化手段，建成全国首座数字化“5·12”抗震救灾纪念馆，其他包括牛圈沟震源点、地震壁画、堰塞湖、漩口中学、天崩石、百花大桥遗迹、减灾防灾、抗震建筑科技等系列景点，映秀作为震中纪念地将会成为世界地震遗址名镇。

大禹文化旅游区：位于汶川县绵池镇境内，为中华人文先祖、圣王大禹的故里，距成都 90 多公里，是大九寨国际精品旅游西线必经之地，其历史文化厚重、人文风情独特、自然景观壮美。这里有大禹祭坛、大禹农庄、禹王庙、圣母寺；这里有以“赏民族风情、观田园风光、品农家佳肴、住羌寨人家”为主题的羌族农业休闲民俗风情园，是一处高品位、多情趣、原汁原味原生态的都市后花园。

龙溪羌人谷：在距汶川县城 15km 的龙溪阿尔沟内，其历史悠久，是我国羌族释比文化发祥地之一。有阿尔沟、释比祭祀场所、观景平台、达娜布广场、瀑布景观、羌碉、民族文化博览馆等自然景观和羌族风情。其中东门寨是唐宋时代坝州城遗址，早在 2000 多年前羌族就以精湛的建筑艺术著称于世，羌族村寨依山傍水、据险而建，十余家或数十家相聚为一村寨。以石砌房、索桥、栈道等最著名。灾后重建不仅恢复了原有风貌，更加体现奇险为主、动静结合、山寨泉水涌动、富有激情。叠瀑、溪流、景观水池、水景小品、水上栈道等营造山、水、人文相辉映、生生不息的感觉。羌人一直保持着古老的羌语和浓郁的羌族传统生产生活、服装服饰、音乐歌舞、神灵信仰等习俗。被誉为“失落的天堂，遗失美丽，万物皆有灵，世间之奇境”。

萝卜寨生态旅游区：云朵上的街市、古羌王的遗都——萝卜寨，位于阿坝州汶川县雁门乡境内岷江南岸高半山台地之上。萝卜寨地势平缓、宽阔，为冰水堆积的阶坡台地，是岷江大峡谷高半山最大的平地，也是鸟瞰岷江大峡谷风光最理想的场所。萝卜寨是迄今为止发现的世界上最大、最古老的黄泥羌寨。萝卜寨 100 余 hm^2 的黄土地养育着岷江中人口最多(全寨有 1000 多人口)、住房最密集并且是唯一以黄土为建筑材料的古老羌民。萝卜寨建筑形态特别，中心寨区的建筑户户相连，层层叠叠，错落有致，上一家屋顶即可通到数十家甚至百家。寨内巷道阡陌纵横，可以称得上古羌人最古老的街市，也是古羌人御敌的坚固堡垒，萝卜寨是当之无愧的九环线上一颗最璀璨的明珠。

16.1.3　经济状况

汶川县位于四川省经济发展水平较低的西部，原有的生产方式基本属于比较粗放的资源依赖型。设立保护区后，人们传统的资源利用活动受到限制，资源依赖型经济发展方式进而受到一定的制约。经济发展是社会进步与发展的一个最重要的标志，处于不同经济水平的社会具有不同的生产生活方式、不同的资源利用方式、对待自然环境保护不同的态度和思维方式。在此，将通过探索汶川县经济发展水平、发展速度、经济结构与增长方式来探析该县经济发展对资源的依赖程度。

16.1.3.1　经济发展总体水平

1. 经济总量

通常，国内生产总值(GDP)被用于度量经济发展水平，衡量一国、一区域过去某段时间经济总成果。GDP 在表现地区经济发展状况上也有较强的适用性。近年来，汶川县经济发展速度较快，GDP 增长幅度高于全国每年 7%～8%的增长速度，经济总量增长较为明显。2012 年该县生产总值为 460 824 万元，按可比价格计算比上一年增长 9.5%(表 16.9)。

表 16.9　2012 年汶川县国内生产总值

县名	GDP/万元	GDP 增长率	人均 GDP/(元/人)	人均 GDP 增长率
汶川	460 824	9.5%	45 808	9.4%

2012 年，全国实现国内生产总值 51.9322 万亿元，比上年增长 7.8%，全国人均 GDP 为 38 354 元；同年，四川省实现国内生产总值 23 849.8 亿元，在全国列第 8 位，按可比价格计算比上一年增长 12.6%，人均 GDP 29 627 元。2012 年阿坝州实现国内生产总值

203.74 亿元，在四川省列第 20 位，比上年增长 13.7%，人均 GDP 22 463 元。从以上数据可以看出，汶川县的地区生产总值在阿坝州处于领先地位，经济发展水平较高，加之人口稀少，人均 GDP 比四川省和全国的平均水平都要高。

2. 总体消费水平

随着经济的发展，汶川县的农民人均收入有明显增长，消费量也不断增加。2012 年该县人均消费额为 5445 元，高于阿坝州人均消费额 4983 元的水平，但远远低于全省 11 300 元的人均消费额水平。2012 年汶川县农民人均纯收入为 6430 元，比上一年增加 1278 元，增长 24.8%，高于阿坝州农民人均纯收入 5770 元的水平，但低于四川省的平均水平 7001 元(表 16.10)。

表 16.10　汶川县 2012 年人均生活水平情况表

地区	人均消费额/元	农民人均纯收入/元
汶川县	5 445	6 430
阿坝州	4 983	5 770
四川省	11 300	7 001

3. 地方财政税收情况

2012 年县财政收入总量为 33 809 万元，而支出达到 158 928 万元，财政赤字达到 125 119 万元。从收支差额与地区生产总值之比，即赤字率来看，汶川县财政赤字率高达 27%，远远超过了国际公认的 3%的警戒标准赤字率(表 16.11)。

表 16.11　汶川县 2012 年财政税收情况

县名	地方财政收入/万元	地方财政支出/万元	收支差额/万元	赤字率/%
汶川	33 809	158 928	−125 119	27

16.1.3.2　产业发展水平

2012 年，汶川县实现地区生产总值 460 824 万元。其中，第一产业实现增加值 22 900 万元，第二产业实现增加值 326 277 万元，第三产业实现增加值 111 647 万元。三次产业增加值占生产总值的比值为 5.0∶70.8∶24.2。由此可见，汶川的产业结构中，作为第一产业的农、林、牧、渔业在国民生产总值中占的比例很小，而作为第二产业的制造、采矿、电力、燃气、建筑等行业发展水平较高，在国民生产总值占着很大的比例，从总体上看，汶川县的产业发展水平较高。

1. 工业经济情况

遭受“5·12”特大地震后，汶川选择优化工业产业结构，淘汰落后高耗能、高污染工业企业，大力发展水电、“新能源、新材料、新医药”为主体的新型工业。围绕“生态漩口镇、百亿工业园”建设目标，逐渐形成了以漩口新型工业集中区为重点，以桃关工业园区、雁门工业园区为补充，以广东汶川工业园、绵虒农畜产品加工区、七盘沟川藏高原物流集散交易平台为辐射的工业发展布局，工业由粗放模式向低碳环保效益型发展转变。2012 年，汶川工业经济指标全面超过震前水平，全部工业增加值达 290 900 万元，增长 12.3%，占生产总值的比例为 63.1%，对生产总值的贡献率高达 79.9%，拉动生产总值增长 7.6%，工业经济总量进一步扩大，科技水平大幅提升，经济效益明显增加，发展后劲显著增强，成为推动县域经济持续增长的主导力量。截至 2012 年年底，全县有规模以上工业企业 26 户，资产总计 112.01 亿元，实现增加值 231 243 万元，同比增长 11.2%。规模以上工业企业全年完成工业总产值 728 502.5 万元，同比增长 8.9%，实现主营业务收入 641 018.6 万元，同比增长 4.2%。

2. 农业发展水平

本部分所指农业主要包括农(即种植业)、林、牧、渔等 4 部分。从现有数据来看，农业在该县经济结构中居次要地位。2012 年实现农业总产值 33 516 万元，占国民生产总值 460 824 万元的 7.27%。据资料显示，中国 2008 年的农业产值占国民生产总值 13.1%，此后，农业产值在国民经济中的比例持续下降，2012 年农业产值在国民经济中的比例为 10.1%。由此可见，汶川县经济结构中，农业比例比较小，低于全国平均水平。

1) 农业结构状况

从农业产业结构来看，该县种植业生产总值占农业总产值的 46.75%，属于典型的以种植业为主的生产结构；从大农业与小农业的角度看，该地区的小农业(包括种植业和畜牧业)产值在农业总产值中的比例达到了 71.15%，更说明该县农业尚处于初级发展阶段(表 16.12，图 16.3)。

表 16.12　2012 年汶川县农林牧渔产值总体情况表

县名	农业总产值/万元	种植业总产值/万元	林业总产值/万元	牧业总产值/万元	渔业总产值/万元	农林牧渔服务业/万元
汶川	33 516	15 670	7 863	8 177	95	1 711

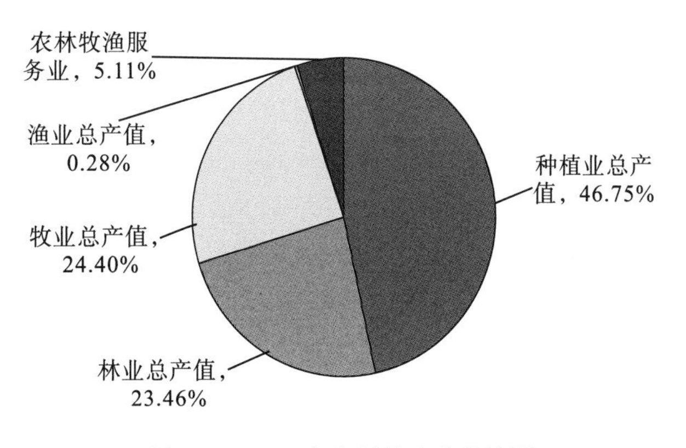

图 16.3　2012 年汶川县农业结构图

与其他平原地区相比，山区农业在气候条件、森林资源、草地资源及水资源丰富度上占有很大优势，这为发展特色农业提供了条件。

近年来，汶川借灾后重建之机，快速推进以甜樱桃、猕猴桃、核桃、花卉、现代畜牧业为主要内容的“三桃一花一牧”农业“五千万工程”。按照规划，到2015年汶川将建猕猴桃产业基地5万亩，年产量超过1000万kg；大樱桃产业基地3万亩，年产量达1000万kg；核桃产业基地将达到5.3万亩，年产量达500万kg；以鸡、鸭、猪、羊为主的现代畜牧业养殖基地、年出栏达到1000万头(只)；岷江干旱河谷延伸地带现代花卉基地1万亩，年产花卉达1000万盆。并利用汶川地理交通优势、地缘市场优势、广东扶持优势，规划在绵虒镇、威州镇七盘沟一带，按照一园多点发展模式，加快建设汶川特色农产品加工基地。

2)农业各产业状况

(1)粮食作物种植情况：汶川种植业以夏秋轮作为主。夏粮主要是小麦，秋粮以玉米为主。2012年，该县的粮食种植总面积为54 030亩，比上一年增长10.7%(表16.13)。

表16.13 2012年汶川粮食产量情况表

县名	粮食总面积/亩	粮食总产量/t	单位面积产量/(kg/亩)
汶川	54 030	13 375	248

在粮食种植上，该地区的很多村镇仍沿用传统的农业生产技术，对现代技术应用较少；绝大多数村镇特别是山区村镇依赖自然降水，还无法引渠灌溉；农药施用量小，施药主要集中于经济作物；“靠天吃饭”特征明显。由此，粮食单位面积产量还是存在一定增长空间。

(2)经济作物种植情况：随着农作物种植结构的调整，汶川县的区位优势得以逐步发挥。突出了蔬菜、水果、花卉等几大主导特色产业(表16.14)，生产规模不断扩大，促进了农业和农村经济的全面发展。近年来，蔬菜种植面积有较大增加，主要种植蔬菜包括洋芋、莲花白、大白菜、芹菜、甜椒、莴笋、紫甘蓝、青花菜、洋葱、胡萝卜等。种植的水果有甜樱桃、猕猴桃、红脆李、青脆李、苹果、梨子、葡萄等，尤其是甜樱桃、猕猴桃和红脆李的种植面积较大，已形成规模。花卉种植面积也在不断增大，种植的花卉品种有百合、海棠、紫荆花等。部分乡镇农户充分利用当地的气候条件发展药材种植，栽种天麻、柴胡、板蓝根、丹参、当归等中药材，已取得一定的经济效益。

表16.14 2012年汶川主要经济作物总产量表

	油料	蔬菜	水果	茶叶
总产量/t	808	41 269	3 806	40
增减比例/%	29.5	11.8	92.3	21.2

(3)林业情况：1998年以来，受到国家退耕还林政策的影响，汶川农业产业结构有很大调整，林业产值总量不高，林业总产值占农、林、牧、渔业总产值的比例较小。同时，

保护区周边农户的家庭生产活动也有较大改变。大多数农户利用退耕后的土地种植红脆李、甜樱桃、核桃等经济林，少数种植生态林。在有些地方，农民的土地基本上全部退耕还林，或因为修建水电站、公路被征用。随着退耕还林政策的实施，当地农户由单一的农业生产经营活动走向了农林结合的生产道路。

(4)畜牧业情况：汶川县畜牧业发展态势良好。以鸡、鸭、猪、羊为主的现代畜业养殖基地正在建设，这必将推动全县牧业生产的快速发展。2012 年汶川肉类总产量、大牲畜、猪和羊年末存栏数与上一年相比均有所增加(表 16.15)。

表 16.15　2012 年汶川县主要畜产品总产量表

	肉类总产量/t	出栏生猪/头	出栏牛/头	出栏羊/头	出栏家禽/只	牛存栏数/头	猪存栏数/头	羊存栏数/头
总产量	4 514	40 109	4 425	9 010	101 797	16 004	48 986	17 458
增减/%	22.4	29.0	11.8	24.2	26.0	10.3	62.7	5.0

16.1.4　基础设施状况

基础设施状况主要涉及教育、交通、医疗设施等方面，主要从社会硬件设施角度反映某一地区的社会发展状况。经济水平较为发达的地区通常会拥有一个较完备并且运行良好的基础设施系统，社会经济也会取得更快的发展，从而推动基础设施进一步完善。对于保护区周边社区来说，为改变社会经济面貌，基础设施需要在以下几个方面予以改善：其一，需要建设便利的交通来改善其物流条件，以加强与外界的联系；其二，需要较多的教育投入来提高广大人民群众的素质；其三，需要改善邮电与通信设施来获取更多有用的信息、打通与外界的壁垒、缩短与时代的距离。保护区周边社区也有特殊的一面，诸如交通设计的合理与否，将影响到生态系统的完整性和稳定性，从而影响保护工作能否顺利进行。此外，保护区周边社区比其他地区对提高资源利用率的技术有着更为迫切的需求。自 2008 年以来，汶川县随着灾后重建、广东援建等建设的全面推进，固定资产投资实现了快速增长，在基础设施方面的投资力度也比以往有所加大，教育、交通、医疗设施等方面基础设施建设水平和社会服务水平都在不断提高。

16.1.4.1　教育基础条件

据资料显示，2012 年汶川县有各级各类学校 27 所，其中小学 15 所，普通中学 5 所(表 16.16)，有阿坝师范高等专科学校、阿坝州财贸学校、阿坝广播电视大学等 6 所大、中专院校，以及阿坝州水电技工学校、阿坝州农机技工学校、阿坝州交通运输技工学校、阿坝州林业技工学校等 4 所州级技工学校。2012 年，教育事业费支出 20 715 万元，比上一年增加 3 065 万元。

表 16.16　2012 年汶川县教育条件及师生数量表

学校类别	学校数量/所	专任教师/人	在校学生/人
幼儿园	5	92	1649
小学	15	674	4657
初中	2	423	4032
高中	3	189	2952
特殊教育学校	1	25	86
大专院校	1	429	7406

2012 年汶川县每位大学教师教授学生 17.3 人，每一位特殊教育学校教师教授学生 3.4 人，每一位高中教师教授学生 15.6 人，每一位初中教师教授学生 9.5 人，每一位小学教师教授学生 6.9 人，每一位学生拥有的教育事业费为 9 967 元(表 16.17)。近年来汶川县利用灾后重建资金加大对教育的投入，学校硬件设施齐备，师生教学及生活环境得到极大改善。同时，教师队伍质量也有所提高。

表 16.17　教师教学负荷量情况表

县名	小学教师负荷量/人	初中教师负荷量/人	高中教师负荷量/人	特殊教育学校教师负荷量/人	大专院校教师负荷量/人	学生拥有教育事业费数额/元
汶川	6.9	9.5	15.6	3.4	17.3	9967

16.1.4.2　医疗卫生状况

截至 2012 年，汶川拥有各级医疗卫生机构 19 个，其中县级医疗卫生单位 6 个，中心卫生院 5 个，乡镇卫生院 8 个。拥有床位数 453 张，卫生技术人员 377 名(表 16.18)。全县 117 个行政村、101 个村卫生站，共有村卫生人员和村妇幼人员 216 名。汶川县基本形成了县、乡、村三级医疗卫生、防疫保健的服务网络。

表 16.18　2012 年汶川县医疗机构设置情况表

县名	医疗机构/个	病床数/张	卫生技术员/人
汶川	19	453	377

为了进一步反映该地区的医疗卫生条件，经计算得出单个医疗机构的负荷量和每千人所拥有的服务量(表 16.19)。从表 16.19 可以看出，2012 年汶川每个医院的负荷量为 5315.3 人，每千人拥有的病床数为 4.5 张。每千人拥有卫生技术员数为 3.7 人。

表 16.19　2012 年汶川县人均拥有医疗设施情况表

县名	单位医疗机构服务量/(人/个)	每千人拥有病床数/(张/千人)	每千人拥有卫生技术员/(人/千人)
汶川	5315.3	4.5	3.7

注：负荷量情况算法，人口总数/医疗机构数量=单个医疗机构服务量

统计资料表明，2012 年阿坝州拥有医院、卫生院、村卫生所等各类卫生机构 1570 个，全州共有床位 3700 张。每千人拥有病床数 4.05 张；全州有各类卫生人员 4029 人，每千人拥有卫生技术人员(含护士和医生)4.41 人。从这两项重要指标上看，汶川县卫生医疗在阿坝州处于中等或中等偏上的水平。

16.1.4.3　交通情况

1. 整体交通位置

一个地区与附近城市，尤其是与省会城市的交通连接情况可以看出其整体的交通位置。汶川县内有“都汶”高速，有汶川至理县、汶川至茂县、汶川至小金 3 条干线公路和多条县乡公路。公路总里程 696km，其中等级公路 666km。汶川距都江堰 82km，距成都 138km，距九寨沟 320km(G213 国道)，距理县(G317 国道)85km。九环线纵贯全县。由此可见，汶川拥有一个相对较好的外部交通环境。

2. 汶川交通概况

“蜀道难，难于上青天”，这是对汶川历史上交通落后的真实写照。据汶川县县志记载，汶川山高水急，仅以溜索、索桥为渡，运输全赖人畜背驮，物资交流十分困难。而汶川地处成都平原与阿坝州的结合部，是两大经济区和文化文明区的交叠区域，自古就是成都平原与川西高原的一个重要区域性商贸中心和物资集散地，却常年受困于交通发展的“瓶颈”，制约着汶川县域经济的快速发展。为打破交通“瓶颈”，汶川县在“5•12”特大地震之后，提出了“全面构建川西北高原开放发展高地、枢纽型现代物流中心、藏羌文化旅游大通道、四川经济西进桥头堡”的发展思路，交通建设的热潮很快在羌乡大地上掀起。在短短数年间，都汶路、汶马路、映卧路，一条条国省干线公路及重要经济干线公路贯通，连接着汶川乃至全州与成都交通圈的对接，为汶川区域经济发展注入了强心剂。

“十二五”期间，汶川将按照“打开通道、构建枢纽、完善路网、支撑发展”的思路，加快汶川县城到马尔康县城、汶川县城到川主寺的高速公路和水磨到崇州的省道二级公路等省际通道建设工作，积极争取映秀至小金高速公路汶川段、水磨至都江堰青城山、雁门至彭州、三江至卧龙等公路开工建设。加快形成川西北高原交通枢纽中心，构建安全畅通的道路交通网络体系，建设畅通汶川，为汶川发展特色优势产业、优化产业布局、构建经济发展轴和形成开放的发展格局创造良好条件，融入重庆两小时经济圈、成都半小时经济圈。

目前，汶川境内已建成县通往乡、乡通往中心镇、乡与乡、乡与村、村与村、村与社的公路交通网，基本实现了“村村通公路、社社通公路”。公路设施已基本能够满足经济发展的需要。统计资料显示，2012 年，全县完成货运量 235 万 t，增长 4.9%，公路货物周转量 32 559 万 t•km，比上一年增长 8.6%；全年完成客运量 674 万人，增长 20.1%。民用汽车拥有量 15 358 辆，同比增长 5.0%。

16.1.4.4　邮政与电信设施情况

在步入信息社会的今天，信息的获取显得越发重要。对于山区的居民来说，如果能够拥有必备的通信设施和技术，通过运用电话等通信工具以加强与外界的联系，获取科技与市场方面的信息，将有效地提高该地区社会经济发展水平。

1. 电信设施

目前，汶川已建成比较完善的通信网络，中国电信、中国移动、中国联通的营业网点在城乡都有分布。2012 年固定电话用户 11 571 户，比上一年增加了 1127 户，移动电话用户 106 709 户，电话普及率达到了 112.3 部/100 人(表 16.20)。截至 2011 年年底，中国移动汶川分公司在汶川全县建有基站 120 多个，通信光缆总长度达到 1500 余公里，全县所有乡镇、行政村网络通信实现 100%覆盖。电信有线宽带计费用户数达到 4360 户，比上一年增加 1298 户。

表 16.20　2012 年汶川县电信设施情况

县名	固定电话装机量/部	手机/部	手机普及率/(部/100 人)
汶川	11 571	106 709	112.3

2. 邮政设施情况

汶川县邮政体系建设比较完善。2012 年，完成邮电主营业务收入 8155 万元，比上一年增长 6.1%。汶川邮政局下设多个邮政支局、所，邮政营业网点遍布全县各个乡镇，主干邮路四通八达，县内各条邮路服务于全县每个村民小组和自然村，能够很好地满足全县邮政通信、邮政金融服务。随着社会经济的发展，汶川邮政局在开办函、包、汇、发、储蓄、集邮等业务的基础上，相继开办了邮购、广告、代办等 10 余种新型业务，较好地满足了该县 13 个乡镇、117 个行政村、4083km^2 的 10 万人民群众的用邮需求。

16.1.4.5　电力设施情况

汶川县境内河流多，流量大，水能资源丰富，水能蕴藏量达 348 万 kW。该县充分发挥资源优势，大力开发水电，电力供应充足。目前，已建成投产的各级电站 40 余座，装机容量达 100 余万千瓦。农村电网改造成效显著，城市供电可靠率在 99.89%以上，农村供电可靠率在 98%以上。

16.1.4.6　金融系统情况

汶川县已建立起比较完善的金融服务系统。现有中国人民银行汶川县支行、中国农业银行汶川县支行、中国建设银行汶川县支行、中国邮政储蓄银行、农村信用社等 5 家金融机构，共有 40 多个金融营业网点，为汶川人民提供各种储蓄、结算等金融业务服务。

统计资料显示，汶川金融形势比较稳定。2012 年，该县实现各项存款余额 733 881 万元，比上一年减少了 1.9%，城乡居民存款余额达到 235 082 万元，比上一年增长了 12.5%(表 16.21)。

表 16.21　2012 年汶川县金融业基本情况

县名	金融机构个数	营业网点个数	各项存款余额/万元	各项贷款余额/万元
汶川	5	41	733 881	236 385

此次调查了解到，汶川各个金融机构在保持健康稳定发展的同时，全力支持灾后重建，为灾后发展提供有力的资金支持。2011 年，中国人民银行汶川县支行向农村信用社发放 3.48 亿元支农贷款，增强农村信用社支持灾后重建和灾后发展的资金实力，在 3 年重建中累计向 40 595 户农户发放重建贷款 8.66 亿元。由此可见，汶川现有的金融信贷体制在推动该县灾后重建和经济发展方面发挥了积极作用。

16.1.4.7　保险情况

随着经济的发展，汶川县的社会保障体系不断完善，参加社会保险的人数不断增加。中国人民财产保险公司、中国人寿保险股份有限公司和中华联合保险股份公司等在该县设有分公司或营销部。2012 年，全县参加各种社会保障的人次数总计为 145 223 人，其中城镇参加基本养老保险职工数 10 312 人，参加基本医疗保险职工数为 26 356 人；农村参加新型合作医疗保险人数为 61 686 人，参加农村社会养老保险人数为 22 953 人；城镇参加失业保险的人数为 9791 人，居民最低生活保障人数为 4749 人；农村居民最低生活保障人数为 9020 人，农村五保供养人数 356 人。

16.2　周边社区经济社会概况

草坡自然保护区涉及汶川县草坡乡、绵虒镇的部分行政区域，与卧龙自然保护区、米亚罗自然保护区相邻，涉及 13 个行政村，包括实验区内的龙潭、沙排两村，共计 351 户 1091 人。社区老百姓的生产、生活与保护区的关系紧密，对保护管理工作的影响和潜在威胁较大。建立保护区以来，当地社区和有关单位的资源利用方式受到一定程度的限制，由此生产生活受到相应的影响。随着生态文明建设、社会可持续协调发展的观念深入人心，人们在进行生物多样性保护的同时给予了当地社区更多关注。在一些农村发展项目、社会林业项目、环境保护项目和生物多样性保护项目中对当地社区参与问题给予了足够的重视。本部分主要关注保护区周边社区的社会经济状况，通过该部分的分析以期能够对今后保护区与社区和谐发展格局的形成奠定基础。

此次调查选择了一些离保护区较近或是接壤的社区进行分析，范围涉及保护区周边的 2 个乡镇；在草坡乡选择了沙排村、克充村、金波村和两河村，在绵虒镇选择了克约村和羌锋村，将这 6 个具有典型性的行政村作为主要调查对象，这些地区在设立保护区前对区内资源的依赖性最强，生产、生活与保护区的关联性最紧，保护区的设立对他们的影响也是较大的。这 6 个村的自然条件、与保护区的距离、道路交通情况、种植结构、经济发展水平各不相同，且各具特色，能够较为全面地反映出保护区周边社区的基本社会经济状况。

16.2.1 周边社区人口概况

在距离保护区最近的 2 个乡镇中，绵虒镇的人口密度最高，草坡乡的人口密度最低。2012 年，这两个乡镇的人口总量与密度情况见表 16.22。

从表 16.22 可以看出，草坡乡地广人稀，人口总量低，人口密度小，只有 8.00 人/km^2，低于汶川县人口密度的平均水平 24.73 人/km^2。而绵虒镇由于地处“都汶”高速沿线，离汶川县城近，旅游资源开发较好，因而人口总量和密度都相对较高。

表 16.22 2012 年草坡自然保护区周边 2 个典型乡镇人口总量与密度

乡镇	草坡乡	绵虒镇
人数/人	4205	8477
土地面积/km^2	525.33	251.4
人口密度/(人/km^2)	8.00	33.72

16.2.1.1 周边社区的人口特点

1. 人口受教育水平不高

在保护区周边的广大山区和农村，人们受教育的机会要比城镇人口少，教育观念较为落后，人们的文化水平也较低。调查结果显示，保护区周边社区群众的文盲率为 12.5%，小学及以下文化水平的人口占 31.25%，初中文化程度人口占 43.75%，高中文化程度人口占 8.25%，大专以上的文化人口只占 4.25%。年龄在 20～30 岁的青年农民的知识文化水平多为小学或初中。

2. 少数民族比例较高

保护区周边社区人口民族组成结构中，少数民族所占比例较高。草坡乡以藏族为主，占总人口的比例为 75.46%，绵虒镇以羌族为主，占总人口的比例为 55.11%(表 16.23)。

表 16.23 2012 年草坡自然保护区周边 2 个典型乡镇民族组成情况表

乡镇	藏族		汉族		羌族		回族		其他族	
	人口/人	比例/%	人口/人	比例/%	人口/人	比例/%	人口/人	比例/%	人口/人	比例/%
草坡乡	3173	75.46	781	18.57	245	5.83	3	0.07	3	0.07
绵虒镇	2310	27.25	1443	17.02	4672	55.11	43	0.51	9	0.11

3. 居住方式和家庭组合方式

保护区周边社区的居民大都在沿河川、山坡及台原地带聚集成自然村庄，相近的几个自然村庄结合形成行政村。“5·12”地震灾后重建中，当地政府为了改善村民的居住环境，促进经济发展，对原有村落进行了规划布局，居住趋于聚集和稳定，居住地主要集中在河谷地带。

该地区居民基本沿袭了传统的家庭组合方式。少数村子仍然是一个或几个较大的姓氏集聚地，同姓氏的家族聚居在一起或较近的地方，然而这种情况正在发生变化。虽然村子仍然有大家族的存在，但是新的姓氏已经慢慢地迁移进来，并且慢慢融合进入了这些村子的生产和生活之中，大多数村子随着人口的迁移和流动，已经成为多姓氏、多家族的复合村，如同我国大多数北方地区一样，在城镇中，子女成家后离开父母而成立新的家庭。在农村地区，子女成婚时多为女方从男方而居，少数男方入赘女方；子女在成家后部分与父母分家单独生活，成立新的家庭，部分继续与父母生活在一起。

16.2.2　保护区周边社区的经济状况

16.2.2.1　周边社区经济发展水平

保护区周边社区的经济发展水平较高，明显高于汶川县的整体水平。如表 16.24 所示，2012 年汶川县农民人均收入水平为 6430 元，草坡乡农民人均收入水平为 7422 元，绵虒镇农民人均收入水平为 7195 元。

表 16.24　2012 年周边社区典型乡镇农民人均收入水平

	草坡乡	绵虒镇	汶川县
人数/人	4 205	8 477	100 991
农民人均纯收入/(元/人)	7 422	7 195	6 430

16.2.2.2　周边社区家庭主要收入途径

保护区周边社区农民收入的主要来源包括种植业(其中包括粮食作物和经济作物)、林业、畜牧业、副业，土地征用、退耕还林及天然林生态补偿款收入。现有经济活动类型与当地资源条件高度相关。例如，种植业收入主要来源于莲花白、芹菜、甜椒、甜樱桃、猕猴桃、核桃、红脆李、中药材、花卉等经济作物，副业收入来源以外出打工、家庭经营服务业、采药、运输、采挖砂石及畜牧业等途径为主。

1. 种植业收入

保护区周边社区的主要农作物种类包括玉米、洋芋和豆类等，农户在庭院周边的一些自留地上种植韭菜、白菜、萝卜、四季豆、甘蓝等蔬菜，以供自己食用。

当地的耕地大都比较贫瘠，坡地占大多数、坡度大，耕地地块零碎，无法进行机械耕作，可灌溉耕地面积小；随着退耕还林政策的实施，耕地在逐渐较少。由于先进技术(如薄膜种玉米、地膜洋芋等)得到采用并逐渐普及，该地区的单位农作物产量比以往有所提高。但该地区的耕作和管理方式仍然以粗放型为主，田间劳动依靠人畜力，远处的土地一般不施肥，农药用量较少，大多数耕地不具备灌溉条件。

粮食产量低而不稳定，主要是用来满足农户自身的生活需要，可用以出卖的粮食较少，粮食生产只是农民维持生计而不是取得收入的手段。

沙排村、金波村等保护区周边社区利用得天独厚的气候、地理等自然条件种植高山蔬菜取得了较好的效益。近年来，这些村已成为汶川县重要的绿色蔬菜生产试验基地，绝大多数农民改变了传统的以种玉米、洋芋等粮食作物为主的种植结构，转而发展以绿色蔬菜为主的经济作物。由于绿色蔬菜的种植成本低，收益好，市场广阔，近几年农民经济条件明显提高。农户种植的蔬菜品种主要有莲花白、芹菜、甜椒等，购置蔬菜种子、化肥等生产性物资平均每亩地的投入仅需 800 元，而每亩莲花白、芹菜、甜椒的收入可达 8000 元。

长期以来，汶川老百姓有采集药材的习惯。在该传统习惯的影响下，种植药材已经成为社区群众致富的一种选择。许多农户结合退耕还林工程选择种植药材，以期获得较好的回报。由于药材生产周期长，在缺少完善的销售网络和健全的市场机制时药材种植活动所面临的风险较大。目前种植的天麻、猪苓等药材尚处于试种和小规模种植阶段，因此如何适当调整品种结构，生产出符合市场需求的药材显得意义重大。

2. 林业收入

保护区周边社区一度从集体林采伐中获得收益。保护区建立和“天然林保护工程”实施后，当地森林资源利用活动受到一定程度的限制，如用于生产香菇、木耳的林木供给大幅度减少。由此，香菇、木耳的产量也随之急剧下降，调查发现，周边社区村民现在已完全放弃香菇、木耳的栽种。目前，社区群众主要从事种植经济林、收获林副产品、采集野生药材等林业生产活动。近年来，周边社区群众在当地政府带动下，在退耕还林地上栽种了优质的引进水果品种如红脆李、甜樱桃等，取得了明显的经济效益。

草坡自然保护区药材资源丰富，采药一直是当地村民的传统习惯。出售野外采集的药材曾经是当地村民重要的经济来源。天保工程实施后，大规模的采药活动受到了限制，但是零星的采药活动持续不断。为获得药材出售带来的经济效益，部分社区群众利用春夏季的农闲时节，进入高海拔地区挖药。受气候和市场需求的影响，采药者的收入不稳定，采药不再是经济收入的主要来源。

3. 畜牧业收入

猪、牛、羊、鸡的养殖活动在保护区周边社区较为普遍。多数农户主要利用富余的粮食和村庄及附近的草本植物来喂养自家的牲畜，饲养、管理方式较为粗放。其中，猪、鸡主要用于解决吃肉和吃蛋问题。通常每户一般家庭每年养 2～3 头猪，卖 1～2 头，每头猪可卖 2000～3000 元。剩余的用来满足家人一年吃肉的需求。部分农户猪、羊、鸡的养殖已形成规模，成为当地的养殖专业户。

4. 副业收入

天保工程实施后，许多农民失去了与林木相关的生计来源，从而转为从事采矿、修路、运输等经济活动。“5•12”地震后，为了保护生态环境，当地政府对采矿行业进行了限制，从事采矿活动的农户不得不再转为从事其他经济活动。由于许多打工者缺乏技术和必要技能，就业面窄，主要集中在制造业、住宿餐饮业、建筑业、采矿业等行业，从事体力劳动的居多。从务工方向来看，外出务工人员多在都江堰、成都务工，或在当地打短工。

在省外务工的人员不多分。外出打工农民可获得年收入最高为 20 000 元左右，收入低的只能得到 4000～5000 元。

近些年来，草坡乡部分村庄依托花谷藏乡优美的自然资源和人文旅游资源，发展了一些与旅游相关的服务行业。旅游活动的开展拓展了当地村民的经济收入来源。旅游活动中与农户关联最为密切的是“农家乐”，其内容由吃农家饭、住农家屋、体验农家生活、享受田园风光等组成，以此获得相应的经济收益。

5. 土地征用、退耕还林及天然林生态补偿收入

由于保护区周边社区的水能资源十分丰富，兴修了很多水电站，农民可以从水电站建设征用土地中获得一定的经济补偿。据调查，由于修建沙排水电站占用土地，沙排村 1 组每户村民每年可以获得 5000 元的土地征用补偿款。按照国家有关规定，农户从退耕开始可以连续 8 年获得经济补偿，即每退耕一亩土地每年可获得 160 元(粮食折现)的退耕还林补偿费。以羌锋村为例，平均每户参与退耕的土地有 2.23 亩，当前平均每人还留有耕地 0.72 亩。此外，按照每亩 10 元的补偿标准，国家对保护区周边社区的集体生态公益林进行补偿，当地村民都能从中得到一定的经济补偿。

16.2.2.3　周边社区的支出情况

包括生产性支出和生活性支出。由于不同社区经济发展水平存在一定差异，生产性支出与生活性支出比值也有所不同。

1. 生产性支出

主要包括农药、种子、地膜、化肥等农业投入。调查显示，保护区周边社区平均每亩地生产性支出 685 元，最主要是购买化肥，占生产性支出的 85%。

2. 生活性支出

主要包含两部分：一部分是日常支出，如买粮、衣服、油盐酱醋、通信、电费等；另一部分是特殊支出，如建房、送礼等。据调查，该地区村民每年在人情往来方面的花费特别高，少则 3000～4000 元，多则高达 20 000 元以上，人情开支成了生活性支出的主要部分。

由于耕作粗放，作物品种单一、产量低而不稳定，农户收获的粮食难以满足自己食用需求。因此，农户需通过买粮来解决粮食不足的问题。据统计，一般农户每年买米和面粉可达 250～300kg，花费 500～600 元。

3. 教育费用支出

每个家庭最大的支出在于子女上学费用。保护区周边社区没有村小，只有乡镇上有学校，适龄儿童从小学开始就要过寄宿生活，个别孩子需要大人陪护，费用很高。一般子女上学每年需花费 500～3000 元，个别高达万元。在有子女上大学的情况下，大多数农户家庭经济较为拮据。

16.2.2.4　周边社区的经济特点

保护区周边社区当前的经济活动对于保护区内资源有一定依赖性，传统资源利用方式根深蒂固，然而不同社区的经济活动组成存在差异。

1. 经济活动对保护区资源的依赖性强

目前保护区周边社区的一些经济活动对保护区资源有较强的依赖性，如采药、采菌、放牧、采集薪柴等，短时期内不易改变。

2. 传统的资源利用方式根深蒂固

当地人赖以生存的采药、伐木、放牧、采集薪柴等经济活动粗放、效率低下，但同时在村民的思维中根深蒂固。

3. 经济活动区域性差异明显

周边社区的经济发展表现出很强的地域差异性，有的收入以粮食作物为主，有的则基本依靠经济作物或养殖业，还有的则依靠发展旅游来谋求生存。有些地方经济要富裕一些，有些则仍然停留在低水平。

16.2.3 周边社区资源和能源的利用状况

草坡自然保护区周边社区耕地资源人均占有量少，可利用土地资源量更少，坡地占大多数，耕地地块零碎，坡度较大，难以进行机械性耕作。可灌溉耕地面积少，而且耕地面积随着退耕还林政策的实施及泥石流等自然灾后的损毁在逐渐较少。

退耕还林后，林地资源相对增加，村民在退耕地上除按规定种植树木外，尚种植了大量经济作物，如核桃、板栗、红脆李、青脆李、甜樱桃、猕猴桃、苹果、梨、葡萄等，中间还套种了相当数量的药用植物，这些都将有可能成为农民未来的经济增长点。草坡自然保护区周边社区的土地资源和林地资源的利用方式调查结果见表 16.25。

表 16.25 社区的土地和林地资源权属及利用方式

种类	权属	用途	备注
耕地	集体	种植玉米、洋芋、油菜、豆类，部分种植莲花白、大白菜、芹菜、甜椒、紫甘蓝、青花菜、洋葱、胡萝卜等蔬菜	退耕还林地种植核桃、板栗、红脆李、青脆李、甜樱桃、苹果、梨、葡萄等干、水果
宅基地	集体	建房、牲畜圈舍、种植蔬菜、果树自用	
荒山荒坡	集体	放牧(羊、牛)	部分栽植核桃、板栗、红脆李、青脆李、甜樱桃、猕猴桃、苹果、梨、葡萄等干、水果，或种植天麻、柴胡、板蓝根、丹参、当归等中药材，或种植百合、海棠等花卉
自留山	集体	放牧、砍柴、采药、养蜂、采菌	
集体林	集体	放牧、砍柴、采药、养蜂、采菌	
国有林	国有	放牧、砍柴、采药、养蜂、采菌	保护区成立及天保工程实施后，封山育林

薪柴是保护区周边社区最主要的能源来源。柴采集范围以自留山、集体林为主，有时也延伸至国有林区，主要供日常生活所需，包括煮饭、取暖、煮猪饲料。

随着改灶节柴的实施，部分社区耗柴量有逐渐减少的趋势。平均每户每年的薪柴使用量由 3500kg 下降到 2500kg。

有些地区由于生活水平的提高，农户家庭不再使用薪柴做饭、烤火，薪柴的用量明显减少。在生活水平普遍较高的部分社区，多数农户家庭不再使用薪柴做饭、烤火，而用电和液化气取而代之。

16.2.4　野生动物对农作物的破坏

近年来，许多野生动物种群数量得到有效恢复，栖息地逐步扩大，并延伸到周边社区的农耕地。野生动物对农作物破坏事件时有发生(表 16.26)。

表 16.26　主要农作物遭破坏统计表

种类	野生动物	破坏时期	损失量
玉米	野猪、黑熊	成熟期	15%～20%
洋芋	野猪	青苗期、成熟期	10%～15%
莴笋、莲花白等蔬菜	野兔、野猪	各个生长期	5%～15%

野生动物对保护区周边社区农户的影响较大，特别是人口密度较低、农作物种植较好的地区，野生动物活动更加频繁。近年来，野生动物破坏庄稼的程度有普遍上升的趋势，与自然灾害相比野生动物破坏庄稼的规模小而分散。从调查中发现，保护区周边社区几乎家家户户每年都会遭遇兽害，但是受害的程度不同，多的达 3～4 亩玉米、洋芋颗粒无收，少的仅有几分[①]地遭到并不严重的损失，平均损失量为 5%～20%。一般情况下，农作物成熟期是野兽侵袭最为严重的时候。

《野生动物保护法》规定地方政府应当积极采取措施预防、控制野生动物所造成的危害，保障人畜安全和农业、林业生产。然而，许多地方政府并未在这些方面给予充分重视，也没有采取相应的措施预防、控制兽害，兽害预防往往只是农户的个体行为，缺乏政府的支持与帮助。在兽害发生后，许多地方政府采取回避态度，很难对每个受害农户进行补偿，问题常常是不了了之。

16.3　经济社会现状成因及问题分析

从对于汶川县及保护区周边社会经济现状的阐述可以发现，保护区所处的区域环境和周边环境的社会经济状况较好。保护区设立的目标在于保护该地区的生物多样性，以致力于当地乃至全国社会经济的可持续发展。“自然保护”与“社会经济全面发展”已成为我国的两项基本国策。可以预见，随着人们对于生存、发展需求的日益提高，保护区周边社区对于保护区内及周边的自然资源将维持一个较高的依存度。

① 1 分≈66.7m^2

在本节中，将系统探析草坡自然保护区所处的汶川县及周边社区的社会经济现状成因及其存在的问题，以得出当前的社会经济状况对于保护区发展所构成的直接和潜在的威胁，进而为探析消除“保护与发展”之间业已存在的矛盾和冲突的可行措施奠定基础。具体来说，将从宏观层次，即汶川县构成的区域环境，以及微观层次，即保护区周边社区所构成的对于保护区发展来说具有更为直接影响的小区域环境，对该地区的人口、资源的发展特点及趋势进行分析，以深入探析区域环境可能对保护区产生的影响。

16.3.1 人口现状分析

人口与资源是社会经济的两个最为重要的基本因素，社会经济的发展则是以人口对于资源的利用作为前提条件。一国、一地区的社会经济发展水平取决于该国或该地区的人均资源拥有量、资源拥有类型、资源利用方式和资源利用水平等因素，而人均资源拥有量、资源利用方式和利用水平则与人口的素质息息相关。在发展中国家和贫困落后地区，人口和资源的关系常常体现为人均资源拥有量低，资源利用类型和利用方式单一，以及资源利用水平低，其原因可以归咎到自然资源不佳及人口的低素质。为系统探析该地区人口现状对于自然保护的影响，试从人口密度、受教育状况等方面分别进行阐述。

16.3.1.1 人口密度

汶川县人口总量不多，人口密度也不大，只有 24.73 人/km^2，虽然高于阿坝州人口密度 10.85 人/km^2，但远远低于四川省人口密度 166.52 人/km^2 和全国平均人口密度 142.76 人/km^2。

从人口增长趋势看，近十年来，汶川县人口出现负增长，在 2003～2012 年，人口总量减少了 11 712 人，减少幅度达到 10.39%。

尽管该地区人口稀少，人口密度低，但由于生态环境脆弱，抗逆性差，地质灾害频发，自然资源面临来自人类生产和生活的压力依然很大，资源相对不足在不久的将来将成为影响该地区经济发展的重要因素之一。

16.3.1.2 人口受教育程度

调查结果表明，保护区周边社区文化水平不高。这一现实直接决定了该地区部分农户难以接受新生事物和掌握农业新技术，无法认识到所从事生产活动的经济效益问题，也缺乏市场竞争意识，因而固守原有的、粗放式的经济活动。文化低既是现实情况，也是社区长期以来存在的问题。从资源利用的角度来看，社区群众原本的资源利用效率低，难以掌握和应用节约资源的各种技术和方法，也就无法提高资源利用的效率，从而需要耗费更多的资源来维持现有的生产和生活。

16.3.2 资源利用现状分析

自然资源的不合理利用会导致水土流失、森林急剧减少、草地退化等恶劣的生态后果，使得生态系统所具有的涵养水分、蓄积洪水、调节气候和为人类社会提供物质能源等功能下降，从而破坏生态系统的完整性。自然资源可分为不可再生资源和可再生资源。对于矿产等不可再生资源来说，用一点就少一点，而对于森林、生物等可再生资源，一旦利用超过作为资源载体的生态系统的承载力限度，也将难以实现再生。

长期以来，在保护区周边社会资源利用方式单一、无序、粗放、缺乏可持续性。保护区建立后，划定了特定区域保护生物多样性和生态系统，而保护区内的生态系统却并没有摆脱脆弱性。保护区的成立限制了周边社区经济活动的空间及对于自然资源的利用。然而，周边社区本着生存和发展的需求对于保护区内及周边的资源依赖性却难以降低，由此导致保护区与社区之间的冲突和矛盾频频发生，保护工作常陷入被动局面。

16.3.2.1　矿产资源利用现状分析

汶川矿产资源丰富，其中部分矿产不仅总量上丰富，人均已拥有量也相当大，但是这些资源大多数都分布在保护区内，对这些矿产资源进行利用，首先将破坏保护区内的生态系统，包括对森林的损毁和地下、地表径流的改变；其次将破坏保护区内野生动物赖以存活的栖息环境，并对这些野生动物造成惊吓；再次对于矿产资源的粗放型和低效性的利用所产生的废弃物将直接污染当地环境，从而将影响野生动物的存活和野生植物的生长，以及当地群众的身体健康。经过保护区管理部门长期以来坚持不懈的工作，保护区周边社区矿产资源的利用活动得到有效规范。

16.3.2.2　耕地利用现状分析

随着“退耕还林”工程在汶川的实施，该地区诸多农业用地被转变为林业用地，耕地面积数量大幅度较少。调查表明，现有人均耕地面积不到 1 亩，低于全国平均水平。

在粮食种植上，大部分村镇仍沿用传统的农业生产模式，对于现代农业技术的应用较少。农药和化肥施用量很小，农药主要集中于经济作物。由此，该地区耕地单位产量也较低。保护区周边社区同样沿袭着“靠天吃饭”的耕作模式，耕作较为粗放，自然禀赋不佳，同时还面临着野生动物对庄稼的破坏，大部分家庭的粮食无法实现自给。周边社区的耕地中旱地占绝对比例，无法种植水稻，致使相当一部分农户通过买粮、换粮以解决粮食问题。

耕地面积不断减少，社区群众只有通过其他形式的自然资源利用来获取更多的经济收入，这导致对保护区内周边资源的压力增大，并对自然资源构成直接和潜在的威胁。

16.3.2.3　森林资源利用现状分析

保护区建立以后，大规模的商业采伐活动已经得到全面禁止。但是，在保护区周边社区还存在一些偷伐现象。除此之外，周边社区对于薪柴的高需求也是自然保护所面临的威胁之一。随着“改灶节柴”活动的推广，保护区周边社区的节柴灶数量明显增加，使得薪柴需求数量有所减少，从而对于森林资源的压力也相对减小。

16.3.2.4　野生动植物资源利用现状分析

随着保护工作的深入开展，打猎活动在该地区得到了全面禁止。尽管盗猎活动还偶有发生，但对野生动物资源构成的破坏活动不甚严重。采集中草药也是该地区农户的传统经济活动之一，随着市场经济的发展，以及我国中医药市场的快速发展，前来该地区收购野生药用植物的商贩不断增多，这也促使保护区周边农户的野生药用植物资源的利用活动十分活跃。对于野生药用植物的大规模和无序的利用，其将带来严重的植被破坏、水土流失问题，并将导致这些植物种群陷入濒危和灭绝的境地，从而对生态环境和生物多样性的保护均将构成严重的负面效应。当前，我国对于野生药用植物的利用尚缺乏有效的法律予以规范。由此可以预见，草坡自然保护区采集中草药的活动在相当一段时间内仍将较为活跃，由此自然保护工作的开展所面临的压力将是长期的。

16.3.2.5 资源利用现状对于自然保护构成的影响

从以上的分析可以发现当前保护区周边社区的资源利用行为具有一定惯性，也就是说现行的资源利用活动是传统经济活动的组成内容。保护区的成立对于这些传统资源利用活动产生了一定影响，但由于保护区周边社区群众的生计和发展对薪柴、土地、野生药用植物等资源利用所带来的经济收入存在较大的依存度，因此这些资源利用活动并没有因为保护工作的开展而发生根本性的改变，其对于保护工作所带来的威胁和压力也必然在相当时间内存在，并维持一个较高的水平。

多年来，我国政府已经将社会经济的可持续发展作为国家发展战略，高度重视自然保护工作的开展。当前，我国自然保护区的建设和发展以各级政府的投入为主，地方社会经济发展水平决定了对于保护工作开展投入的人力、物力和财力，也决定了该地区保护管理工作发展的水平。

自然保护工作的开展关系到诸多利益相关方，如果这些利益相关方从保护工作中不能得到相应利益，那么他们对保护工作则难以体现出积极性。进一步说，如果这些利益相关方的原有利益遭受到损害，那么对于保护工作的抵触情绪、行为的产生和发生也就难以避免。保护区周边社区群众在自然保护工作开展中所获得的现实利益有限，而原有的资源利用活动却受到限制，难以实现经济状况的改善，由此导致部分群众对于保护工作产生抵触。

“保护区保护”与“周边社区发展”是一对复杂的矛盾体，矛盾的解决绝非单靠保护区自身，而有待于中央与地方政府及保护区的共同合作和努力。换而言之，对于推动保护区周边社区社会经济水平的提高，以及缓解和消除当前不高的社会经济水平对于保护区发展构成的威胁所拟定的对策不能只从问题的表象去探索解决问题的办法，而应将问题置于社会经济环境中追溯问题产生的深层原因，即要从“保护与发展”两者之间存在的辩证关系出发探寻问题的解决办法。保护区周边社区的社会经济水平提高不应以破坏保护目标作为实现条件，而应追求“保护与发展”和谐的社会经济发展模式。发展与保护之间的矛盾和协调既是促进人类社会理性和平衡发展的基础，也是确保可持续发展的根本保障。

第17章　自然保护区管理

17.1　管理体制与机构建设

17.1.1　自然保护区机构

2004年9月，经汶川县机构编制委员会批准，保护区成立了独立的管理机构：四川草坡(省级)自然保护区管理处。级别为科(局)级，机构性质为事业单位，业务上由县林业局领导。

17.1.2　人员配备与主要职责

2004年9月，经汶川县委机构编制委员会批准，保护区管理处内设办公室、财务科、保护宣教科、科研科、多种经营科和公安派出所等6个职能科室，下设草坡、三官庙、麻龙、长坡保护站。根据汶川县机构编制委员会[2004]11号《关于成立四川草坡(省级)自然保护区管理处》的批复，下达事业人员编制35人，人员由县林业局本级财政供养的现有人员中调剂。

目前，草坡自然保护区拥有正式职工35人，其中管理人员5人，科研人员5人，执法、巡逻人员23人，后勤人员2人。在文化结构上，7人具有大学本科文凭，12人具有大学专科文凭，具中专或高中及以下文凭者16人。在职称结构上，3人具有高级职称，具中级职称人员12人，助工20人(表17.1)。

表17.1　草坡自然保护区职工构成

类别	职工人数	文化结构				职称结构		
	正式职工	本科	专科	中专或高中	初中及以下	高级	中级	助工
管理人员	5	2	3			1	3	1
科研人员	5	4	1			2	3	
后勤人员	2			2				2
执法人员	8		6	2			4	4
巡逻人员	15	1	2	6	6		2	13
合计	35	7	12	10	6	3	12	20

保护区管理局的主要职责是：贯彻执行国家有关自然保护区的法律、法规和方针、政策；制定自然保护区的各项管理制度，保护与管理自然环境和生物资源；调查自然资源并建立数据库，监测保护区内自然环境和生物资源的动态变化；组织或者协调有关部门开展科学研究，进行自然保护宣传教育；协同与周边社区经济社会发展需求之间的关系，积极促进自然保护和社会发展之间的平衡与和谐。

17.2 基础设施与经费保障

17.2.1 人员经费

管理人员的工资及办公经费主要为汶川县财政支出［县林业局(内)平调］；小部分为国家天然林资源保护经费与大熊猫保护费等。

17.2.2 基础设施设备

四川省林业厅及州、县级林业局对草坡自然保护区的发展十分重视。经过多年的建设，保护区目前已经具备一定的基础设施条件，能够基本满足保护管理工作的实际需要。

保护区管理处办公用房由四川省林业厅于2000年投资40万元与县林业局合建，县林业局按投资比例给保护区划拨面积450m^2。各保护站基础设施基本建成，并能基本满足工作与日常需求。

此外，保护区已在边界树立标碑268块，在缓冲区和核心区上树立界桩100块，并在草坡沟(与岷江汇合)沟口、汶川县城、绵池道口建立保护区大型宣传牌3块，同时在保护区及外围因地制宜地建立宣传性标牌35块。

保护区共有办公电脑3台，办公打印机3台，全自动打印复印机1台。此外用于保护管理的望远镜有6个、GPS 10台、对讲机12台。保护区现有的交通工具有：尼桑皮卡越野车一辆、科帕其越野车一辆。管理处到各保护站都通公路，且保护区实验区内有原林场遗留的简易林区公路约56km。

17.3 保护管理与科学监测

17.3.1 保护管理

建立近十余年来，保护区在野生动植物保护和森林防火等工作中取得了一定的成绩。开展了常规性的保护巡逻活动，在汶川县林业公安科的配合下，严厉打击了破坏森林资源与危害野生动植物的行为，清查、惩处盗伐林木的案件多起。加强了护林防火工作。通过各类标牌、标语等形式大力宣传《森林法》、《野生动物保护法》、《森林和野生动物类型自然保护区管理法》等法律、法规，提高了周边居民对自然保护工作重要性的认识。同时，积极配合国内、外高等院校和科研机构开展大熊猫等物种的研究工作。

另外，保护区制定了较为系统的保护管理制度，在工作人员中推行岗位责任制、分片负责制，制定了《林区野外用火管理办法》、《大熊猫保护责任制》、《自然保护区保护管理制度》和《工作人员守则》，与周边乡镇建立了自然保护区森林防火、动植物保护机制和联防公约。由于措施得力，从保护区成立以来，还未发生森林火灾。保护区的管理制度从无到有，不断探索，逐渐改进和强化管理，现已初步形成了一套比较严格的用人制度与管理模式。

然而，由于保护区还没有成立专门的执法机构，缺少专业的执法人员，保护区资源还没有完全摆脱受威胁的状况，盗伐林木、掠夺性利用保护区药材等资源的行为还时有发生。

自保护区成立以来，在没有获得国家基本建设投入的情况下，依靠林业局与地方政府的支持，租用闲置房屋成立了保护区管理机构。在保护站未建立前及时下派管理人员协同森林资源管护站开展保护管理工作。在各级管理人员的认真努力下，保护区内的大熊猫保护工作有了长足的进展，栖息地受蚕食、破坏的现象得到了及时抑制，生态环境大为改善；放牧活动得到控制，偷猎活动受到严厉打击，盗伐活动已很少发生，打笋、挖药等长久以来形成的利用资源的行为正逐步得到正确引导。同时，保护工作还得到当地政府的支持，县委、县政府决定把汶川县退耕还林工程首先安排在保护区周边乡，这项政策的实施，有力地改善了保护区周边群众的生产生活状况，融洽了保护区与社区群众的关系，使保护区的建立与保护工作的正常开展有了坚实的群众基础。此外，当地林业主管部门、社区乡镇还建立了专业巡山队、群众巡山队，坚持常年巡山视察，使野生动植物、森林资源与生态环境得到了较好保护。

17.3.2　科研监测

由于保护区建立时间较晚，加之自身的科研基础薄弱，受到人员、设备、经费等诸多因素的限制，目前保护区仅开展了初级的科研监测工作。但在保护区成立前后，先后有多批不同专业的专家在保护区内进行过科学考察。此外，有几名人员还通过全国大熊猫第三次和第四次调查的学习，以及参加了省林业厅专门组织的 ArcGIS 培训，已具有了较为丰富的动物学、植物学、ArcGIS 等方面的专业知识，为保护区开展自身的科学研究打下了坚实的基础。

经过多年的巡护监测，保护区收集了大量珍稀动植物的珍贵图片，保护区各位人员能熟练使用红外相机，并取得了可喜的成果。

17.3.3　宣传教育

从建立保护区以来，保护区会同当地政府、林业主管部门通过电影、广播、会议、标语、广告等各种形式在全县范围内，特别是保护区周边乡镇大力宣传《森林法》、《野生动物保护法》等法律法规，同时还结合护林防火工作，以及“天保工程”、“退耕还林工程”和“野生动植物保护及其自然保护区建设工程”的开展，深入到藏族群众家庭积极进行宣传。先后出动宣传车200余台次，分发《野生动物保护法》和《四川省野生动物保护实施办法》2000多册、布告多份、宣传画200份，粉刷标语300多条，同时还经常在广播站、电视台进行宣传，做到了“大熊猫”、“自然保护”等专用名词“家喻户晓，人人皆知”。在积极进行广泛宣传的同时，还与社区乡、村签订了管理责任制，推行大熊猫保护行政领导负责制，实行年终考核。当地政府、居民都支持大熊猫的保护工作与保护区建设工作，能积极配合保护区开展的各项活动。

第18章　自然保护区评价

18.1　自然生态质量评价

18.1.1　物种多样性

草坡自然保护区内有维管束植物164科681属1726种，其中蕨类植物29科61属158种，裸子植物6科12属23种，被子植物129科595属1545种。

与全国及四川相比，保护区种子植物135科，占全国科数的44.41%，占四川的71.73%；607属，占全国属数的20.71%，占四川的42.25%；裸子植物、被子植物共1568种，占全国种数的6.42%，占四川的18.52%。由此可见，保护区拥有丰富的植物种类和数量。

草坡自然保护区脊椎动物种类十分丰富，共412种。其中，兽类7目26科103种，鸟类15目55科279种，爬行类1目5科11属15种，两栖类2目5科8属11种；鱼类2目3科4种。在动物地理上，保护区属于东洋界西南区西南山地亚区，动物种类组成体现了东洋界与古北界物种混杂的特点，但在总体上以东洋界物种为主。

在昆虫资源方面，草坡自然保护区迄今已发现昆虫674种(亚种)，隶属18目133科504属。其中，以鳞翅目和鞘翅目的种类最多，其次是半翅目，分别占本次采集到的种总数的34.1%、16.8%和16.2%，衣鱼目、蜉蝣目、襀翅目、竹节虫目和缨翅目种类最少，都仅有1种。除鳞翅目、鞘翅和半翅目外的其他种类仅占种总数的32.9%。草坡自然保护区地处横断山脉北缘，为我国生物多样性保护的关键性地区之一，昆虫资源十分丰富，具有明显的独特性。

18.1.2　生境多样性

草坡自然保护区植被分为5个垂直带，分别为阔叶林、针叶林、灌丛、草甸和高山流石滩稀疏植被，包括常绿、落叶阔叶混交林，落叶阔叶林，硬叶常绿阔叶林，山地常绿针叶林，山地针阔混交林等16个植被型。5个植被带内包含有众多的群系及群丛，共同构成了草坡自然保护区的生境多样性，并进而孕育了丰富动物多样性。

18.1.3　物种稀有性

草坡自然保护区的珍稀动物和植物的种类十分丰富。有我国Ⅰ级、Ⅱ级保护兽类 27

种，占保护区兽类分布的 26.21%。其中，国家Ⅰ级保护兽类有大熊猫、川金丝猴、扭角羚、豹、云豹、雪豹、高山麝、白唇鹿及林麝 9 种，国家Ⅱ级保护兽类有藏酋猴、猕猴、豺、石貂、黄喉貂、金猫、黑熊、小熊猫、水獭、小灵猫、大灵猫、猞猁、水鹿、中华鬣羚、川西斑羚、岩羊、兔狲、白臀鹿 18 种。鸟类中国家Ⅰ级保护的有黑鹳、胡兀鹫、金鵰、斑尾榛鸡、红喉雉鹑及绿尾虹雉，共计 6 种；国家Ⅱ级保护鸟类有黑鸢、秃鹫、白尾鹞、雀鹰、苍鹰、普通鵟、大鵟、红隼、燕隼、游隼、血雉、红腹角雉、勺鸡、白马鸡、红腹锦鸡、灰鹤、领角鸮、红角鸮、鵰鸮、黄腿渔鸮、灰林鸮、四川林鸮、领鸺鹠、斑头鸺鹠、纵纹腹小鸮及长耳鸮 26 种，分别占全省Ⅰ、Ⅱ类的 18.75%和 32.50%。省重点保护的鸟类 7 种，占四川省重点保护鸟类的 17.5%。

保护区内属我国特有种丰富，在保护区有分布兽类中，我国特有和主要分布于我国的共有 32 种，占保护区兽类总数的 31.07%。其中，属我国特有的有 20 种，可见特有兽类比例较高。同时，该区又是南中国特产鸟类区，窄域分布的特产鸟种很多，中国特有种鸟类在本区有 17 种，占四川的中国特有种类的 45.95%。

保护区内植物种类多，特有种、珍稀濒危植物丰富。其中，属于国家Ⅰ级重点保护的有红豆杉、珙桐、光叶珙桐和独叶草 4 种，属于国家Ⅱ级重点保护的有四川红杉、岷江柏木、连香树、水青树、香果树、油樟、圆叶木兰、梓叶槭、山莨菪、野大豆、红花绿绒蒿等。

草坡自然保护区物种的稀有性还表现在具有许多残遗物种、分布区极狭窄物种及地域化分化种类。保护区内第三纪残遗植物很多，如栲属、栎属、木荷属、臭节草属、三尖杉属、紫杉属、五味子属、八角茴香属、领春木属、连香树属、榛属、珙桐属、木兰属和木莲属等。动物中包括大熊猫、川金丝猴、小熊猫等古老、珍稀种类。

18.1.4 保护区代表性

草坡自然保护区是以保护大熊猫等珍稀野生动植物为主的野生动物与森林生态系统类型保护区。该保护区紧靠卧龙和米亚罗自然保护区，是卧龙自然保护区与米亚罗自然保护区内野生动物进行交流的重要通道，并与卧龙共同构成了邛崃山山系大熊猫保护网络，在邛崃山山系大熊猫保护上具有不可替代的地位。保护区内植被垂直带谱较完整，保存了从常绿阔叶林到高山草甸等多种类型。此外，保护区地处全球 25 个生物多样性保护热点地区之一的中国西部山地地区，是开展生物多样性科学研究的天然实验室。综上，该保护区在我国大熊猫等珍稀濒危物种及生物多样性保护方面具有重要意义。

18.1.5 保护区自然性

保护区北面、西面分别与米亚罗、卧龙自然保护区的核心区相连，人为干扰极少；西面的火烧坡主山脊有效地制约了来自西面、北面的人为活动干扰；南面的悬崖、东面的山脊同样构成了天然屏障，形成了保护区的自然封闭性。虽然在保护区成立以前曾进行过一定规模的林区道路建设与采伐作业，使大熊猫等野生动物栖息地受到了一定程度的破坏，但区域内仍然保存了大面积的原始森林，特别是在草坡林区，具有丰富生物多样性的亚热带阔叶林完整地保留了下来，绵虒林区的原始暗针叶林也有一定面积的保存量。“天然林保护工程”实施后的自然封育使以前受到破坏的植被得到恢复。总体上看，保护区基本上保存了较好的自然性。

18.1.6　面积适宜性

保护区面积 55 612.1hm^2，核心区占了保护区总面积的 61.36%，是生态系统保存最完整、保护对象及其栖息地、繁殖地集中分布区，足以为区内野生大熊猫等动物提供生息繁衍的空间和适宜的生境。保护区的建立把邛崃山山系的米亚罗自然保护区与整个邛崃山山系大熊猫栖息地连成了一个整体，并形成了保护区网络，使大熊猫能够自由地迁移和繁衍。同时，保护区的建立及保护管理活动避免了大熊猫栖息地的隔离，有效地保障了邛崃山山系北段端栖息地的完整性。在保护区范围内，不仅能保护大熊猫、使大熊猫能自由的生存繁衍，也能满足其他珍稀野生动植物的生存需求。

18.2　保护区效益评价

18.2.1　生态效益

18.2.1.1　保护生态系统和生物多样性及基因资源效益

保护区物种丰富，起源古老，区系特殊，生态系统完整，是珍贵的物种基因库。通过切实有效地开展保护，不单只是保护了当地的生物多样性，而且使保护区生态系统的自我调节能力越来越强，生态系统内的物资循环、能量流动、信息传递将保持相对稳定状态，对当地经济社会的持续发展和资源的可持续利用有着重要意义。

18.2.1.2　森林涵养水源、固土、保肥效益

草坡自然保护区内茂密的森林植被不但为野生动物提供了舒适的栖息环境，而且对涵养水源、水土保持、保肥、减少泥石流、防止山体滑坡等起到巨大作用。森林通过树冠截流、树干截流、林下植被截流和枯落物持水等对降水进行再分配，可改变土壤结构，增加土壤孔隙度，调节地表径流，减少泥石流发生。经初步测算，保护区内水源涵养量可达 1952 万 t，其中林冠截流量为 1413 万 t，枯落物持水量 510 万 t，土壤毛细管孔隙蓄水量 29 万 t。如按现时长江中下游诸多水库蓄水成本计，可为国家节约蓄水投资上千万元。保护区内森林固土量约为 526.6 万 t，每吨若按 20 元计算，每年可节约防护固土费 10 532 万元；森林保肥量约为 993t，若按当前尿素单价计，每年可节约资金 300 万元以上。

18.2.1.3　森林碳氧平衡效益

森林通过光合作用吸收空气中的 CO_2 并释放 O_2，给人类提供新鲜空气。根据有关资

料，每公顷森林释放 O_2 可达 2.025t/年，吸收 CO_2 2.805t/年，吸收 SO_2 0.125t/年，吸收尘埃 9.75t/年。据此推算，在四川草坡自然保护区内森林消、长平衡的情况下，每年可释放 O_2 35 221t、吸收 CO_2 48 788t、吸收 SO_2 2643t、吸收尘埃 169 581t。如果通过人为保护森林使其不被破坏(现有森林的综合生长率按 5.3859%计)，每年净生长量可达 20 万 m^3(静态法)，若按每生长 $1m^3$ 蓄积的森林净吸收 CO_2 0.953 55t、释放 O_2 0.702t 计算，保护区内森林每公顷每年可增加吸收 CO_2 19 万 t、增加释放 O_2 14 万 t。若按人为削减 1t CO_2 投资成本为 1200 元、人工制造 1t O_2 投资成本为 2400 元计算，保护区现时森林在消长不变情况下，保护区每年可为人类节约削减 CO_2 投资 5854 万元、为人类节约制造 O_2 投资 8452 万元(不包括吸收 SO_2 和尘埃费用)。

18.2.1.4 区域生态价值

保护区地处岷江中游北岸，保护区的建立，不但使该区域生态系统得到了有效保护，而且对岷江中下游地区的生态平衡和维护岷江的水安全也将发挥非常重要的作用。

18.2.2 社会效益

保护区不但生态效益显著，而且社会效益也十分明显。主要表现在以下几个方面：

18.2.2.1 生物多样性保护和科研、科普的理想基地

保护区内的生物资源是人类的共同财富。保护区的建立将为人类永久地保留这些物种资源做出不懈努力。同时，保护区内丰富的自然资源又是生物科学研究和人才培养的理想场所，为人类认识自然、了解自然、利用自然创造了良好的条件。

18.2.2.2 促进生态文明建设，提高全民环保意识

保护区内丰富的生物资源和自然景观资源，能使人们领略大自然的无穷魅力，体味旖旎风光的无限情趣，是对人们进行自然教育的良好材料和天然课堂，有利于促进人们身心健康和社会精神文明建设，激发人们热爱祖国、热爱自然的真实感情。

18.2.2.3 促进保护区及周边社区经济社会发展

保护区的建设，将带动保护区及周边社区与外界进行经济与文化交流，同时在一定程度上可推动当地交通、服务等各业的发展。

18.3 经济效益

保护区的建设可为保护事业的发展提供一定的经济来源，并带动社区相关产业的发展，从而最终实现保护区与地方经济的可持续发展。另外，保护区内蕴藏丰富的物种基因库是人类社会不可估价的财富。

第19章 管理建议

19.1 存在的问题

草坡自然保护区有丰富的自然资源，生态系统较完整，保存了较好的地带性原始生物群落，一旦被破坏很难被恢复。森林是众多野生动物的栖息地和庇护所，野生动物又为植被的发展和繁衍提供了传播途径和手段，为克服植物的病虫害提供了制衡条件。

草坡自然保护区建立较晚，虽然已开展很多工作，但仍面临许多问题和困难。

19.1.1 经费不足，来源单一

保护区经费较为缺乏，来源单一，不稳定，制约着保护区内各项建设和保护工作的深入开展。保护区自身没有经费来源，自身造血能力较差，基本没有开展生态旅游活动。保护区管理人员工资由县财政开支，保护站人员经费由“天然林保护”补偿资金解决，缺乏必要的工作、学习和科研经费。

19.1.2 基础设施不足、设备缺乏

由于保护区设立较晚，保护区的基础设施建设薄弱，再加上“5·12”汶川大地震及2013年7月持续暴雨导致的特大泥石流，使保护区基础设施受到了较大损毁。没有现代化的办公设备、科研设备，并且现有的设备仅供管理办公室及少数人员使用。野外巡护设备简陋，特别是野外监测设施设备极为匮乏。

19.1.3 管理机构、制度有待完善

保护区虽然设立了相应的管理机构，但管理机构人员不足，未能充分发挥其应有的作用。保护区主要依靠林场人员和聘用人员对其进行日常管理，专业保护人员缺乏，严重影响了保护区日常管理工作的进行与保护区日常管理工作向专业化方面发展。

保护区现行管理制度还不够健全，岗位责任、奖惩制度还应具体化，管理的有效性不高，缺少执法机构，保护站及各科室的建设较为滞后。

19.1.4 保护区周边群众保护意识较差

保护区周边社区经济还较为落后，对森林资源的依赖程度高，挖药、偷猎等活动时有发生，给保护区管理工作造成一定压力，对动植物资源造成破坏。

19.1.5 保护区人员少，专业水平、业务素质有待提高

保护区人员编制较少，职工文化程度较低，大多为林业企业转来的职工，需进一步加强保护区管理人员的业务能力。

19.1.6 科研水平低

保护区虽有良好的生态系统及丰富的物种资源，但由于基础薄弱、资金匮乏，导致科研水平低下，严重阻碍了保护区的发展。

19.1.7 地震与泥石流

由于 2008 年“5·12”汶川地震的影响，形成了大量破碎化山体，导致了保护区内大面积的山体滑坡、土质松动，对保护区的地质、生态系统等造成了严重破坏。另外，2013 年 7 月的持续暴雨天气，造成了保护区周边毁灭性的泥石流，严重威胁到保护区内一些物种的生存。

19.2 面临的威胁

19.2.1 放牧

保护区周边村基本都有放牧，都有自己传统的放牧地，虽然现有放养家畜数量有所减少，但长期的放牧会加重草地生态系统的承载负荷，危及草地生态系统健康和生态服务功能的发挥。保护区需要与各级政府一道，与社区村民协调，规范其放牧行为，并将放养的牲畜维持在一定的数量范围内，以减少对高山草甸生态系统的过度利用和破坏。

19.2.2 采药、偷猎

保护区内有很多名贵的中药材资源，以及各类珍稀的雉类、兽类。每年秋季采药季节，有部分社区居民进入保护区采药；多年的巡护监测中也发现很多的陷阱、套索等。频繁的人为活动严重威胁到保护区的野生动植物资源。

19.2.3 盗伐

由于收入来源渠道有限，少数社区居民把盗伐林木作为缓解经济困境的途径之一，另外还作为建造房屋及农用工具。

19.2.4 潜在的生态旅游活动

当今社会发展较快，人们的生活越来越富裕，不少家庭专门组织到保护区内踏青，极大地增加了保护区的管理压力，如带来了不少的生活垃圾和人为干扰。

19.3 保护管理建议

19.3.1 申报晋升国家级自然保护区

积极申请将四川草坡自然保护区晋升为国家级，以进一步提高保护区的自然保护地位，增加对保护区的资金投入与管护力度，提高保护区的保护管理工作能力及管护成效。

19.3.2 加强基础设施建设

保护区成立以后，由于资金较少，对基础设施建设投入不够，基本的保护管理设备不足。各保护站及保护点虽然已修建了房屋，但是其他配套设施很不完善，如彩色电视机、卫星接收器、电脑等急需添置。另外为满足正常的巡护工作需要，还应在保护区建立巡护哨卡，在保护区边缘标桩立界和购置一些基本的保护管理设备，尤其是巡护设备，如 GPS、高倍望远镜、数码相机、气象监测仪等，以保证巡护工作的科学性与准确性。同时，有必要在保护区内建立一个实验室及必备的药品和器械，以便开展一些基础的科研工作，如使采集的新鲜样品及时得到有效的处理和保存。

19.3.3 进一步健全机构

需要进一步健全保护区的职能机构，包括要有专职人员负责管理、巡护及其他的保护工作，取得执法权。野外巡护需要大量的人力物力，保护区现有的巡护人员远远不够，保护区在人员编制上有待扩充。

19.3.4 加强人员培训、人才引进和相关制度建设

加强人才培养、人才引进的力度。应大力鼓励年轻工作人员外出学习，带回先进的

思想和科学技术。同时，应制定优厚的政策并提供先进的科学研究条件以吸引外部人才。在重视重点培养的同时，也要聘请有关专家到保护区实行分期、分批的专业培训，提高保护区工作人员的整体素质，使每个保护区工作人员都了解生物多样性保护的一般知识和具有对生物多样性保护重要意义的认识，都能胜任自己的本职工作，使保护区能更有效地保护当地的生物多样性。同时，为适应保护工作的需要，保护区需要制定一些有效的保护和管理制度，做到有章可循、有法可依，责、权、利、奖、惩分明，充分调动工作人员的积极性。

19.3.5 发展周边社区经济

保护区周边社区生产、生活方式还较原始，对自然资源的依赖性很强。要实现社区经济与保护工作协调发展，就需要进一步开展资源调查，对现有资源进行合理的可持续利用。同时，积极引导农民发展高效农业和种养殖业，通过提高周边社区居民的生活水平提高可间接促进保护区自然保护的发展。

19.3.6 加强宣传教育和执法力度

通过加强宣传教育，特别是针对保护区周边群众的宣传教育，可以有效提高他们的保护意识，并使其自觉地加入到保护野生动植物的行列中来。通过宣传教育，使他们意识到保护区与周边群众是相互依存、和睦共处、唇齿相依的关系，认识到保护区良好的生态环境资源也能为他们带来实际效益，这样群众就能够自觉地保护好区内的资源。同时也要加强巡护工作，依靠法律、法规加强执法，严厉打击非法进入保护区内进行的一切违法活动，特别是偷猎和盗伐行为等。

19.3.7 开展科学研究

保护区开展科学研究的目的，是在对保护区的主要保护对象进行充分调查了解的基础上，有计划、有步骤、有重点地设置研究方向、研究课题，充分运用高新技术手段，提高保护区在资源保护、物种繁育、监测巡护、开发利用等方面的科技含量，从而为实现保护区生物多样性保护与可持续发展提供科学依据和技术支撑。保护区的科研工作一般可分为常规性科研和专题性科研。保护区的科研人员以基础调查与监测、常规性科研为主，根据保护管理需要，进行经常性的监测、预测预报及科学调查等，获取基础资料，为保护管理、开发利用服务，同时也为高层次的专题性科学研究打下基础。具体包括：

(1) 建立大熊猫种群野外监测体系，并进行长期、系统的监测。

(2) 建立护林防火及森林病虫害测报体系，进行长期的森林防火及病虫害测报，探索针对保护区的行之有效的森林防火措施。

(3) 开展保护区野生动植物的普查、编目。在收集、整理已有资料、数据的基础上，开展野外调查，进行动植物的物种编目，建立数据库，并及时进行补充调查，充实和修改数据库。

(4)保护区自然环境监测、评价。

(5)保护区生态旅游活动的监测与评估。

(6)保护区退化生态系统恢复与重建等。

19.3.8 灾害监测与防治

草坡自然保护区处于地质活动活跃的龙门山地带，且经过“5·12”汶川地震之后，发生滑坡、泥石流的可能性很大。为了防治自然灾害对动植物栖息环境的破坏，应在灾害多发地段修筑挡土墙或排导堤、坝。各保护站点要指定专人对辖区内的重点地质灾害点进行监测，必须做到岗位和人员落实。同时，充分发挥地质灾害群测群防作用，一旦发现险情，要立即上报，并采取及时的应对措施。

保护区应会同国土资源部门对区内的隐患点进行排查，并会同水利部门对洪涝、泥石流等易发点进行整治。总之，要协同各级部门做好区内各类自然灾害的监测与防治。

主要参考文献

藏得奎. 1998. 中国蕨类植物区系的初步研究. 西北植物学报, 18 (3): 459-465.

崔鹏, 康明江, 邓文洪. 2008. 繁殖季节同域分布的红腹角雉和血雉的觅食生境选择. 生物多样性, 16 (2): 143-149.

戴玉成. 2009. 中国多孔菌名录. 菌物学报, 28 (3): 315-327.

戴玉成, 杨祝良. 2008. 中国药用真菌名录及部分名称的修订. 菌物学报, 27 (6): 801-824.

戴玉成, 周丽伟, 杨祝良, 等. 2010. 中国食用菌名录. 菌物学报, 29 (1): 1-21.

邓其祥, 余志伟, 李洪成, 等. 1989. 卧龙自然保护区两栖爬行动物的调查. 四川动物, 1: 22-24.

费梁, 叶昌媛. 2001. 四川两栖动物原色图鉴. 成都: 四川科学技术出版社.

符建荣, 刘少英, 胡锦矗, 等. 2006. 四川海子山自然保护区鸟类资源及区系. 四川动物, 25 (3): 501-508.

符建荣, 刘少英, 王新, 等. 2007. 四川雪宝顶自然保护区的鸟类资源. 四川林业科技, 28 (4): 42-47.

符建荣, 刘少英, 孙治宇, 等. 2008. 米亚罗自然保护区的鸟类资源. 西华师范大学学报(自然科学版), 29 (3): 269-277.

国家林业局. 2006. 全国第三次大熊猫调查报告. 北京: 科学出版社.

何光碧, 屠妮妮, 张平, 等. 2008. "5·12"汶川特大地震重灾区降水气候特征分析. 高原山地气象研究, 28 (2): 47-54.

洪明生, 王继成, 杨旭煜, 等. 2012. 原始林与次生林中大熊猫微生境结构的比较. 西华师范大学学报(自然科学版), 33 (4): 356-361.

胡锦矗. 1990. 大熊猫生物学研究与进展. 成都: 四川科学技术出版社.

胡锦矗. 2001. 大熊猫研究. 上海: 上海科技教育出版社.

胡锦矗. 2004. 卧龙及草坡自然保护区大熊猫的种群与保护. 兽类学报, 24 (2): 48-52.

胡锦矗, 等. 2005. 唐家河自然保护区综合科学考察报告. 成都: 四川科学技术出版社.

胡锦矗, 夏勒. 1985. 卧龙的大熊猫. 成都: 四川科学技术出版社: 13-18.

黄金燕, 周世强, 谭迎春, 等. 2007. 卧龙自然保护区大熊猫栖息地植物群落多样性研究：丰富度、物种多样性指数和均匀度. 林业科学, 43 (3): 73-78.

蒋志刚, 纪力强. 1999. 鸟兽物种多样性测度的 *G-F* 指数方法. 生物多样性, 7 (3): 220-225.

孔宪需. 1988. 四川植物志(第六卷). 成都: 四川科学技术出版社.

李成, 顾海军, 阳华, 等. 2006. 四川省草坡和包座自然保护区的两栖爬行动物. 四川动物, 25 (2): 305-306.

李桂垣. 1995. 四川鸟类原色图鉴. 北京: 中国林业出版社: 259-330.

李仁伟, 张宏达. 2001. 四川裸子植物区系研究. 广西植物, 21 (3): 215-222.

李仁伟, 张宏达, 杨清培. 2001. 四川被子植物区系特征的初步研究. 云南植物研究, 23 (4): 403- 414.

廖文波. 2009. 川西亚热带山地森林两栖动物的生活史. 武汉: 武汉大学出版社.

刘锦春, 何丙辉, 徐小军, 等. 2013. 汶川草坡乡地震次生灾害迹地植物群落的恢复研究. 西南大学学报, 35 (4): 51-56.

刘鹏, 陈立人. 1999. 浙江北山蕨类植物资源及其开发利用. 武汉植物学研究, 17 (1): 53-57.

马永红, 何兴金. 2007. 卧龙自然保护区种子植物区系研究. 热带亚热带植物学报, 15 (1): 63-70.

卯晓岚. 2000. 中国大型真菌. 北京: 科学出版社.

潘清华, 王应祥, 岩崑. 2007. 中国哺乳动物彩色图鉴. 北京: 中国林业出版社.

秦仁昌. 1978. 中国蕨类植物科属的系统排列和历史来源. 植物分类学报, 16(3):7-19.

冉江洪, 刘少英, 孙治宇, 等. 2004. 四川九寨沟自然保护区的鸟类资源及区系. 动物学杂志, 39 (5): 51-59.

四川省阿坝藏羌族自治州汶川县地方志编撰委员会. 1992. 汶川县志. 成都: 民族出版社: 83-148.

四川植被协作组. 1980. 四川植被. 成都: 四川人民出版社.

四川植物志编辑委员会编. 1985. 四川植物志. 成都: 四川科学技术出版社.

四川植物志编委会. 1981—2001. 四川植物志(已出版部分). 成都: 四川人民出版社.

孙儒泳. 2001. 动物生态学原理. 北京: 北京师范大学出版社.

孙宜然, 张泽钧, 李林辉, 等. 2010. 秦岭巴山木竹微量元素及营养成分分析. 兽类学报, 30(2): 223-228.

汪松, Smith A T, 解焱, 等. 2009. 中国兽类野外手册. 长沙: 湖南教育出版社.

王酉之, 胡锦矗. 1996. 四川兽类原色图鉴. 北京: 中国林业出版社.

卧龙植被及资源植物编写组. 1987. 卧龙植被及资源植物. 成都: 四川科学技术出版社.

卧龙自然保护区, 四川师范学院. 1992. 卧龙自然保护区动植物资源及保护. 成都: 四川科学技术出版社.
吴晓娜. 2010. 卧龙自然保护区种子植物区系地理研究. 成都: 成都理工大学硕士学位论文.
吴征镒. 1991. 中国种子植物属的分布区类型. 云南植物研究, (增刊Ⅳ): 1-139.
吴征镒. 周浙昆, 李德铢, 等. 2003. 世界种子植物植物科的分布区类型系. 云南植物研究, 25 (3): 245-257.
徐胜兰. 2005. 卧龙自然保护区生态旅游可持续发展模式研究. 成都: 成都理工大学硕士学位论文.
徐雨, 冉江洪, 岳碧松. 2008. 四川省鸟类种数的最新统计. 四川动物, 27 (3): 429-431.
约翰，马敬能, 菲利普斯, 等. 2000. 中国鸟类野外手册. 长沙: 湖南教育出版社.
张荣祖. 1999. 中国动物地理. 北京：科学出版社.
张荣祖. 2011. 中国动物地理. 北京: 科学出版社: 259-330.
张泽钧, 胡锦矗, 吴华. 2002. 邛崃山系大熊猫和小熊猫生境选择的比较. 兽类学报, 22 (3): 162-168.
赵尔宓. 1998. 中国濒危动物红皮书(两栖类和爬行类). 北京: 科学出版社.
郑光美. 2011. 中国鸟类分类与分布名录. 北京: 科学出版社.
郑光美, 王岐山. 1998. 中国濒危动物红皮书(鸟类). 北京: 科学出版社.
中国科学院植物研究所. 1980—1987. 中国高等植物图鉴(1—5 册). 北京: 科学出版社.
中国科学院植物研究所. 1983. 中国高等植物科属检索表. 北京: 科学出版社.
中国科学院植物研究所. 1985—1987. 中国高等植物图鉴补编(1—2 册). 北京: 科学出版社.
中国科学院植物研究所. 1987. 中国高等植物图鉴. 北京: 科学出版社.
中国在线植物志：http://www.eflora.cn[2015-05-24].
中国植被编辑委员会. 1980. 中国植被. 北京: 科学出版社.
中国植物物种信息数据库：http://db.kib.ac.cn/eflora/default.aspx[2015-05-27].
中国植物志编委. 1959—2001. 中国植物志. 北京: 科学出版社.
钟章成. 1982. 四川植被研究的历史与展望. 生态学杂志, 2: 40-43.
Flora of China: http://www.efloras.org/flora_page.aspx?flora_id=2[2015-06-02].
Kirk P M, Stalpers J A, Minter D W, et al. 2008. Ainsworth＆Bisby’s dictionary of the fungi. Canberra: CABI.
Lu X L, Jiang Z J, et al. 2007. Comparative habitat use by giant panda in sesctively logged forests and timber plantations. Folia Zoology, 56 (2): 137-143.
Nie Y G, Swaisgood R R, Zhang Z J, et al. 2012. Giant panda scent-marking strategies in the wild: role of season, sex and marking surface. Animal Behaviour, 84 (1): 39-44.
Qi D W, Zhang S N, Zhang Z J. 2011. Different habitat preferences of male and female giant pandas. Journal of Zoology, 285 (3): 205-214.
Scott B, Marc L, Huang J Y, et al. 2008. Effects of fuelwood collection and timber harvesting on giant panda habitat use. Biology Conservation, 12 (8): 385-393.
Zhang Z J, Swaisgood R R, Zhang S N, et al. 2011. Old-growth forest is what giant pandas really need. Biology Letters, 7 (3): 403-406.

表1 四川草坡自然保护区大型真菌名录

序号	中文名	拉丁学名	食用菌	毒菌	药用菌		木腐菌	外生菌根菌	其他
					药用	抗癌			
1	**蜡伞科**	**Hygrophoraceae**							
(1)	尖顶金蜡伞	*Hygrophorus acutoconica*（Clem.）A. H. Smith							●
(2)	蜡黄蜡伞	*Hygrophorus chlorophanus* Fr.	●						
(3)	变黑蜡伞	*Hygrocybe conicus*（Fr.）Fr.		●					
(4)	蜡伞	*Hygophorus ceraceus*（Wulf.）Fr.	●						
(5)	粉红蜡伞	*Hygrophorus pudorinus* Fr.							●
2	**侧耳科**	**Pleurotaceae**							
(6)	鲍鱼菇	*Pleurotus abalonus* Han, K. M. Chen et S. Chang	●				●		
(7)	白侧耳	*Pleurotus albellus*（Pat.）Pegler	●				●		
(8)	腐木生侧耳	*Pleurotus lignatilis* Gill.	●				●		
(9)	侧耳	*Pleurotus ostreatus*（Jacq.:Fr.）Kummer	●		●	●	●		
(10)	肺心侧耳	*Pleurotus pulmonarius*（Fr.）Quèl	●				●		
(11)	桃红侧耳	*Pleurotus salmoneostramineus* L. Vass.	●				●		
(12)	亚侧耳	*Hohenbuehelia serotina*（Schrad.: Fr.）Singer	●		●	●	●		
(13)	啮蚀状香菇	*Lentinus erosus* Lloyd	●				●		
(14)	洁丽香菇	*Lentinus lepideus* Fr.	●		●	●	●		
(15)	近裸香菇	*Lentinus subnudus* Berk.	●				●		
(16)	革耳	*Panus rudis* Fr.	●		●	●	●		
(17)	紫革耳	*Panus torulosus*（Pers.）Fr.	●		●	●	●		
3	**锈耳科**	**Crepidotaceae**	●				●		
(18)	枯腐靴耳	*Crepidotus putrigenus* Berk. et Curt.					●		
(19)	粘锈耳	*Crepidotus mollis*（Schaeff.: Fr.）Gray.					●		
4	**裂褶菌科**	**Schizophyllaceae**							
(20)	裂褶菌	*Schizophyllum commne* Fr.	●		●	●	●		
5	**鹅膏菌科**	**Amanitaceae**							

续表

序号	中文名	拉丁学名	食用菌	毒菌	药用菌		木腐菌	外生菌根菌	其他
					药用	抗癌			
(21)	片鳞鹅膏菌	*Amanita agglutinate* (Berk. et Curt.) Lloyd							•
(22)	橙盖鹅膏菌	*Amanita caesaea* (Scop. : Fr.) Pers. ex Schw.	•		•	•		•	
(23)	白条盖鹅膏菌	*Amanita chepangiana* Tulloss & Bhandary	•					•	
(24)	黄盖鹅膏菌	*Amantia gemmata* (Fr.) Gill.		•				•	
(25)	拟豹斑毒鹅膏菌	*Amanita pseudopantherina* nom prov.		•					
(26)	灰托鹅膏	*Amanita vaginata* (Bull.: Fr.) Vitt.		•				•	
6	**光柄菇科**	**Pluteaceae**							
(27)	鼠灰光柄菇	*Pluteus murinus* Bres.							•
7	**白蘑科**	**Tricholomataceae**							
(28)	长根奥德蘑	*Oudemansiella radicata* (Relhan.: Fr.) Sing.	•		•		•		
(29)	棕褐绒盖奥德蘑	*Oudemansiella* sp.	•				•		
(30)	发光假蜜环菌	*Armillariella tabescens* (Scop.: Fr.)	•		•	•	•		
(31)	杯伞	*Clitocybe cyathiformis* (Bull.:Fr.) Kummer.	•		•	•			
(32)	漏斗状杯伞	*Clitocybe infundibuliformis* (Schaeff.:Fr.) Quèl.	•		•	•			
(33)	倒垂杯伞	*Clitocybe inverse* (Scop.: Fr.) Quèl.	•						
(34)	烟云杯伞	*Clitocybe nebularis* (Batsch.:Fr.) Quèl.	•		•	•			
(35)	赭杯伞	*Clitocybe sinopica* (Fr.) Gill.	•						
(36)	群生金钱菌	*Collybia confluens* (Pers.:Fr.) Quèl.	•						
(37)	靴状金钱菌	*Collybia peronata* (Bolt.:Fr.) Kumm.	•						
(38)	紫蜡蘑	*Laccaria amethystea* (Bull. ex Gray.)	•		•	•		•	
(39)	双色蜡蘑	*Laccaria bicolor* (Maire) Orton.	•						
(40)	红蜡蘑	*Laccaria laccata* (Scop.: Fr.) Berk. et Br.	•		•	•		•	
(41)	纯白微皮伞	*Marasmiellus candidus* (Bolt.) Sing							•
(42)	联柄小皮伞	*Marasmius cohaerens* (Pers.:Fr.) Fr.		•					
(43)	栎小皮伞	*Marasmius dryophilus* (Bull.:Fr.) Karst.		•					
(44)	橙黄小菇	*Mycena crocata* (Schrad.:Fr.) Kummer.							•
(45)	黄柄小菇	*Mycena epipterygia* (Scop.:Fr.) Gray.							•
(46)	细丽小菇	*Mycena gracilis* (Quèl.) Kühner							•
(47)	血红小菇	*Mycena haematopus* (Pers.: Fr.) Kummer	•		•	•	•		
(48)	洁小菇	*Mycena pura* (Pers.:Fr.) Kummer		•	•	•			
(49)	蓝褐小菇	*Mycena subcaerulea* (Peck.) Sacc.							•

续表

序号	中文名	拉丁学名	食用菌	毒菌	药用菌		木腐菌	外生菌根菌	其他
					药用	抗癌			
(50)	织纹小菇	*Mycena vitilis* (Fr.) Quèl.	●						
(51)	钟形脐菇	*Omphalina campanella* (Batsch:Fr.) Quèl.	●						
(52)	小白亚脐菇	*Omphalina gracillima* (Weinm.) Quèl.							●
(53)	发光脐菇	*Omphalotus olearius* (Dc.:Fr.) Sing		●					
(54)	白亚脐菇	*Omphalina subpellucida* Berk. et Curt.	●						
(55)	伞形亚脐菇	*Omphalina umbellifera* (L.: Fr.) Quèl.	●						
(56)	黄干脐菇	*Xeromphalina campanella* (Batsch:Fr.) Maire.	●		●	●		●	
(57)	白口蘑	*Tricholoma album* (Schaeff.:Fr.) Quèl.			●	●			
(58)	香杏口蘑	*Tricholoma gambosum* (Fr.) Gill.			●				
(59)	油黄口蘑	*Tricholoma flavovirens* (Pers.:Fr.) Lundell.	●		●	●		●	
(60)	皂味口蘑	*Tricholoma saponaceum* (Fr.) Kummer						●	
(61)	褶缘黑点口蘑	*Tricholoma sciodes* (Secr.) Martin		●					
(62)	硫磺色口蘑	*Tricholoma sulphureum* (Bull.: Fr.) Kummer	●		●	●		●	
8	**蘑菇科**	**Agaricaceae**							
(63)	野蘑菇	*Agaricus arvensis* Schaeff.:Fr.	●		●	●			
(64)	蘑菇	*Agaricus campestris* L. :Fr.	●		●	●			
(65)	假环柄蘑菇	*Agaricus lepiotiformis* Li							●
(66)	白林地蘑菇	*Agaricus silvicola* (Vitt.) Satt.	●						
(67)	双环蘑菇	*Agaricus placeomyces* Peck	●						
(68)	白环柄菇	*Lepiota alba* (Bres.) Fr.	●						
9	**鬼伞科**	**Coprinaceae**							
(69)	毛头鬼伞	*Coprinus comatus* (Mull.: Fr.) Gray.	●		●	●			
(70)	光头鬼伞	*Coprinus fuscescens* (Schaeff.) Fr.	●						
(71)	射纹鬼伞	*Coprinus leiocephalus* P. D. Orton							●
(72)	晶粒鬼伞	*Coprinus micaceus* (Bull.) Fr.	●		●	●			
(73)	小假鬼伞	*Pseudocoprinus disseminatus* (Pers.:Fr.) Kuhner.	●						
(74)	白黄小脆柄菇	*Psathyrella candolleana* (Fr.) A. H. Smith	●						
(75)	小孢脆柄菇	*Psathyrella microspore*							●
(76)	花盖小脆柄菇	*Psathyrella multipedata* (Imai) Hongo							●
(77)	灰褐小脆柄菇	*Psathyrella spadiceogrisea* (Schaeff.) Maire	●				●		
(78)	半球小脆柄菇	*Psathyrella subinceta* Fr.					●		

续表

序号	中文名	拉丁学名	食用菌	毒菌	药用菌		木腐菌	外生菌根菌	其他
					药用	抗癌			
(79)	毡毛小脆柄菇	*Psathyrella velutina* (Pers.: Fr.) Sing.	●						
(80)	钟形斑褶菇	*Panaeolus campanulatus* (L.) Fr.		●					
(81)	粪生花褶伞	*Panaeolus fimicola* Fr.		●					
(82)	黄褐花褶伞	*Panaeolus foenisecii* (Pers.:Fr.) Maire.		●					
(83)	粘边斑褶菇	*Panaeolus phalenarus* Fr.		●					
(84)	花褶伞	*Panaeolus retirugis* Fr.		●					
(85)	紧缩花褶伞	*Panaeolus sphinctrinus* (Fr.) Quél.		●					
10	**粪锈伞科**	**Bolbitiaceae**							
(86)	乳白锥盖伞	*Conocybe lactea* (J. Lange) Metrod		●					
11	**球盖菇科**	**Strophariaceae**							
(87)	多脂环锈伞	*Pholiota adipose* (Fr.) Quèl.	●		●	●	●		
(88)	金盖环锈伞	*Pholiota aurea* (Mattusch.:Fr.) Gill.	●		●	●			
(89)	黄环锈伞	*Pholiota flammans* (Batsch.:Fr.) Quèl.	●		●	●	●		
(90)	淡黄褐环锈伞	*Pholiota flavida* (Fr.) Sing.					●		
(91)	地生环锈伞	*Pholiota highlandensis* (Peck) A. H. Smith et Hesler	●						
(92)	黄粘环锈伞	*Pholiota lubrica* (Fr.) Sing.		●					
(93)	光滑环锈伞	*Pholiota nameko* (T.Ito) S. Ito & Imai	●		●	●	●		
(94)	黄褐环锈伞	*Pholiota spumosa* (Fr.) Sing.	●			●			
12	**丝膜菌科**	**Cortinariaceae**							
(95)	环柄丝膜菌	*Cortinarius armillatus* (Fr.) Fr.						●	
(96)	桦丝膜菌	*Cortinarius betuletorus* (Mos.) Mos.			●	●		●	
(97)	托柄丝膜菌	*Cortinarius callochrous* (Pers.) Fr.	●					●	
(98)	栗色丝膜菌	*Cortinarius castaneus* (Bull.) Fr.	●						
(99)	黄棕丝膜菌	*Cortinarius cinnamomeus* (L.: Fr.) Fr.	●		●	●		●	
(100)	粘柄丝膜菌	*Cortinarius collinutus* (Pers.) Fr.	●		●	●		●	
(101)	青丝膜菌	*Cortinarius colymobadinus* Fr.							●
(102)	黄褐丝膜菌	*Cortinarius decoloratus* Fr.						●	
(103)	大孢丝膜菌	*Cortinarius elegantior* Fr.							●
(104)	长柄丝膜菌	*Cortinarius longipes* Peck	●					●	
(105)	多形丝膜菌	*Cortinarius multiformis* Fr	●					●	

续表

序号	中文名	拉丁学名	食用菌	毒菌	药用菌		木腐菌	外生菌根菌	其他
					药用	抗癌			
(106)	鳞丝膜菌	*Cortinarius pholideus* Fr.	●		●	●			
(107)	沙盖丝膜菌	*Cortinarius psammocephalus* Fr.						●	
(108)	硬丝膜菌	*Cortinarius rigidus* (Scop.) Fr.						●	
(109)	巨丝膜菌	*Cortinarius saginus* Fr.						●	
(110)	锈色丝膜菌	*Cortinarius subferrugineus* (Batsch) Fr.						●	
(111)	白柄丝膜菌	*Cortinarius varius* Fr.						●	
(112)	纹缘盔孢菌	*Galerina autumnalis* (Peck) Smith et Singer		●					
(113)	枞裸伞	*Gymnopilus sapineus* (Fr.) Maire							●
(114)	黄丝盖伞	*Inocybe fastigiata* (Schaeff.) Fr.		●				●	
(115)	黄褐丝盖伞	*Inocybe flavobrunnea* Wang		●				●	
(116)	破裂丝盖伞	*Inocybe lacera* (Fr.) Kummer		●					
(117)	斑纹丝盖伞	*Inocybe maculata* Boud.		●					
(118)	虎斑丝盖伞	*Inocybe tigrina* Heim.							●
13	**粉褶菌科**	**Rhodophyllaceae**							
(119)	暗蓝粉褶菌	*Rhodophyllus lazulinus* (Fr.) Quél.		●					
(120)	湿粉褶菌	*Rhodophyllus madidus* (Fr.) Quél.							●
(121)	亚砖红沿丝伞	*Naematoloma sublateritium* (Fr.) Kerst.							●
14	**桩菇科**	**Paxillaceae**							
(122)	卷边桩菇	*Paxillus involutus* (Batsch) Fr.		●				●	
15	**疣孢牛肝菌科**	**Strobilomycetaceae**							
(123)	松塔牛肝菌	*Strobilomyces strobilaceus* (Scop.:Fr.) Berk.	●		●	●		●	
16	**牛肝菌科**	**Boletaceae**							
(124)	灰褐牛肝菌	*Boletus griseeus* Frost	●						
(125)	污褐牛肝菌	*Boletus varüpes* Peck	●						
(126)	橙黄疣柄牛肝菌	*Leccinum aurantiacum* (Bull.) Gray.	●					●	
(127)	褐盖疣柄牛肝菌	*Leccinum scabrum* (Bull.:Fr.) Gray.	●					●	
(128)	美丽褶孔牛肝菌	*Phylloporus bellus* (Mass.) Corn.	●					●	
(129)	褶孔牛肝菌	*Phylloporus rhodoxanthus* (Schw.) Bres.	●					●	
(130)	酸乳牛肝菌	*Suillus acidus* (Peck) Singer	●					●	
(131)	点柄乳牛肝菌	*Suillus granulatus* (Fr.) Kuntze	●		●			●	
(132)	褐环粘盖牛肝菌	*Suillus luteus* (L.: Fr.) Gray.	●		●			●	

续表

序号	中文名	拉丁学名	食用菌	毒菌	药用菌		木腐菌	外生菌根菌	其他
					药用	抗癌			
17	**红菇科**	**Russulaceae**							
(133)	白杨乳菇	*Lactaius controversus* (Pers.) Fr.	●					●	
(134)	松乳菇	*Lactarius deliciosus* (Fr.) S. F. Gray.	●					●	
(135)	脆香乳菇	*Lactarius fragilis* (Burl.) Hesl. et Smith	●					●	
(136)	暗褐乳菇	*Lactarius fuliginosus* Fr.	●					●	
(137)	毛头乳菇	*Lactarius torminosus* (Schaeff.:Fr.) Gray.		●				●	
(138)	绒白乳菇	*Lactarius vellereus* (Fr.) Fr.	●		●	●		●	
(139)	轮纹乳菇	*Lactarius zonarius* (Bull.) Fr.	●						
(140)	冷杉红菇	*Russula abietian* Peck	●					●	
(141)	烟色红菇	*Russula adusta* (Pers.) Fr.	●			●		●	
(142)	黑紫红菇	*Russula atropurpurea* (Krombh.) Britz.	●					●	
(143)	小毒红菇	*Russlua fragilis* (Pers.: Fr.) Fr.		●				●	
(144)	红菇	*Russlua lepida* Fr.	●		●	●		●	
(145)	篦形红菇	*Russula omiensis* Hongo						●	
18	**鸡油菌科**	**Cantharellaceae**							
(146)	鸡油菌	*Cantharellus cibarius* Fr.	●		●	●		●	
19	**珊瑚菌科**	**Clavariaceae**							
(147)	红拟锁瑚菌	*Clavulinopsis miyabeana* (S. Ito) S. Ito	●						
20	**枝瑚菌科**	**Ramariaceae**							
(148)	金黄枝瑚菌	*Ramaria aurea* (Fr.) Quèl.	●			●			
(149)	小孢密枝瑚菌	*Ramaria bourdotiana* maire	●				●		
(150)	淡黄枝瑚菌	*Ramaria lutea* (Vitt.) Schild	●						
(151)	变绿枝瑚菌	*Ramaria ochraceo-virens* (Jungh.) Donk	●						
21	**伏革菌科**	**Corticiaceae**							
(152)	乳白隔孢伏革菌	*Peniophora cremea* (Bres.) Sacc. et Syd.					●		
22	**韧革菌科**	**Stereaceae**							
(153)	透明拟韧革菌	*Stereum diaphanum* (Schw.) Cooke					●		
(154)	丛片韧革菌	*Stereum frustulosum* (Pers.) Fr.				●	●		
(155)	扁韧革菌	*Stereum fasciatum* Schw.					●		
(156)	紫灰韧革菌	*Stereum illudens* Berk.					●		
(157)	银丝韧革菌	*Stereum rameale* (Schw.) Burt					●		

续表

序号	中文名	拉丁学名	食用菌	毒菌	药用菌		木腐菌	外生菌根菌	其他
					药用	抗癌			
(158)	密绒韧革菌	*Stereum subpileatum* Berk. et Curt.					●		
(159)	棉毛韧革菌	*Stereum vellereum* Berk.					●		
23	**猴头菌科**	**Hericiaceae**							
(160)	珊瑚状猴头菌	*Hericium coralloides* (Scop.:Fr.) Pers.: Gray.	●		●				
(161)	猴头菌	*Hericium erinaceus* (Bull.: Fr.) Pers.	●		●	●	●		
(162)	假猴头菌	*Hericium laciniatum* (Leers) Banker	●						
24	**齿菌科**	**Hydnaceae**							
(163)	褐盖肉齿菌	*Sarcodon fuligineo-albus* (Fr.) Quèl.	●		●				
25	**皱孔菌科**	**Meruliaceae**							
(164)	肉色皱孔菌	*Merulius corium* Fr.					●		
26	**多孔菌科**	**Polyporaceae**							
(165)	丝光迷孔菌	*Coltricia cinnamonea* (Jacq.: Fr.) Murr.					●		
(166)	中柄采毛菌	*Coltricia opisthopus* (Pat.) Teng.					●		
(167)	二型革盖菌	*Coriolus biformis* (Kl.) Pat.			●				
(168)	毛革盖菌	*Coriolus hirsutus* (Wulf: Fr.) Quèl.			●	●			
(169)	单色云芝	*Coriolus unicolor* (L.:Fr.) Pat.			●	●	●		
(170)	云芝	*Coriolus versicolor* (L.: Fr.) Quèl.			●	●	●		
(171)	肉色迷孔菌	*Daedalea dickinsii* (Berk. ex Cke) Yasuda			●	●	●		
(172)	红拟迷孔菌	*Daedaleopsis rubescens* (Alb. et Schw.: Fr.) Imaz.					●		
(173)	大孔菌	*Favolus alveolaris* (DC.: Fr.) Quèl.			●	●	●		
(174)	漏斗大孔菌	*Favolus arcularius* (Batsch: Fr.) Ames.	●		●	●	●		
(175)	光斗棱孔菌	*Favolus boucheanus* Kl.					●		
(176)	宽鳞棱孔菌	*Favolus mollis* Lloyd					●		
(177)	宽鳞大孔菌	*Favolus squamosus* (Huds.: Fr.) Ames.	●		●	●	●		
(178)	木蹄层孔菌	*Fomes fomentarius* (L.: Fr.) Kick.			●	●	●		
(179)	亚红缘拟层孔菌	*Fomes rufolaccatus* Lloyd					●		
(180)	多年拟层孔菌	*Fomitopsis annosa* (Fr.) Karst.					●		
(181)	红缘拟层孔菌	*Fomitopsis pinicola* (Swartz.: Fr.) Karst.			●	●	●		
(182)	榆生拟层孔菌	*Fomitopsis ulmaria* (Sor.: Fr.) Bond. et Sing.			●	●	●		
(183)	黑层孔菌	*Nigrofomes melanoporus* (Mont.) Murr.					●		
(184)	茸毛粘褶菌	*Gloeophllum imponens* (Ces.) Teng.					●		

续表

序号	中文名	拉丁学名	食用菌	毒菌	药用菌		木腐菌	外生菌根菌	其他
					药用	抗癌			
(185)	篱边粘褶菌	*Gloeophllum saepiarium* (Wulf: Fr.) Karst.			•	•	•		
(186)	条纹粘褶菌	*Gloeophllum striatum* (Sw.:Fr.) Murr.					•		
(187)	密粘褶菌	*Gloeophyllum trabeum* (Pers.: Fr.) Murr.					•		
(188)	二色粘孔菌	*Gloeoporus dichrous* Bres.					•		
(189)	猪苓菌	*Grifola umbellate* (Pers.: Fr.) Pilát	•		•	•			
(190)	毛蜂窝菌	*Hexagonia apiaria* (Pers.) Fr.			•		•		
(191)	烟草色纤孔菌	*Inonotus tabacinus* (Mont.) Karst.				•	•		
(192)	毡被纤孔菌	*Inonotus tomentosus* (Fr.) Teng					•		
(193)	硫磺菌	*Laetiporus sulphureus* (Bull.:Fr.) Bond. et Singer	•		•	•			
(194)	桦革裥菌	*Lenzites betulina* (L.) Fr.			•	•			
(195)	三色革裥菌	*Lenzites tricolor* (Bull.) Fr.				•			
(196)	亚褐红小孔菌	*Microporus subaffinis* (Lloyd) Imaz.					•		
(197)	火木层孔菌	*Phellinus igniarius* (L.:Fr.) Quèl			•	•	•		
(198)	黑木层孔菌	*Phellinus linteus* (Berk. et Curt.) Teng.					•		
(199)	黄褐多孔菌	*Polyporus badius* (Pers. ex S. F. Gray.) Schw.					•		
(200)	冬拟多孔菌	*Polyporus brumalis* (Pers.) Karst.	•				•		
(201)	波缘多孔菌	*Polyporus confluens* (Alb.: et Schw.) Fr.	•				•		
(202)	橘红多孔菌	*Polyporus fraxineus* Fr.					•		
(203)	青顶拟多孔菌	*Polyporus picipes* Fr.					•		
(204)	多变拟多孔菌	*Polyporus varius* (Pers.: Fr.) Karst.			•		•		
(205)	黑云芝	*Polystictus microloma* (Lév.) Cooke					•		
(206)	黄薄芝	*Polystictus membranaceus* (Sow.: Fr.) Cooke					•		
(207)	鼠灰云芝	*Polystictus murinus* (Lév.) Cooke					•		
(208)	单色云芝	*Coriolus unicolor* (L.: Fr.) Pat			•	•	•		
(209)	毛云芝	*Polystictus xanthopus* Fr.					•		
(210)	白栓菌	*Trametes albida* (Fr.) Bourd. et Galz.			•	•			
(211)	朱红栓菌	*Trametes cinnabarina* (Jacq.) Fr.			•	•	•		
(212)	裂孔栓菌	*Trametes confragosa* Lloyd					•		
(213)	粗毛栓菌	*Trametes gallica* Fr.					•		
(214)	偏肿栓菌	*Trametes gibbosa* (Pers.:Fr.) Fr.			•	•	•		
(215)	多毛栓菌	*Trametes hispida* Bagl.					•		

续表

序号	中文名	拉丁学名	食用菌	毒菌	药用菌		木腐菌	外生菌根菌	其他
					药用	抗癌			
(216)	乳白栓菌	*Trametes lactinea* Berk.					●		
(217)	亚褐带栓菌	*Trametes meyenii* (Kl.) Bose					●		
(218)	东方栓菌	*Trametes orientalis* (Yasuda) Imaz.			●	●	●		
(219)	绒毛栓菌	*Trametes pubescens* (Schum.:Fr.) Pilát				●	●		
(220)	狭檐栓菌	*Trametes serialis* Fr.					●		
(221)	匍匐栓菌	*Trametes serpens* Fr.					●		
(222)	香栓菌	*Trametes suaveloens* (L.) Fr.					●		
(223)	玫色栓菌	*Trametes subrosea* (Weir) Bond. et Sing					●		
(224)	绒盖干酪菌	*Tyromyces pubescens* (Schum.:Fr.) Imaz.				●	●		
27	**灵芝科**	**Ganodermataceae**							
(225)	树舌灵芝	*Ganoderma applanatum* (Pers.) Pat.			●	●	●		
(226)	拱状灵芝	*Ganoderma fornicotum* (Fr.) Pat.			●	●	●		
(227)	松杉灵芝	*Ganoderma tsugae* Murr.			●	●	●		
28	**木耳科**	**Auriculariaceae**							
(228)	黑木耳	*Auricularia auricular* (L. ex Hook.) Underwood.	●		●	●	●		
(229)	皱木耳	*Auricularia delicate* (Fr.) Henn.	●		●		●		
(230)	毛木耳	*Auricularia polytricha* (Mont.) Sacc.	●		●	●	●		
(231)	黑皱木耳	*Auricularia moellerii* Lloyd	●				●		
29	**胶耳科**	**Exidiaceae**							
(232)	焰耳	*Phlogiotis hevelloides* (DC.: Fr.) Martin	●			●			
30	**银耳科**	**Tremellaceae**							
(233)	金耳	*Tremella aurantialba* Bandoni et Zang	●		●	●	●		
(234)	银耳	*Tremella fuciformis* Berk.	●		●	●	●		
(235)	橙黄银耳	*Tremella lutescens* Fr.	●						
(236)	珊瑚状银耳	*Tremella ramarioides* Zang	●						
31	**花耳科**	**Dacrymycetaceae**							
(237)	掌状花耳	*Dacymyces palmatus* (Schw.) Bres.	●				●		
(238)	桂花耳	*Guepinia spathularia* (Schw.) Fr.	●				●		
32	**马勃科**	**Lycoperdaceae**							
(239)	钩刺灰包	*Lycoperdon pedicellatum* Peck	●		●				
(240)	红马勃	*Lycoperdon subincarnatrm* Peck	●		●				

续表

序号	中文名	拉丁学名	食用菌	毒菌	药用菌		木腐菌	外生菌根菌	其他
					药用	抗癌			
(241)	白刺马勃	*Lycoperdon wrightii* Berk. & Curt.	●		●				
(242)	云南静灰包菌	*Bovistella yunnanensis* (Pat.) Lloyd	●		●				
(243)	白马勃	*Calvatia candida* (Rostk.) Hollòs	●		●				
(244)	杯形马勃	*Calvatia cyathiformis* (Bosc) Morg.	●		●				
33	**肉座菌科**	**Hypocreaceae**							
(245)	竹红	*Hypocrella bambusae* (Berk. et Bres.) Sacc.			●				
(246)	竹黄菌	*Shiraia bambusicola* P. Henn.			●				
34	**炭角菌科**	**Xylariaceae**							
(247)	地棒炭角菌	*Xylaria kedahae* Lloyd					●		
(248)	焦色炭角菌	*Hypoxylon deustum* (Hoffm.: Fr.) Grev.					●		
35	**盘菌科**	**Pezizaceae**							
(249)	粪生刺盘菌	*Cheilymenia coprinaria* (Cooke) Boud.							●
(250)	柠檬黄侧盘菌	*Otidea onotica* (Pers.:Fr.) Fuck.							●
(251)	波缘盘菌	*Peziza repanda* Pers.	●						
(252)	红白毛杯菌	*Sarcoscypha coccinea* (Scop.:Fr.) Lamb.	●						
36	**肉盘菌科**	**Sarcosomataceae**							
(253)	爪哇盖尔盘菌	*Galiella javanica* (Rehm. in Henn.) Nannf. et Korf	●						
37	**羊肚菌科**	**Morchellaceae**							
(254)	黑脉羊肚菌	*Morchella angusticeps* Peck.	●		●				
(255)	尖顶羊肚菌	*Morchella conica* Pers.	●		●				
(256)	羊肚菌	*Morchella esculenta* (L.) Pers.	●		●				
(257)	普通羊肚菌	*Morchella vulgaris* (Pers.) Boud.	●						
(258)	钟菌	*Verpa digitaliformis* Pers.: Fr.	●						
38	**马鞍菌科**	**Helvellaceae**							
(259)	鹿花菌	*Gyromitra esculenta* (Pers.) Fr.	●						
39	**麦角菌科**	**Clavicipitaceae**							
(260)	冬虫夏草	*Cordyceps sinensis* (Berk.) Sacc.	●		●	●			

表2　四川草坡自然保护区蕨类植物名录

序号	拉丁学名	中文名	栖息生境	数据来源
1	**Lycopodiaceae**	**石松科**		
(1)	*Lycopodium annotinum* L.	多穗石松	阔叶林或针叶林下	
(2)	*Lycopodium chinese* Christ	中华石松	山地灌草丛	
(3)	*Lycopodium complanatum* L.	地刷子石松	阔叶林下	
(4)	*Lycopodium japomicum* Thunb	石松	阔叶林下或林缘灌丛	
(5)	*Lycopodium serratum* Thunb.	蛇足石松	常绿阔叶林下	①
(6)	*Diphasiastrum veitchii* Christ	小石松	疏林下或山坡草丛	
2	**Selaginellaceae**	**卷柏科**		
(7)	*Selaginella compta* H.-M.	缘毛卷柏	林下岩石上或山坡草丛	①
(8)	*Selaginella delicatula* (Desv.) Alston	薄叶卷柏	阔叶林下湿润地	
(9)	*Selaginella involvens* (Sw.) Spring	兖州卷柏	山地灌丛或阳坡石壁上	
(10)	*Selaginella labordei* Hieron	细叶卷柏	林下或山地灌丛	
(11)	*Selaginella moellendorffii* Hieron	江南卷柏	林下或林缘阴湿地	
(12)	*Selaginella nipponica* Franch. et Sav.	伏地卷柏	阔叶林下或针阔混交林下	
(13)	*Selaginella pulvinata* (Hook. et Grev.) Maxim.	垫状卷柏	向阳干燥裸岩上	
(14)	*Selaginella uncinata* (Desv.) Spring	翠云草	阴坡阔叶林下	
3	**Equisetaceae**	**木贼科**		
(15)	*Equisetum arvense* L.	问荆	路边草丛或河漫滩草地	
(16)	*Equisetum debile* Roxb. ex Vauncher	笔管草	山地草丛或空旷潮湿地	
(17)	*Equisetum liffusum* Don.	披散木贼	空旷湿润草地	
(18)	*Equisetum hiemale* L.	木贼	阔叶林下或针阔混交林	
(19)	*Equisetum palustre* L.	犬问荆	开阔潮湿地	
(20)	*Equisetum ramosissimum* Desf.	节节草	山地灌丛或草坡	
4	**Botrychiaceae**	**阴地蕨科**		
(21)	*Botrychium lunaria* Sw.	扇羽阴地蕨	亚高山草甸或灌丛中	
(22)	*Botrychium ternatum* (Thunb.) Sw.	阴地蕨	阔叶林下阴湿地	
(23)	*Botrychium lanuginosum* Woll.	绒毛阴地蕨		
5	**Ophioglossaceae**	**瓶尔小草科**		

续表

序号	拉丁学名	中文名	栖息生境	数据来源
(24)	*Ophioglossum reticulatum* Hook.	心叶瓶尔小草	山坡草丛或溪沟草丛中	
(25)	*Ophioglossum vulgatum* L.	瓶尔小草	阔叶林下阴湿地或灌丛	
6	**Osmundaceae**	**紫萁科**		
(26)	*Osmunda japonica* Thunb	紫萁	阔叶林或山地灌丛	
7	**Lygodiaceae**	**海金沙科**		
(27)	*Lygodium japonicum*（Thunb.）Sw.	海金沙	林缘或山地灌丛	
8	**Gleicheniaceae**	**里白科**		
(28)	*Dicranopteris diobotoma* Bernh.	芒萁	山地灌丛或草地	
(29)	*Dipopterygium chinense* Devol	中华里白	林缘或山坡灌丛	
(30)	*Dipopterygium glaucum*（Thunb.）Ching.	里白	阔叶林下	
9	**Hymenophyllaceae**	**膜蕨科**		
(31)	*Hymenophyllum barbatum* Baker	华东膜蕨	林下阴湿石壁上	①
(32)	*Hymenophyllum khasyanum* Hook. et Bak.	顶果膜蕨	常绿阔叶林下	
(33)	*Mecodium microsorum* Ching	小果蕗蕨	阔叶林或冷杉林树干上	
(34)	*Mecodium corrugatum*（Christ）Cop.	皱叶蕗蕨	针阔混交林下	
(35)	*Mecodium osmundoides*（v. d. B.）Ching	长柄蕗蕨	针阔混交林下	
(36)	*Mecodium szechuanense* Ching et Chiu	四川蕗蕨	针阔混交林下	
(37)	*Mecodium wangii* Ching et Chiu	王氏蕗蕨	针阔混交林下	
10	**Dennstaedtiaceae**	**碗蕨科**		
(38)	*Dennstaedtia hirsuta* Mett. ex Miq	细毛碗蕨	阔叶林下阴湿地或草坡	
(39)	*Dennstaedtia scabra* Moore	碗蕨	林下阴湿地	
(40)	*Dennstaedtia wilfordii*（Moore）Christ	溪洞碗蕨	常阔混交林下	
(41)	*Microlepia marginata* C. Chr.	边缘鳞盖蕨	落叶阔叶林或溪沟边	
11	**Lindsacaceae**	**鳞始蕨科**		
(42)	*Sphenomeris chinensis* Maxon	乌蕨	落叶阔叶林或林缘草丛	
12	**Plagiogyriaceae**	**瘤足蕨科**		
(43)	*Plagiogyria distinctissima* Ching	镰叶瘤足蕨	常绿阔叶林下	
(44)	*Plagiogyria dunnii* Cop	倒叶瘤足蕨	常绿阔叶林下	
13	**Oleandraceae**	**蓧蕨科**		
(45)	*Oleandra wallichii*（Hvk.）Presl	高山蓧蕨	山地灌丛	①
14	**Pteridaceae**	**凤尾蕨科**		
(46)	*Pteris actinopteroides* Christ	辐状凤尾蕨	山坡草地或林缘岩石上	
(47)	*Pteris cretica* var. *nervosa* C. Chr.	凤尾蕨	山地灌丛或草地	

续表

序号	拉丁学名	中文名	栖息生境	数据来源
(48)	*Pteris dactylina* Hook.	掌叶凤尾蕨	阔叶林或山地灌草丛	
(49)	*Pteris inaequalis* Bak.	中华凤尾蕨	常绿阔叶林阴湿地或溪沟边	
(50)	*Pteris fauriei* Hieron	金钗凤尾蕨	常绿阔叶林下	
(51)	*Pteris henryi* Christ	狭叶凤尾蕨	落叶阔叶林或山坡灌丛	
(52)	*Pteris multifida* Poir.	井栏边草	常绿阔叶林阴湿地或溪沟边	
(53)	*Pteris vittata* L.	蜈蚣草	林下或林缘石炭岩上	
15	**Sinopteridaceae**	**中国蕨科**		
(54)	*Aleuritopteris anceps* Panigr.	多鳞粉背蕨	落叶阔叶林下	
(55)	*Aleuritopteris argentea* Fee	银粉背蕨	山地灌丛岩石上	
(56)	*Aleuritopteris gresia* Panigr.	细柄粉背蕨	林缘或山坡灌丛	
(57)	*Aleuritopteris stenochlamys* Ching	狭盖粉背蕨	林下岩壁上或山坡草丛	
(58)	*Cheilanthes chusana* Hook.	舟山碎米蕨	山坡草地岩石上	
(59)	*Onychium contiguum* Hope	黑足金粉蕨	林下或林缘灌丛	
(60)	*Onychium japonicum* Kunze	日本金粉蕨	阔叶林或山坡灌丛	
(61)	*Pellaca nitidula* Baker	旱蕨	阔叶林下岩石上	
16	**Adiantaceae**	**铁线蕨科**		
(62)	*Adiantum capillus-veneris* L.	铁线蕨	林下阴湿岩壁上	
(63)	*Adiantum davidii* Franch.	白背铁线蕨	山地灌丛岩石上	
(64)	*Adiantum edgeworthii* Hook.	普通铁线蕨	林下阴湿地	
(65)	*Adiantum fimbratum* Christ	长盖铁线蕨	林下阴湿地或林缘灌丛	
(66)	*Adiantum pedatum* L.	掌叶铁线蕨	阔叶林或针阔混交林下	
17	**Hemogrammaceae**	**裸子蕨科**		
(67)	*Coniogramme affinis* Hieron.	尖齿凤丫蕨	阔叶林或针叶林下	
(68)	*Coniogramme intermedia* Hieron	普通凤丫蕨	阔叶林或山坡灌丛	
(69)	*Gymnopteris bipinnata* Christ	川西金毛裸蕨	林下岩壁上或草地	
(70)	*Gymnopteris vestita* Underw.	金毛裸蕨	林下岩壁上	
(71)	*Gymnopteris vestita* var. *auriculata* C. Chr.	耳叶金毛裸蕨	山地灌丛岩石上	
18	**Pteridiaceae**	**蕨科**		
(72)	*Pteridium aquiliunm* var. *latiusculum* Underm ex Hetler	蕨	山坡灌草丛	
(73)	*Pteridium revolutum* Nakai	密毛蕨	山地灌丛或草丛	
19	**Vittariaceae**	**书带蕨科**		
(74)	*Vittaria filipes* Christ	细柄书带蕨	林中树干或岩石上	
(75)	*Vittaria flexuosa* Fee	书带蕨	阔叶林中树干上	

续表

序号	拉丁学名	中文名	栖息生境	数据来源
20	**Athyriaceae**	**蹄盖蕨科**		
(76)	*Allantodia squamigera* Ching	有鳞短肠蕨	阔叶林或针阔混交林下	①
(77)	*Athyrium cematum* Rupr	圆齿蹄盖蕨	阔叶林下阴湿地	
(78)	*Athyrium fallaciosum* Milda	麦杆蹄盖蕨	林下或林缘灌丛	
(79)	*Athyrium filix-femina* Roth.	蹄盖蕨	针阔混交林下	
(80)	*Athyrium seanum* Ros.	长江蹄盖蕨	林下或林缘灌丛	
(81)	*Athyrium nipponicum* Hance	华东蹄盖蕨	林下或林缘草丛	
(82)	*Athyrium sinense* Rupr	中华蹄盖蕨	林下或灌丛	
(83)	*Athyrium spinulosum* Milde	假冷蕨	阔叶林下	
(84)	*Cystopteris alata* Ching	翅轴冷蕨	山地灌丛岩石上	
(85)	*Cystopteris fragilis* Bernh	冷蕨	林下或上坡草丛	
(86)	*Cystopteris moupinensis* Franch	宝兴冷蕨	针阔混交林或针叶林下	
(87)	*Cystopteris pellucida* Ching	膜叶冷蕨	阔叶林或针阔混交林下	
(88)	*Cystopteris sudetica* A. Br. Etmilde	山冷蕨	阔叶林或灌丛中	
(89)	*Gymnocarpium disjunctum* Ching	羽节蕨	林下岩石上	
(90)	*Gymnocarpium oyamense* Ching	东亚羽节蕨	阔叶林或山坡灌丛	
(91)	*Lunathyrium acrostichoides* Ching	峨眉蕨	沟谷林下或灌丛	
(92)	*Lunathyrium giraldii* Ching	陕西峨眉蕨	林下岩石上或路边草丛	
(93)	*Pseudocystopteris atkinsoni* Ching	大叶假冷蕨	林下或山坡灌丛	
(94)	*Pseudocystopteris spinulosa* Ching	假冷蕨	林下或林缘灌丛	
21	**Aspleniaceae**	**铁角蕨科**		
(95)	*Asplenium incisum* Thunb.	虎尾铁角蕨	林下或林缘落丛中	
(96)	*Asplenium pekinense* Hance	北京铁角蕨	林下岩石上	
(97)	*Asplenium prolongatum* Hook.	长叶铁角蕨	河边悬岩上或林下	
(98)	*Asplenium sarelii* Hook.	华中铁角蕨	水沟边岩石上	
(99)	*Asplenium trichomanes* L.	铁角蕨	林下岩石上	
(100)	*Asplenium tripteropus* Nakai	三翅铁角蕨	阔叶林下阴湿地	
(101)	*Asplenium varians* Wall.	变异铁角蕨	林下岩石上	
(102)	*Asplenium yoshingae* Makino	扁柄铁角蕨	阔叶林中岩壁上	
(103)	*Sinephropteris delavayi* Mickel	水鳖蕨	常生长水沟边	
22	**Hypodematiaceae**	**肿足蕨科**		
(104)	*Hypodemetium crenatum* Kuhn	肿足蕨	阔叶林下岩缝中	
23	**Thelypteridaceae**	**金星蕨科**		

续表

序号	拉丁学名	中文名	栖息生境	数据来源
(105)	*Abacopteris penangianum* Ching	披针叶新月蕨	阔叶林下	
(106)	*Cyclosorus acuminatus* Nakai	渐尖毛蕨	林下或路边草丛	
(107)	*Parathelypteris glanduligera* Ching	金星蕨	林缘或山坡草丛	
(108)	*Parathelypteris nipponica* Ching	扶桑金星蕨	山地灌草丛	
(109)	*Phegopteris decursive-pinnata* Fee	延羽卵果蕨	阔叶林下	①
(110)	*Phegopteris levingei* Tagawa	星毛卵果蕨	山地向阳草丛	
(111)	*Phegopteris polypodioides* Fee	卵果蕨	阔叶林下或灌丛中	
24	**Blechnaceae**	**乌毛蕨科**		
(112)	*Blechnum orientale* L.	乌毛蕨	林下或林缘岩石上	
(113)	*Woodwardis unigemmata* Nakai	单芽狗脊蕨	阔叶林下阴湿地	
25	**Onocleaceae**	**球子蕨科**		
(114)	*Matteuccia orientalis* Trev.	东方荚果蕨	阔叶林或针阔混交林	
(115)	*Matteuccia struthiopteris* Todaro	荚果蕨	林下或山地灌丛	
(116)	*Onoclea sensibilis* L.	球子蕨	林缘草地或阴湿灌丛	
(117)	*Peranema cyatheoides* Don	柄盖蕨	山坡或溪沟灌草丛	
26	**Dryopteridaceae**	**鳞毛蕨科**		
(118)	*Arachniodes coniifolia* Ching	细裂复叶耳蕨	林下或林缘岩壁上	
(119)	*Cytomium balansae* C. Chr.	镰羽贯众	阔叶林下	
(120)	*Cytomium fortunei* J. Sm.	贯众	林下石缝中	
(121)	*Cytomium macrophyllum* Tagawa Presl.	大羽贯众	针阔混交林下	
(122)	*Dryopteris bissetiana* C. Chr.	两色鳞毛蕨	阔叶林下或山坡灌丛	
(123)	*Dryopteris championii* C. Chr. ex Ching	阔鳞鳞毛蕨	林下或沟谷草丛	
(124)	*Dryopteris laeta* C. Chr.	华北鳞毛蕨	阔叶林或针阔混交林	
(125)	*Dryopteris labordei* C. Chr.	齿头鳞毛蕨	林下或灌丛	
(126)	*Polystichum acutidens* Christ	尖齿耳蕨	林下或山坡灌丛	
(127)	*Polystichum crosepedosorum* Diels	鞭叶耳蕨	林下岩石上	
(128)	*Polystichum makinoi* Tagraws	黑鳞耳蕨	阔叶林或针阔混交林	
(129)	*Polystichum neolobatum* Nakai	革叶耳蕨	阔叶林下阴湿地	
(130)	*Polystichum squarrosum* Fee	多鳞耳蕨	针阔混交林或灌丛中	
(131)	*Polystichum tripteron* Presl.	三叉耳蕨	林下石岩或林缘石缝中	
(132)	*Polystichum tsus-sinense* (Hook.)	对马耳蕨	林下或林缘石崖上	①
27	**Polypodiaceae**	**水龙骨科**		
(133)	*Arthromeris lehmannii* Ching	节肢蕨	阔叶林下岩石上	

续表

序号	拉丁学名	中文名	栖息生境	数据来源
(134)	*Arthromeris mairei* Ching	多羽节肢蕨	林下或林缘岩石上	
(135)	*Colysis henryi* Presl.	园叶线蕨	阔叶林下或林缘岩石上	
(136)	*Drymotaenium miyoshianum* (Makino) Makino	丝带蕨	林下树干上	
(137)	*Lepidogrammitis drymoglossoides* Ching	抱石莲	林下树干或岩石上	
(138)	*Lepidogrammitis adnascens* Ching	贴生骨牌蕨	阔叶林下岩石上	
(139)	*Lepisorus bicolor* Ching	两色瓦韦	针叶林树干上	
(140)	*Lepisorus clathratus* Ching	网眼瓦韦	阔叶林或针叶林下岩石上	
(141)	*Lepisorus contortus* Ching	扭瓦韦	林下树干上	
(142)	*Lepisorus macrosphaerus* Ching	大瓦韦	林下石头上	
(143)	*Lepisorus soulieanus* Ching	川西瓦韦	林下岩壁上	
(144)	*Lepisorus thunbergianus* Ching	瓦韦	林下树干或石头上	
(145)	*Microsorium buergerianum* Ching	攀援星蕨	林中树干上或岩石上	
(146)	*Microsorium fortunei* Ching	江南星蕨	阔叶林中岩石上	
(147)	*Neolepisorus ovatus* Ching	盾蕨	林下或林缘灌丛	
(148)	*Phymatopsis hastate* Kitagawa	金鸡角	林下或灌丛石头上	
(149)	*Phymatopsis shensiensis* Ching	陕西假密网蕨	林下树干或岩石上	①
(150)	*Polypodium amoenum* Wall	友水龙骨	林下树干或岩石上	
(151)	*Polypodium nipponicum* Mett	水龙骨	林下岩石上或灌草丛	
(152)	*Pyrrosia calvata* Ching	光石韦	林下树干或石头上	
(153)	*Pyrrosia drakeana* Ching	毡毛石韦	阔叶林下石头上	
(154)	*Pyrrosia lingua* Farw.	石韦	林中树干或林缘岩石上	
(155)	*Pyrrosia petiolosa* Ching	有柄石韦	阔叶林或灌丛石头上	
(156)	*Pyrrosia sheareri* Ching	庐山石韦	林下树干或石头上	
28	**Marsileaceae**	**苹科**		
(157)	*Marsilea quadrifolia* L.	苹	水沟或水塘	
29	**Azollaceae**	**满江红科**		
(158)	*Azolla imbricate* (Roxb.) Nakai	满江红	水塘	

资料来源：①表示数据来源于《卧龙植被及植物资源》，表中未标注数据来源的均为野外察见

表3　四川草坡自然保护区裸子植物名录

序号	拉丁学名	中文名	用　途	保护级别、特有种	备注
1	**Pinaceae**	**松科**			
(1)	*Abies fabri* (Mast.) Craib	峨眉冷杉	用材	特有	
(2)	*Abies fargesii* var. *faxoniana* T. S. Liu	岷江冷杉	用材	特有	
(3)	*Abies ernestii* Rehd.	黄果冷杉	用材	特有	
(4)	*Larix mastersiana* Rehd. et Wils.	四川红杉	用材	II级、特有	
(5)	*Picea asperata* Mast.	云杉	用材	特有	
(6)	*Picea brachytyla* (Franch.) Pritz.	麦吊云杉	用材	特有	
(7)	*Picea likiangensis* var. *hirtella* (Rehd. et Wils.) Cheng ex Chen	黄果云杉	用材	特有	
(8)	*Pinus armandii* Franch.	华山松	用材	特有	
(9)	*Pinus tabuliformis* Carr.	油松	用材	特有	
(10)	*Tsuga chinensis* (Franch.) Pritz.	铁杉	用材	特有	
(11)	*Tsuga dumosa* (D. Don) Eichler	云南铁杉	用材		
2	**Taxodiaceae**	**杉科**			
(12)	*Cunninghamia lanceolata* (Lamb.) Hook.	杉木	用材		
3	**Cupressaceae**	**柏科**			
(13)	*Cupressus chengiana* S. Y. Hu	岷江柏木	用材	II级、特有	
(14)	*Sabina squamata* (Buch.-Hamilt.) Ant	高山柏	用材		
(15)	*Sabina squamata* var. *wilsonii* Cheng et L. K.	香柏	用材	特有	
(16)	*Sabina saltuaria* Cheng et L. K. Fu	方枝柏	用材	特有	
(17)	*Sabina convallium* Cheng et W. T. Wang	密枝圆柏	用材	特有	
(18)	*Juniperus formosana* Hayata	刺柏	用材	特有	
4	**Cephalotaxaceae**	**三尖杉科**			
(19)	*Cephalotaxus fortunei* Li	三尖杉	用材	特有	
(20)	*Cephalotaxus sinensis* (Rehd. et Wils.) Li	粗榧	用材	特有	①
5	**Taxaceae**	**红豆杉科**			
(21)	*Taxus chinensis* (Pilg.) Rehd.	红豆杉	用材、药用	I级、特有	
6	**Ephedraceae**	**麻黄科**			

续表

序号	拉丁学名	中文名	用　途	保护级别、特有种	备注
(22)	*Ephedra equisetina* Bunge	木贼麻黄	药用		①
(23)	*Ephedra minuta* Florin	矮麻黄	药用	特有	

资料来源：①四川植物志编辑委员会. 四川植物志. 成都: 四川科学技术出版社, 1985

表4　四川草坡自然保护区被子植物名录

编号	学名	中文名	用途	备注
	一、双子叶植物纲 Dicotyledoneae			
1	**Juglandaceae**	**胡桃科**		
(1)	*Cyclocraya paliurus* (Batal.) Lljinskajia	青钱柳	用材	
(2)	*Pterocarya insignis* Rehd. et Wils.	华西枫杨	用材	
(3)	*Pterocarya macroptera* Batal.	甘肃枫杨	用材	
(4)	*Pterocarya hupehensis* Skan	湖北枫杨	用材	
(5)	*Juglans cathayensis* Dobe	野胡桃	用材	
(6)	*Juglans regia* L.	胡桃	用材	
(7)	*Platycarya strobilacea* Sied. et Zucc.	化香	用材	
2	**Salicaceae**	**杨柳科**		
(8)	*Populus davidiana* var. *tomentella* Nakai	毛山杨	用材	
(9)	*Populus lasiocarpa* Oliv.	大叶杨	用材	
(10)	*Populus cathayana* Rehd.	青杨	用材	
(11)	*Populus purdomii* Rehd	太白杨	用材	
(12)	*Populus szecguanica* Schneid.	川杨	用材	
(13)	*Populus davidiana* Dobe	山杨	用材	
(14)	*Salix minjiangensis* N. Chao	岷江柳	纤维	
(15)	*Salix argyrophegga* Schnei.	银光柳	纤维	
(16)	*Salix atopantha* Schneid	奇花柳	纤维	
(17)	*Salix cheilophila* Schneid	沙柳	纤维	
(18)	*Salix hylonoma* Schneid.	长腺柳	纤维	
(19)	*Salix dolia* Schneid.	卧龙柳	纤维	
(20)	*Salix brachista* Schneid.	小垫柳	观赏	
(21)	*Salix wallichiana* Anderss.	皂柳	纤维	
(22)	*Salix dissa* Schneid.	牛头柳	纤维	
(23)	*Salix hypoeuca* Seemen	翻白柳	纤维	
(24)	*Salix cupularis* Rehd.	高山柳	纤维	
(25)	*Salix eriostachya* Wall. ex Anderss.	棉穗柳	纤维	
(26)	*Salix heterochroma* Seemen	紫枝柳	纤维	

续表

编号	学名	中文名	用途	备注
(27)	*Salix luctuosa* Levl.	丝毛柳	纤维	
(28)	*Salix moupinensis* Franch.	宝兴柳	纤维	
(29)	*Salix magnifica* Hemsl.	大叶柳	观赏	
(30)	*Salix variegata* Franch.	秋华柳	纤维	
(31)	*Salix martillacea* Anderss	乌饭柳	纤维	
(32)	*Salix hylonoma* Schneid	川柳	纤维	
(33)	*Salix hypoleuca* Seemen	小叶柳	纤维	
(34)	*Salix wallichiana* var. *pachyclada* C. Wang	绒毛皂柳	纤维	
3	**Betulaceae**	**桦木科**		
(35)	*Alnus cremastogyne* Burkill	桤木	用材	
(36)	*Alnus lanata* Duthie.	毛桤木	用材	
(37)	*Betula platyphylla* Suk	白桦	用材	
(38)	*Betula albo-sinensis* Burkill	红桦	用材	
(39)	*Betula potaninii* Batal.	矮桦	用材	
(40)	*Betula utilis* D. Don.	糙皮桦	用材	
(41)	*Betula utilis* var. *prattii* Burk.	西南糙皮桦	用材	
(42)	*Betula insignis* Franch	香桦	用材	
(43)	*Betula luminifera* H. Winkl.	亮叶桦	用材	
(44)	*Carpinus cordata* var. *chinensis* Franch.	华鹅耳枥	用材	
(45)	*Carpinus fangiana* Hu.	长穗鹅耳枥	用材	
(46)	*Carpinus fargesiana* H. Wink.	千筋树	用材	
(47)	*Corylus chinensis* var. *fargesii* Hu.	绒毛榛	用材	
(48)	*Corylus ferox* Wall	刺榛	用材	
(49)	*Corylus heterophylla* var. *sutchenensis* C. C. Yang.	川榛	用材	
(50)	*Corylus ferox* var. *thibetica* Franch.	藏刺榛	淀粉	
4	**Fagaceae**	**壳斗科**		
(51)	*Quercus liantungansis* Koidz.	辽东栎	用材	
(52)	*Quercus baronii* Skan	橿子栎	用材	
(53)	*Quercus aquifolioides* Rehd. et Wils.	川滇高山栎	用材	
(54)	*Quercus engleriana* Seem.	巴东栎	用材	
(55)	*Quercus spinosa* David.	刺叶栎	用材	
(56)	*Quercus variabilis* Bl.	栓皮栎	用材	
(57)	*Quercus fabri* Hance	白栎	用材	
(58)	*Quercus aliena*	槲栎	用材	

续表

编号	学名	中文名	用途	备注
(59)	*Quercus aliena* var. *acutesenate* Maxim.	锐齿槲栎	用材	
(60)	*Quercus detata* Thunb.	柞栎	淀粉	
(61)	*Quercus acutissima* Carrath.	麻栎	用材	
(62)	*Castanea mollissima* Bl.	板栗	淀粉	
(63)	*Castanopsis fargesii* Franch.	栲	用材	
(64)	*Cyclobalanopsis glauca* Oerst.	青冈栎	用材	
(65)	*Cyclobalanopsis glauca* var. *gracilis* Y. T. Cheng	细叶青杠	用材	
(66)	*Cyclobalanopsis oxyodon* Miq.	蛮青杠	用材	
(67)	*Fagus engleriana* Seem.	米心水青冈	用材	
(68)	*Litocarpus cleistocarpus* Rehd. et Wils.	全包石栎	用材	
(69)	*Litocarpus hancei* Rehd.	硬斗柯	用材	
5	**Ulmaceae**	**榆科**		
(70)	*Celtis biondii* Pamp.	紫弹树	用材	
(71)	*Celtis bungeana* Bl.	小叶朴	用材	
(72)	*Celtis cerasiferra* Schneid.	樱果朴	用材	
(73)	*Celtis sinensis* Pers.	朴树	用材	
(74)	*Celtis vandervoetiana* Schneid.	西川朴	用材	
(75)	*Ulmus bergmanniana* Schneid.	兴山榆	纤维	
(76)	*Ulmus parvifolia* Jacg.	榔榆	用材	
(77)	*Zelkova sinica* Schneid.	大果榉	用材	
6	**Moraceae**	**桑科**		
(78)	*Broussonetia kazinoki* Sieb. et Zucc.	小构树	纤维	
(79)	*Broussonetia papyrifera* Vent.	构树	纤维	
(80)	*Ficus henryi* Warb ex Diels	尖叶榕	纤维	
(81)	*Ficus heteromorpha* Hemsl.	异叶榕	纤维	
(82)	*Ficus sarmentosa* var. *henryi* Corner.	珍珠莲	观赏	
(83)	*Ficus sarmentosa* var. *impressa* Corner.	爬岩榕	药用	
(84)	*Ficus tikoua* Bur.	地瓜藤	野生水果	
(85)	*Humulus scandens* Merr.	葎草	药用	
(86)	*Morus alba* L.	桑	野生水果	
(87)	*Morus australis* Poir.	鸡桑	野生水果	
(88)	*Morus mongolica* Schneid.	岩桑	纤维	
7	**Urticaceae**	**荨麻科**		
(89)	*Boehmeria clidemioides* var. *diffusa* Hand.-Mazz.	序叶苎麻	饲料	

续表

编号	学名	中文名	用途	备注
(90)	*Boehmeria gracilis* C. H. Wright	大叶苎麻	纤维	
(91)	*Debregeasia edulis* Wedd.	水麻	野生水果	
(92)	*Debregeasia longifolia* Wedd.	长叶水麻	野生水果	
(93)	*Elatostema obtusum* Wedd.	钝叶楼梯草	饲料	
(94)	*Elatostema rupestre*(Buch.-Ham.) Wedd.	石生楼梯草	饲料	
(95)	*Elatostema monandrum* Hara.	异叶楼梯草	饲料	
(96)	*Elatostema involucratum* Franch. et Sav.	楼梯草	饲料	
(97)	*Laportea bulbifera* var. *sinesis* Chien	华中艾麻	饲料	
(98)	*Laportea macrostachya* Ohwi	艾麻	饲料	
(99)	*Lecanthus peduncularis* Wedd.	假楼梯草	饲料	
(100)	*Memorialis hirta* Wedd.	糯米团	饲料	
(101)	*Oreocnide frutescens* (Thunb.) Miq	紫麻	纤维	
(102)	*Nanocnide japonica* Bl.	花点草	饲料	
(103)	*Pellionia radicans* Wedd.	赤车	饲料	
(104)	*Pilea sinofasciata* C. J. Chen	粗齿冷水花	饲料	
(105)	*Pilea martinli*(Kvl) Hand.-Mazz.	大叶冷水花	饲料	
(106)	*Pilea mongolica* Wedd.	透茎冷水花	饲料	
(107)	*Pilea notata* C. H. Wright	冷水花	饲料	
(108)	*Pilea plataniflora* C. H. Wright	西南冷水花	饲料	
(109)	*Pilea racemosa* Tuyama	亚高山冷水花	观赏	
(110)	*Pouzolzia zeylanica* Benn.	雅致雾水葛	单宁	
(111)	*Urtica fissa* Pritz.	裂叶荨麻	野生蔬菜	
(112)	*Urtica laetevirens* Maxim.	宽叶荨麻	药用	
(113)	*Urtica atrichocaulis* (Hand.-Mazz.) C. J. Chen	小果荨麻	药用	
(114)	*Girardinia suborbiculata* C. J. Chen	蝎子草	野生蔬菜	
8	**Olacaceae**	**铁青树科**		
(115)	*Schoepfia jasminodora* Sieb. et Zucc.	青皮木	观赏	②
9	**Santalaceae**	**檀香科**		
(116)	*Thesium chinensis* Turcz.	百蕊草	药用	
(117)	*Thesium refactum* Mey.	急折百蕊草	药用	
10	**Loranthaceae**	**桑寄生科**		
(118)	*Loranthus yadoriki* Sieb.	毛叶桑寄生	药用	
(119)	*Taxillus delavayi* Danser	柳树寄生	药用	
(120)	*Viscum album* (Kom.) Nakai	槲寄生	药用	

续表

编号	学名	中文名	用途	备注
11	**Balanophoraceae**	**蛇菰科**		
(121)	*Balanophora involucrata* Hook. f.	筒鞘蛇菰	药用	
(122)	*Balanophora japonica* Makino	蛇菰	药用	
12	**Polygonaceae**	**蓼科**		
(123)	*Antenoron filiforme* Rob et Vaut.	金线草	药用	
(124)	*Antenoron neofiliforme* (Nakai) Hara	短毛金线草	药用	
(125)	*Fagopyrum esculentumleptopodum* Hedb	野荞	淀粉	
(126)	*Fagopyrum gracilipes* Danuner.	细梗荞麦	饲料	
(127)	*Fagopyrum tataricum* (L.) Gaertn	苦荞麦	淀粉	
(128)	*Polygonum aviculara* L.	扁蓄	药用	
(129)	*Polygonum alatum* Buch-Ham. ex D. Don	头花蓼	饲料	
(130)	*Polygonum chinense* L.	火炭母	药用	
(131)	*Polygonum hydropiper* L.	水蓼	饲料	
(132)	*Polygonum lapathifolium* L.	酸模叶蓼	饲料	
(133)	*Polygonum cuspdatum* Sieb. et Zucc.	虎杖	药用	
(134)	*Polygonum cynanchoides* Hemsl.	牛皮消蓼	饲料	
(135)	*Polygonum multiflorum* Thunb.	何首乌	药用	
(136)	*Polygonum multiflorum* var. *ciliinerve* Steward	朱砂七	药用	
(137)	*Polygonum nepalense* Meisn.	尼泊尔蓼	饲料	
(138)	*Polygonum pauciflorum* Mayim.	疏花蓼	饲料	
(139)	*Polygonum posumbu* Bi.-H. ex D. Don	丛枝蓼	饲料	
(140)	*Polygonum runcinatum* var. *sinense* Hemsl.	赤胫散	药用	
(141)	*Polygonum sibiricum* Laxm.	西北利亚蓼	饲料	
(142)	*Polygonum senticosum* (Meisn) Franch. et Savat.	刺蓼	观赏	
(143)	*Polygonum macrophyllum* D. Don	圆穗蓼	淀粉	
(144)	*Polygonum suffultum* Maxim.	支柱蓼	药用	
(145)	*Polygonum suffultum* var. *pergraeile* G. Sam.	细穗支柱蓼	药用	
(146)	*Polygonum tenuifolium* Kung.	细叶蓼	药用	
(147)	*Polygonum vivparum* L.	珠芽蓼	淀粉	
(148)	*Polygonum perfoliatum* L.	杠板归	药用	
(149)	*Rheum officinale* Baill	大黄	药用	
(150)	*Rheum palmatum* L.	掌叶大黄	药用	
(151)	*Rumex crispus* L.	皱叶酸膜	饲料	
(152)	*Rumex dentatus* L.	齿果酸膜	饲料	

续表

编号	学名	中文名	用途	备注
(153)	*Rumex nepalensis* Spreng.	尼泊尔酸膜	饲料	
13	**Phytolaccaceae**	**商陆科**		
(154)	*Phytolacca acinosa* Roxb.	商陆	药用	
(155)	*Phytolacca polyandra* Bat.	多药商陆	药用	
14	**Nyctaginaceae**	**紫茉莉科**		
(156)	*Mirabilis jalapa* L.	紫茉莉	观赏	
15	**Molluginaceae**	**粟米草科**		
(157)	*Mollugo pentaphylla* L.	粟米草	药用	
16	**Portulacaceae**	**马齿苋科**		
(158)	*Portulaca oleracea* L.	马齿苋	药用、野菜	
(159)	*Portulaca grandiflora* Hook.	大花马齿苋	药用、观赏	
17	**Caryophyllaceae**	**石竹科**		
(160)	*Arenaria kansuensis* Maxim.	甘肃蚤缀	药用	
(161)	*Arenaria auadridentata* F. N. Williams	四川蚤缀	药用	
(162)	*Arenaria serpyllifolia* L.	蚤缀	药用	
(163)	*Cerastium arvense* L.	卷耳	饲料	
(164)	*Cerastium caespitosum* Gilib.	簇生卷耳	饲料	
(165)	*Cerastium furcatum* Cham. et Schlecht	缘毛卷耳	饲料	
(166)	*Cucubalus baccifer* L.	狗筋蔓	饲料	
(167)	*Dianthus superbus* L.	瞿麦	药用	
(168)	*Dianthus chinensis* L.	石竹	观赏、药用	
(169)	*Malachium aquaticum* Fries	牛繁缕	饲料	
(170)	*Sagina japonica* Ohwi	漆姑草	药用	
(171)	*Melandrium apricum* (Turcz.) Rohrb.	女娄菜	饲料	
(172)	*Melandrium tatarinowii* (Regel) Y. W. Tsui	紫萼女娄菜	饲料	
(173)	*Silene foliosa* Maxim.	蝇子草	观赏	
(174)	*Stellaria chinensis* Regel.	中国繁缕	饲料	
(175)	*Stellaria media* Cyr.	繁缕	饲料	
(176)	*Stellaria saxatilis* Buch.-Ham.	石生繁缕	饲料	
(177)	*Stellaria talustris* Ehrh.	沼生繁缕	饲料	
18	**Chenopodiaceae**	**藜科**		
(178)	*Acroglochin persicarioides* Moq.	千针苋	淀粉	
(179)	*Chenopodinm albnm* L.	藜	野生蔬菜	
(180)	*Chenopodinm ambrosioides* L.	土荆芥	药用	

续表

编号	学名	中文名	用途	备注
(181)	*Kochia scoparia* Schrad.	地肤	药用	
19	**Amaranthaceae**	**苋科**		
(182)	*Achyranthes aspera* L.	土牛膝	药用	
(183)	*Achyranthes bidentata* Bl.	牛膝	药用	
(184)	*Alternanthera philoxeroides* Griseb.	喜旱莲子草	饲料	
(185)	*Amaranthus ascendens* Loisel.	野苋	野生蔬菜	
(186)	*Amaranthus paniculatus* L.	皱果苋	野生蔬菜	
(187)	*Amaranthus paniculatus* L.	繁穗苋	野生蔬菜	
(188)	*Celosia argentea* L.	青葙	野生蔬菜	
20	**Magnoliaceae**	**木兰科**		
(189)	*Magnolia sinensis* Rehd. et Wils. Stapf	圆叶木兰	观赏	
21	**Schisandraceae**	**五味子科**		
(190)	*Schisandra sphenanthera* Rehd. et Wils.	华中五味子	药用	
(191)	*Schisandra propinqua* var. *sinensis* Oliv.	铁砸散	药用	
(192)	*Schisandra rubriflora* Rehd. et Wils.	红花五味子	药用	
(193)	*Schisandra henryi* Clarke	翼梗五味子	药用	
(194)	*Schisandra pubescens* var. *pubinervis* A. C. Smith.	毛脉五味子	药用	②
(195)	*Kadsura longipedunculata* Frnet et Gagnep	南五味子	药用	
22	**Illiciaceae**	**八角茴香科**		
(196)	*Illicium verum* Hook. f.	八角茴香	香料	②
23	**Lauraceae**	**樟科**		
(197)	*Cinnamomum wilsonii* Gamble	川桂	香料	②
(198)	*Cinnamomum longepaniculatum* (Gamble) N. Chao	油樟	油脂	
(199)	*Litsea veitchiana* Gmble.	钝叶木姜子	芳香油	
(200)	*Litsea chunii* Cheng	高山木姜子	芳香油	
(201)	*Litsea cubeba* Pers.	木姜子	芳香油	
(202)	*Litsea moupinensis* H. Lec.	宝兴木姜子	芳香油	
(203)	*Litsea wilsonii* Gamble	绒毛木姜子	芳香油	
(204)	*Litsea populifolia* (Hemsl.) Gamble	杨叶木姜子	芳香油	
(205)	*Litsea pungens* Gamble	尖叶木姜子	芳香油	
(206)	*Lindera obtusiloba* Bl.	三桠乌药	芳香油	
(207)	*Lindera communis* Hemsl.	香叶树	芳香油	
(208)	*Lindera limprichtii* Winkler	卵叶钓樟	芳香油	
(209)	*Lindera pulcherrima* var. *hemsleyana* H. P. Tsui	川钓樟	用材	

续表

编号	学名	中文名	用途	备注
(210)	*Lindera glauca* Blume	山胡椒	芳香油	
(211)	*Lindera megaphylla* Hemsl.	黑壳楠	用材	②
(212)	*Machilus microcarpa* Hemsl.	小果润楠	芳香油	
(213)	*Machilus pingii* Cheng ex Yang	润楠	用材	
(214)	*Neolitsea aurata* Koidz.	新木姜子	用材	
(215)	*Neolitsea homilantha* Allen	团花新木姜子	芳香油	
(216)	*Neolitsea wushanica* (Chun) Merr.	巫山新木姜子	芳香油	
(217)	*Phoebe chinensis* Chun	山楠	芳香油	
(218)	*Phoebe neurantha* (Hemsl.) Gamble	白楠	用材	
(219)	*Sassafras tsumu* Hemsl.	檫木	用材	
24	**Tetracentraceae**	**水青树科**		
(220)	*Tetracentron sinense* Oliv.	水青树	观赏	
25	**Eupteliaceae**	**领春木科**		
(221)	*Euptelea pleiospermum* Hook. f. et Thoms	领春木	观赏	
26	**Cercidiphyllaceae**	**连香树科**		
(222)	*Cercidiphyllum japonicum* Sieb. et Zucc.	连香树	观赏	
27	**Ranunculaceae**	**毛茛科**		
(223)	*Anemone demissa* Hook. f. et Thoms	展毛银莲花	观赏	
(224)	*Anemone tomentosa* Pei	大火草	观赏	
(225)	*Aconitum carmichaelii* Debx.	乌头	药用	
(226)	*Aconitum brunneum* Hand.-Mazz.	褐紫乌头	观赏、药用	
(227)	*Aconitum flavum* Hand.-Mazz.	伏毛铁棒锤	观赏、药用	
(228)	*Aconitum tanguticum* Stapf.	甘青乌头	观赏、药用	
(229)	*Aconitum gymnandrum* Maxim.	露蕊乌头	观赏、药用	
(230)	*Aconitum tanguticum* var. *trichocarpum* Hand.	毛果乌头	观赏、药用	
(231)	*Aconitum tatsienensis* Finet et Gagnep.	康定乌头	观赏、药用	
(232)	*Aconitum vilmorinianum* var. *altifidum* W. T.	西南乌头	观赏、药用	
(233)	*Actaea asiatica* Hara	类叶升麻	观赏	
(234)	*Adonis brevistyla* Franch.	短柱侧金盏花	观赏	
(235)	*Adonis coerulea* Maxim.	蓝侧金盏花	观赏	
(236)	*Adonis bobroviana* Sim.	甘青侧金盏花	观赏	
(237)	*Adonis davidii* Franch.	狭瓣侧金盏花	观赏	
(238)	*Anemone delavayi* Franch.	川滇银莲花	观赏	
(239)	*Anemone exigua* Maxim.	小银莲花	观赏	

续表

编号	学名	中文名	用途	备注
(240)	*Anemone flaccide* Fr. Schmidt	林荫银莲花	观赏	
(241)	*Anemone hupehensis* Lemoine	打破碗花花	观赏	
(242)	*Anemone rivularis* Buch.-Ham.	草玉梅	药用	
(243)	*Anemone rivularis* var. *barbulata* Turcz.	小花草玉梅	药用	
(244)	*Anemone rockii* Vlbl.	川甘银莲花	观赏	
(245)	*Anemone obtusiloba* D. Don	疏齿银莲花	观赏	
(246)	*Anemone geum* Levl.	钝裂银莲花	观赏	
(247)	*Anemone cathayensis* Kitag.	银莲花	观赏	
(248)	*Aquilegia ecalcarata* Maxim.	无距耧斗菜	观赏	
(249)	*Aquilegia ecalcarata* f. *semicalcarta* Hand.-Mazz.	细距耧斗菜	观赏	
(250)	*Aquilegia incurvata* Hsiao	秦岭耧斗菜	观赏	
(251)	*Beesia calthaefolia* (Maxim.) Ulbr.	铁破锣	药用	
(252)	*Caltha palustris* var. *barthei* Hance	空茎驴蹄草	观赏	
(253)	*Caltha palustris* L.	驴蹄草	观赏	
(254)	*Caltha scaposa* Hook. f. et Thoms.	花葶驴蹄草	观赏	
(255)	*Clematis gracilifolia* Rehd. et Wils.	薄叶铁线莲	观赏	
(256)	*Clematis grandidentata* W. T. Wang	粗齿铁线莲	观赏	
(257)	*Clematis peterae* Hand. -Mazz.	钝萼铁线莲	观赏	
(258)	*Clematis armandii* Franch.	小木通	观赏	
(259)	*Clematis brevicaudata* DC. Syst.	短尾铁线莲	观赏	
(260)	*Clematis chrysocoma* Franch.	金毛铁线莲	观赏	
(261)	*Clematis tangutica* (Maxim.) Korsh.	甘青铁线莲	观赏	
(262)	*Clematis lasiandra* Maxim.	毛蕊铁线莲	观赏	
(263)	*Clematis pogonandra* Maxim.	须蕊铁线莲	观赏	
(264)	*Clematis montana* Buch.- Ham. ex DC.	绣球藤	纤维	
(265)	*Clematis chinensis* Osbeck.	威灵仙	药用	
(266)	*Clematis finetiana* Levl. et Vant.	山木通	药用	
(267)	*Circaeaster argrestis* Maxim.	星叶草	观赏	
(268)	*Cimicifuga foetida* L.	升麻	药用	
(269)	*Delphinium trichophorum* Franch	毛翠雀花	观赏	
(270)	*Delphinium mairei* Ulbr.	短距翠雀花	观赏	②
(271)	*Delphinium grandiflorum* L.	翠雀	观赏	
(272)	*Delphinium kamaonense* var. *glabresens*	展毛翠雀	观赏	
(273)	*Delphinium bonvalotii* Franch.	川黔翠雀	观赏	②

续表

编号	学名	中文名	用途	备注
(274)	*Delphinium tongolense* Franch.	川西翠雀	观赏	
(275)	*Delphinium caeruleum* Jacq. ex Camb	蓝翠雀	观赏	
(276)	*Dichocarpum franchtii* W. T. Wang et Hsiao	小花人字果	观赏	
(277)	*Eranthis lobulata* W. T. Wang	浅裂菟葵	观赏	
(278)	*Kingdonia uniflora* Balf. f. et W. W. Smith	独叶草	观赏	③
(279)	*Oxygraphis tenuifolia* W. E. Evans	小鸦跖花	观赏	
(280)	*Oxygraphis glacialis*（Fisch.）Bunge	鸦跖花	观赏	
(281)	*Ranunculus brotherusii* Freyn	高原毛茛	观赏	
(282)	*Ranunculus japonicus* Thunb.	毛茛	药用	
(283)	*Ranunculus longicaulis* C. A. Mey	长茎毛茛	观赏	
(284)	*Ranunculus sieboldii* Miq.	杨子毛茛	药用	
(285)	*Ranunculus nephelogenes* Edgew.	云生毛茛	药用	
(286)	*Thalictrum uncatum* Maxim.	钩柱唐松草	观赏	
(287)	*Thalictrum fargesii* Franch.	西南唐松草	观赏	
(288)	*Thalictrum megalostigma*（Boivin）W. T. Wang	川甘唐松草	观赏	
(289)	*Thalictrum przewalskii* Maxim.	长柄唐松草	观赏	
(290)	*Thalictrum cultratum* Wall.	高原唐松草	观赏	
(291)	*Trollius ranunculoides* Hemsl.	毛茛状金莲花	药用	
(292)	*Trollius farreri* Stapf	矮金莲花	观赏	
(293)	*Trollius yunnanensis* Ulbr.	云南金莲花	观赏	
28	**Berberidaceae**	**小檗科**		
(294)	*Berberis diaphana* Maxim.	鲜黄小檗	药用	
(295)	*Berberis henryana* Schneid.	巴东小檗	药用、观赏用	
(296)	*Berberis kansuensis* Schneid.	甘肃小檗	药用、观赏	
(297)	*Berberis jamesiana* Forrest et W. W. Sm.	川滇小檗	药用、观赏	
(298)	*Berberis verruculosa* Hemsl. et Wils.	疣枝小檗	药用、观赏	
(299)	*Berberis dasystachya* Maxim.	直穗小檗	药用、观赏	
(300)	*Berberis dictyophylla* Franch.	刺红珠	药用、观赏	
(301)	*Berberis polyantha* Hemsl.	刺黄花	药用、观赏	
(302)	*Epimedium pubescens* Maxim.	柔毛淫羊藿	药用	
(303)	*Mahonia bealei* Carr.	阔叶十大功劳	药用、观赏	
(304)	*Mahonia foreunei* Mouill	十大功劳	药用、观赏	
29	**Sargentodoxaceae**	**大血藤科**		
(305)	*Sargentodoxa cuneata* Rend et Wils.	大血藤	药用	

续表

编号	学名	中文名	用途	备注
30	**Lardizabalaceae**	**木通科**		
(306)	*Akebia trifoliate* var. *australis* (Diels) Rehder	白木通	药用	
(307)	*Akebia trifoliata* Koidz.	三叶木通	野生水果	
(308)	*Holboellia angustifolia* Wall.	五枫藤	药用	
(309)	*Holboellia grandiflora* Reaub.	牛姆瓜	药用	
(310)	*Decaisnea insignis* Hook. f. et Thoms	猫儿屎	药用	
(311)	*Sinofranchetia chinensis* Hemsl.	串果藤	药用	
31	**Menispermaceae**	**防己科**		
(312)	*Cocculus trilobus* DC.	木防己	药用	
(313)	*Cyclea racemosa* Oliv.	轮环藤	药用	
(314)	*Stephania cepharantha* Hayata	金线吊乌龟	药用	
(315)	*Stephania ebracteata* S. Y. Zhao et Lo	山乌龟	药用	
(316)	*Stephania japonica* (Thunb.) Miers	千金藤	药用	
32	**Saururaceae**	**三白草科**		
(317)	*Houttuynia cordata* Thunb.	蕺菜	野生蔬菜	
33	**Piperaceae**	**胡椒科**		
(318)	*Peperomia reflexa* A. Dietr.	豆瓣绿	药用	
(319)	*Piper wallichii* Hand. -Mazz .	石南藤	药用	
34	**Chloranthaceae**	**金粟兰科**		
(320)	*Chloranthus henryi* Hemal	宽叶金粟兰	药用	
(321)	*Chloranthus multistashys* Pei	多穗金粟兰	药用	
(322)	*Chloranthus sessilifolins* K. F. Wu	四川金粟兰	药用	
35	**Aristolochiaceae**	**马兜铃科**		
(323)	*Asarum himalaicum* Hook. f. et Thoms	单叶细辛	药用	
(324)	*Asarum caudigerellum* C. Y. Cheng et C. S. Yang	短尾细辛	药用	
(325)	*Asarum himalaicum* Hook. f. et Thoms. ex Klotzsch.	西南细辛	药用	
(326)	*Asarum sieboldii* Miq.	细辛	药用	
(327)	*Aristolochia moupinensis* Franch.	木香马兜铃	药用	
(328)	*Aristolochia tubiflora* Dunn.	管花马兜铃	药用	
36	**Paeoniaceae**	**芍药科**		
(329)	*Paeonia veitchii* Lynch	川赤芍	观赏、药用	
(330)	*Paeonia mairei* Levl.	美丽芍药	观赏、药用	
37	**Actinidiaceae**	**猕猴桃科**		
(331)	*Actinidia deliciosa* C. F. Liang et A. R. Ferguson	美味猕猴桃	野生水果	

续表

编号	学名	中文名	用途	备注
(332)	*Actinidia callosa* Lindl. var. *henryi* Maxim.	秤花藤	野生水果	
(333)	*Actinidia kolomikta* Maxim.	狗枣猕猴桃	野生水果	
(334)	*Actinidia tetramera* Maxim.	四萼猕猴桃	野生水果	
(335)	*Actinidia coriacea* Dunn	革叶猕猴桃	野生水果	
(336)	*Clematoclethra lasioclada* var. *grandis* Rehd.	大叶藤山柳	纤维	
(337)	*Clematoclethra tiliacea* Kom.	少花藤山柳	纤维	
(338)	*Clematoclethra lasioclada* Maxim.	藤山柳	纤维	
(339)	*Clematoclethra scandens* Maxim.	刚毛藤山柳	纤维	
38	**Theaceae**	**山茶科**		
(340)	*Camellia cuspidata* Wight	尖叶山茶	观赏	
(341)	*Eurya alata* Kobuski	翅柃	观赏	
(342)	*Eurya brevistyla* Kobuski	短柱柃	观赏	
(343)	*Eurya loquiana* Dunn	细枝柃	观赏	
(344)	*Eurya alata* Kobuski	翅柃	观赏	
(345)	*Eurya semiserrulata* H. T. Chang	半齿柃	观赏	
(346)	*Ternstr oemia gymnanthera* Sprague	厚皮香	油脂	
39	**Guttiferaceae**	**藤黄科**		
(347)	*Hypericum erectum* Thunb.	小连翘	药用	
(348)	*Hypericum patulum* Thunb.	金丝梅	药用	
(349)	*Hypericum perforatum* L.	贯叶连翘	药用	
(350)	*Hypericum przewalskii* Maxim.	突脉金丝桃	观赏	
(351)	*Hypericum sampsonii* Hance	元宝草	药用	
40	**Papaveraceae**	**罂粟科**		
(352)	*Corydalis adrieni* Prain.	美丽紫堇	观赏	
(353)	*Corydalis curviflora* Maxim.	曲花紫堇	观赏	
(354)	*Corydalis ophiocarpa* Hook. f. et Ttoms.	蛇果黄堇	观赏	
(355)	*Corydalis temulifolia* Franch.	大叶紫堇	药用	
(356)	*Corydalis dytisiflora*（Fedde）Liden	金雀花黄堇	药用	
(357)	*Corydalis decumbens*（Thunb.）Pers.	伏生紫堇	药用	
(358)	*Corydalis adunce* Maxim	灰绿紫堇	药用	
(359)	*Corydalis linearioides* Maxim.	铜锤紫堇	药用	②
(360)	*Dactylicapnos torulosa* Hutchins	大藤铃儿草	药用	
(361)	*Eomecon chionantha* Hance	血水草	药用	
(362)	*Macleaya microcarpa* Fedde.	小果博落回	观赏	

续表

编号	学名	中文名	用途	备注
(363)	*Meconopsis chelidonifolis* Bur. et Franch.	黄花绿绒蒿	观赏	
(364)	*Meconopsis horridula* Hook. f. et Thoms.	多刺绿绒蒿	观赏	②
(365)	*Meconopsis punicea* Maxim.	红花绿绒蒿	观赏	①
(366)	*Meconopsis integrifolia* Franch.	全缘绿绒蒿	观赏	②
(367)	*Meconopsis quintuplenervia* Repel	五脉绿绒蒿	观赏	②
41	**Brassicaceae**	**十字花科**		
(368)	*Arabis pendula* L.	垂果南芥	油脂	
(369)	*Arabis hirsuta*（L.）Scop.	硬毛南芥	油脂	
(370)	*Capsella bursa-pastoris*（L.）Medic	荠菜	野生蔬菜	
(371)	*Cardamine tangutorum* O. E. Schulz	紫花碎米荠	野生蔬菜	
(372)	*Cardamine macrophylla* Willd.	大叶碎米荠	野生蔬菜	
(373)	*Cardamine impatiens* L.	弹裂碎米荠	野生蔬菜	
(374)	*Cardamine hirsuta* L.	碎米荠	野生蔬菜	
(375)	*Cardamine flexuosa* With.	弯曲碎米荠	野生蔬菜	
(376)	*Cardamine macrophylla* var. *polyphylla* O. E. Schulz	多叶碎米荠	野生蔬菜	
(377)	*Draba nemorosa* L.	葶苈	药用	
(378)	*Draba amplexicaulis* Franch.	抱茎葶苈	药用	
(379)	*Draba eriopoda* Turcz.	毛葶苈	药用	
(380)	*Erysimum aurantiacum* Maxim.	糖芥	饲料	
(381)	*Erysimum humillimum* N. Wild.	高山糖芥	饲料	
(382)	*Lepidium cuneiforme* C. Y. Wu	楔叶独行菜	野生蔬菜	
(383)	*Lepidium apetalum* Willd.	独行菜	野生蔬菜	
(384)	*Rorippa montana*（Wall.）Small.	蔊菜	野生蔬菜	
(385)	*Megacarpaea delavayi* Franch.	高河菜	野生蔬菜	
(386)	*Nasturtium officinale* R. Br.	豆瓣菜	野生蔬菜	
(387)	*Thlaspi arvense* L.	遏蓝菜	饲料	
(388)	*Yinshania microcarpa*（Kuan）Y. H. Zhang	小果阴山荠	饲料	
42	**Hamamelidaceae**	**金缕梅科**		
(389)	*Corylopsis willmottiae* Rehd. et Wils.	四川蜡瓣花	观赏	
(390)	*Corylopsis microcarpa* Chang.	小果蜡瓣花	观赏	
(391)	*Sycopsis sinensis* Oliver.	水丝梨	观赏	
43	**Crassulaceae**	**景天科**		
(392)	*Kungia aliciae*（Hamet）K. T. Fu	孔岩草	观赏	
(393)	*Hylotelephium angustum* H. Ohba	狭穗八宝	观赏	

续表

编号	学名	中文名	用途	备注
(394)	*Rhodiola henryi* (Diels) S. H. Fu	豌豆七	药用	
(395)	*Rhodiola kirillowii* Maxim.	狭叶红景天	药用	
(396)	*Rhodiola quadrifida* Fisch et Mey.	四裂红景天	药用	
(397)	*Rhodiola yunnanensis* Fu	云南红景天	药用	
(398)	*Rhodiola crenulata* H. Ohba	大花红景天	药用	
(399)	*Rhodiola dumuiosa* (Franch.) Fu	小丛红景天	药用	
(400)	*Rhodiola discolor* (Franch.) Fu	异色红景天	药用	
(401)	*Rhodiola fastigiata* (Hook. f. et Thoms.) Fu	长鞭红景天	药用	
(402)	*Sedum elatinoides* Franch.	细叶景天	观赏	
(403)	*Sedum amplibracteatum* K. T. Fu	大苞景天	观赏	
(404)	*Sedum amplibracteatum* var. *emarginatum* Fu	凹叶大苞景天	观赏	
(405)	*Sedum elatinoides* Franch.	细叶景天	饲料	
(406)	*Sedum emarginatum* Migo.	凹叶景天	观赏	
(407)	*Sedum lineare* Thunb.	佛甲草	观赏	
(408)	*Sedum mojor* Migo	山飘风	饲料	
(409)	*Sedum sarmentosum* Bunge	垂盆草	观赏	
(410)	*Sedum aizoon* L.	土三七	药用	②
(411)	*Sedum* sp.	丛生小景天	饲料	
(412)	*Sedum wenchuanense* Fu	汶川景天	观赏	②
(413)	*Sedum stellariaefolium* Franch.	火焰草	饲料	
(414)	*Sinocrassula indica* var. *serrata* S. H. Fu	高山石莲	观赏	
(415)	*Sinocrassula indica* (Decne) Berger	石莲	观赏	
44	**Saxifragaceae**	**虎耳草科**		
(416)	*Astilbe chinmensis* Franch. et Savat.	落新妇	药用	
(417)	*Astibe myriantha* Diels.	多花落新妇	观赏	
(418)	*Bergenia purpurascens* Engl.	岩白菜	药用	
(419)	*Chrysosplenium griffithii* Hook. f. et Thoms	肾叶金腰	药用	
(420)	*Chrysosplenium davidianum* Decne ex Maxim.	锈毛金腰	药用	
(421)	*Chrysosplenium lanuginosum* Hook. f.	锦毛金腰	观赏	
(422)	*Chrysosplenium uniflorum* Maxim.	单花金腰	观赏	
(423)	*Decumaria sinensis* Oliver	赤壁草	观赏	
(424)	*Deutzia setchuenensis* Franch.	川溲疏	观赏	
(425)	*Deutzia rubens* Rehd.	粉红溲疏	观赏	
(426)	*Deutzia longifolia* Franch.	长叶溲疏	观赏	

续表

编号	学名	中文名	用途	备注
(427)	*Hydrangea xanthoneura* var. *setchuenensis* Rehd.	四川挂苦绣球	观赏	
(428)	*Hydrangea anomala* D. DOon	冠盖绣球	观赏	
(429)	*Hydrangea longipes* Franch.	长柄绣球	观赏	
(430)	*Hydrangea rosthornii* Diels.	大枝绣球	观赏	
(431)	*Hydrangea strigosa* Rehd.	腊莲绣球	观赏	
(432)	*Hydrangea xanthoneura* Diels	挂苦绣球	观赏	
(433)	*Itea chinensis* Hook. et Arn.	鼠刺	观赏	②
(434)	*Parnassia brevistyla* Hand.-Mazz.	短柱梅花草	观赏	
(435)	*Parnassia delavayi* Franch.	突隔梅花草	观赏	
(436)	*Parnassia foliosa* Hook. f. et Thoms.	白耳菜	观赏	
(437)	*Parnassia. wightiana* Wall .	鸡眼梅花草	观赏	
(438)	*Philadelphus purpurascens* Rehd	紫萼山梅花	观赏	
(439)	*Philadelphus sericanthus* Koehne.	绢毛山梅花	观赏	
(440)	*Philadelphus delavayi* L. Henry	云南山梅花	观赏	
(441)	*Philadelphus subcanus* Koehne	毛柱山梅花	观赏	②
(442)	*Ribes moupinense* Franch.	宝兴茶藨	野生水果	
(443)	*Ribes setchuense* Jancz.	四川茶藨	野生水果	
(444)	*Ribes tenue* Jancz.	细枝茶藨	野生水果	
(445)	*Ribes glaciale* Wall.	冰川茶藨	野生水果	
(446)	*Ribes longiracemosum* Kom.	长串茶藨	野生水果	
(447)	*Ribes meyeri* Marim	五裂茶藨	野生水果	
(448)	*Ribes humile* Jancz.	矮醋栗	野生水果	
(449)	*Ribes meyeri* var. *tanguticum* Jancz.	甘青茶藨	野生水果	
(450)	*Rodgersia aesculifolia* Batalin	鬼灯擎	淀粉、观赏	
(451)	*Rodgersia sambucifolia*	西南鬼灯擎	淀粉、观赏	
(452)	*Saxifraga rufescens* Balf. f.	红毛虎耳草	观赏	
(453)	*Saxifraga bmchydoda* var. *fimbriata* Engl. et Irm.	流苏虎耳草	观赏	
(454)	*Saxifraga montana* H. Smith	山地虎耳草	观赏	
(455)	*Saxifraga melanocentra* Franch.	黑心虎耳草	观赏	
(456)	*Saxifraga stolonifera* Curt.	虎耳草	观赏	
(457)	*Saxifraga tangutica* Engl.	甘青虎耳草	观赏	
(458)	*Saxifraga densifoliata* Engl. et Irm.	密叶虎耳草	观赏	
(459)	*Saxifraga eregia* Engl.	优越虎耳草	观赏	
(460)	*Saxifraga flagellaris* subsp. *megistantha* Hand.-Mazz	大花虎耳草	观赏	②

续表

编号	学名	中文名	用途	备注
(461)	*Saxifraga pseudohirculus* Engl.	狭瓣虎耳草	观赏	
(462)	*Saxifraga rutans* Hook. f. et Thoms	垂头虎耳草	观赏	
(463)	*Saxifraga unguipetala* Engl. et irm.	抓瓣虎耳草	观赏	
(464)	*Saxifraga ovatocordata* Hand.–Mazz.	卵叶虎耳草	观赏	
(465)	*Schizophragma integrifolium* Oliver	钻地风	观赏	
(466)	*Tiarella polyphylla* D. Don	黄水枝	药用	
45	**Pittosporaceae**	**海桐科**		
(467)	*Pittosporum heterophyllum* Franch.	异叶海桐	药用	
(468)	*Pittosporum truncatum* Pritz.	菱叶海桐	药用	
46	**Rosaceae**	**蔷薇科**		
(469)	*Agrimonia pilosa* Ledeb.	龙牙草	药用	
(470)	*Aruncus sylvester* Kostel.	假升麻	药用	
(471)	*Alchemilla gracilis* Opiz	纤细羽衣草	观赏	
(472)	*Cotoneaster tenuipes* Rehd. et Wils.	细弱栒子	野生水果	
(473)	*Cotoneaster dielsianus* Pritz.	木帚栒子	野生水果	
(474)	*Cotoneaster obscures* Rehd. et Wils.	暗红栒子	野生水果	
(475)	*Cotoneaster moupinensis* Franch.	宝兴栒子	野生水果	
(476)	*Cotoneaster gracilis* Rehd. et Wils.	细枝栒子	野生水果	
(477)	*Cotoneaster horizontalis* Decne.	平枝栒子	野生水果	
(478)	*Cotoneaster divaricatus* Rehd. et Wils.	散生栒子	野生水果	
(479)	*Cotoneaster microphyllus* Wall.	小叶栒子	野生水果	
(480)	*Cotoneaster salicifolius* Franch.	柳叶栒子	野生水果	
(481)	*Cotoneaster adpressus* Bois	匍匐栒子	野生水果	
(482)	*Crataegus wilsonii* Sarg.	华中山楂	野生水果	
(483)	*Cerasus pleiocerasus* Yu et C. L. Li	雕核樱桃	野生水果	
(484)	*Cerasus polytricha*（Koehne）Yu et C. L. Li	多毛樱桃	野生水果	
(485)	*Cerasus tomentosa*（Thunb.）Wall ex Hook. f.	毛樱桃	野生水果	
(486)	*Duchesnea indica* Focke	蛇莓	药用	
(487)	*Eriobotrya japonica*（Thunb.）Lindl.	枇杷	野生水果	
(488)	*Fragaria orientalis* Lozinsk.	东方草莓	野生水果	
(489)	*Geum aleppicum* Jacq.	水杨梅	药用	
(490)	*Geum japonicum* var. *chinense* F. Bolle	柔毛水杨梅	药用	
(491)	*Kerria japonica*（Linn.）DC.	棣棠	观赏	
(492)	*Maddenia hypoleuca* Koehne	假稠李	观赏	②

续表

编号	学名	中文名	用途	备注
(493)	*Malus pumila* Mill.	苹果	水果	
(494)	*Malus yunnanensis* (Franch.) Schneid.	滇池海棠	野生水果	②
(495)	*Malus prattii* (Hemsl.) Schneid.	川滇海棠	野生水果	
(496)	*Madidenia wilsonii* Koehne	华西臭樱	用材	
(497)	*Neilla sinensis* Oliv.	中华绣线梅	观赏	
(498)	*Neilla thibetica* Bur. & Franch.	西康绣线梅	观赏	②
(499)	*Padus brachypoda* (Batal.) Schneid	短梗稠李	用材	
(500)	*Padus obtusata* (Koehne) Yu et Ku	细齿稠李	用材	
(501)	*Padus brachypoda* var. *pseudossiori* Koehne	长序稠李	用材	
(502)	*Padus sericea* (Batal.) Koehne	绢毛稠李	用材	
(503)	*Photinia serratifolia* Lindl.	石楠	用材	
(504)	*Photinia beauverdiana* Schneid.	中华石楠	用材	
(505)	*Photinia paxvifolia* L.	小叶石楠	用材	
(506)	*Prunus davidiana* Franch.	山桃	野生水果	
(507)	*Prunus persica* Batsch	毛桃	野生水果	
(508)	*Prunus salicina* Lindl.	野李	野生水果	
(509)	*Cerasus canescens* Bois	灰毛樱桃	野生水果	
(510)	*Cerasus dielsiana* (Carr.) Franch.	尾叶樱	野生水果	
(511)	*Cerasus pilosiuscula* Koehne	西南樱桃	野生水果	
(512)	*Cerasus stipulacea* Maxim.	托叶樱桃	野生水果	
(513)	*Pyrus serrulata* Rehd.	麻梨	野生水果	
(514)	*Pyrus ussuriensis* Maxim.	秋子梨	野生水果	②
(515)	*Potentilla fruticosa* Linn.	金露梅	观赏	
(516)	*Potentilla ohinensis* Ser.	委陵菜	药用	
(517)	*Potentilla potaninii* Wolf	华西委陵菜	药用	
(518)	*Potentilla fulgens* Wall. ex Hook.	西南委陵菜	药用	
(519)	*Potentilla glabra* Lodd.	华西银露梅	观赏	
(520)	*Potentilla leuconota* D. Don	银叶委陵菜	药用	
(521)	*Potentilla anserina* L.	鹅绒委陵菜	淀粉	
(522)	*Potentilla kleiniana* Wight et Arn.	蛇含委陵菜	药用	
(523)	*Potentilla multicaulis* Bge.	多茎萎陵菜	药用	
(524)	*Potentilla saundersiana* Royle	钉柱委陵菜	药用	
(525)	*Rosa hugonia* Hemsl.	黄刺玫	观赏	
(526)	*Rosa moyesii* Hemsl. et Wils.	红花蔷薇	观赏	

续表

编号	学名	中文名	用途	备注
(527)	*Rosa helenae* Rehd. et Wils.	卵果蔷薇	观赏	
(528)	*Rosa omeiensis* Rolfe	峨眉蔷薇	观赏	
(529)	*Rosa sericera* Lindl.	绢毛蔷薇	观赏	
(530)	*Rosa willmottiae* Hemsl.	小叶蔷薇	观赏	
(531)	*Rosa rubus* Levl. et Vant.	小果蔷薇	观赏	
(532)	*Rosa sweginzowii* Koehne	扁刺蔷薇	观赏	
(533)	*Rosa moyesii* Hemsl. et Wils.	华西蔷薇	观赏	
(534)	*Rosa murielae* Rehd. et Wils.	西南蔷薇	观赏	
(535)	*Rosa brunonii* Lindl.	复伞房蔷薇	观赏	
(536)	*Rubus niveus* Thunb.	红泡刺藤	单宁	
(537)	*Rubus biflorus* Buch.-Ham ex Smith	粉枝莓	单宁	
(538)	*Rubus pileatus* Focke	菰帽悬钩子	单宁	
(539)	*Rubus parvifolius* Linn.	茅莓	单宁	
(540)	*Rubus mesogaeus* Focke	喜阴悬钩子	单宁	
(541)	*Rubus amabilis* Focke	秀丽莓	单宁	
(542)	*Rubus xanthocarpus* Bureau et Franch.	黄果悬钩子	单宁	
(543)	*Rubus chroosepalus* Focke	毛萼莓	野生水果	
(544)	*Rubus eucalyptus* Focke	覆盆子	野生水果	
(545)	*Rubus coreanus* Miq. var. *tomentosus* Gard.	白绒覆盆子	野生水果	
(546)	*Rubus parkeri* Hance	乌泡子	野生水果	
(547)	*Rubus setchuenensis* Rureau et Franch.	川莓	野生水果	
(548)	*Rubus ichangensis* Hemsl. et Kuntze	宜昌悬钩子	野生水果	
(549)	*Rubus pinfaensis* Levl. et Vant.	红毛悬钩子	野生水果	
(550)	*Rubus sumatramus* Miq.	红腺悬钩子	野生水果	
(551)	*Rubus thibetanus* Franch.	西藏悬钩子	野生水果	
(552)	*Rubus flosculosus* Focke	山挂牌条	野生水果	
(553)	*Rubus lambertianus* var. *glaber* Hemsl.	高粱泡	野生水果	
(554)	*Rubus malifolius* Focke	羊尿泡	野生水果	
(555)	*Rubus parkeri* Hance	乌泡子	野生水果	
(556)	*Rubus pectinellus* Maxim.	黄泡	野生水果	
(557)	*Sanguisorba officinalis* L.	地榆	药用	
(558)	*Sibiraea angustata* (Rehd.) Hand.-Mazz.	窄叶鲜卑花	观赏	
(559)	*Sorbaria arborea* Schneid.	高丛珍珠梅	观赏	
(560)	*Stranvaesia davidiana* Dcne	红果树	野生水果	

续表

编号	学名	中文名	用途	备注
(561)	*Sorbus hupehensis* Schneid	湖北花楸	观赏	
(562)	*Sorbus koehneana* Schneid	陕甘花楸	观赏	
(563)	*Sorbus folgneri* Rehd.	石灰花楸	观赏	
(564)	*Sorbus prattii* Koehne	川滇花楸	观赏	
(565)	*Sorbus rufopilosa* Schneid.	红毛花楸	观赏	
(566)	*Sorbus xanthoneura* Rehd.	黄脉花楸	用材	
(567)	*Sorbus zahlbruchckneri* Schneid.	长果花楸	用材	
(568)	*Sibbaldia tenuis* Hand.-Mazz.	纤细山莓草	野生水果	
(569)	*Sibbaldia aphanopetala* Hand.-Mzt.	隐瓣山金梅	观赏	
(570)	*Sibbaldia macropetala* Muravj.	紫花山金梅	观赏	
(571)	*Spenceria ramalana* Trimen	黄总花草	观赏	②
(572)	*Spiraea chinensis* Maxim.	中华绣线菊	观赏	
(573)	*Spiraea henryi* Hemsl.	翠蓝绣线菊	观赏	
(574)	*Spiraea hirsute* (Hemsl.) Schneid.	疏毛绣线菊	观赏	
(575)	*Spiraea mollifolia* Rehd.	毛叶绣线菊	观赏	
(576)	*Spiraea rosthornii* Pritz.	南川绣线菊	观赏	
(577)	*Spiraea sargentiana* Rehd.	茂汶绣线菊	观赏	
(578)	*Spiraea sericea* Turcz.	绢毛绣线菊	观赏	
(579)	*Spiraea veitchii* Hemsl.	鄂西绣线菊	观赏	
(580)	*Spiraea myrtilloides* Rehd.	细枝绣线菊	观赏	
(581)	*Spiraea japonica* var. *acuminata* Franch.	狭叶绣线菊	观赏	
(582)	*Spiraea japonica* Linn. f.	粉花绣线菊	观赏	
(583)	*Spiraea cantoniensis* Lour	麻叶绣线菊	观赏	
47	**Leguminosae**	**豆科**		
(584)	*Apios camea* Benth.	肉色土圞儿	淀粉	
(585)	*Apios fortunei* Maxim.	土圞儿	淀粉	
(586)	*Albizzia kolkora* Prain	山合欢	药用、观赏	
(587)	*Astragalus basiflorus* Pet.-Stib.	地花黄耆	药用	
(588)	*Astragalus bhotannensis* Baker	地八角	药用	
(589)	*Astragalus floridus* Bcnth. ex Bge.	多花黄耆	药用	
(590)	*Astragalus mahoschanicus* Hand.-Mazz.	马河山黄耆	药用	
(591)	*Astragalus tataricus* Franch.	皱叶黄耆	药用	
(592)	*Astragalus membranaceus* (Fisch.) Bunge	膜荚黄耆	药用	
(593)	*Astragalus tongolensis* Ulbr.	东俄洛黄耆	药用	

续表

编号	学名	中文名	用途	备注
(594)	*Astragalus weigoldianus* Hang-Mzt.	肾兴子黄耆	药用	②
(595)	*Bauhinia faberi* Oliver	小马鞍叶羊蹄甲	观赏	
(596)	*Bauhinia* sp.	羊蹄甲	观赏	
(597)	*Campylotropis delavayi* Schindl.	西南杭枝梢	油脂	
(598)	*Campylotropis hirtella* Schindl.	毛杭枝梢	饲料	
(599)	*Caragana brevioflia* Kom.	短叶锦鸡儿	饲料	
(600)	*Caragana sinica* Rhed.	锦鸡儿	药用	
(601)	*Caragana stenophylla* Pojark.	狭叶锦鸡儿	药用	
(602)	*Dalbergia dyeriana* Prain.	大金刚藤黄檀	药用	
(603)	*Dalbergia hancei* Benth.	藤黄檀	药用	
(604)	*Dalbergia mimosoides* Franch.	含羞草叶黄檀	药用	
(605)	*Desmodium oldhamii* Oliv.	羽叶山蚂蟥	药用	
(606)	*Desmodium racemosum* Dc.	山蚂蟥	饲料	
(607)	*Desmodium szechuenense* Schind.	四川山蚂蟥	饲料	
(608)	*Desmodium sinuatum* Bl.	波叶山蚂蟥	饲料	
(609)	*Desmodium spicatum* Rehd.	总状花序山蚂蟥	饲料	
(610)	*Desmodium podocarpum* DC.	圆菱叶山蚂蟥	饲料	
(611)	*Glycine soja* Sieb. et Zucc.	野大豆	饲料	
(612)	*Gueldenstaedtia multiflora* Bunge	米口袋	饲料	
(613)	*Gueldenstaedtia stenophylla* Bunge	狭叶米口袋	饲料	
(614)	*Gueldenstaedtia diversifolia* Maxim.	异叶米口袋	药用	
(615)	*Indigofera amblyantha* Craib	多花木蓝	饲料	
(616)	*Indigofera bungeana* Steud.	铁扫帚	饲料	
(617)	*Kummerowia striata* Schindl	鸡眼草	饲料	
(618)	*Lespedeza cuneata* G. Don.	截叶铁扫帚	药用	
(619)	*Lespedeza bicolor* G. Don	多花胡枝子	饲料	
(620)	*Lespedeza filosa* Sieb. et Zucc.	铁马鞭	饲料	
(621)	*Lotus corniculatus* L.	百脉根	饲料	
(622)	*Lotus tenuis* Kit.	细百脉根	饲料	
(623)	*Lathyrus pratensis* L.	牧地香豌豆	牧草	
(624)	*Medicago lupulina* L.	天蓝苜蓿	饲料	
(625)	*Melilotus suaveolens* Ledeb.	草木犀	饲料	
(626)	*Millettia dielsiana* Harms ex Diels	香花崖豆藤	药用	
(627)	*Millettia* sp.	崖豆藤	纤维	

续表

编号	学名	中文名	用途	备注
(628)	*Oxytropis kansuensis* Bunge	甘肃棘豆	饲料	
(629)	*Oxytropis melanocalyx* Bunge	黑萼棘豆	饲料	
(630)	*Pueraria lobata* Ohwi	葛根	淀粉	
(631)	*Pueraria thomsonii* Benth.	粉葛藤	淀粉	
(632)	*Rhynchosia volubilis* Lour.	鹿藿	药用	
(633)	*Robinia pseudoacacia* L.	刺槐	饲料	
(634)	*Sophora japonica* var. *pubescens* Bosse	毛叶槐	药用、用材	
(635)	*Vicia cracca* L.	广布野豌豆	饲料	
(636)	*Vicia multicaulis* Ldb.	多茎野豌豆	饲料	
(637)	*Vicia satvia* L.	救荒野豌豆	饲料	
(638)	*Vicia unijuga* A. Br.	歪头菜	饲料	
48	**Oxalidaceae**	**酢浆草科**		
(639)	*Oxalis corniculata* L.	酢浆草	药用	
(640)	*Oxalis griffithii* Edgew. et Hook. f.	山酢浆草	观赏	
49	**Geraniaceae**	**牻牛儿苗科**		
(641)	*Geranium nepalense* Sweet.	尼泊尔老鹳草	观赏	
(642)	*Geranium platyanthum* Duthie	毛蕊老鹳草	观赏	
(643)	*Geranium pylzowianum* Maxium.	甘青老鹳草	观赏	
(644)	*Geranium pratense* L.	草原老鹳草	观赏	
(645)	*Geranium wlassowianum* Fisch. ex Link	灰背老鹳草	观赏	
50	**Linaceae**	**亚麻科**		
(646)	*Reinwardtia indica* Dum.	石海椒	观赏	
(647)	*Linum stelleroides* Planch.	野亚麻	油脂	
51	**Euphorbiaceae**	**大戟科**		
(648)	*Acalypha australis* L.	铁苋菜	野生蔬菜	
(649)	*Euphorbia pekinensis* Rupr.	大戟	观赏	
(650)	*Euphorbia siebddiana* Merr et Decme.	钩腺大戟	药用	
(651)	*Euphorbia humifusa* Willd.	地棉	药用	
(652)	*Excoecaria acerifolia* E. Didr.	草沉香	油脂	
(653)	*Glochidion puberum* Huten.	算盘子	药用	
(654)	*Mallotus tenuifolius* Pax	野桐	油脂	
(655)	*Mallotus repandus*（Willd.）Muell.-Arg.	石岩枫	油脂	②
(656)	*Sapium discolor*（Champ. ex Benth.）Muell.-Arg.	山乌桕	油脂	
(657)	*Speranskia tuberculata* Baill.	地构叶	药用	

续表

编号	学名	中文名	用途	备注
52	**Daphniphyllaceae**	**交让木科**		
(658)	*Daphniphyllum macropodum* Miq	交让木	观赏	
53	**Rutaceae**	**芸香科**		
(659)	*Boenninghausenia albiflora* Reichb.	臭节草	芳香油	
(660)	*Evodia henryi* Dode	湖北吴萸	观赏	
(661)	*Evodia fargesii* Dode	臭辣树	观赏	
(662)	*Phellodendron amurense* Rupr.	黄檗	药用	
(663)	*Phellodendron chinensis* Schneid.	川黄檗	药用	
(664)	*Skimmia reevsiana* Fortune	茵芋	观赏	
(665)	*Zanthoxylum stenophyllum* Hemsl.	狭叶花椒	芳香油	
(666)	*Zanthoxylum piasezkii* Maxim.	川陕花椒	芳香油	
(667)	*Zanthoxylum esquirolii* Levl.	岩椒	芳香油	
(668)	*Zanthoxylum dissitum* Hemsl.	单面针	芳香油	
(669)	*Zanthoxylum planispinum* Sieb. et Zucc.	竹叶椒	芳香油	
(670)	*Zanthoxylum simulans* Hance.	野花椒	芳香油	
(671)	*Zanthoxylum dissitum* var. *acutiserratum*	蚬壳花椒	芳香油	
54	**Simaroubaceae**	**苦木科**		
(672)	*Ailanthus altissima*（Mill）Swingle	臭椿	用材	
(673)	*Picrasma quassioides*（D. Don）Benn.	苦木	药用	
55	**Polygalaceae**	**远志科**		
(674)	*Polygala tatarinowii* Regel.	小扁豆	药用	
(675)	*Polygala sibirica* Linn	西伯利亚远志	药用	
(676)	*Polygala japonica* Houtt.	瓜子金	药用	
(677)	*Polygala wattersii* Hance	长毛远志	药用	②
56	**Coriariaceae**	**马桑科**		
(678)	*Coriaria sinica* Maxim.	马桑	药用	
57	**Anacardiaceae**	**漆树科**		
(679)	*Rhus chinensis* Mill	盐肤木	用材	
(680)	*Rhus potaninii* Maxim.	青麸杨	单宁	
(681)	*Rhus punjabensis* var. *sinica* Rehd.	红麸杨	单宁	
(682)	*Toxicodendron vrenicifluum* F. A. Barkl.	漆树	油脂	
(683)	*Toxicodendron succedaneum* Knntze	野漆树	油脂	
(684)	*Toxicodendron radicans* subsp. *hispidum*（Engl.）Gillis	刺果毒藤	油脂	②
58	**Aceraceae**	**槭树科**		

续表

编号	学名	中文名	用途	备注
(685)	*Acer cappadocicum* var. *tricaudatum* Rehd.	三尾青皮槭	用材	
(686)	*Acer caudatum* var. *prattii* Rehd .	川滇长尾槭	用材	
(687)	*Acer catalpifolium* Rehd.	梓叶槭	用材	
(688)	*Acer oliverianum* Pax.	五裂槭	用材	
(689)	*Acer franchetii* Pax.	房县槭	用材	
(690)	*Acer mono* var. *macropterum* Fang	大翅色木槭	用材	
(691)	*Acer caesium* subsp. *giraldii*（Pax）E. Murr.	太白深灰槭	用材	
(692)	*Acer laisuense* Fang et W. K. Hu	来苏槭	用材	
(693)	*Acer stachyophyllum* Hiern	毛叶槭	用材	
(694)	*Acer davidii* Franch.	青榨槭	用材	
(695)	*Acer henryi* Pax	建始槭	用材	
(696)	*Acer laxiflorum* Pax	疏花槭	用材	
(697)	*Acer maximowiczii* Pax	五尖槭	用材	
(698)	*Acer robustum* Pax	杈叶槭	用材	
(699)	*Acer mono* Miq.	色木槭	用材	
(700)	*Acer tetramerum* var. *betulifolium* Rehd	桦叶四蕊槭	用材	
59	**Hippocastanaceae**	**七叶树科**		
(701)	*Aesculus wilsonii* Hemsl.	天师栗	用材	
60	**Sabiaceae**	**清风藤科**		
(702)	*Sabia yunnanensis* subsp. *latifolia* Y. F. Wu	阔叶青风藤	野生蔬菜	
(703)	*Sabia schumanniana* Diel.	四川青风藤	野生蔬菜	
(704)	*Meliosma cuneifolia* Franch.	泡花树	观赏	
(705)	*Meliosma cuneifolia* var. *glaberiuscula* Cuf.	小泡花树	观赏	
61	**Sapindaceae**	**无患子科**		
(706)	*Cardiospermum halicacabum* Linn.	倒地铃	药用	
(707)	*Koelreuteria paniculata* Laxm.	栾树	观赏	
(708)	*Sapindus delavayi* Radlk.	川滇无患子	油脂	
62	**Balsaminaceae**	**凤仙花科**		
(709)	*Impatiens dicentra* Franch. ex Hook. f.	齿萼凤仙花	观赏	
(710)	*Impatiens noli-tangere* L.	水金凤	观赏	
(711)	*Impatiens siculifer* Hook. f.	黄金凤	观赏	
(712)	*Impatiens wilsonii* Hook. f.	白花凤仙花	观赏	
(713)	*Impatiens spsotis* Hook. f.	川西凤仙花	观赏	
(714)	*Impatiens stenosepala* Pritz ex Diels	窄萼凤仙花	观赏	

续表

编号	学名	中文名	用途	备注
(715)	*Impatiens delavayi* Franch.	耳叶凤仙花	观赏	
(716)	*Impatiens leptocaulon* Hook. f.	细柄凤仙花	观赏	
(717)	*Impatiens radiate* Hook. f.	辐射凤仙花	观赏	②
(718)	*Impatiens purpurea* Hand.-Mazz.	紫花凤仙花	观赏	
63	**Aquifoliaceae**	**冬青科**		
(719)	*Ilex fargesii* Franch.	狭叶冬青	观赏	
(720)	*Ilex pernyi* Franch.	猫儿刺	观赏	
(721)	*Ilex cornuta* Lindl	构骨冬青	观赏	
(722)	*Ilex micrococca* Maxim.	小果冬青	观赏	
(723)	*Ilex szechwanensis* Loes.	四川冬青	观赏	
(724)	*Ilex yunnanensis* Franch.	云南冬青	观赏	
(725)	*Ilex franchetiana* Loes.	山枇杷	观赏	②
64	**Celastraceae**	**卫矛科**		
(726)	*Euonymus verrucosoides* var. *viridiflorus* Loes. et Rehd.	阿坝卫矛	观赏	
(727)	*Euonymus hamiltonianus* Wall.	西南卫矛	观赏	
(728)	*Euonymus hamiltonianus* f. *lanceifolius* C. Y. Cheng.	披针叶卫矛	观赏	
(729)	*Euonymus phellomanus* Loes.	栓翅卫矛	观赏	
(730)	*Euonymus giraldii* Loes.	纤齿卫矛	观赏	
(731)	*Euonymus cornutus* Hemsl.	角翅卫矛	药用	
(732)	*Euonymus porphyreus* Loes.	紫花卫矛	观赏	
(733)	*Euonymus przewalskii* Maxim.	八宝茶	观赏	
(734)	*Euonymus sanguineus* Loes.	石枣子	油脂	②
(735)	*Celastrus angulatus* Maxim.	苦皮藤	药用	
(736)	*Celastrus glaucophyllus* Rehd. et Wils.	灰叶南蛇藤	药用	
(737)	*Celastrus hypoleucus* (Oliv.) Warb	粉背南蛇藤	药用	
(738)	*Celastrus vanitoi* (Lecl.) Rehder	穗花南蛇藤	药用	
65	**Staphyleaceae**	**省沽油科**		
(739)	*Euscaphis japonica* (Thunb.) Kanitz	野鸭椿	油料、药用	
(740)	*Staphylea holocarpa* Hemsl.	膀胱果	观赏	
66	**Buxaceae**	**黄杨科**		
(741)	*Buxus bodinieri* Levl.	匙叶黄杨	观赏	
(742)	*Buxus microphylla* var. *sinica* Rehd. et Wils.	黄杨	观赏	
(743)	*Buxus microphylla* var. *aemulans* Rehd. et Wils.	长叶黄杨	观赏	
(744)	*Sarcococca ruscifolia* Stapf	野扇花	观赏	

续表

编号	学名	中文名	用途	备注
67	**Rhamnaceae**	**鼠李科**		
(745)	*Sageretia paucicostata* Maxim.	少脉雀梅藤	药用	
(746)	*Rhamnus sargentiana* Schneid.	多脉鼠李	药用	
(747)	*Rhamnus tangutica* J. Vass.	甘青鼠李	药用	
(748)	*Rhamnus leptophlla* Schneid.	薄叶鼠李	药用	
(749)	*Rhamnus rosthornii* Pritz.	小冻绿	药用	
(750)	*Rhamnus crenata* Sieb. et Zucc.	长叶冻绿	药用	
(751)	*Berchemia sinica* Schneid.	勾儿茶	药用	
(752)	*Berchemia favescens* (Wall.) Brongn.	黄背勾儿茶	药用	
(753)	*Berchemia floribunda* (Wall.) Brongn.	多花勾儿茶	药用	
(754)	*Berchemia yunnanensis* Franch.	云南勾儿茶	药用	
68	**Vitaceae**	**葡萄科**		
(755)	*Ampelopsis bodinieri* Rehd.	蓝果蛇葡萄	野生水果	
(756)	*Ampelopsis bodinieri* var. *cinerea* Rhed.	灰毛蛇葡萄	野生水果	
(757)	*Ampelopsis delavayana* Planch ex Franch.	三裂叶蛇葡萄	野生水果	
(758)	*Cayratia japonica* (Thunb.) Gagnep.	乌蔹莓	药用	
(759)	*Cayratia oligocarpa* Gagnep.	大叶乌蔹莓	药用	
(760)	*Tetrastigma obtectum* Planch.	崖爬藤	药用	
(761)	*Tetrastigma hypoglancum* Planch.	狭叶崖爬藤	药用	
(762)	*Parthenocissus thomsonii* Planch.	粉叶爬山虎	野生水果	
(763)	*Parthenocissus himalayana* Planch.	三叶爬山虎	观赏	
(764)	*Vitis heyneana* Roem et Schult.	毛葡萄	野生水果	
69	**Tiliaceae**	**椴树科**		
(765)	*Tilia intonsa* Rehd. et Wils.	多毛锻	用材	
(766)	*Tilia tuan* Szysz	椴树	用材	
70	**Malvaceae**	**锦葵科**		
(767)	*Althaea rosea* (L.) Cavan.	蜀葵	观赏	
(768)	*Malva verticillata* L.	冬葵	野生蔬菜	
71	**Thymelaeaceae**	**瑞香科**		
(769)	*Daphne retusa* Hemsl.	凹叶瑞香	纤维	
(770)	*Daphne tangutica* Maxim.	甘肃瑞香	纤维	
(771)	*Daphne gemmata* Pritz.	川西瑞香	纤维	
(772)	*Edgeworthia chrysantha* Lindl.	结香	纤维	
(773)	*Stellera chamaejasme* Linn.	狼毒	药用、观赏	

续表

编号	学名	中文名	用途	备注
(774)	*Wikstroemia chamaedaphne* Meisn.	河朔荛花	纤维	
(775)	*Wikstroemia stenophylla* Pritz.	轮叶荛花	纤维	
(776)	*Wikstroemia gemmata* (Pritz.) Domke	川西荛花	纤维	
72	**Elaeagnaceae**	**胡颓子科**		
(777)	*Elaeagnus umbellata* Thunb.	牛奶子	野生水果	
(778)	*Elaeagnus lanceolata* Warb. ex Diels	披针叶胡颓子	野生水果	
(779)	*Elaeagnus pungens* Thurb.	胡颓子	野生水果	
(780)	*Hippophae rhamnoides* L.	沙棘	野生水果	
73	**Flacourtiaceae**	**大风子科**		
(781)	*Idesia polycarpa* Maxim.	山桐子	用材	
(782)	*Idesia polycarpa* var. *vestita* Diels.	毛叶山桐子	用材	
74	**Violaceae**	**堇菜科**		
(783)	*Viola biflora* L.	双花堇菜	药用	
(784)	*Viola brunneostipulosa* Hand.-Mazz.	长茎堇菜	药用	
(785)	*Viola bulbbosa* Maxim.	鳞茎堇菜	药用	
(786)	*Viola davidii* Franch.	深圆齿堇菜	药用	
(787)	*Viola delavayi* Franch.	灰叶堇菜	药用	
(788)	*Viola philippica* subsp. *munda* W. Beck.	紫花地丁	药用	
(789)	*Viola pratti* W. Beak.	川西堇菜	药用	
(790)	*Viola principis* H de Boiss	柔毛堇菜	药用	
(791)	*Viola rockiana* W. Beck.	圆叶小堇菜	药用	
(792)	*Viola selkirkii* Pursh.	深山堇菜	药用	
75	**Stachyuraceae**	**旌节花科**		
(793)	*Stachyurus chinensis* var. *brachystachyus* C. Y. Wu et S. K. Chen	旌节花	药用	
(794)	*Stachyurus chinensis* Franch.	中国旌节花	药用	
(795)	*Stachyurus yunnanensis* Franch.	云南旌节花	药用	
(796)	*Stachyurus szechuanensis* Fang	四川旌节花	药用	
76	**Tamaricaceae**	**柽柳科**		
(797)	*Myricaria germanica* (L.) Desv.	水柏枝	药用	
(798)	*Myricaria laxa* W. W. Sm.	球花水柏枝	药用	
77	**Begoniaceae**	**秋海棠科**		
(799)	*Begonia pedatifida* Levl.	掌裂叶秋海棠	药用	
(800)	*Begonia sinensis* A. DC.	中华秋海棠	药用	
78	**Cucurbitaceae**	**葫芦科**		

续表

编号	学名	中文名	用途	备注
(801)	*Gynostemma pentaphyllum* Makino	绞股蓝	药用	
(802)	*Thladiantha davidii* Franch.	川赤瓟	饲料	
(803)	*Thladiantha dubia* Bunge.	赤瓟	饲料	
(804)	*Trichosanthes kirilowii* Maxim.	栝楼	药用	
(805)	*Trichosanthes rosthornii* Harms.	中华栝楼	药用	
79	**Lythraceae**	**千屈菜科**		
(806)	*Lythrum salicaria* L.	千屈菜	药用	
(807)	*Rotala indica* Koehne	节节菜	饲料	②
80	**melastomaceae**	**野牡丹科**		
(808)	*Melastoma polyanthum* Bl.	多花野牡丹	观赏	
(809)	*Sarcopyramis delicata* C. B. Robinson	肉穗草	药用	
(810)	*Sarcopyramis nepalensis* Wall.	楮头红	药用	
81	**Onagraceae**	**柳叶菜科**		
(811)	*Epilobium angustifolium* Linn.	柳兰	观赏	
(812)	*Epilobium pyrrcholophum* Franch. et Savat.	长籽柳叶菜	观赏	
(813)	*Epilobium amurense* Hausskn	小柳叶菜	观赏	
(814)	*Circaea alpina* Linn.	高山露珠草	观赏	
(815)	*Circaea qucdriulcata* Franch. et Savat.	露珠草	饲料	
82	**Alangiaceae**	**八角枫科**		
(816)	*Alangium chinense* Harms	八角枫	药用	
(817)	*Alangium platanifolium* Harms	瓜木	药用	
83	**Davidiaceae**	**珙桐科**		
(818)	*Davidia involucrata* Baill.	珙桐	观赏	
(819)	*Davidia involucrata* var. *vimoriniana* (Dode) Wanger	光叶珙桐	观赏	
84	**Cornaceae**	**山茱萸科**		
(820)	*Cornus controversa* Hemsl. ex Prain	灯台树	观赏	
(821)	*Cornus hemsleyi* Schneid. et Wanger.	红椋子	用材	
(822)	*Cornus macrophylla* Wall.	梾木	用材	
(823)	*Cornus paucinervis* Hance	小梾木	用材	
(824)	*Cornus polipphylla* Schneid. et Wanger.	灰叶梾木	观赏	
(825)	*Cornus oblonga* var. *griffithii* Clarke	毛叶梾木	用材	
(826)	*Cornus scabrida* Franch.	宝兴梾木	用材	
(827)	*Dendrobenthamia japonica* var. *chinensis* Fang	四照花	野生水果	
(828)	*Dendrobenthamia capitata* Hutch.	头状四照花	野生水果	

续表

编号	学名	中文名	用途	备注
(829)	*Helwingia chinensis* Batal.	中华青荚叶	药用	
(830)	*Helwingia japonica* Dietr.	青荚叶	药用	
(831)	*Macrocarpium chinense* Hutch.	川鄂山茱萸	药用	
(832)	*Torricellia tiliifolia* DC.	鞘柄木	药用	
85	**Araliaceae**	**五加科**		
(833)	*Hedera napalensis* var. *sinensis* Rehd.	常春藤	药用	
(834)	*Eleutherococcus giraldii* Harms	红毛五加	药用	
(835)	*Acanthopanax henryi* Harms	糙叶五加	药用	
(836)	*Acanthopanax trifoliatua* Merr.	白簕	药用、野菜	
(837)	*Aralia chinensis* Linn.	楤木	药用	
(838)	*Aralia echinocanlis* Hand.-Mazz.	棘茎楤木	药用	
(839)	*Aralia cordata* Thunb.	土当归	药用	
(840)	*Kalopanax septemlobus*（Thunb.）Koidz.	刺楸	药用、观赏	
(841)	*Nothopanax davidii*（Franch.）Harms	异叶梁王茶	药用	
(842)	*Panax pseudo-ginseng* var. *japonicus*（C. A. Mey.）Hoo & Tseng	大叶三七	药用	
(843)	*Panax pseudo-ginseng* var. *bipinnatifidus*（Seem.）Li	羽叶三七	药用	
(844)	*Panax transitorius* Hoo.	珠子七	药用	
(845)	*Pentapanax leschenaultia*（Franch.）Harms ex Diels	五叶参	药用	
(846)	*Schefflera delavayi* Harms ex Diels.	穗序鹅掌柴	观赏	
86	**Apiaceae**	**伞形科**		
(847)	*Acronerna chinense* Wolff.	丝瓣芹	药用	
(848)	*Angelica sinensis*（Oliv.）Diels	当归	药用	
(849)	*Angelica laxifoliata* Diels	疏叶当归	药用	
(850)	*Angelica maowenensis* Yuan et Shan	茂汶当归	药用	
(851)	*Anthriscus sylvestris*（Linn.）Hoffm.	峨参	药用	
(852)	*Bupleurum marinatum* Wall ex DC. Prodr	竹叶柴胡	药用	
(853)	*Bupleurum chinense* DC.	纤细柴胡	药用	
(854)	*Bupleurum longicaule* var. *franchetii* Boiss.	空心柴胡	药用	
(855)	*Bupleurum malconense* Shan et Y. Li	马尔康柴胡	药用	
(856)	*Centella asiatica*（L.）Urban	积雪草	药用	
(857)	*Chamaesium thalictrifolium* Wolff	松潘矮泽芹	药用	
(858)	*Chamaesium paradoxum* Wolff.	矮泽芹	药用	
(859)	*Cryptotaenia japonica* Hassk.	鸭儿芹	野生蔬菜	

续表

编号	学名	中文名	用途	备注
(860)	*Cnidium monnieri* Cuss.	蛇床	药用	
(861)	*Daucus carota* L.	野胡萝卜	饲料	
(862)	*Heracleum moellendorffii* Hance	短毛独活	药用	
(863)	*Heracleum acuminatum* Franch.	渐尖叶独活	药用	
(864)	*Heracleum wolongense*	卧龙独活	药用	
(865)	*Heracleum hemsleyanum* Diels.	独活	药用	
(866)	*Heracleum apaense* Shan et T. S. Wang	法落海	药用	
(867)	*Heracleum candicans* Wall. ex DC.	白亮独活	药用	
(868)	*Heracleum vicinum* Boiss	牛尾独活	药用	
(869)	*Hydrocotyle chinensis* (Dunn) Craib	中华天胡荽	药用	
(870)	*Hydrocotyle napalensis* Hook.	红马蹄草	药用	
(871)	*Hydrocotyle sibthorpioides* Lam.	天胡荽	药用	
(872)	*Ligusticum pteridophyllum* Franch	蕨叶藁本	药用	
(873)	*Ligusticum sinense* Olive.	藁本	药用	
(874)	*Netopterygium incisum* Ting ex H. T. Chang	羌活	药用	
(875)	*Oenanthe dielsii* Boiss.	西南水芹	野生蔬菜	
(876)	*Oenanthe javanica* DC.	水芹	野生蔬菜	
(877)	*Oenanthe sinense* Dumn	中华水芹	野生蔬菜	
(878)	*Osmorhiza aristata* Makino et Yabe	香根芹	饲料	
(879)	*Osmorhiza aristata* var. *laxa* Cost. et Shan	疏叶香根芹	饲料	
(880)	*Pleurospermum franchetianum* Hemsl.	松潘棱子芹	药用	
(881)	*Pleurospermum crassicaule* Wolff.	粗茎棱子芹	药用	
(882)	*Pleurospermum davidii* Franch.	宝兴棱子芹	药用	
(883)	*Pleurospermum hookeri* var. *thomsonii* C. B. Clarke	西藏棱子芹	药用	
(884)	*Pleurospermum nanum* Franch.	矮棱子芹	药用	
(885)	*Pternopetalum vulgare* (Dunn) Hand.-Mazz.	五匹青	药用	②
(886)	*Pternopetalum gracilimum* (H. Wolff) Hand.-Mazz.	纤细囊瓣芹	药用	
(887)	*Pternopetalum heteropyllum* Hand.-Mazz.	异叶囊瓣芹	药用	
(888)	*Pimpinella diversifolia* DC. Prodr.	异叶茴芹	药用	
(889)	*Pimpinella henryi* Diels	川鄂茴芹	药用	
(890)	*Peucedanum praeruptorum* Dunn	前胡	药用	
(891)	*Sanicula orthacantha* S. Moore	直刺变豆菜	药用	
(892)	*Sanicula lamelligera* Hance	薄叶变豆菜	药用	
(893)	*Torilis japonica* DC.	破子草	饲料	

续表

编号	学名	中文名	用途	备注
(894)	*Torilis scabra* DC.	窃衣	饲料	
(895)	*Tongoloa gracilis* Wolff	纤细东俄芹	药用	②
(896)	*Vicatia coniifolia* (Wall.) DC.	凹乳芹	药用	②
87	**Diapensiaceae**	**岩梅科**		
(897)	*Berneuxia thibetica* Decne.	岩匙	药用	
88	**Pyrolaceae**	**鹿蹄草科**		
(898)	*Chimaphila japonica* Miq.	梅笠草	观赏	
(899)	*Moneses uniflora* (L.) A. Gray.	独丽花	观赏	
(900)	*Cheilotheca humilis* (D. Don) H. Keng	球果假水晶兰	药用	
(901)	*Cheilotheca monotropastrum* H. Andres	假水晶兰	药用	
(901)	*Monotropa uniflora* L.	水晶兰	药用	
(903)	*Pyrola rugosa* H. Andres	皱叶鹿蹄草	药用	
(904)	*Pyrola rotundifolia* L.	鹿蹄草	药用	
(905)	*Ramischia obtusata* (Turcz.) Freyn.	团叶单侧花	药用	
89	**Ericaceae**	**杜鹃花科**		
(906)	*Cassiope selaginoides* Hook. f. et Thoms.	岩须	药用	
(907)	*Enkianthus deflexus* (Griff.) Schneid.	毛叶吊钟花	观赏	
(908)	*Enkianthus chinense* Franch.	灯笼花	观赏	
(909)	*Gaultheria cuneata* Beans.	四川白珠	观赏	
(910)	*Gaultheria griffithiana* Wight	尾叶白珠	观赏	
(911)	*Gaultheria hookeri* C. B. Clarke	红粉白珠	观赏	
(912)	*Lyonia ovalifolia* (Wall.) Drude	南烛	观赏	
(913)	*Lyonia villosa* (Wall.) Hand.-Mzt.	毛叶南烛	观赏	
(914)	*Rhododendron kyawi* Lace et Smith	星毛杜鹃	观赏	
(915)	*Rhododendron augustinii* Hemsl.	毛肋杜鹃	观赏	
(916)	*Rhododendron argyrophyllum* Franch.	银叶杜鹃	观赏	
(917)	*Rhododendron balangense* Franch.	巴郎杜鹃	观赏	
(918)	*Rhododendron calophytum* Franch.	美容杜鹃	观赏	
(919)	*Rhododendron dendrocharis* Franch.	树生杜鹃	观赏	②
(920)	*Rhododendron hunnewellianum* Rehd. et W. K. Hu	岷江杜鹃	观赏	
(921)	*Rhododendron longesquanum* Schneid.	长鳞杜鹃	观赏	②
(922)	*Rhododendron moupinense* Franch.	宝兴杜鹃	观赏	
(923)	*Rhododendron orbiculare* Decaisne	团叶杜鹃	观赏	
(924)	*Rhododendron pachytrichum* Franch.	绒毛杜鹃	观赏	

续表

编号	学名	中文名	用途	备注
(925)	*Rhododendron sutchenense* Franch.	四川杜鹃	观赏	
(926)	*Rhododendron wolongense* W. K. Hu	卧龙杜鹃	观赏	
(927)	*Rhododendron wasonii* Hemsl. et Wils.	褐毛杜鹃	观赏	
(928)	*Rhododendron rupicola* var. *chryseum*（Balf. f. et K. Ward）Philipson et M. N. Philipson	金黄杜鹃	观赏	②
(929)	*Rhododendron polylepis* Franch.	多鳞杜鹃	观赏	
(930)	*Rhododendron oreodoxa* Franch.	山光杜鹃	观赏	
(931)	*Rhododendron vioaceum* Rehd. et Wils.	紫丁杜鹃	观赏	
(932)	*Rhododendron lutescens* Franch.	黄花杜鹃	观赏	
(933)	*Rhododendron amesiae* Rend. et Wils.	紫花杜鹃	观赏	
(934)	*Rhododendron concinnum* Hemsl.	秀雅杜鹃	观赏	
(935)	*Rhododendron vernicosum* Franch.	亮叶杜鹃	观赏	
(936)	*Rhododendron faberi* subsp. *prattii* Chamb.	大叶金顶杜鹃	观赏	
(937)	*Rhododendron watsonii* Planch.	无柄杜鹃	观赏	
(938)	*Rhododendron longistylum* Rehd. et Wils.	长柱杜鹃	观赏	
(939)	*Vaccinium bracteatum* Thunb.	乌饭树	观赏	
(940)	*Vaccinium japonicum* L.	越橘	观赏	
(941)	*Vaccinium moupinense* Franch.	宝兴越橘	观赏	
90	**Myrsinaceaae**	**紫金牛科**		
(942)	*Ardisia japonica* Bl.	紫金牛	药用	
(943)	*Ardisia crenata* Sims	朱砂根	药用	
(944)	*Myrsine africana* L.	铁仔	药用	
(945)	*Myrsine semiserrata* Wall.	齿叶铁仔	药用	
91	**Primulaceae**	**报春花科**		
(946)	*Androsace henryi* Oliv.	莲叶点地梅	观赏	
(947)	*Androsace umbellate* Merr.	点地梅	观赏	
(948)	*Lysimachia stenosepala* Hemsl.	腺药珍珠菜	药用	
(949)	*Lysimachia clethroides* Duby	珍珠菜	药用	
(950)	*Lysimachia silvestrii*（Pamp.）Hand.-Mazz.	延叶珍珠菜	药用	
(951)	*Lysimachia christinae* Hance	过路黄	药用	
(952)	*Lysimachia congestiflora* Hemsl.	聚花过路黄	药用	
(953)	*Lysimachia rubiginosa* Hemsl.	显苞过路黄	药用	
(954)	*Omphalogram maminum* Hand.-mazz.	小花独花报春	观赏	②
(955)	*Primula cinerascens* Franch.	灰绿报春	观赏	
(956)	*Primula polyneura* Franch.	多脉报春	观赏	

续表

编号	学名	中文名	用途	备注
(956)	*Primula sikkimensis* Hook.	钟花报春	观赏	
(957)	*Primula tangutica* Duthie	甘青报春	观赏	
(959)	*Primula pseudoglabra* Hand.-Mazz.	松潘报春	观赏	
(960)	*Primula sikkimensis* Hook.	锡金报春	观赏	
(961)	*Primula incisa* Franch.	羽叶报春	观赏	
(962)	*Primula limbata* Balf et Forr	匙叶雪山报春	观赏	
(963)	*Primula agleniana* Balf. f. et Forrest	乳黄雪山报春	观赏	
(964)	*Primula deflexa* Duthie	穗花报春	观赏	
(965)	*Primula farinosa* L.	粉报春	观赏	
(966)	*Primula obconica* Hance	鄂报春	观赏	
(967)	*Primula ovalifolia* Franch.	卵叶报春	观赏	
(968)	*Primula yargongensis* Petitm.	雅江报春	观赏	
(969)	*Primula yunnanensis* Franch.	云南报春	观赏	
(970)	*Primula palmate* Hand.-Mazz.	掌叶报春	观赏	
(971)	*Primula moupinensis* Franch.	宝兴报春	观赏	
92	**Plumbaginaceae**	**蓝雪科**		
(972)	*Ceratostigma willmottianum* Stapf	岷江蓝雪花	药用	
(973)	*Ceratostigma minus* Stapf ex Prain	小角柱花	观赏	
93	**Ebenaceae**	**柿树科**		
(974)	*Diospyros kaki* var. *sylvestris* Makino.	油柿	野生水果	
(975)	*Diospyros lotus* L.	君迁子	野生水果	
94	**Styracaceae**	**安息香科**		
(976)	*Alniphyllum fortunei* Perk.	赤杨叶	用材	
(977)	*Styrax japonica* Sieb. et Zucc.	野茉莉	油脂	
95	**Symplocaceae**	**山矾科**		
(978)	*Symplocos anomala* Brand	薄叶山矾	用材	
(979)	*Symplocos ernestii* Dunn	茶条果	用材	②
96	**Oleaceae**	**木犀科**		
(980)	*Fraxinus chiensis* var. *acuminate* Lingelsh.	尖叶白蜡树	观赏	②
(981)	*Jasminum lanceolarium* Roxb.	清香藤	观赏	
(982)	*Ligustrum delavayanum* Hariot	川滇蜡树	观赏	
(983)	*Osmanthus yunnanensis* (Franch.) P. S. Green	野桂花	观赏	
(984)	*Syringa* sp.	紫花丁香	观赏	
97	**Gentianaceae**	**龙胆科**		

续表

编号	学名	中文名	用途	备注
(985)	*Crawfurdia sessiliflora* H. Smith	蔓龙胆	药用	
(986)	*Gentiana yunnanensis* Franch.	云南龙胆	药用	
(987)	*Gentiana aristata* Maxim.	尖叶龙胆	药用	
(988)	*Gentiana hexaphlla* Maxim.	轮叶龙胆	药用	
(989)	*Gentiana spathuillolla* Kusnez	匙叶龙胆	药用	
(990)	*Gentiana rubicunda* Franch.	深红龙胆	药用	
(991)	*Gentiana algida* Pall.	高山龙胆	药用	
(992)	*Gentiana macrophylla* Pall.	秦艽	药用	
(993)	*Gentianopsis barbata* (Froel.) Ma	扁蕾	药用	
(994)	*Gentianopsis paludosa* (Munro) Ma	湿生扁蕾	药用	
(995)	*Halenia elliptica* D. Don	椭圆叶花锚	药用、观赏	
(996)	*Swertia bimaculata* Hook. f. et Thoms	獐牙菜	药用、观赏	
(997)	*Swertia cincta* Burk.	西南獐牙菜	药用	②
(998)	*Veratrilla baillonii* Franch.	滇黄芩	药用	
98	**Apocynaceae**	**夹竹桃科**		
(999)	*Trachelospermum jasminides* Lem.	络石	药用	
(1000)	*Trachelospermum axillare* Hook. f.	紫花络石	药用	
99	**Asclepiadaceae**	**萝藦科**		
(1001)	*Cynanchum auriculatum* Royle ex Wight	牛皮消	药用	
(1002)	*Cynanchum inamoenum* (Maxim.) Loes	竹灵消	药用	
(1003)	*Cynanchum forrestii* Schltr	大理白前	药用	
(1004)	*Metaplexis hemsleyana* Oliv.	华萝藦	药用	
(1005)	*Metaplexis japonica* Makino.	萝藦	药用	
(1006)	*Periploca sepium* Bunge	杠柳	药用、纤维	
100	**Rubiaceae**	**茜草科**		
(1007)	*Emmcnopterys henryi* Oliv.	香果树	观赏	
(1008)	*Galium bungei* Steud.	四叶葎	饲料	
(1009)	*Galium bungei* var. *trachyspermum* Cuf.	阔叶四叶葎	饲料	
(1010)	*Galium asperuloides* subsp. *hoffmeisteri* Hara	六叶葎	饲料	
(1011)	*Galium tricorne* Stodes	麦仁珠	饲料	
(1012)	*Galium aparine* var. *echinospermum* Cuf.	拉拉藤	饲料	
(1013)	*Galium elegans* Wall. ex Roxb.	西南拉拉藤	饲料	
(1014)	*Galium elegans* var. *angustifolium* Guf.	狭叶拉拉藤	饲料	
(1015)	*Galium pseudoasprellum* Makino	山猪殃殃	饲料	

续表

编号	学名	中文名	用途	备注
(1016)	*Galium elegans* Wall. ex Roxb.	小红参	药用	
(1017)	*Leptodermis microphylla* H. Winkl.	薄皮木	观赏	
(1018)	*Ophiorrhiza japonica* Bl.	日本蛇根草	药用	②
(1019)	*Rubia schumanniana* Pritz.	大叶茜草	饲料	
(1020)	*Rubia lanceolata* Hayata	长叶茜草	药用	
(1021)	*Paederia scandens* Merr.	鸡矢藤	药用	
(1022)	*Paederia scandens* var. *tomentosa* Hand.-Mazz.	毛鸡矢藤	药用	
(1023)	*Serissa serissoides* Druce	白马骨	药用	
(1024)	*Tricalysia dubia* Ohwi.	狗骨柴	药用	
(1025)	*Uncaria sinensis* Havil.	华钩藤	药用	
101	**Polemoniaceae**	**花荵科**		
(1026)	*Polemonium coeuleum* var. *chinensis* Brand	中华花荵	观赏	
102	**Convolvulaceae**	**旋花科**		
(1027)	*Porana duclouxii* var. *lasia*（Schneid.）Hand.-Mazz.	腺毛飞蛾藤	药用	
(1028)	*Calystegia hederacea* Wall. ex Roxb.	打碗花	药用	
(1029)	*Calystegia dahurica*（Herb.）Choisy	毛打碗花	药用	
(1030)	*Convoluvulus arvensis* Linn.	田旋花	药用	
(1031)	*Cuscuta chinensis* Lam.	菟丝子	药用	
(1032)	*Cuscuta japonica* Choisy	日本菟丝子	药用	
(1033)	*Pharbitis nil*（Linn.）Choisy	牵牛花	观赏	
103	**Boraginaceae**	**紫草科**		
(1034)	*Bothriospermum tenellum* Fisch. et Mey.	柔弱斑种草	药用	
(1035)	*Onosma sinicum* Diels	小叶滇紫草	药用	
(1036)	*Microula turbinate* W. T. Wang	长果微孔草	药用	
(1037)	*Microula trichocarpa*（Maxim.）Johnst	长叶微孔草	药用	
(1038)	*Cynoglossum lanceolatum* Forsk.	小花琉璃草	药用	
(1039)	*Cynoglossum furcatum* Wall.	琉璃草	药用	
(1040)	*Cynoglossum amabile* Stapf et Drumm.	倒提壶	药用	
(1041)	*Hackelia brachytuba* Johnst.	宽叶假鹤虱	野生蔬菜	
(1042)	*Thyrocarpus sampsonii* Hance	盾果草	饲料	
(1043)	*Trigonotis cavaleriei* Hand.-Mazz.	西南附地菜	野生蔬菜	
104	**Verbenaceae**	**马鞭草科**		
(1044)	*Callicarpa japonica* Thunb.	紫珠	药用	
(1045)	*Callicarpa rubella* Lindl.	红紫珠	药用	

续表

编号	学名	中文名	用途	备注
(1046)	*Caryopteris divaricata* Maxim.	莸	芳香油	
(1047)	*Clerodendrum bungei* Steud.	臭牡丹	药用	
(1048)	*Clerodendrum trichotomum* Thunb.	海州常山	药用	
(1049)	*Vitex negundo* L.	黄荆	药用	
(1050)	*Verbena officinalis* L.	马鞭草	药用	
105	**Lamiaceae**	**唇形科**		
(1051)	*Ajuga ciliata* Bunge	筋骨草	药用	
(1052)	*Ajuga lupulina* Maxim.	白苞筋骨草	药用、观赏	
(1053)	*Clinopodium gracile* Matsum	细风轮草	药用	
(1054)	*Clinopodium megalanthum* C. Y. Wu. et Hsuan	寸金草	药用	
(1055)	*Clinopodium polycephalum* C. Y. Wu et Hsuan	风轮草	药用	
(1056)	*Lagopsis supine* Ikonn.-Gal. ex Knorr.	夏至草	药用	
(1057)	*Prunella vulgaris* Linn.	夏枯草	药用	
(1058)	*Lamium barbatum* Sieb. et Zucc.	野芝麻	药用	
(1059)	*Lamium amplexicaule* L.	宝盖草	药用	
(1060)	*Leonurs japonicus* Houtt.	益母草	药用	
(1061)	*Salvia przewalskii* Maxim.	甘西鼠尾	药用	
(1062)	*Salvia cavaleriei* Levl.	贵州鼠尾	芳香油、观赏	
(1063)	*Salvia bulleyana* Diels.	戟叶鼠尾	芳香油、观赏	
(1064)	*Salvia omeiana* Stib.	峨眉鼠尾	芳香油、观赏	
(1065)	*Salvia cavaleriei* var. *simplicifolia* E. Peter	血盆草	芳香油、观赏	
(1066)	*Elsholtzia fruticosa* (D. Don) Rehd	鸡骨柴	芳香油	
(1067)	*Elsholtzia stachyodes* (Link) C. Y. Wu	穗状香薷	芳香油	
(1068)	*Elsholtzia donsa* Benth.	密花香薷	芳香油	
(1069)	*Elsholtzia cypriani* (Pavol.) S. Chow. ex P. S. Hsu.	野草香	药用	
(1070)	*Elsholtzia ciliate* (Thunb.) Hyland	香薷	药用	
(1071)	*Glechoma longituba* Kupr.	活血丹	药用	
(1072)	*Melissa axillaris* Bakh. f.	蜜蜂花	药用	
(1073)	*Mentha haplocalyx* Briq.	野薄荷	药用	
(1074)	*Nepeta coerulescens* Maxim.	蓝花荆芥	药用	
(1075)	*Nepeta lavigata* Hand.-Mazz.	穗花荆芥	药用	
(1076)	*Nepeta tenuiflora* Diels	细花荆芥	药用	
(1077)	*Origanum vulgare* L.	牛至	芳香油	
(1078)	*Phlomis megalantha* Diels	大花糙苏	观赏	

续表

编号	学名	中文名	用途	备注
(1079)	*Phlomis ornata* C. Y. Wu	美观糙苏	观赏	
(1080)	*Phlomis umbrosa* Turcz.	糙苏	观赏	
(1081)	*Prunella vulgaris* L.	夏枯草	药用	
(1082)	*Rabdosia excisoides* C. Y. Wu et H. W. Li	拟缺香茶菜	芳香油	
(1083)	*Rabdosia amethystoides* (Benth.) H. Hara	香茶菜	芳香油	
(1084)	*Rubiteucris palmata* Kudo	掌叶石蚕	饲料	
(1085)	*Salvia bulleyana* Diels.	戟叶鼠尾	观赏	
(1086)	*Salvia przewalskii* Maxim.	甘西鼠尾草	药用	
(1087)	*Scutellaria hypericifolia* Fedde	川黄芩	药用	
(1088)	*Siphocranion macranthum* C. Y. Wu	筒冠花	药用	
106	**Solanaceae**	**茄科**		
(1089)	*Anisodus tangutica* (Maxim.) Pascher.	山莨菪	药用	
(1090)	*Nicandra physaloides* Gaerth	假酸浆	观赏	
(1091)	*Physalis alkekengi* var. *franchetii* Makino	红姑娘	药用	
(1092)	*Solanum lyratum* Thunb.	白英	药用	
(1093)	*Solanum nigrum* L.	龙葵	药用	
107	**Buddlejaceae**	**醉鱼草科**		
(1094)	*Buddleja crispa* Benth.	皱叶醉鱼草	药用	
(1095)	*Buddleja davidii* Franch.	大叶醉鱼草	药用	
108	**Scrophulariaceae**	**玄参科**		
(1096)	*Euphrasia tatarica* Fisch	小米草	药用	
(1097)	*Euphrasia pectinata* subsp. *sichuanica* Hong	四川小米草	药用	
(1098)	*Euphrasia regelii* Westtst.	短腺小米草	药用	
(1099)	*Mimulus szechuanensis* Pai	四川沟酸浆	药用	
(1100)	*Mimulus tenellus* Bunge	沟酸浆	药用	
(1101)	*Mazus japonicas* (Thunb. Kuntze)	通泉草	药用	
(1102)	*Phtheirospermum tenuisectum* Bur. et Franch	裂叶松蒿	药用	
(1103)	*Pedicularis decora* Franch	美观马先蒿	观赏	
(1104)	*Pedicularis plicata* Maxim	皱褶马先蒿	观赏	
(1105)	*Pedicularis lineata* Franch. et Maxim	条纹马先蒿	观赏	
(1106)	*Pedicularis roborowskii* Maxim	聚齿马先蒿	观赏	
(1107)	*Pedicularis davidii* Franch.	扭盔马先蒿	观赏	
(1108)	*Pedicularis floribunda* Franch.	多花马先蒿	观赏	
(1109)	*Pedicularis macrochila* Franch.	大管马先蒿	观赏	

续表

编号	学名	中文名	用途	备注
(1110)	*Pedicularis microchila* Franch.	小唇马先蒿	观赏	
(1111)	*Pedicularis muscicola* Maxim.	藓生马先蒿	观赏	
(1112)	*Pedicularis verticillata* L.	轮叶马先蒿	观赏	
(1113)	*Pedicularis roylei* Maxim.	草甸马先蒿	观赏	
(1114)	*Pedicularis stenocotys* Franch.	狭盔马先蒿	观赏	
(1115)	*Pedicularis confertiflara* Prain	聚花马先蒿	观赏	
(1116)	*Pedicularis moupinensis* Franch.	宝兴马先蒿	观赏	
(1117)	*Pedicularis seeptumcorolinum* L.	黄花马先蒿	观赏	
(1118)	*Siphonostegia chinensis* Benth	阴行草	药用	
(1119)	*Veronica szechuanica* Batal.	四川婆婆纳	药用	
(1120)	*Veronica vandellioides* Maxim	唐古拉婆婆纳	药用	
(1121)	*Veronica laxa* Benth.	疏花婆婆纳	药用	
(1122)	*Veronica serphyllifolia* L.	小婆婆纳	药用	
(1123)	*Veronicastrum stenostachyum* Yamazaki	细穗腹水草	药用	
109	**Bignoniaceae**	**紫葳科**		
(1124)	*Incarvillea arguta* Royle	毛子草	观赏	
(1125)	*Incarvillea mairei* var. *grandiflora* Grierso	大花角蒿	药用	
110	**Acanthaceae**	**爵床科**		
(1126)	*Pararuellia delvayana* E. Hossain	地皮消	药用	
(1127)	*Rostellularia procumbens* Nees	爵床	药用	
(1128)	*Strobilanthes yunnanensis* Diels	云南马蓝	药用	
111	**Gesneriaceae**	**苦苣苔科**		
(1129)	*Ancylostemon lancifolius* Burtt	紫花直瓣苣苔	药用	
(1130)	*Corallodiscus lanuginose* Burtt	珊瑚苣苔	药用	
(1131)	*Corallodiscus flabellatus* (Craib) Burtt	石花	药用	
(1132)	*Oreocharis henryana* Oliv	川滇马铃苣苔	药用	
(1133)	*Isometrum farreri* Craib	金盏苣苔	药用	
112	**Orobanchaceae**	**列当科**		
(1134)	*Boschniakia himalaica* Hook. f. et Thoms	丁座草	药用	
(1135)	*Orobanche sinensis* H. Smith	四川列当	药用	
113	**Lentibulariaceae**	**狸藻科**		
(1136)	*Pinguicula alpine* L.	捕虫堇	观赏	
114	**Phrymaceae**	**透骨草科**		
(1137)	*Phryma leptostachya* var. *asiatica* Hara	透骨草	药用	

续表

编号	学名	中文名	用途	备注
115	**Plantaginaceae**	**车前科**		
(1138)	*Plantago asiatica* Linn.	车前	药用	
(1139)	*Plantago major* L.	大车前	药用	
(1140)	*Plantago depressa* Willd.	平车前	药用	
116	**Caprifoliaceae**	**忍冬科**		
(1141)	*Abelia dielsii* (Graebn.) Rehd.	南方六道木	药用	
(1142)	*Dipelta yunnanensis* Franch.	云南双盾木	药用	
(1143)	*Leycesteria formosa* var. *stenosepala* Rehd.	狭萼鬼吹萧	药用	
(1144)	*Lonicera tangutica* Maxim.	唐古特忍冬	药用	
(1145)	*Lonicera caerulea* var. *edulis* Turcz. ex Herd.	蓝锭果	药用	
(1146)	*Lonicera saccata* Rehd.	袋花忍冬	药用	资料②
(1147)	*Lonicera henryi* Hemsl.	巴东忍冬	药用	
(1148)	*Lonicera lanceolata* Wall.	柳叶忍冬	药用	
(1149)	*Lonicera microphylla* Roem. et Schult.	小叶忍冬	药用	
(1150)	*Lonicera tangutica* Maxim.	陇塞忍冬	药用	
(1151)	*Lonicera hispida* Pall ex Roem	刚毛忍冬	药用	
(1152)	*Lonicera trichosantha* var. *xerocalyx* (Diels) P. S. Hsu & H. J. Wang	长叶毛花忍冬	药用	
(1153)	*Lonicera giraldii* Rehd.	黄毛忍冬	药用	
(1154)	*Lonicera tragophylla* Hemsl.	盘叶忍冬	药用	
(1155)	*Lonicera pileata* f. *yunnanensis* Rehd.	云南蕊帽忍冬	观赏	
(1156)	*Lonicera tangutica* Maxim.	陇塞忍冬	野生水果	
(1157)	*Sambucus adnata* Wall. ex DC. Prodr.	血满草	药用	
(1158)	*Sambucus williamsii* Hance	接骨木	药用	
(1159)	*Triosteum himalayanum* Wall.	穿心莛子藨	药用	
(1160)	*Triosteum pinnatifidum* Maxim.	莛子藨	药用	
(1161)	*Viburnum glomeratum* Maxim.	球花荚蒾	观赏	
(1162)	*Viburnum erubescens* var. *prattii* Rehd.	淡红荚蒾	观赏	
(1163)	*Viburnum cylindricum* Buch.-Ham. ex D. Don	水红木	观赏	
(1164)	*Viburnum betulifolium* Btal.	桦叶荚蒾	观赏	
(1165)	*Viburnum lobophyllum* Graebn.	阔叶荚蒾	观赏	
(1166)	*Viburnum dasyanthum* Rehd.	毛花荚蒾	观赏	
(1167)	*Viburnum kansuense* Batal.	甘肃荚蒾	观赏	
(1168)	*Viburnum erubescens* var. *prattii* Rehd.	淡红荚蒾	观赏	
(1169)	*Viburnum oliganthum* Batal.	少花荚蒾	观赏	

续表

编号	学名	中文名	用途	备注
(1170)	*Viburnum* sp.	荚蒾	观赏	
117	**Valerianaceae**	**败酱科**		
(1171)	*Patrinia villas* Juss.	白花败酱	药用	
(1172)	*Valeriana officanalis* L.	缬草	药用	
(1173)	*Valeriana* sp.	紫花缬草	药用	
118	**Dipsacaceae**	**川续断科**		
(1174)	*Dipsacus aspe* Wall.	川续断	药用	
(1175)	*Dipsacus japonicus* Miq.	续断	药用	
(1176)	*Morina bulleyana* L.	刺参	药用	
(1177)	*Morina alba* Hand.-Mazz.	白花刺参	药用	
119	**Campanulaceae**	**桔梗科**		
(1178)	*Adenophora potaninii* Korsh	泡沙参	药用	
(1179)	*Campanula colorata* Wall.	西南风铃草	药用	
(1180)	*Codonopsis nervosa* Nannf.	脉花党参	药用	
(1181)	*Codonopsis tangshen* Oliv.	川党参	药用	
(1182)	*Codonopsis macrocalyx* Diels	大萼党参	药用	
(1183)	*Codonopsis tubulosa* Kom	管花党参	药用	
(1184)	*Cyananthus dolichosceles* Marq.	川西蓝钟花	药用	
(1185)	*Cyananthus hlookeri* Clarke	蓝钟花	药用	
(1186)	*Cyananthus inflatus* Hook. f. et Thoms.	胀萼蓝钟花	药用	
(1187)	*Peracapa carnosa* Hook. f. et Thoms.	袋果草	药用	
(1188)	*Lobelia sequinii* Levl. et Van.	西南山梗菜	药用	
(1189)	*Lobelia sessilifolia* Lamb.	山梗菜	药用	
(1190)	*Platycadon grandiflorus* A. DC.	桔梗	药用	
(1191)	*Pratia begonifolia* Wall.	铜锤玉带草	药用	
(1192)	*Wahelenbergia marginata* A. DC.	蓝花参	药用	
120	**Asteraceae**	**菊科**		
(1193)	*Adenocaulon himalaicum* Edgew.	和尚菜	饲料、观赏	
(1194)	*Ainsliaea bonatii* Beauvd.	心叶兔儿风	药用	
(1195)	*Ainsliaea henryi* Diels	长穗兔儿风	药用	
(1196)	*Ainsliaea glabra* Hemsl.	光叶兔儿风	药用	
(1197)	*Ainsliaea* sp.	兔儿风	药用	
(1198)	*Ajania pallasiana* Polijak.	亚菊	药用	
(1199)	*Ajania potaninii* Poljak.	川甘亚菊	观赏	

续表

编号	学名	中文名	用途	备注
(1200)	*Ajania tenuifolia* Tzvel.	细叶亚菊	观赏	
(1201)	*Anaphalis bulleyana* Chang.	粘毛香青	饲料	
(1202)	*Anaphalis contorta* Hook. f.	旋叶香青	饲料	
(1203)	*Anaphalis flavescens* Hand.-Mazz.	淡黄香青	饲料	
(1204)	*Anaphalis gracilis* Hand.-Mazz.	纤枝香青	饲料	
(1205)	*Anaphalis lactea* Maxim.	乳白香青	饲料	
(1206)	*Anaphalis margaritacea* Benth. et Hook. f.	珠光香青	饲料	
(1207)	*Anaphalis latialata*	翅茎香青	饲料	
(1208)	*Anaphalis napalensis* Hand.-Mazz.	清明草	野生蔬菜	
(1209)	*Anaphalis napalensis* var. *conymbosa* Hand.-Mazz.	尼泊尔香青伞房变种	饲料	
(1210)	*Arctium lappa* L.	牛蒡	药用	
(1211)	*Artemisia annua* L.	黄蒿	药用	
(1212)	*Artemisia argyi* Lerl. et Vant	艾蒿	药用	
(1213)	*Artemisia apincea* Hance	青蒿	药用	
(1214)	*Artemisia capillaries* Thunb.	茵陈蒿	药用	
(1215)	*Artemisia japonica* Thunb.	牡蒿	饲料	
(1216)	*Artemisia lactiflora* Wall. ex DC.	白苞蒿	饲料	
(1217)	*Artemisia roxburghiana* Bess.	灰苞蒿	饲料	
(1218)	*Artemisia suodigitata* Mattf.	牛尾蒿	药用	
(1219)	*Artemisia scoparia* Waldst. & Kit.	猪毛蒿	饲料	
(1220)	*Aster ageratoides* Turcz.	三褶脉紫菀	药用	
(1221)	*Aster albescens* Hand.-Mazz.	小舌紫菀	观赏	
(1222)	*Aster alpinus* L.	高山紫菀	观赏	
(1223)	*Aster souliei* Franch.	缘毛紫菀	观赏	
(1224)	*Aster brachytrichus* Franch.	短毛紫菀	观赏	
(1225)	*Aster lavandulaefolius* Hand.-Mazz.	狭叶紫菀	观赏	
(1226)	*Aster likiangensis* Franch.	丽江紫菀	观赏	
(1227)	*Aster salwinensis* Franch.	怒江紫菀	观赏	
(1228)	*Aster tongolensis* Franch.	东俄洛紫菀	观赏	
(1229)	*Aster tsarungensis* Ling	滇藏紫菀	观赏	
(1230)	*Bidens bipinnata* L.	鬼针草	药用	
(1231)	*Bidens bitemata* Merr. et Scherff.	金盏银盘	饲料	
(1232)	*Bidens pilosa* L.	三叶鬼针草	饲料	
(1233)	*Cacalia davidii* Hand.-Mazz.	双舌蟹甲草	药用	

续表

编号	学名	中文名	用途	备注
(1234)	*Cacalia deltophylla* Mattf.	三角叶蟹甲草	饲料	
(1235)	*Cacalia lapites* Hand.-Mazz.	阔柄蟹甲草	饲料	
(1236)	*Cacalia palmatisecta* Hand.-Mazz.	掌裂蟹甲草	饲料	
(1237)	*Cacalia tangutica* Hand.-Mazz.	羽裂蟹甲草	饲料	
(1238)	*Cacalia profundorum*（Dunn） Hand.-Mazz.	深山蟹甲草	饲料	
(1239)	*Cacalia tripeteris*	蟹甲草	饲料	
(1240)	*Carduus crispus* L.	飞廉	观赏	
(1241)	*Cirsium japonicum* DC.	大蓟	药用	
(1242)	*Cirsium leo* Nakai et Kitag.	魁蓟	药用	
(1243)	*Cirsium pendulum* Fisch.	烟管蓟	药用	
(1244)	*Carpesium abrotanodies* L.	天名精	药用	
(1245)	*Carpesium cernuum* L.	烟管头草	观赏	
(1246)	*Carpesium lipskyi* C. Winkl.	高原天名精	观赏	
(1247)	*Carpesium macrocephalum* Franch. et Savat.	大花金挖耳	观赏	
(1248)	*Carpesium minus* Hemsl.	小金挖耳	药用	
(1249)	*Cephalanoplos segetum*（Bunge）Kitam.	刺儿菜	药用	
(1250)	*Conyza canadensis* Cronq.	小白酒草	饲料	
(1251)	*Conyza cremanthodium dicaiseni* C. B. Clarke	喜马拉雅垂头菊	观赏	
(1252)	*Conyza humile* Maxim.	矮垂头菊	观赏	
(1253)	*Conyza pleurocaule*（Franch.）Good	侧茎垂头菊	观赏	
(1254)	*Conyza rhodocephalum* Diels	红头垂头菊	观赏	
(1255)	*Dendranthema indicum* Desmonl.	野菊	药用	
(1256)	*Dichrocephala benthamii* C. B. Clarke	小鱼眼草	饲料	
(1257)	*Erigeron acer* L.	飞蓬	饲料	
(1258)	*Erigeron annus* Pers.	一年蓬	饲料	
(1259)	*Eupatorium chinense* L.	华泽兰	药用	
(1260)	*Eupatorium heterophyllum* DC.	异叶泽兰	药用	
(1261)	*Eupatorium lindleyanum* DC.	白鼓钉	药用	
(1262)	*Galinsoga parviflora* Cav.	辣子草	饲料	
(1263)	*Gnaphalium affine* D. Don	鼠麴草	药用	
(1264)	*Hemistepta lyrata* Bunge.	泥胡菜	药用	
(1265)	*Inula cappa* DC.	羊耳菊	药用	
(1266)	*Ixeris chinensis* Nakai	山苦荬	饲料	
(1267)	*Ixeris denticulate* Stebb.	苦荬菜	饲料	

续表

编号	学名	中文名	用途	备注
(1268)	*Kalimeris indica* Scfh.-Bip.	马蓝	药用	
(1269)	*Lactuca graciliflora* DC.	细花莴苣	饲料	
(1270)	*Leontopodium calocephalum* Beauv.	美头火绒草	药用	
(1271)	*Leontopodium sinense* Hemsl.	华火绒草	饲料	
(1272)	*Leontopodium wilsonii* Beauv.	川西火绒草	药用	
(1273)	*Ligularia achyrotricha* Ling	褐毛橐吾	饲料	
(1274)	*Ligularia famesii* Kem.	单花橐吾	饲料	
(1275)	*Ligularia latihastata* Hand.-Mazz.	宽戟橐吾	饲料	
(1276)	*Ligularia przewalskii* Diels.	掌叶橐吾	饲料	
(1277)	*Ligularia sagitta* Mattf.	箭叶橐吾	饲料	
(1278)	*Ligularia veitchiana* Creenm.	离舌橐吾	饲料	
(1279)	*Ligularia virgaurea* Mattf.	黄帚橐吾	饲料	
(1280)	*Myriactis nepalensis* Less.	无喙齿冠草	饲料	
(1281)	*Petasites japonicus* F. Schmidt.	蜂斗菜	饲料	
(1282)	*Picris hieracioides* subsp. *japonica* Krylv.	毛莲菜	饲料	
(1283)	*Picris tatarinovii* var. *aivisa* Kitage.	裂叶盘果菊	饲料	
(1284)	*Saussurea bodinieri* Levl.	羽裂风毛菊	饲料	
(1285)	*Rhynchospermum verticillatum* Reinw.	秋分草	饲料	
(1286)	*Saussurea dzeurensis* Franch.	川西风毛菊	饲料	
(1287)	*Saussurea gnaphaloides* Sch.-Bip	鼠麹风毛菊	饲料	
(1288)	*Saussurea graminea* Dunn.	禾叶风毛菊	饲料	
(1289)	*Saussurea longifolia* Franch.	长叶风毛菊	饲料	
(1290)	*Saussurea medusa* Maxim.	水母雪莲花	药用	
(1291)	*Saussurea obovallata* Edgeul.	苞叶风毛菊	观赏	
(1292)	*Saussurea licentiana* Hand.-Mazz.	川陕风毛菊	观赏	
(1293)	*Saussurea phacantha* Maxim.	锈毛风毛菊	观赏	
(1294)	*Saussurea stella* Maxim.	星状风毛菊	观赏	
(1295)	*Saussurea neofranchetii* Lipsch.	耳叶风毛菊	观赏	
(1296)	*Saussurea oligantha* Franch.	少花风毛菊	观赏	
(1297)	*Saussurea pinetorum* Hand.-Mazz.	松林风毛菊	观赏	
(1298)	*Saussurea stella* Maxim.	星状风毛菊	观赏	
(1299)	*Saussurea gossypiphora* D. Don	风毛菊	观赏	
(1300)	*Senecio dianthus* Franch.	双花千里光	药用	
(1301)	*Senecio oldhamianus* Maxim.	蒲儿根	药用	

续表

编号	学名	中文名	用途	备注
(1302)	*Senecio scandens* Buch.-Ham.	千里光	药用	
(1303)	*Senecio villiferus* Franch.	紫花千里光	药用	
(1304)	*Senecio winklerianus* Hand.-Mazz.	齿裂千里光	药用	
(1305)	*Senecio dianthus* Franch.	双花千里光	药用	
(1306)	*Senecio nemorensis* L.	林荫千里光	药用	
(1307)	*Senecio scandens* Buch.-Ham. ex D. Don	千里光	药用	
(1308)	*Siegesbeckia orientalis* L.	豨莶	饲料	
(1309)	*Siegesbeckia pubescens* Makino	腺梗豨莶	饲料	
(1310)	*Solidago decurrens* L.	一枝黄花	药用	
(1311)	*Sonchus oleraceus* L.	苦苣菜	药用	
(1312)	*Syneilesis aconitifolia* Maxim.	兔儿伞	药用	
(1313)	*Taraxacum lugubre* Dahlst.	川甘蒲公英	药用	
(1314)	*Taraxacum maurocarpum* Dahlst.	川藏蒲公英	药用	
(1315)	*Taraxacum mongolicm* Hand.-Mazz.	蒲公英	药用	
(1316)	*Vladimiria soulilei* var. *cinerea* Ling	灰背川木香	药用	
(1317)	*Xanthium sibiricum* Patrin	苍耳	药用	
(1318)	*Xanthopappus subacaulis* C. Winkl.	黄缨菊	观赏	
(1319)	*Youngia heterophylla* Babc. et Stebb	异叶黄鹌菜	饲料	
(1320)	*Youngia japonica* DC.	黄鹌菜	饲料	
(1321)	*Youngia prattii* Babc. et Stebb.	川西黄鹌菜	饲料	
		二、Monocotyledoneae 单子叶植物纲		
121	**Liliaceae**	**百合科**		
(1322)	*Aletris glabra* Bur. et Franch.	无毛粉条儿菜	药用	
(1323)	*Aletris pauciflora* (Klotzsch) Franch.	少花粉条儿菜	药用	
(1324)	*Aletris stenoloba* Franch.	狭瓣粉条儿菜	药用	
(1325)	*Allium ovalifolium* Hand.-Mazz.	卵叶韭	野生蔬菜	
(1326)	*Allium beesianum* W.W. Sm	蓝花韭	野生蔬菜	
(1327)	*Allium prattii* C. H. Wright ex Forb et Hemsl.	太白韭	野生蔬菜	
(1328)	*Allium przewalskianum* Regel	青甘韭	野生蔬菜	
(1329)	*Allium sikkimense* Baker	高山韭	野生蔬菜	
(1330)	*Allium cyaneum* Regel	天蓝韭	野生蔬菜	
(1331)	*Allium plurifoliatum* Rendle	多叶韭	野生蔬菜	
(1332)	*Allium hookeri* Thwaites	宽叶韭	野生蔬菜	
(1333)	*Asparagus filicinus* Ham. ex D. Don	羊齿天门冬	药用	

续表

编号	学名	中文名	用途	备注
(1334)	*Cardiocrinum giganteum* (Wall.) Makino	大百合	观赏	
(1335)	*Clintonia udensis* Trautv. et Mey.	七筋菇	药用	
(1336)	*Disporum cantoniense* Merr.	万寿竹	药用	
(1337)	*Disporum bodinieri* (Levl. et Vant.) Wang et Tang	长蕊万寿竹	药用	
(1338)	*Disporum megalanthum* Wang et Tang	大花万寿竹	观赏	
(1339)	*Disporum sessile* D. Don	宝铎草	药用	
(1340)	*Fritillaria cirrhosa* D. Don	川贝母	药用	
(1341)	*Fritillaria przewalskii* Maxim.	甘肃贝母	药用	
(1342)	*Fritillaria unibracteata* Hsiao et K. C. Hsia	暗紫贝母	药用	
(1343)	*Fritillaria delavayi* Franch.	梭砂贝母	药用	
(1344)	*Hemerocallis citrine* Baroni	黄花	蔬菜	
(1345)	*Hemerocallis fulva* L.	萱草	观赏	
(1346)	*Lilium duchartrei* Franch.	宝兴百合	药用	
(1347)	*Lilium davidii* Duchartre	川百合	药用	
(1348)	*Lilium tigrinum* Ker-Gawl.	卷丹	观赏	
(1349)	*Maianthemum biflium* (L.) F. W. Schmidt.	舞鹤草	药用	
(1350)	*Ophiopogon intermedius* D. Don	间型沿阶草	药用	
(1351)	*Ophiopogon bodinieri* Levl.	沿阶草	药用	
(1352)	*Paris polyphylla* Smith	七叶一枝花	药用	
(1353)	*Paris polyphylla* var. *chinensis* Hara	华重楼	药用	
(1354)	*Paris polyphylla* var. *stenophylla* Franch.	狭叶重楼	药用	
(1355)	*Paris quadrifolia* L.	四叶重楼	药用	
(1356)	*Polygonatum odoratum* (Mill.) Druce	玉竹	观赏	
(1357)	*Polygonatum sibiricum* Delar. ex Redoute	黄精	药用	
(1358)	*Polygonatum verticillatum* (Linn.) All.	轮叶黄精	药用	
(1359)	*Polygonatum cirrhifolium* (Wall.) Royle	卷叶黄精	药用	
(1360)	*Polygonatum zanlanscianense* Pampan.	湖北黄精	药用	
(1361)	*Reineckea carnea* Kunth	吉祥草	观赏	
(1362)	*Smilacina paniculata* F. T. Wang et T. Tang	窄瓣鹿药	药用	
(1363)	*Smilacina henryi* (Baker) F. T. Wang et T. Tang	管花鹿药	药用	
(1364)	*Smilacina formosana* Hay.	小鹿药	药用	
(1365)	*Smilacina tubifera* Batalin	合瓣鹿药	药用	
(1366)	*Smilacina purpurea* Wall.	紫花鹿药	药用	
(1367)	*Streptopus obtusatus* Fassett	扭柄花	观赏	

续表

编号	学名	中文名	用途	备注
(1368)	*Smilax scobinicaulis* C. H. Wright.	短梗菝葜	观赏	
(1369)	*Smilax ferox* Wall. ex Kunth	大菝葜	观赏	
(1370)	*Smilax menispermoidea* A. DC.	防己叶菝葜	观赏	
(1371)	*Smilax stans* Maxim.	鞘柄菝葜	观赏	
(1372)	*Tofieldia thibetica* Franch.	岩菖蒲	观赏	
(1373)	*Tricyrtia macropoda* Miq.	油点草	药用	
(1374)	*Tupistra chinensis* Baker	开口箭	药用	
(1375)	*Trillium tschonoskii* Maxim.	延龄草	药用	
(1376)	*Veratrum stenophyllum* Diels.	狭叶藜芦	观赏	
(1377)	*Veratrum grandiflorum* (Maxim.) Loes. f.	毛叶藜芦	观赏	
122	**Dioscoreaceae**	**薯蓣科**		
(1378)	*Dioscorea hemsleyi* Prain et Burkill	粘山药	淀粉	
(1379)	*Dioscorea collettii* Hook. f.	叉蕊薯蓣	淀粉	
(1380)	*Dioscorea japonica* Thunb.	日本薯蓣	淀粉	
(1381)	*Dioscorea kamoonensis* var. *henryi* Prain et Burkill	高山薯蓣	淀粉	
(1382)	*Dioscorea panthaica* Prain et Burkill	黄山药	药用	
(1383)	*Dioscorea subcalva* Prain et Burkill	毛胶薯蓣	淀粉	
123	**Iridaceae**	**鸢尾科**		
(1384)	*Iris japonica* Thunb.	蝴蝶花	观赏	
(1385)	*Iris polysticta* Diels	多斑鸢尾	观赏	
(1386)	*Iris delavayi* Mich.	长葶鸢尾	观赏	
(1387)	*Iris germanica* L.	德国鸢尾	栽培	
124	**Juncaceae**	**灯心草科**		
(1388)	*Juncus setchuensis* Buchen.	野灯心草	饲料	
(1389)	*Juncus bufonius* Linn.	小灯心草	饲料	
(1390)	*Juncus allioides* Franch.	葱状灯心草	饲料	
(1391)	*Juncus articulatus* Linn.	小花灯心草	饲料	
(1392)	*Juncus tanguticus* G. Sam	陕甘灯心草	饲料	
(1393)	*Juncus alatus* Franch. et Sav.	翅茎灯心草	饲料	
(1394)	*Juncus amplifolius* A. Camus	走茎灯心草	饲料	
(1395)	*Juncus leucanthus* Royle	长苞灯心草	饲料	
(1396)	*Juncus thomsonii* Buchen.	展苞灯心草	饲料	
(1397)	*Luzula plumosa* E. Mey	羽叶地杨梅	饲料	
(1398)	*Luzula effusa* Buchen.	散序地杨梅	饲料	

续表

编号	学名	中文名	用途	备注
(1399)	*Luzula multiflora* (Retz) Lej.	多花地杨梅	饲料	
125	**Commelinaceae**	**鸭跖草科**		
(1400)	*Commenlina communis* L.	鸭跖草	饲料	
(1401)	*Streptolirion volubile* Edgew	竹叶子	饲料	
126	**Gramineae**	**禾本科**		
(1402)	*Achnatherum chingii* Keng	甘青芨芨草	牧草	
(1403)	*Achnatherum inaequiglume* Keng	异颖芨芨草	牧草	
(1404)	*Agrostis alba* L.	小糠草	牧草	
(1405)	*Agrostis limprichtii* Pilger	川滇剪股颖	牧草	
(1406)	*Agrostis periaxa* Pilger	疏花前股颖	牧草	
(1407)	*Alopecurus aequalis* Sobol.	看麦娘	牧草	
(1408)	*Aneurolepidium dasystachys* Nevski.	赖草	牧草	
(1409)	*Anthoxanthum odorum* L.	黄花茅	牧草	
(1410)	*Arthraxon hispidus* var. *centrasiaticus* Honda	中亚荩草	牧草	
(1411)	*Arthraxon lancifolius* Hochst.	小叶荩草	牧草	
(1412)	*Arthraxon prionodes* Dandy	茅叶荩草	牧草	
(1413)	*Arundinella hirta* Tanaka	野枯草	牧草	
(1414)	*Aulacolepis treutleri* Hack.	沟稃草	牧草	
(1415)	*Avena fatua* L.	野燕麦	牧草	
(1416)	*Bromus remotiflorus* Ohwi	疏花雀麦	牧草	
(1417)	*Bromus sinensis* Keng	华雀麦	牧草	
(1418)	*Calamagrostis arundinacea* Roth	野青茅	牧草	
(1419)	*Calamagrostis epigejos* Roth	拂子茅	牧草	
(1420)	*Calamagrostis henryi* P. C. Kuo et S. L. Lu	房县野青茅	牧草	
(1421)	*Calamagrostis pseudophraginites* Hoel.	假苇拂子茅	牧草	
(1422)	*Calamagrostis scabrescens* Griseb.	糙野青茅	牧草	
(1423)	*Capillepedium assimile* A. Camus	枝竹细柄草	牧草	
(1424)	*Cymbopogon distans* Wats.	芸香草	药用	
(1425)	*Dactylis glomerata* L.	鸭茅	牧草	
(1426)	*Deschampsia caespitosa* Beauv	发草	牧草	
(1427)	*Digitaria linearis* Crep.	止血马唐	牧草	
(1428)	*Digitaria sanguinalis* Scop.	马唐	牧草	
(1429)	*Echinochloa crusgalli* Beauv.	野稗	牧草	
(1430)	*Eleusine indica* Gaerth.	牛筋草	牧草	

续表

编号	学名	中文名	用途	备注
(1431)	*Elymus cylindrica* Honda	圆柱披碱草	牧草	
(1432)	*Elymus dahuricus* Turcz.	披碱草	牧草	
(1433)	*Elymus sibiricus* L.	老芒麦	牧草	
(1434)	*Eragrostis pilosa* Beauv.	画眉草	牧草	
(1435)	*Eulalia quadrinervis* Kuntze	四脉金茅	牧草	
(1436)	*Fargesia denudata* Yi	缺苞箭竹	饲料	
(1437)	*Fargesia nitida* Keng f.	华西箭竹	饲料	
(1438)	*Fargesia rebusta* Yi	拐棍竹	饲料	
(1439)	*Festuca fubra* L.	紫羊茅	牧草	
(1440)	*Festuca modesta* Steud.	素羊茅	牧草	
(1441)	*Festuca ovina* L.	羊茅	牧草	
(1442)	*Festuca sinensis* Keng	中华羊茅	牧草	
(1443)	*Festuca subalpina* Chang et Skv.	高山羊茅	牧草	
(1444)	*Isachne globosa* Kunfze	柳叶箬	牧草	
(1445)	*Milium effusum* L.	粟草	牧草	
(1446)	*Miscanthus brevipilus* Hand.-Mazz.	短毛芒	纤维	
(1447)	*Miscanthus nepalensis* Hack.	尼泊尔芒	纤维	
(1448)	*Paspalum thunbergii* Kunth ex Steud.	雀稗	牧草	
(1449)	*Pennisetum alopecuroides* Spreng.	狼尾草	牧草	
(1450)	*Phleum alpinum* L.	高山梯牧草	牧草	
(1451)	*Poa acroleuca* Steud.	白顶早熟禾	牧草	
(1452)	*Poa angustifolia* L.	细叶早熟禾	牧草	
(1453)	*Poa alpigena* Lindm	高原早熟禾	牧草	
(1454)	*Poa annua* L.	早熟禾	牧草	
(1455)	*Poa nemoralis* L.	林地早熟禾	牧草	
(1456)	*Poa pratensis* L.	草地早熟禾	牧草	
(1457)	*Poa sinattenuata* L.	中华早熟禾	牧草	
(1458)	*Poa chalarantha* L.	疏花早熟禾	牧草	
(1459)	*Polypogon fugax* Nees ex Steud.	棒头草	牧草	
(1460)	*Ptilagrostis mongholica* Griseb.	细柄草	牧草	
(1461)	*Roegneria kamoji* Ohwi	鹅观草	牧草	
(1462)	*Roegneria nutans* Keng	垂穗鹅观草	牧草	
(1463)	*Setaria plicata* T. Cooke	皱叶狗尾草	牧草	
(1464)	*Yushania brevipaniculata* Yi	短锥玉山竹	纤维	

续表

编号	学名	中文名	用途	备注
127	**Araceae**	**天南星科**		
(1465)	*Arisaema heterophyllum* Blume.	天南星	药用	
(1466)	*Arisaema elephas* Buchet	象鼻南星	药用	
(1467)	*Arisaema consanguineum* Schott	一把伞南星	药用	
(1468)	*Pinellia pedatisecta* Schott	异叶天南星	药用	
128	**Cyperaceae**	**莎草科**		
(1469)	*Carex capilliformis* Franch.	丝叶苔草	牧草	
(1470)	*Carex cruciata* Wahlenb.	十字苔草	牧草	
(1471)	*Carex lehmanii* Drejier	膨囊苔草	牧草	资料①
(1472)	*Carex lenaensis* Kilk.	高山苔草	牧草	
(1473)	*Carex pachyrrhiza* Franch.	粗根苔草	牧草	
(1474)	*Carex pseudocuraica* F. Sehm.	漂筏苔草	牧草	资料①
(1475)	*Carex remotiuscula* Wahlenb	疏穗苔草	牧草	
(1476)	*Carex schneideri* Nelmes	川滇苔草	牧草	资料①
(1477)	*Carex siderosticta* Hance	宽叶苔草	牧草	
(1478)	*Carex souliei* Franch.	紫鳞苔草	牧草	
(1479)	*Eriophorum comosum* Nees	丛毛羊胡子草	纤维	
(1480)	*Eriophorum vageratum* L.	羊胡子草	纤维	
(1481)	*Kobresia bellardii* Degl.	高山蒿草	牧草	
(1482)	*Kobresia humitis* Serg	矮蒿草	牧草	
(1483)	*Kobresia setchwanensis* Hand.-Mazz.	四川蒿草	牧草	
(1484)	*Scleria terrestris* Foss.	高秆珍珠草	牧草	
(1485)	*Scirpus hunsonianus* Eemald.	鳞毛高山蔗草	牧草	
129	**Orchidaceae**	**兰科**		
(1486)	*Bletilla formosana* (Hayata) Schltr.	小白芨	药用	
(1487)	*Bletilla striata* (Thunb. ex Murr.) Rcbb. f.	白芨	药用	
(1488)	*Bletilla ochracea* Schltr.	黄花白芨	观赏	
(1489)	*Bulbophyllum reptans* (Lindl.) Lindl.	伏生石豆兰	观赏	
(1490)	*Calypso bulbosa* (Linn.) Oakes	布袋兰	观赏	
(1491)	*Calanthe tricarinata* Lindl.	三棱虾脊兰	观赏	
(1492)	*Calanthe alpina* Hook. f. ex Lindl.	流苏虾脊兰	观赏	
(1493)	*Calanthe davidii* Franch.	剑叶虾脊兰	观赏	
(1494)	*Calanthe arcuata* Rolfe	弧距虾脊兰	观赏	
(1495)	*Calanthe mannii* Hook. f.	.细花虾脊兰	观赏	

续表

编号	学名	中文名	用途	备注
(1496)	*Calanthe stenophylla* Tsu	.狭叶虾脊兰	观赏	
(1497)	*Calanthe davidii* Franch.	剑叶虾脊兰	观赏	
(1498)	*Calanthe delavati* Franch.	少花虾脊兰	观赏	
(1499)	*Calanthe discolor* Lindl.	.虾脊兰	观赏	
(1500)	*Calanthe fimbriata* Franch.	流苏虾脊兰	观赏	
(1501)	*Calanthe reflexa* Maxim.	反瓣虾脊兰	观赏	
(1502)	*Cephalanthera longifolia* (Linn.) Fritsch	头蕊兰	观赏	
(1503)	*Coeloglossus viride* (L.) Hartm.	凹舌兰	观赏	
(1504)	*Cymbidium ensifolium* (L.) Sw.	建兰	观赏	
(1505)	*Cypripedium debile* Rchb. f.	对叶杓兰	观赏	
(1506)	*Cypripedium macranthum* Sw.	大花杓兰	观赏	
(1507)	*Cypripedium plectrochilon* Franch.	离萼杓兰	观赏	
(1508)	*Cypripedium tibeticum* King ex Rolfe	西藏杓兰	观赏	
(1509)	*Cypripedium fargesiia* Faranch. Franch.	毛瓣杓兰	观赏	
(1510)	*Cypripedium guttatum* Sw.	紫点杓兰	观赏	
(1511)	*Cypripedium henryi* Rolfe	绿花杓兰	观赏	
(1512)	*Diphylax urcealata* (Clerke) Hook. f.	尖药兰	观赏	
(1513)	*Epipogium aphyllum* (Schm.) Sw.	.裂唇虎舌兰	观赏	
(1514)	*Epipogium roseum* (D. Don) Lindl.	虎舌兰	观赏	
(1515)	*Eprpactis helleborine* (Linn.) Crantz	火烧兰	观赏	
(1516)	*Eprpactis mairei* Schltr.	大叶火烧兰	观赏	
(1517)	*Gastrodia elata* Bl.	天麻	观赏	
(1518)	*Goodyera repens* (Linn.) R. Br.	小斑叶兰	观赏	
(1519)	*Gymnadenia conopsea* (Linn.) R. Br.	手参	药用	
(1520)	*Gymnadenia orchidis* Lindl.	西南手参	观赏	
(1521)	*Galeola lindleyana* Rchb. f.	毛萼山珊瑚	观赏	
(1522)	*Gastrochilus formosanus* Hayata	台湾盆距兰	观赏	
(1523)	*Gastrodia elata* Bl.	天麻	观赏	
(1524)	*Goodyera biflora* (Lindl.) Hook. f.	大花斑叶兰	观赏	
(1525)	*Goodyera velutina* Maxim.	绒叶斑叶兰	观赏	
(1526)	*Goodyera wolongensis* K. Y. Lang	卧龙斑叶兰	观赏	
(1527)	*Goodyera repens* (L.) R. Br.	小斑叶兰	观赏	
(1528)	*Goodyera schlechtendaliana* Rchb. f.	斑叶兰	观赏	
(1529)	*Habenaria fargesii* Finet	雅致玉凤花	观赏	

续表

编号	学名	中文名	用途	备注
(1530)	*Habenaria glaucifolia* Bur. et Franch.	粉叶玉凤花	观赏	
(1531)	*Habenaria davidii* Franch.	长距玉凤花	观赏	
(1532)	*Hermnium lanceum* (Thunb. ex SW) Vuijk	叉唇角盘兰	观赏	
(1533)	*Hermnium monorchis* (Linn.) R. Br.	角盘兰	观赏	
(1534)	*Neottia acuminate* Schltr.	尖唇鸟巢兰	观赏	
(1535)	*Spiranthes sinensis* (Pers.) Ames.	绶草	药用	
(1536)	*Orchis tschiliensis* (Schltr.) Sooin	河北红门兰	观赏	
(1537)	*Orchis diantha* Schltr.	二叶红门兰	观赏	
(1538)	*Orchis chusua* D. Don.	广布红门兰	观赏	
(1539)	*Platanthera chlorantha* Cust. ex Rchb.	二叶舌唇兰	观赏	
(1540)	*Pleione bulbocodioides* (Franch.) Rolfe	独蒜兰	观赏、药用	
(1541)	*Oreorchis patens* (Lindl.) Lindl.	山兰	观赏	
(1542)	*Oreorchis nana* Schltr.	硬叶山兰	观赏	
(1543)	*Satyrium ciliatum* Lindl.	缘毛鸟足兰	观赏	
(1544)	*Tipularia szechuanica* Schltr.	筒距兰	观赏	
(1545)	*Tulotis fuscescens* (Linn.) Czer	蜻蜓兰	观赏	

资料来源：①草坡自然保护区第一次综合科学考察报告；②《卧龙植被》；③访问

表5　四川草坡自然保护区昆虫名录

目(Order)	科(Family)	种(Species)
1.鞘翅目 Coleoptera	1)瓢虫科 Coccinellidae	(1)七星瓢虫 *Coccinella septempunctata*
		(2)褐绣花瓢虫 *Coccinella luteopicta*
		(3)横斑瓢虫 *Coccinella transversoguttata*
		(4)隐斑瓢虫 *Harmonia yedoensis*
		(5)细网巧瓢虫 *Oenopia sexareata*
		(6)六斑巧瓢虫 *Oenopia sexmaculata*
		(7)六斑月瓢虫 *Menochilus sexmaculatus*
		(8)奇变瓢虫 *Aiolocaria hexaspilota*
		(9)黄室盘瓢虫 *Pania luteopustulata*
		(10)黑缘红瓢虫 *Chilocorus rubidus*
		(11)连斑食植瓢虫 *Epilachna hauseri*
		(12)眼斑食植瓢虫 *Epilachna ocellatae*
		(13)长管食植瓢虫 *Epilachna longissima*
		(14)银莲花瓢虫 *Epilachna convexa*
		(15)奇斑裂臀瓢虫 *Henosepilachna libera*
		(16)马铃薯瓢虫 *Henosepilachna vigintioctomaculata*
		(17)黑背小瓢虫 *Scymnus kawamurai*
		(18)红褐隐胫瓢虫 *Aspidimerus ruficrus*
		(19)变斑隐势瓢虫 *Cryptogonus orbiculus*
		(20)斧斑广盾瓢虫 *Platynaspis angulimaculata*
		(21)十五斑崎齿瓢虫 *Afidentula quinquedecemguttata*
		(22)八仙花崎齿瓢虫 *Afissula hydrangeae*
		(23)钩管崎齿瓢虫 *Afissula uniformis*
		(24)瓜茄瓢虫 *Epilachna admirabilis*
	2)步甲科 Carabidae	(25)布氏细胫步甲 *Agonum buchanani*
		(26)中华星步甲 *Calosoma chinense*
		(27)肖毛婪步甲 *Harpalus jureceki*
		(28)黄斑青步甲 *Chlaenius micans*

续表

目(Order)	科(Family)	种(Species)
		(29)灿丽步甲 *Callida splendidula*
		(30)五斑狭胸步甲 *Stenlophus quinquepustulatus*
		(31)毛青步甲 *Chlaeoius pallipes*
	3)叩甲科 Elateridae	(32)沟叩甲 *Pleonomus canaliculatus*
		(33)细胸叩甲 *Agriotes subvittatus*
		(34)暗足重脊叩甲 *Chiagosnius obscuripes*
		(35)双瘤槽缝叩甲 *Agrypnus bipapulatus*
		(36)泥红槽缝叩甲 *Agrypnus argillaceus*
		(37)眼纹斑叩甲 *Cryptalaus larvatus*
		(38)丽叩甲 *Campsosternus auratus*
		(39)筛胸梳爪叩甲 *Melanotus cribricollis*
	4)吉丁虫科 Buprestidae	(40)金缘吉丁虫 *Lampra limbata*
		(41)松吉丁虫 *Chalcophora japonica*
	5)埋葬甲科 Silphidae	(42)黑食尸葬甲 *Necrophorus concolor*
	6)丽金龟科 Rutelidae	(43)黑跗长丽金龟 *Adoretosoma atritarse*
		(44)斧须发丽金龟 *Phyllopertha suturata*
		(45)墨绿彩丽金龟 *Mimela spelendens*
		(46)中华彩丽金龟 *Mimela chinensis*
		(47)川绿弧丽金龟 *Popillia sichuanensis*
		(48)陷缝异丽金龟 *Anomala rufiventris*
	7)鳃金龟科 Melolonthidae	(49)峨眉齿爪鳃金龟 *Holotrichia omeia*
	8)花金龟科 Cetobniidae	(50)褐红头花全龟岭 *Mycteristes micriphyllus*
		(51)皱莫花金龟 *Moseriana rugulosa*
		(52)墨伪花金龟 *Pseudodiceros nigrocyaneus*
		(53)日铜罗花金龟 *Rhomborrhina japonica*
		(54)绿罗花金色龟 *Rhomborrhina unicolor*
		(55)黄斑短突花金龟 *Glyeyphana fulvistemma*
		(56)小青花金龟 *Oxycetonia jucunda*
	9)斑金龟科 Trichiidae	(57)褐黄环斑金龟 *Paratrichius castanus*
		(58)短毛斑金龟 *Lasiotrichius succinctus*
	10)犀金龟科 Dynastidae	(59)双叉犀金龟 *Allomyrina dichotoma*
	11)芫菁科 Meloidae	(60)豆芫菁 *Epicauta gorhami*
	12)叶甲科 Chrysomelidae	(61)蒿金叶甲 *Chrysolina aurichalcea*

续表

目(Order)	科(Family)	种(Species)
		(62)蓝胸圆肩叶甲 *Humba cyanicollis*
		(63)杨叶甲 *Chrysomela populi*
	13)肖叶甲科 Eumolpidae	(64)蓝色突肩叶甲 *Cleorina janthina*
		(65)皮纹球叶甲 *Nodina tibialis*
		(66)圆角胸叶甲 *Basilepta ruficolle*
		(67)斑鞘豆叶甲 *Colposcelis signata*
		(68)粗刻凹顶叶甲 *Parascela cribrata*
		(69)李叶甲 *Cleoporus variabilis*
		(70)银纹毛叶甲 *Trichochrysea japana*
		(71)合欢毛叶甲 *Trichochrysea nitidissima*
	14)铁甲科 Hispidae	(72)峨嵋三脊甲 *Agonita omeia*
		(73)红胸丽甲 *Callispa ruficollis*
		(74)大锯龟甲 *Basiprionota* (*s. str.*) *chinensis*
		(75)雅安锯龟甲 *Basiprionota* (*s. str.*) *gressitti*
		(76)素带台龟甲 *Taiwania* (*s. str.*) *postarcuata*
		(77)朗短椭龟甲 *Glyphocassia* (*Hebdomecosta*) *lepida*
		(78)小尾龟甲 *Thlaspida pygmaea*
	15)天牛科 Cerambycidae	(79)毛圆眼花天牛 *Lemula pilifera*
		(80)具齿驼花天牛 *Pidonia armaata*
		(81)四川驼花天牛 *Pidonia sichuanica*
		(82)沟胸金古花天牛 *Kanekoa lirata*
		(83)三色短腿花天牛 *Pedostrangalia tricolorata*
		(84)肖黄须异花天牛 *Parastrangalis negligena*
		(85)红峨眉花天牛 *Emeileptura conspecta*
	16)拟天牛科 Oedemeridae	(86)红毛角拟天牛 *Corennys conspicua*
	17)负泥虫科 Crioceridae	(87)二齿距甲 *Temnaspis bidentata*
		(88)紫茎甲 *Sagra femorata purpurea*
		(89)平顶负泥虫 *Lema lacosa*
		(90)脊负泥虫 *Lilioceris subcostata*
		(91)黑缝负泥虫 *Oulema atrosuturalis*
	18)拟步甲科 Tenebrionidae	(92)凸纹伪叶甲 *Lagria lameyi*
		(93)齿角伪叶甲 *Cerogria odontocera*
		(94)四斑角伪叶甲 *Cerogria quadrimaculata*

续表

目(Order)	科(Family)	种(Species)
		(95)腿管伪叶甲 *Donaciolagria femoralis*
		(96)卧龙莱伪叶甲 *Laena wolongica*
		(97)红色栉甲 *Cteniopinus ruber*
		(98)波形树甲 *Strongylium undulatum*
		(99)菲达亚琵甲 *Asidoblaps fida*
		(100)钝齿亚琵甲 *Asidoblaps galinae*
	19)象虫科 Curculionidae	(101)灌县癞象 *Episomus kwanhsiensis*
		(102)尖齿尖象 *Phytoscaphus dentirostris*
		(103)淡灰瘤象 *Dermatoxenus caesicollis*
		(104)大肚象 *Xanthochelus faunus*
		(105)松树皮象 *Hylobius abietis*
		(106)毛束象 *Desmidophorus hebes*
		(107)长角角胫象 *Shirahoshizo flavonotatus*
		(108)短胸长足象 *Alcidodes trifidus*
		(109)乌柏长足象 *Alcidodes erro*
	20)锹甲科 Lucanidae	(110)戴狭锹甲 *Pris mognathus*
	21)豆象科 Bruchidae	(111)绿豆象 *Callosobruchus chinensis*
	22)小蠹科 Scolytidae	(112)松横坑切梢小蠹 *Blastopha gusminor*
	23)虎甲科 Cicindelidae	(113)中国虎甲 *Cincindela chinensis*
2.鳞翅目 Lepidoptera	24)夜蛾科 Noctuidae	(114)绿孔雀夜蛾 *Nacna malachites*
		(115)黑条青夜蛾 *Diphtheroco memarmorea*
		(116)选彩虎蛾 *Episteme lectrix*
		(117)白边切夜蛾 *Euxoa oberthuri*
		(118)小地老虎 *Agrotis segetum*
		(119)红棕狼夜蛾 *Ochropleura ellapsa*
		(120)基点歹夜蛾 *Diarsia basistriga*
		(121)八字地老虎 *Xestia c-nigrum*
		(122)冥灰夜蛾 *Polia mortua*
		(123)乌夜蛾 *Melanchra persicariae*
		(124)掌夜蛾 *Tiracola plagiata*
		(125)胖夜蛾 *Orthogonia sera*
		(126)白斑锦夜蛾 *Euplexia albovittata*
		(127)锦夜蛾 *Euplexia lucipara*

续表

目(Order)	科(Family)	种(Species)
		(128)线委夜蛾 *Athetis lineosa*
		(129)亚奂夜蛾 *Amphipoea asiatica*
		(130)黑痣白夜蛾 *Chasminodes nigrostigma*
		(131)雪白夜蛾 *Chasminodes nigveus*
		(132)丹日明夜蛾 *Sphragifera sigillata*
		(133)翠纹钻夜蛾 *Earias vittella*
		(134)鼎点钻夜蛾 *Earias cupreoviridia*
		(135)旋夜蛾 *Eligma narcissus*
		(136)滑尾夜蛾 *Eutelia blandiatrix*
		(137)显长角皮夜蛾 *Risoba prominens*
		(138)布光裳夜蛾 *Ephesia butleri*
		(139)卷裳目夜蛾 *Erebus macrops*
		(140)目夜蛾 *Erebus crepuscularis*
		(141)环夜蛾 *Spirama retoeta*
		(142)安钮夜蛾 *Ophiusa trihaca*
		(143)霉巾夜蛾 *Dysgonia maturata*
		(144)玫瑰巾夜蛾 *Dysgonia arctotaenia*
		(145)象夜蛾 *Grammodes geometrica*
		(146)华穗夜蛾 *Pilipectus chinensis*
		(147)斜线哈夜蛾 *Hamodes butleri*
	25)卷蛾科 Tortricidae	(148)锯腹卷蛾 *Cnephasitis apodicta*
		(149)长斑褐纹卷蛾 *Phalonidia melanothica*
		(150)南方长翅卷蛾 *Acleris divisana*
		(151)龙眼裳卷蛾 *Cerace stipatana*
		(152)豹裳卷蛾 *Cerace xanthocosma*
		(153)褐次卷蛾 *Pseudargyrotoza calvicaput*
		(154)云丛卷蛾 *Gnorismoneura steromorphy*
		(155)眉丛卷蛾 *Gnorismoneura violascens*
		(156)花楸烟卷蛾 *Capua vulgana*
		(157)三齿卷蛾 *Ulodemis tridentate*
		(158)九江卷蛾 *Argyrotaenia liratana*
		(159)后黄卷蛾 *Archips asiticus*
		(160)槭黄卷蛾 *Archips capsigeranus*

续表

目(Order)	科(Family)	种(Species)
		(161) 丽黄卷蛾 *Archips opiparus*
		(162) 美黄卷蛾 *Archips sayonae*
		(163) 苹褐卷蛾 *Pandemic heparana*
		(164) 琪褐带卷蛾 *Adoxophyes flgrans*
		(165) 黑痣卷蛾 *Geogepa stenochorda*
		(166) 纸状圆斑小卷蛾 *Eudemoopsis ramiformis*
		(167) 狭翅小卷蛾 *Dicephalarcha dependens*
		(168) 川广翅小卷蛾 *Hedya gratiana*
		(169) 川媒小黑卷蛾 *Pristognatha fuligana*
		(170) 松实小卷蛾 *Retinia cristata*
		(171) 油松球果小卷蛾 *Gravitarmata margarotana*
		(172) 曲茎小食心虫 *Grapholita curviphlla*
	26) 尺蛾科 Geometridae	(173) 褐盗尺蛾 *Docirava brunnearia*
		(174) 溪毛翅尺蛾 *Trichopteryx rivularia*
		(175) 沼尺蛾 *Acasis viretata*
		(176) 双线隐叶尺蛾 *Chrioloba ochraceistriga*
		(177) 长阳隐叶尺蛾 *Chrioloba apicata*
		(178) 双角尺蛾 *Carige cruciplaga*
		(179) 黄异翅尺蛾 *Heterophleps fusca*
		(180) 亚叉脉尺蛾 *Leptostegna asiatica*
		(181) 小玷尺蛾 *Naxidia glaphyra*
		(182) 盈潢尺蛾 *Xanthorhoe saturata*
		(183) 维光尺蛾 *Triphosa venimaculata*
		(184) 归光尺蛾 *Triphosa rantaizanensis*
		(185) 弥斑幅尺蛾 *Photoscotosia isosticta*
		(186) 溪幅尺蛾 *Photoscotosia rivularia*
		(187) 宽缘幅尺蛾 *Photoscotosia albomacularia*
		(188) 灰云纹尺蛾 *Eulithis pulchraria*
		(189) 葡萄洄纹尺蛾 *Chartographa ludovicaria*
		(190) 云南松洄纹尺蛾 *Chartographa fabiolaria*
		(191) 眼点小纹尺蛾 *Microlygris multistriata*
		(192) 三分枯叶尺蛾 *Gandaritis tricedista*
		(193) 黄枯叶尺蛾 *Gandaritis flavomacularia*

续表

目(Order)	科(Family)	种(Species)
		(194) 黑斑褥尺蛾 *Eustroma aerosa*
		(195) 台褥尺蛾 *Eustroma changi*
		(196) 铜朦尺蛾 *Protonebula cupreata*
		(197) 半环折线尺蛾 *Ecliptopera relata*
		(198) 宏焰尺蛾 *Electrophaes fervidaria*
		(199) 叉涅尺蛾 *Hydriomena furcata*
		(200) 啄黑点尺蛾 *Xenortholitha dicaea*
		(201) 叉丽翅尺蛾 *Lampropteryx producta*
		(202) 灰涤尺蛾 *Dysstroma cinereata*
		(203) 萌涤尺蛾 *Dysstroma carescotes*
		(204) 圆带涤尺蛾 *Dysstroma rotundatefasciata*
		(205) 淡网尺蛾 *Laciniodes denigrata*
		(206) 拉维尺蛾 *Venusia laria*
		(207) 点线异序尺蛾 *Agnibesa punctilinearia*
		(208) 直纹白尺蛾 *Asthena tchratchrria*
		(209) 硕翡尺蛾 *Piercia stevensi*
		(210) 幻界尺蛾 *Horisme eurytera*
		(211) 平纹黑岛尺蛾 *Melanthia postalbaria*
	27) 祝蛾科 Lecithoceridae	(212) 黄褐瘤祝蛾 *Torodora flavescens*
		(213) 菇环瘤祝蛾 *Torodora sciadosa*
		(214) 草白祝蛾 *Thubana albiprata*
		(215) 尖祝蛾 *Lecithocera cuspidata*
		(216) 竖平祝蛾 *Lecithocera erecta*
		(217) 网板祝蛾 *Lecithocera lacunara*
		(218) 隐翅祝蛾 *Opacoptera callirrhabda*
		(219) 短刺羽祝蛾 *Philoptila minutispina*
		(220) 黄阔祝蛾 *Lecitholaxa thiodora*
		(221) 丝槐祝蛾 *Sarisophora serena*
		(222) 双摇祝蛾 *Quassitagma duplicata*
		(223) 刺瓣祝蛾 *Quassitagma stimulata*
	28) 钩蛾科 Drepanidae	(224) 黄绢钩蛾 *Auzatella micronioides*
		(225) 斑赭钩蛾 *Paralbara pallidinota*
		(226) 黄颈赭钩蛾 *Paralbara muscularia*

续表

目(Order)	科(Family)	种(Species)
		(227) 晶钩蛾 *Deroca hyalina*
		(228) 三线钩蛾 *Pseudalbara parvula*
		(229) 栎距钩蛾 *Agnidra scabiosa fixseni*
		(230) 灰波线钩蛾 *Nordstroemia fuscula*
		(231) 黑线钩蛾 *Nordstroemia nigra*
		(232) 半豆斑钩蛾 *Auzata semipavonaria*
		(233) 中华豆斑钩蛾 *Auzata chinensis*
		(234) 栎卑钩蛾 *Betalbara robusta*
		(235) 直缘卑钩蛾 *Betalbara violacea*
		(236) 肾点丽钩蛾 *Callidrepana patrana*
		(237) 豆点丽钩蛾 *Callidrepana gemina*
		(238) 古钩蛾 *Palaeodrepana harpagula*
		(239) 线角白钩蛾 *Ditrigona lineata*
		(240) 六条白钩蛾 *Ditrigona legnichrysa*
	29) 毒蛾科 Lymantriidae	(241) 蔚茸毒蛾 *Dasychira glaucinoptera*
		(242) 肾毒蛾 *Cifuma locuples*
		(243) 白毒蛾 *Arctomis l-nigrum*
		(244) 茶白毒蛾 *Arotornis alba*
		(245) 黄羽毒蛾 *Pida strigipennis*
		(246) 漫星黄毒蛾 *Euproctis plana*
		(247) 梯带黄毒蛾 *Euproctis montis*
	30) 网蛾科 Thyrididae	(248) 蜂形网蛾 *Erthgris aperta*
		(249) 红蝉网蛾 *Glanycus blachieri*
		(250) 黑蝉网蛾 *Glanycus tricolor*
		(251) 四川斜线网蛾 *Striglina susukei szechuanensis*
		(252) 树形拱肩网蛾 *Camptochilus aurea*
		(253) 金盏拱肩网蛾 *Camptochilus sinuosus*
		(254) 银网蛾 *Rhodoneura reticulalia*
		(255) 直线网蛾 *Rhodoneura erecta*
		(256) 花窗网蛾 *Rhodoneura subcostalis*
		(257) 白眉网蛾 *Rhodoneura mediostrigata*
		(258) 后中线网蛾 *Rhodoneura pallida*
	31) 大蚕蛾科 Saturniidae	(259) 绿尾大蚕蛾 *Actias selene ningponia*

续表

目(Order)	科(Family)	种(Species)
		(260)藤豹大蚕蛾 *Loepa anthera*
		(261)黄豹大蚕蛾 *Loepa katinka*
		(262)豹大蚕蛾 *Loepa oberthuri*
		(263)樟蚕 *Eriogyna pyetorum*
		(264)柞蚕 *Angherea pernyi*
	32)天蛾科 Sphingidae	(265)栎鹰翅天蛾 *Oxyambulyx liturata*
		(266)核桃鹰翅天蛾 *Oxyambulyx schauffebergeri*
		(267)豆天蛾 *Clans bilineata tsingtauica*
		(268)构月天蛾 *Parum colligata*
		(269)月天蛾 *Parum porphhyria*
		(270)窗翅缺角天蛾 *Acosmeryx cacthschild*
		(271)雀纹天蛾 *Theretra jaoonica*
	33)蚕蛾科 Bombycidae	(272)野蚕蛾 *Theophila mandarina*
		(273)多齿翅蚕蛾 *Oberthueria caeca*
		(274)三线茶蚕蛾 *Andraca bipunctata*
	34)圆钩蛾科 Cyclidiidae	(275)洋麻圆钩蛾 *Cyclidia substigmaria*
		(276)赭圆钩蛾 *Cyclidia orciferaria*
	35)蛱蝶科 Nymphalidae	(277)星点三线蛱蝶 *Neptis pryeri*
		(278)弥环蛱蝶 *Neptis miah*
		(279)箭斑竹蛱蝶 *Tacoraea recurva*
		(280)大豹银蛱蝶 *Childrena childreni*
		(281)银斑豹蛱蝶 *Speyeria aglaja*
		(282)老豹蛱蝶 *Argyronome laodice*
		(283)花斑蛱蝶 *Araschnia levana*
		(284)桑蛱蝶 *Calinaga buddha*
		(285)黄闪蛱蝶 *Dilipa fenestra*
		(286)翠蛱蝶 *Euthalia thiberana*
		(287)黑脉蛱蝶 *Hestina assimilis*
		(288)褐脉蛱蝶 *Lilinga mimica*
		(289)黑蛱蝶 *Lsodema chinensis*
		(290)木叶蛱蝶 *Kalliuma chinensis*
		(291)小环蛱蝶 *Neptis sappho*
		(292)中环蛱蝶 *Neptis hylas*

续表

目(Order)	科(Family)	种(Species)
		(293) 二尾蛱蝶 *Polyura nareaea*
		(294) 黄钩蛱蝶 *Polygonia caareum*
		(295) 花蛱蝶 *Stibochiona bisaltide*
		(296) 叉蛱蝶 *Tacoraca disjuncta*
		(297) 小红蛱蝶 *Vanessa cardui*
		(298) 黄重环蛱蝶 *Neptis cydippe*
	36) 眼蝶科 Satyridae	(299) 山地白眼蝶 *Melanargia montana*
		(300) 白带黛眼蝶 *Lethe confuse*
		(301) 彩斑黛眼蝶 *Lethe procne*
		(302) 紫丝黛眼蝶 *Lethe niitakanamats*
		(303) 小云斑黛眼蝶 *Lethe jalaurida*
		(304) 紫斑黛眼蝶 *Lethe titania*
		(305) 深山黛眼蝶 *Lethe insana*
		(306) 毗连鄰眼蝶 *Yathima methorina*
		(307) 大型鄰眼蝶 *Aulocera padma*
		(308) 小双瞳眼蝶 *Callerebia oberthuri*
		(309) 棕色带眼蝶 *Pararge pracusta*
		(310) 荆棘橙眼蝶 *Rhaphicera dumicola*
		(311) 圆翅大眼蝶 *Ninguta schrenckii*
		(312) 密纱眉眼蝶 *Mycalesis misenus*
	37) 粉蝶科 Pieirdae	(313) 尖钩粉蝶 *Gonepteryx mahaguru*
		(314) 褐脉菜粉蝶 *Artogeia melete*
		(315) 金子氏绢粉蝶 *Aporia kanekoi*
		(316) 黑脉绢粉蝶 *Aporia venata*
		(317) 橙色豆粉蝶 *Colias fieldi*
		(318) 黄粉蝶荷氏亚种 *Eurema hecabe hobsoni*
		(319) 檗黄粉蝶 *Eurema blanda*
	38) 凤蝶科 Papilionidae	(320) 华夏剑凤蝶 *Pazala mandarina*
		(321) 蓝凤蝶 *Papilio protenor*
		(322) 升天剑凤蝶 *Pazala euroa*
		(323) 柑桔凤蝶 *Papilio xuthus*
		(324) 金带喙凤蝶 *Teinopalpus imperialis*
		(325) 大尾凤蝶 *Agehana elwsi*

续表

目(Order)	科(Family)	种(Species)
		(326)窄翅兰凤蝶 *Achillides paris chinensis*
		(327)麝凤蝶 *Byasa alcinous*
		(328)木兰青凤蝶 *Graphium closon*
		(329)马氏翠凤蝶 *Graphium cloanthus*
		(330)碧凤蝶 *Papilio bianor*
		(331)黄凤蝶 *Papilio machaon*
		(332)丝带凤蝶 *Sericeinus telamon*
	39)弄蝶科 Hesperiidae	(333)稻弄蝶北印亚种 *Parnara guttatamangala*
		(334)白斑弄蝶莫氏亚种 *Daimio tethysmoorei*
		(335)黑脉橙弄蝶亚种 *Thymelicus leonine leonine*
	40)灰蝶科 Lycaenidae	(336)宽边翠灰蝶 *Esakiozephyrus tsangkie*
		(337)蓝泽白灰蝶台湾亚种 *Phengaris atroguttata formosana*
		(338)翠蓝黄灰蝶 *Heliphorus saphir*
		(339)台湾小灰蝶 *Zizeeria karsandra*
	41)斑蝶科 Danaidae	(340)栗色透翅斑蝶 *Parantica sita*
		(341)蔷青斑蝶 *Tirumala septentrionis*
3.半翅目 Hemiptera	42)蝽科 Pentatomidae	(342)华麦蝽 *Aelia nasuta*
		(343)长叶蝽 *Amyntor obscurus*
		(344)黑兜蝽 *Aspongopus nigriventris*
		(345)海南蝽 *Cantheconidea concinna*
		(346)紫蓝丽盾盾蝽 *Chrysocoris stolii*
		(347)小皱蝽 *Cyclopelta parva*
		(348)云南橘蝽 *Dalpada oculata*
		(349)异色巨蝽 *Eusthenes cupreus*
		(350)大臭蝽 *Eurostus validus*
		(351)菜蝽 *Eurydema dominulus*
		(352)横纹菜蝽 *Eurydema gebleri*
		(353)健腿蝽 *Eusthenes robustus*
		(354)勐遮蝽 *Gonopis coccinea*
		(355)茶翅蝽 *Halyomorpha halys*
		(356)角刺花背蝽 *Hoplistodera fergussoni*
		(357)红花丽蝽 *Hoplistodera fpulchra*
		(358)踞齿蝽 *Megymenum gracilicorne*

续表

目(Order)	科(Family)	种(Species)
		(359)短角瓜蝽 *Megymenum brevicornis*
		(360)贵阳蝽 *Picromerus viridipunctatus*
		(361)黑益蝽 *Picromerus griseus*
		(362)大理蝽 *Pinthaeus humeralis*
		(363)珀蝽 *Playtia fimbriata*
		(364)金绿宽盾蝽 *Poecilocoris lewisi*
		(365)山字宽盾蝽 *Poecilocoris sanszesignatus*
		(366)桑龟蝽 *Poecilocoris druraei*
		(367)尖角普蝽 *Priassus spiniger*
		(368)璧蝽 *Piezodorus rubrofasciatus*
		(369)棱蝽 *Rhynchocoris humeralis*
		(370)稻黑蝽 *Scotinophara lurida*
		(371)二星蝽 *Stollia guttiger*
		(372)角胸蝽 *Tetroda histeroides*
	43)缘蝽科 Coreidae	(373)月肩奇缘蝽 *Derepteryx lunata*
		(374)红背安缘蝽 *Anoplocnemis phasiana*
		(375)瘤缘蝽 *Acanthocoris scaber*
		(376)黑竹缘蝽 *Notobitus meleagris*
		(377)山竹缘蝽 *Notobitus montanus*
		(378)小点同缘蝽 *Homoeocerus marginellus*
		(379)一点同缘蝽 *Homoeocerus unipunctatus*
		(380)纹须同缘蝽 *Homoeocerus striicornis*
		(381)平肩棘缘蝽 *Cletus tenuis*
		(382)波原缘蝽 *Coreus potanini*
		(383)粟缘蝽 *Liorhyssus hyalinus*
		(384)黄伊缘蝽 *Aschyntelus chinensis*
		(385)条蜂缘蝽 *Riptortus linearis*
	44)猎蝽科 Reduviidae	(386)黑光猎蝽 *Ectrychotes crudelis*
		(387)黑艾猎蝽 *Ectomocoris atrox*
		(388)南普猎蝽 *Oncocephalus philippinus*
		(389)暴猎蝽 *Agriosphodrus dohrni*
		(390)褐菱猎蝽 *Isyndus obscurus*
		(391)轮刺猎蝽 *Scipina horrida*

续表

目(Order)	科(Family)	种(Species)
		(392)环斑猎蝽 *Sphedanolestes impressicollis*
	45)长蝽科 Lygaeidae	(393)红脊长蝽 *Tropidothorax elegans*
		(394)豆突眼长蝽 *Chauliops fallax*
		(395)杉木扁长蝽 *Sinorsillus piliferus*
	46)花蝽科 Anthocoridae	(396)二态原花蝽 *Anthocoris dimorphus*
		(397)川藏原花蝽 *Anthocoris thibetanus*
		(398)黑脉原花蝽 *Anthocoris gracilis*
		(399)玉龙肩花蝽 *Tetraphleps yulongensis*
		(400)二叉小花蝽 *Orius bifilarus*
		(401)微小花蝽 *Orius minutus*
	47)姬蝽科 Nabidae	(402)日本高姬蝽 *Gorpis* (*s. str.*) *japonicus*
		(403)阿萨姆希姬蝽 *Himacerus* (*s. str.*) *assamensis*
		(404)波姬蝽 *Nabis* (*Milu*) *potanini*
		(405)暗色姬蝽 *Nabis* (*s. str.*) *stenoferus*
	48)土蝽科 Cydnidae	(406)大鳖土蝽 *Adrisa magna*
		(407)侏地土蝽 *Geotomus pygmaeus*
		(408)青革土蝽 *Macroscytus subaeneus*
	49)臭虫科 Cimicidae	(409)温带臭虫 *Cimex lectularius*
	50)盲蝽科 Miridae	(410)烟盲蝽 *Gallobelicus crassicornis*
		(411)甘薯跳盲蝽 *Halticus minutus*
	51)跷蝽科 Berytidae	(412)娇驼跷蝽 *Gampsocoris pulchellus*
	52)网蝽科 Tingidae	(413)梨网蝽 *Stephanitis nashi*
	53)异蝽科 Urostylidae	(414)亮壮异蝽 *Urochela distincta*
		(415)花壮异蝽 *Urochela lutoovaria*
	54)龟蝽科 Plataspidae	(416)天花豆龟蝽 *Megacopta verrucosa*
	55)飞虱科 Delphacidae	(417)短头飞虱 *Epeurysa nawaii*
		(418)白背飞虱 *Sogatella farcifera*
		(418)稗飞虱 *Sogatella longifurcifera*
		(420)白颈飞虱 *Paracorbulo sirokata*
		(421)拟褐飞虱 *Nilaparvata bakeri*
		(422)伪褐飞虱 *Nilaparvata muiri*
		(423)白脊飞虱 *Unkanodes sapporona*
		(424)白条飞虱 *Terthron albovattatum*

续表

目(Order)	科(Family)	种(Species)
		(425)灰飞虱 *Laodelphax striatellus*
		(426)黑边黄脊飞虱 *Toya propinqua*
	56)瘿绵蚜科 Pemphigidae	(427)蛾眉卷叶绵蚜 *Prociphilus emeiensis*
		(428)梨卷叶绵蚜 *Prociphilus kuwanai*
		(429)峨眉山伪卷叶棉蚜 *Thecabius* (*Parathecabius*) *emeishanus*
	57)斑蚜科 Callaphididae	(430)竹梢凸唇斑蚜 *Takecallis taiwanus*
	58)蚜科 Aphididae	(431)桃蚜 *Myzus persicae*
		(432)莴苣指管蚜 *Uroleucon formosanum*
	59)角蝉科 Membracidae	(433)中华高冠角蝉 *Hypsauchenia chinensis*
		(434)褐翅高冠角禅 *Hypsauchenia hardwickii*
		(435)半红脊角蝉 *Machaerotypus semirubronigris*
		(436)新瘤耳角蝉 *Maurya neonodosa*
		(437)秦岭耳角蝉 *Maurya qinlingensis*
		(438)透翅结角蝉 *Antialcidas hyalopterus*
		(439)蟾锯角蝉 *Pantaleon bufo*
		(440)背峰锯角蝉 *Pantaleon dorsalis*
		(441)黄胫无齿角蝉 *Nondenticentrus flavipes*
		(442)黑无齿角蝉 *Nondenticentrus melanicus*
		(443)宽斑无齿角蝉 *Nondenticentrus latustigmosus*
		(444)泸定三刺角蝉 *Tricentrus ludingensis*
	60)颖蜡蝉科 Achilidae	(445)条背卡颖蜡蝉 *Caristianus ulysses*
	61)象蜡蝉科 Dictyopharidae	(446)伯瑞象蜡蝉 *Dictyophara patruelis*
	62)蛾蜡蝉科 Flatidae	(447)彩蛾蜡蝉 *Cerynia maria*
		(448)碧蛾蜡蝉 *Geisha distinctissima*
	63)蜡蝉科 Fulgoridae	(449)中华鼻蜡蝉 *Zanna chenensis*
	64)瓢蜡蝉科 Issidae	(450)脊额瓢蜡蝉 *Gergithoides carinatifrons*
	65)颜蜡蝉科 Eurybrachidae	(451)中华珞颜蜡蝉 *Loxocephala sinica*
4.膜翅目 Hymenoptera	66)切叶蜂科 Megachilidae	(452)粗切叶蜂 *Megachile scupturalis*
		(453)切叶蜂 *Megachile humilis*
		(454)短板尖腹蜂 *Coelioxys ducalis*
		(455)花回条蜂 *Habropoda mimetica*
		(456)蛾眉回条蜂 *Habropoda omeiensis*
		(457)四川回条蜂 *Habropoda sichuanensis*

续表

目(Order)	科(Family)	种(Species)
		(458)中华回条蜂 *Habropoda sinensis*
		(459)黄胸木蜂 *Xylocopa appendiculata*
		(460)中华木蜂 *Xylocopa (Koptorthosoma) sinensis*
		(461)热带木蜂 *Xylocopa (Koptorthosoma) aestuans*
		(462)长木蜂 *Xylocopa (Biluna) attenuata*
		(463)红足木蜂 *Xylocopa (Mimoxylocopa) rufipes*
		(464)拟黄芦蜂 *Ceratina hieroglyphica*
	67)蜜蜂科 Apidae	(465)意蜂 *Apis mellifera*
		(466)中蜂 *Apis cerana*
		(467)红原熊蜂 *Bombus (Alpigenobombus) rufocognitus*
		(468)宁波雄蜂 *Bombus (Diversobombus) ningpoensis*
		(469)桔背雄蜂 *Bombus (Pyrobombus) atrocinctus*
		(470)毛跗黑条蜂 *Anthophora plumipes*
		(471)绿条无垫蜂 *Amegilla zonata*
		(472)考氏无垫蜂 *Amegilla caldwelli*
		(473)鞋斑无垫蜂 *Amegilla calceifera*
	68)茧蜂科 Braconidae	(474)光头横纹茧蜂 *Clinocentrus politus*
		(475)黑三缝茧蜂 *Triraphis melanus*
		(476)折半脊茧蜂 *Aleiodes ruficornis*
		(477)异脊茧蜂 *Aleiodes dispar*
		(478)眼蝶脊茧蜂 *Aleiodes coxalis*
		(479)腰带长体茧蜂 *Macrocentrus cingulum*
	69)胡蜂科 Vespidae	(480)褐胡蜂 *Vespa binghami*
		(481)基胡蜂 *Vespa basalis*
		(482)黑盾胡蜂 *Vespa bicolor*
		(483)墨胡蜂 *Vespa velutina*
		(484)黑尾胡蜂 *Vespa tropica*
		(485)黄边胡蜂 *Vespa crabro*
	70)马蜂科 Polistidae	(486)斯马蜂 *Polistes snelleni*
		(487)柑马蜂 *Polistes mandarinus*
		(488)畦马蜂 *Polistes sulcatus*
		(489)果马蜂 *Polistes olivaceus*
	71)蜾蠃科 Eumenidae	(490)弓费蜾蠃 *Phi flavopunctatum continentale*

续表

目(Order)	科(Family)	种(Species)
		(491)种蜾蠃 *Eumenea species*
		(492)黄额胸蜾蠃 *Orancistrocerus aterrimus erythropus*
		(493)黄喙蜾蠃 *Rhynchium quinquecinctum*
	72)地蜂科 Andrenidae	(494)齿彩带蜂 *Nomia punctulata*
		(495)枯黄彩带蜂 *Nomia megasoma*
		(496)熟彩带蜂 *Nomia maturans*
		(497)拟刺背淡脉隧蜂 *Lasioglossam* (*Lasioglossum*) *pseudomontanum*
	73)螯蜂科 Dryinidae	(498)双斑矛螯蜂 *Lonchodryinus bimaculatus*
		(499)两色食虱螯蜂 *Echthordelphax fairchildii*
		(500)黄腿双距螯蜂 *Gonatopus flavifemur*
	74)准蜂科 Melittidae	(501)峨眉宽痣蜂 *Macropis omeiensis*
	75)异腹胡蜂科 Polybiidae	(502)印度侧异腹胡蜂 *Parapolybia indica*
	76)小蜂科 Chalcididae	(503)广大腿小蜂 *Brachymeria lasus*
	77)褶翅小蜂科 Leucospidae	(504)日本褶翅小蜂科 *Leucospis japonicus*
	78)长尾小蜂科 Torymidae	(505)中华螳小蜂科 *Podagrion chinensis*
	79)金小蜂科 Pteromalidae	(506)米象金小蜂 *Lariophagus distinguendus*
		(507)凤蝶金小蜂 *Pteromalus puparum*
	80)姬小蜂科 Eulophidae	(508)植食瓢虫姬小蜂 *Pediobius epilachnae*
	81)蚜小蜂科 Aphelinidae	(509)夏威夷食蚜蚜小蜂 *Coccophagus hawaiiensis*
	82)跳小蜂科 Encyrtidae	(510)双带巨角跳小蜂 *Comperiella bifasciata*
		(511)白蜡虫花翅跳小蜂 *Microterys ericeri*
	83)赤眼蜂科 Trichogrammatidae	(512)稻螟赤螟蜂 *Trichogramma japonicum*
	84)蚁科 Formicidae	(513)山大齿猛蚁 *Odontomachus monticola*
		(514)黄足短猛蚁 *Brachyponera luteipes*
		(515)基氏梳爪猛蚁 *Leptogenys kitteli*
		(516)敏捷扁头猛蚁 *Pachycondyla astuta*
		(517)光柄行军蚁 *Aenictus laeviceps*
		(518)侧扁木工蚁 *Camponotus compressus*
		(519)阿禄斜结蚁 *Plagiolepis alluaudi*
		(520)内氏前结蚁 *Prenolepis naorojii*
		(521)日本黑褐蚁 *Formica japonica*
		(522)红色树干蚁 *Formica truncicola*
		(523)亮毛蚁 *Lasius fuliginosus*

续表

目(Order)	科(Family)	种(Species)
5.双翅目 Diptera	85) 丽蝇科 Calliphoridae	(524) 南岭绿蝇 *Lucilia* (*s. str.*) *bazini*
		(525) 瘦叶带绿蝇 *Hemipyrellia ligurriens*
		(526) 叉丽蝇 *Triceratipyga calliphoroides*
		(527) 黑丽蝇 *Calliphora* (*s. str*) *pattoni*
		(528) 广额金蝇 *Chrysomya phaonis*
		(529) 肥躯金蝇 *Chrysomya pinguis*
		(530) 伪绿等彩蝇 *Isomyia pseudolucilia*
		(531) 拟黄胫等彩蝇 *Isomyia* (*Noviculicauda*) *pseudoviridana*
		(532) 拟钳尾弧彩蝇 *Strongyloneura pseudosenomera*
		(533) 三色依蝇 *Idiella tripartita*
	86) 蝇科 Muscidae	(534) 宝麟棘蝇 *Phaonia baolini*
		(535) 荣经棘蝇 *Phaonia yingjingensis*
		(536) 钉棘蝇 *Phaonia pattalocerca*
		(537) 褐股棘蝇 *Phaonia praefuscifemora*
		(538) 杜鹃花棘蝇 *Phaonia azaleella*
		(539) 棒跗棘蝇 *Phaonia clavitarsis*
		(540) 褐端棘蝇 *Phaonia fusciapicalis*
		(541) 百棘蝇 *Phaonia centa*
		(542) 并肩棘蝇 *Phaonia comihumera*
	87) 花蝇科 Anthomyiidae	(543) 黑尾球果花蝇 *Lasiomma strigilatum*
		(544) 粪种蝇 *Adia cinerella*
		(545) 大叶隰蝇 *Hydrophoria megaloba*
		(546) 异板草种蝇 *Phorbia hypandrium*
		(547) 灰地种绳 *Delia platura*
		(548) 棘基泉种蝇 *Pegohylemyia spinulibasis*
		(549) 盘叶泉种绳 *Pegohylemyia okai*
		(550) 双叶叉泉蝇 *Eutrichota bilobella*
		(551) 钩阳泉蝇 *Pegomya hamatacrophalla*
		(552) 狭肛泉绳 *Pegomya angusticerca*
		(553) 简尾泉绳 *Pegomya simpliciforceps*
		(554) 叶突泉绳 *Pegomya folifera*
	88) 寄蝇科 Tadchinidae	(555) 泸定裸背寄蝇 *Istochaeta ludingensis*
		(556) 毛斑裸板寄蝇 *Phorocerosoma postulans*

续表

目(Order)	科(Family)	种(Species)
	89)蚊科 Culicidae	(557)刺扰伊蚊 *Aedes* (*Aedimorphus*) *vexans*
		(558)白纹伊蚊 *Aaedes* (*Stegomyia*) *albopictus*
		(559)骚扰阿蚊 *Armigeres* (*Armigeres*) *subalbatus*
		(560)贪食库蚊 *Culex* (*Lutzia*) *halifaxia*
		(561)白胸库蚊 *Culex* (*Culiciomyia*) *pallidothorax*
		(562)中华库蚊 *Culex* (*s. str.*) *sinensis*
		(563)伪杂鳞库蚊 *Culex* (*s. str.*) *pseudovishnui*
		(564)三带喙库蚊 *Culex* (*s. str.*) *tritaeniorhynchus*
		(565)拟态库蚊 *Culex* (*s. str.*) *mimeticus*
		(566)棕盾库蚊 *Culex* (*s. str.*) *jacksoni*
		(567)中华按蚊 *Anopheles* (*s. str.*) *sinensis*
		(568)短须库蚊 *Culex brevipalpis*
		(569)叶片库蚊 *Culex foliatus*
		(570)暗紫库蚊 *Culex hayashii*
		(571)白顶库蚊 *Culex thurmanorum*
		(572)斑翅库蚊 *Culex mimeticus*
		(573)霜背库蚊 *Culex whitmorei*
	90)食虫虻科 Aslidae	(574)长棘板食虫虻 *Aconthopleura longmamus*
		(575)红低额食虫虻 *Cerdistus erythrus*
		(576)毛腹棕腿食虫虻 *Hoplopheromerus hirtiventri*
		(577)巧圆突食虫虻 *Machimus concinnus*
		(578)小盾圆突食虫虻 *Machimus minusculus*
		(579)内圆突食虫虻 *Machimus nevedensis*
		(580)盾圆突食虫虻 *Machimus scutellaris*
		(581)三列短毛食虫虻 *Antiphrission trifarius*
		(582)白毛叉径食虫虻 *Promachus albopiosus*
		(583)白颊叉径食虫虻 *Promachus leucopareus*
		(584)黄腹微芒食虫虻 *Microstylum flaviventre*
		(585)亮籽角食虫虻 *Xenomyza carapacina*
		(586)泛三叉食虫虻 *Trichomachimus basalis*
		(587)联三叉食虫虻 *Trichomachimus conjugus*
	91)虻科 Tabanidae	(588)山崎虻 *Tabanus yamasakii*
		(589)姚虻 *Tabanus yao*

续表

目(Order)	科(Family)	种(Species)
		(590)汶川指虻 *Isshikia wenchuanensis*
	92)蠓科 Ceratopogonidae	(591)哮库蚊 *Culicoides arakawai*
		(592)娄库蚊 *Culicoides laimargus*
6.直翅目 Orthoptera	93)斑腿蝗科 Catantopidae	(593)山稻蝗 *Oxya agavisa*
		(594)微翅小蹦蝗 *Pedopodisma microptera*
		(595)绿拟裸蝗 *Conophymacris viridis*
		(596)峨嵋腹露蝗 *Fruhstorferiola omei*
		(597)日本黄脊蝗 *Patanga japonica*
		(598)短角直斑腿蝗 *Stenocatantops mistshenkoi*
		(599)短角外斑腿蝗 *Xenocatantops humilis brachycerus*
		(600)四川凸额蝗 *Traulia orientalis szetschuanensis*
	94)锥头蝗科 Pyrgomorphidae	(601)短额负蝗 *Atractomorpha sinensis*
		(602)柳枝负蝗 *Atractomorpha psittacina*
		(603)奇异负蝗 *Atractomorpha peregrina*
	95)丝角蝗科 Oedipodidae	(604)斑角蔗蝗 *Hieroglyphus annulicornis*
		(605)小稻蝗 *0xya hyla intricata*
		(606)疣蝗 *Trilophidia annulata*
		(607)云斑车蝗 *Gastrimargus marmoratus*
		(608)青脊竹蝗 *Ceracris nigricornis*
		(609)中华雏蝗 *Chorthippus chinensis*
	96)瘤锥蝗科 Chrotogonidae	(610)黄星蝗 *Aularches miliaris*
		(611)云南蝗 *Yunnanites coriacea*
	97)剑角蝗科 Acrididae	(612)短翅佛蝗 *Phlaeoba angustidorsis*
	98)斑翅蝗科 Oedipoidae	(613)大异距蝗 *Heteropternis robusta*
	99)网翅蝗科 Arcypteridae	(614)短翅异爪蝗 *Euchorthippus weichowensis*
	100)短翼蚱科 Metrodoridae	(615)墨脱希蚱 *Xistrella motuoensis*
		(616)爪哇波蚱 *Bolivaritettix javanicus*
	101)蚱科 Tetrigidae	(617)日本蚱 *Tetrix japonica*
		(618)短翅突眼蚱 *Ergatettix brachypterus*
	102)枝背蚱科 C1adonotidae	(619)峨嵋拟扁蚱 *Pseudogignotettix emeiensis*
		(620)峨嵋驼背蚱 *Gibbotettix emeiensis*
	103)刺翼蚱科 Scelimenidae	(621)大优角蚱 *Eucriotettix grandis*
	104)露螽科 Phaneropteridae	(622)黑角平背螽 *Isopsera nigroantennata*

续表

目(Order)	科(Family)	种(Species)
		(623)细齿平背螽 *Isopsera denticulata*
		(624)四川华绿螽 *Sinochlora szechwanensis*
		(625)截叶糙颈螽 *Ruidocollaris truncato-lobata*
		(626)陈氏掩耳螽 *Elimaea cheni*
	105)拟叶螽科 Pseudophylidae	(627)绿背覆翅螽 *Tegra novae-hollandiae viridinotata*
		(628)中华翡螽 *Phyllomimus sinicus*
	106)螽斯科 Tettigoniidae	(629)中华螽斯 *Tettigonia chinensis*
	107)蛩螽科 Meconematidae	(630)黑膝齿剑螽 *Xiphidiola geniculata*
7.蜻蜓目 Odonata	108)蜻科 Libellulidae	(631)臀斑楔翅蜓 *Hydrobasileus croceus*
		(632)白尾灰蜻 *Orthetrum albistylum*
		(633)褐背灰蜻 *Orthetrum internum*
		(634)竖眉赤蜻 *Sympetrum eroticum ardens*
		(635)华斜痣蜻 *Tramea chinensis*
	109)蜓科 Libellulidae	(636)闪绿宽腹蜓 *Lyriothemis pachygastra*
	110)箭蜓科 Gomphidae	(637)黑印叶箭蜓 *Indictinogomphus rapax*
	111)春蜓科 Gomphidae	(638)马奇异春蜓 *Anisogomphus maacki*
	112)蟌科 Coenagriidae	(639)沼狭翅蟌 *Aciagrion hisopa*
		(640)长尾黄蟌 *Cerigrion fallax*
	113)色蟌科 Agriidae	(641)黄翅绿色蟌 *Mnais auripennis*
	114)溪蟌科 Epallagidae	(642)紫闪溪蟌 *Caliphaea consimilis*
	115)综蟌科 Synleslidae	(643)细腹绿综蟌 *Megalestes micans*
		(644)褐尾绿综蟌 *Megalestes distans*
8.毛翅目 Trichoptera	116)角石蛾科 Stenopsychidae	(645)纳氏角石蛾 *Stenopsyche navasi*
		(646)峨嵋角石蛾 *Stenopsyche omeiensis*
		(647)灰翅角石蛾 *Stenopsyche griseipennis*
		(648)长刺角石蛾 *Stenopsyche longispina*
		(649)斯氏角石蛾 *Stenopsyche stotzneri*
	117)纹石蛾科 Hydropsychidae	(650)峨嵋离脉纹石蛾 *Hydromanicus emeiensis*
	118)长角石蛾科 Leptoceridae	(651)峨嵋突长角石蛾 *Ceraclea* (*Athripsodina*) *emeiensis*
9.蚤目 Siphonaptera	119)蚤科 Pulicidae	(652)人蚤 *Pulex irritana*
		(653)印鼠客蚤 *Xenopsylla cheopis*
	120)多毛蚤科 Hystrichopsyllidae	(654)兰狭蚤 *Stenoponia coelestis*
	121)细蚤科 Leptopsyllidae	(655)缓慢细蚤 *Leptopsylla* (*s. str.*) *segnis*

续表

目(Order)	科(Family)	种(Species)
		(656)棕形额蚤 *Frontopsylla spadix*
	122)角叶蚤科 Ceratophyllidae	(657)不等单蚤 *Monopsyllus anisus*
10.等翅目 Isoptera	123)木白蚁科 Kalotermitidae	(658)峨嵋树白蚁 *Glyptotermes emei*
	124)鼻白蚁科 Rhinotermitidae	(659)锥额散白蚁 *Reticulitermes conus*
		(660)高山散白蚁 *Reticulitermes altus*
		(661)汉源杆白蚁 *Stylotermes hanyuannicus*
		(662)圆唇杆白蚁 *Stylotermes labralis*
		(663)黑翅土白蚁 *Odontotermes formosanus*
11.螳螂目 Mantodea	125)螳螂科 Mantidae	(664)艳眼斑花螳 *Crebroter urbanus*
		(665)中华大刀螳 *Tenodera aridifolia sinensis*
12.蜚蠊目 Blattoidea	126)蜚蠊科 Blattidae	(666)东方蜚蠊 *Blatta orientalis*
		(667)斑蠊 *Neostylopyga rhombifolia*
13.革翅目 Deraptera	127)球螋科 Forficulidae	(668)欧洲蠼螋 *Forficula aurarícularia*
	128)蠼螋科 Labiduridae	(669)蠼螋 *Labidura riparia*
14.蜉蝣目 Ephemeroptera	129)浮游科 Ephemeridae	(670)腹色浮游 *Ephemera pictiventris*
15.襀翅目 Plecoptera	130)石蝇科 Perlidae	(671)石蝇 *Kiotina thoracica*
16.竹节虫目 Phasmatodea	131)脩科 Bacillidae	(672)竹节虫 *Baculum chinensis*
17.衣鱼目 Zygentoma	132)衣鱼科 Lepismatidae	(673)衣鱼 *Lepisma saccharina*
18. 缨翅目 Thysanoptera	133)蓟马科 Thripidae	(674)端大蓟马 *Megaleurothrips distalis*

表 6　四川草坡自然保护区鱼类名录

序号	动物名称	特有种	级别	备注
	硬骨鱼纲 Osteichthyes			
1	**鲤形目 Cypriniformes**			
1)	**鲤科 Cyprinidae**			
(1)	齐口裂腹鱼 *Schizothorax prenanti*	是		标本
(2)	重口裂腹鱼 *Schizothorax davidi*		省级	历史记载
2)	**鳅科 Cobitidae**			
(3)	戴氏山鳅 *Oreias dabryi*	是		历史记载
2	**鲑形目 Salmoniformes**			
1)	**鲑科 Salmonid**			
(4)	川陕哲罗鲑 *Hucho bleekeri*	是	国家Ⅱ级	历史记载

表 7 四川草坡自然保护区两栖动物名录

序号	动物名称	特有种	保护级别	IUCN 中濒危等级	CITES 附录	分布型	数据来源
	两栖纲 Amphibia						
1	**有尾目 Caudata**						
1)	**小鲵科 Hynobiidae**						
(1)	西藏山溪鲵 *Batrachuperus tibetanus*	R				H	▲
(2)	山溪鲵 *Batrachuperus pinchonii*	R	III			H	▲
2	**无尾目 Anura**						
2)	**锄足蟾科 Pelobatidae**						
(3)	西藏齿突蟾 *Scutiger boulengeri*	R	III			H	▲
(4)	大齿蟾 *Oreolalax major*	R	III	EN		H	△
3)	**角蟾科 Megophryidae**						
(5)	小角蟾 *Megophrys minor*	R	III			S	△
4)	**蟾蜍科 Bufonidae**						
(6)	中华蟾蜍华西亚种 *Bufo gargarizans andrewsi*	R	III			S	▲
5)	**蛙科 Ranidae**						
(7)	沼水蛙 *Hylarana guentheri*		III			S	●
(8)	黑斑蛙 *Rana nigromaculata*		III			E	▲
(9)	昭觉林蛙 *Rana chaochiaoensis*	R	III			H	▲
(10)	理县湍蛙 *Amolops lifanensis*	R	III			H	▲
(11)	四川湍蛙 *Amolops mantzorum*	R	III			H	▲

注：R 为特有种

保护级别：I. 国家重点 I 级保护动物；II. 国家重点II级保护动物；III. 国家保护的有益的或者有重要经济、科学研究价值的野生动物

分布型："U"古北型；"X"东北-华北型；"P 或 I"高地型；"H"喜马拉雅-横断山区型；"S"南中国型；"W"东洋型；"E"季风型；"D"中亚型

数据来源："△"为资料记录；"●"为访问记录；"▲"为野外察见实体

CITES 附录中："Ⅰ"代表附录 1；"Ⅱ"代表附录 2；"Ⅲ"代表附录 3

IUCN 中濒危等级：EN：濒危；VU：易危；LR/lc：低危/需予关注；LR/nt：低危/接近受危；LC/cd：低危/依靠保护；DD：数据不足

表 8　四川草坡自然保护区爬行动物名录

序号	动物名称	特有种	保护级别	IUCN 中濒危等级	CITES 附录	分布型	数据来源
	爬行纲 Reptilia						
1)	**石龙子科 Scincidae**						
(1)	康定滑蜥 *Scincella potanini*		III			D	△
(2)	长肢滑蜥 *Scincella doriae*	R				O	△
(3)	铜蜓蜥 *Sphenomorphus indicus*					O	▲
2)	**鬣蜥科 Agamidae**						
(4)	汶川攀蜥 *Japalura zhaoermii*	R		DD		S	△
3)	**蜥蜴科 Lacertidae**						
(5)	白条草蜥 *Takydromus wolteri*		III			X	●
4)	**游蛇科 Colubriae**						
(6)	王锦蛇 *Elaphe carinata*		III	VU		S	▲
(7)	横斑锦蛇 *Elaphe perlacea*	R	III	EN	I	O	△
(8)	黑眉锦蛇 *Elaphe taeniura*		III			W	▲
(9)	翠青蛇 *Entechinus major*		III			S	●
(10)	大眼斜鳞蛇 *Pseudoxenodon macrops*		III			O	●
(11)	美姑脊蛇 *Achalinus meiguensis*	R	III			O	△
(12)	颈槽蛇 *Rhabdophis nuchalis*		III			S	△
(13)	虎斑颈槽蛇 *Rhabdophis tigrina*		III			S	▲
5)	**蝰科 Viperidae**						
(14)	高原蝮 *Gloydius strauchi*		III	LR/lc		S	△
(15)	菜花原矛头蝮 *Trimeresurus jerdonii*					S	▲

注：R 为特有种

保护级别：Ⅰ. 国家重点Ⅰ级保护动物；Ⅱ. 国家重点Ⅱ级保护动物；Ⅲ. 国家保护的有益的或者有重要经济、科学研究价值的野生动物

分布型：“U”古北型；“X”东北-华北型；“P 或 I”高地型；“H”喜马拉雅-横断山区型；“S”南中国型；“W”东洋型；“E”季风型；“D”中亚型

数据来源：“△”为资料记录；“●”为访问记录；“▲”为野外实体观察

CITES 附录中：“Ⅰ”代表附录 1；“Ⅱ”代表附录 2；“Ⅲ”代表附录 3

IUCN 中濒危等级：EN. 濒危；VU. 易危；LR/lc. 低危/需予关注；LR/nt. 低危/接近受危；LC/cd. 低危/依靠保护；DD. 数据不足

表9 四川草坡自然保护区鸟类名录

序号	动物名称	特有种	保护级别	CITES 附录	区系	留居型	分布型	数据来源
1	**鹈形目 Pelecaniformes**							
1)	**鸬鹚科 Phalacrocoracidae**							
(1)	普通鸬鹚 *Phalacrocorax carbo*		Ⅲ，Ⅳ		广	W	O	△
2	**鹳形目 Ciconiiformes**							
2)	**鹭科 Ardeidae**							
(2)	苍鹭 *Ardea cinerea*		Ⅲ		古	R	U	△
(3)	白鹭 *Egretta garzetta*		Ⅲ		东	R	W	▲
(4)	池鹭 *Ardeola bacchus*		Ⅲ		东	R	W	▲
3)	**鹳科 Ciconiidae**							
(5)	黑鹳 *Ciconia nigra*		Ⅰ，Ⅳ	Ⅱ	古	W	U	△
3	**雁形目 Anseriformes**							
4)	**鸭科 Anatidae**							
(6)	赤麻鸭 *Tadorna ferruginea*		Ⅲ		古	P	U	△
(7)	绿头鸭 *Anas platyrhynchos*		Ⅲ		古	P	C	△
(8)	斑嘴鸭 *Anas poecilorhyncha*		Ⅲ		东	P	W	△
(9)	针尾鸭 *Anas acuta*		Ⅲ		古	P	C	△
4	**隼形目 Falconiformes**							
5)	**鹰科 Accipitridae**							
(10)	黑鸢 *Milvus migrans*		Ⅱ	Ⅱ	古	R	U	▲
(11)	胡兀鹫 *Gypaetus barbatus*		Ⅰ	Ⅱ	广	R	O	△
(12)	秃鹫 *Aegypius monachus*		Ⅱ	Ⅱ	广	R	O	▲
(13)	白尾鹞 *Circus cyaneus*		Ⅱ	Ⅱ	古	R	C	△
(14)	雀鹰 *Accipiter nisus*		Ⅱ	Ⅱ	古	R	U	▲
(15)	苍鹰 *Accipiter gentilis*		Ⅱ	Ⅱ	古	R	C	△
(16)	普通鵟 *Buteo buteo*		Ⅱ	Ⅱ	古	W	U	△
(17)	大鵟 *Buteo hemilasius*		Ⅱ	Ⅱ	古	W	D	△

续表

序号	动物名称	特有种	保护级别	CITES 附录	区系	留居型	分布型	数据来源
(18)	金鹏 *Aquila chrysaetos*		I	I	古	R	C	△
6)	**隼科 Falconidae**							
(19)	红隼 *Falco tinnunculus*		II	II	广	R	O	▲
(20)	燕隼 *Falco subbuteo*		II	II	古	W	U	△
(21)	游隼 *Falco peregrinus*		II	I	古	W	C	△
5	**鸡形目 Galliformes**							
7)	**松鸡科 Tetraonidae**							
(22)	斑尾榛鸡 *Bonasa sewerzowi*	R	I		东	R	H	△
8)	**雉科 Phasianidae**							
(23)	雪鹑 *Lerwa lerwa*		III		东	R	H	•
(24)	红喉雉鹑 *Tetraophasis obscurus*	R	I		东	R	H	△
(25)	高原山鹑 *Perdix hodgsoniae*		III		东	R	H	△
(26)	灰胸竹鸡 *Bambusicola thoracica*	R	III		东	R	S	▲
(27)	血雉 *Ithaginis cruentus*		II	II	东	R	H	▲
(28)	红腹角雉 *Tragopan temminckii*		II		东	R	H	▲
(29)	勺鸡 *Pucrasia macrolopha*		II		东	R	S	▲
(30)	绿尾虹雉 *Lophophorus lhuysii*	R	I	I	东	R	H	▲
(31)	白马鸡 *Crossoptilon crossoptilon*	R	II	I	东	R	H	△
(32)	环颈雉 *Phasianus colchicus*		III		广	R	O	▲
(33)	红腹锦鸡 *Chrysolophus pictus*	R	II		东	R	W	▲
6	**鹤形目 Gruiformes**							
9)	**三趾鹑科 Turnicidae**							
(34)	黄脚三趾鹑 *Turnix tanki*				东	R	W	△
10)	**鹤科 Gruidae**							
(35)	灰鹤 *Grus grus*		II	II	古	P	U	△
11)	**秧鸡科 Rallidae**							
(36)	普通秧鸡 *Rallus aquaticus*		III		古	P	U	△
(37)	白胸苦恶鸟 *Amaurornis phoenicurus*		III		东	P	W	•
(38)	白骨顶 *Fulica atra*		III		广	P	O	△
7	**鸻形目 Charadriiformes**							
12)	**鹮嘴鹬科 Ibidorhynchidae**							

续表

序号	动物名称	特有种	保护级别	CITES 附录	区系	留居型	分布型	数据来源
(39)	鹮嘴鹬 *Ibidorhyncha struthersii*		III		古	P	P	△
13)	**反嘴鹬科 Recurvirostridae**							
(40)	黑翅长脚鹬 *Himantopus himantopus*		III		广	P	O	△
(41)	反嘴鹬 *Recurvirostra avosetta*		III		广	P	O	△
14)	**燕鸻科 Glareolidae**							
(42)	普通燕鸻 *Glareola maldivarum*		III		东	P	W	△
15)	**鸻科 Charadriidae**							
(43)	金眶鸻 *Charadrius dubius*		III		广	P	O	△
16)	**鹬科 Scolopacidae**							
(44)	丘鹬 *Scolopax rusticola*		III		古	P	U	△
(45)	针尾沙锥 *Gallinago stenura*		III		古	P	U	△
(46)	扇尾沙锥 *Gallinago gallinago*		III		古	P	U	△
(47)	红脚鹬 *Tringa totanus*		III		古	P	U	△
(48)	青脚鹬 *Tringa nebularia*		III		古	P	U	△
(49)	白腰草鹬 *Tringa ochropus*		III		古	P	U	△
(50)	林鹬 *Tringa glareola*		III		古	P	U	△
(51)	矶鹬 *Actitis hypoleucos*		III		古	P	C	△
(52)	青脚滨鹬 *Calidris temminckii*		III		古	P	U	△
(53)	长趾滨鹬 *Calidris subminuta*		III		古	P	M	△
17)	**鸥科 Laridae**							
(54)	红嘴鸥 *Larus ridibundus*		III		古	P	U	△
18)	**燕鸥科 Sternidae**							
(55)	普通燕鸥 *Sterna hirundo*		III，IV		古	P	C	△
(56)	白额燕鸥 *Sterna albifrons*		III		广	P	O	△
8	**鸽形目 Columbiformes**							
19)	**鸠鸽科 Columbidae**							
(57)	岩鸽 *Columba rupestris*		III		广	R	O	▲
(58)	雪鸽 *Columba leuconota*		III		东	R	H	△
(59)	斑林鸽 *Columba hodgsonii*		III		东	R	H	△
(60)	山斑鸠 *Streptopelia orientalis*		III		广	R	E	▲
(61)	火斑鸠 *Streptopelia tranquebarica*		III		东	R	W	△

续表

序号	动物名称	特有种	保护级别	CITES 附录	区系	留居型	分布型	数据来源
(62)	珠颈斑鸠 *Streptopelia chinensis*		III		东	R	W	▲
9	**鹃形目 Cuculiformes**							
20)	**杜鹃科 Cuculidae**							
(63)	鹰鹃 *Cuculus sparverioides*		III，IV		东	S	W	▲
(64)	四声杜鹃 *Cuculus micropterus*		III		东	S	W	△
(65)	大杜鹃 *Cuculus canorus*		III		广	S	O	▲
(66)	中杜鹃 *Cuculus saturatus*		III		古	S	M	▲
(67)	小杜鹃 *Cuculus poliocephalus*		III		东	S	W	▲
(68)	翠金鹃 *Chrysococcyx maculatus*		III		东	S	W	△
(69)	乌鹃 *Surniculus lugubris*		III		东	S	W	△
(70)	噪鹃 *Eudynamys scolopaceus*		III		东	S	W	▲
10	**鸮形目 Strigiformes**							
21)	**鸱鸮科 Strigidae**							
(71)	领角鸮 *Otus bakkamoena*		II	II	东	R	W	△
(72)	红角鸮 *Otus sunia*		II	II	广	R	O	△
(73)	鹛鸮 *Bubo bubo*		II	II	古	R	U	△
(74)	黄腿渔鸮 *Ketupa flavipes*		II	II	东	R	W	△
(75)	灰林鸮 *Strix aluco*		II	II	广	R	O	△
(76)	四川林鸮 *Strix davidi*	R	II	II	东	R	H	△
(77)	领鸺鹠 *Glaucidium brodiei*		II	II	东	R	W	▲
(78)	斑头鸺鹠 *Glaucidium cuculoides*		II	II	东	R	W	△
(79)	纵纹腹小鸮 *Athene noctua*		II	II	古	R	U	△
(80)	长耳鸮 *Asio otus*		II	II	古	P	C	△
11	**雨燕目 Apodiformes**							
22)	**雨燕科 Apodidae**							
(81)	短嘴金丝燕 *Aerodramus brevirostris*		III		东	S	W	△
(82)	白喉针尾雨燕 *Hirundapus caudacutus*		III，IV		东	S	W	△
(83)	白腰雨燕 *Apus pacificus*		III		古	S	M	▲
(84)	小白腰雨燕 *Apus affinis*		III，IV		广	S	O	△
12	**佛法僧目 Coraciiformes**							
23)	**翠鸟科 Alcedinidae**							

续表

序号	动物名称	特有种	保护级别	CITES 附录	区系	留居型	分布型	数据来源
(85)	普通翠鸟 *Alcedo atthis*		III		广	R	O	▲
(86)	蓝翡翠 *Halcyon pileata*		III		东	S	W	▲
(87)	冠鱼狗 *Magaceryle lugubris*				广	R	O	▲
13	**戴胜目 Upupiformes**							
24)	**戴胜科 Upupidae**							
(88)	戴胜 *Upupa epops*		III		广	S	O	▲
14	**䴕形目 Piciformes**							
25)	**啄木鸟科 Picidae**							
(89)	蚁䴕 *Jynx torquilla*		III		古	W	U	△
(90)	星头啄木鸟 *Picoides canicapillus*		III		东	R	W	△
(91)	棕腹啄木鸟 *Picoides hyperythrus*		III		东	R	H	△
(92)	黄颈啄木鸟 *Picoides darjellensis*		III		东	R	H	△
(93)	赤胸啄木鸟 *Picoides cathpharius*		III		东	R	H	▲
(94)	白背啄木鸟 *Picoides leucotos*		III		古	R	U	△
(95)	大斑啄木鸟 *Picoides major*		III		古	R	U	▲
(96)	三趾啄木鸟 *Picoides tridactylus*		III		古	R	C	△
(97)	黑啄木鸟 *Dryocopus martius*		III，IV		古	R	U	△
(98)	灰头绿啄木鸟 *Picus canus*		III		古	R	U	▲
15	**雀形目 Passeriformes**							
26)	**百灵科 Alaudidae**							
(99)	短趾百灵 *Calandrella cheleensis*				广	R	O	△
(100)	凤头百灵 *Galerida cristata*				广	R	O	△
(101)	小云雀 *Alauda gulgula*		III		东	R	W	▲
(102)	角百灵 *Eremophila alpestris*		III		古	R	C	△
27)	**燕科 Hirundinidae**							
(103)	崖沙燕 *Riparia riparia*		III		古	S	C	△
(104)	岩燕 *Ptyonoprogne rupestris*		III		广	R	O	▲
(105)	家燕 *Hirundo rustica*		III		古	S	C	▲
(106)	金腰燕 *Hirundo daurica*		III		广	S	O	△
(107)	毛脚燕 *Delihon urbicu*		III		古	S	U	△
(108)	烟腹毛脚燕 *Delichon dasypus*		III		东	S	H	△

续表

序号	动物名称	特有种	保护级别	CITES 附录	区系	留居型	分布型	数据来源
28)	**鹡鸰科 Motacillidae**							
(109)	白鹡鸰 *Motacilla alba*		III		广	S	O	▲
(110)	黄头鹡鸰 *Motacilla citreola*		III		古	P	U	△
(111)	黄鹡鸰 *Motacilla flava*		III		古	S	U	△
(112)	灰鹡鸰 *Motacilla cinerea*		III		广	S	O	▲
(113)	树鹨 *Anthus hodgsoni*		III		古	S	M	▲
(114)	粉红胸鹨 *Anthus roseatus*		III		东	S	P	▲
(115)	水鹨 *Anthus spinoletta*		III		古	W	C	△
(116)	山鹨 *Anthus sylvanus*		III		东	S	S	▲
29)	**山椒鸟科 Campephagidae**							
(117)	暗灰鹃鵙 *Coracina melaschistos*		III		东	S	W	△
(118)	长尾山椒鸟 *Pericrocotus ethologus*		III		东	S	H	▲
(119)	短嘴山椒鸟 *Pericrocotus brevirostris*		III		东	S	H	△
30)	**鹎科 Pycnonotidae**							
(120)	领雀嘴鹎 *Spizixos semitorques*		III		东	R	S	▲
(121)	黄臀鹎 *Pycnonotus xanthorrhous*		III		东	R	W	▲
(122)	白头鹎 *Pycnonotus sinensis*		III		东	R	S	△
31)	**伯劳科 Laniidae**							
(123)	虎纹伯劳 *Lanius tigrinus*		III		古	S	X	△
(124)	牛头伯劳 *Lanius bucephalus*		III		古	R	X	▲
(125)	红尾伯劳 *Lanius cristatus*		III		古	S	X	△
(126)	棕背伯劳 *Lanius schach*		III		东	R	W	▲
(127)	灰背伯劳 *Lanius tephronotus*		III		东	R	H	△
(128)	楔尾伯劳 *Lanius sphenocercus*		III		古	R	M	△
32)	**黄鹂科 Oriolidae**							
(129)	黑枕黄鹂 *Oriolus chinensis*		III		东	S	W	▲
33)	**卷尾科 Dicruridae**							
(130)	黑卷尾 *Dicrurus macrocereus*		III		东	S	W	▲
(131)	灰卷尾 *Dicrurus leucophaeus*		III		东	S	W	△
(132)	发冠卷尾 *Dicrurus hotentottus*		III		东	S	W	△
34)	**椋鸟科 Sturnidae**							

续表

序号	动物名称	特有种	保护级别	CITES 附录	区系	留居型	分布型	数据来源
(133)	八哥 *Acridotheres cristatellus*		III		东	R	W	▲
(134)	灰椋鸟 *Sturnus cineraceus*		III		古	W	X	△
35)	**鸦科 Corvidae**							
(135)	松鸦 *Garrulus glandarius*				古	R	U	▲
(136)	灰喜鹊 *Cyanopica cyanus*		III		古	R	U	△
(137)	红嘴蓝鹊 *Urocissa erythrorhyncha*		III		东	R	W	▲
(138)	喜鹊 *Pica pica*		III		古	R	C	▲
(139)	星鸦 *Nucifraga caryocatactes*				古	R	U	▲
(140)	红嘴山鸦 *Pyrrhocorax pyrrhocorax*				广	R	O	▲
(141)	黄嘴山鸦 *Pyrrhocorax graculus*				广	R	O	△
(142)	达乌里寒鸦 *Corvus dauuricus*		III		古	W	U	▲
(143)	秃鼻乌鸦 *Corvus frugilegus*		III		古	R	U	△
(144)	小嘴乌鸦 *Corvus corone*				古	R	C	△
(145)	大嘴乌鸦 *Corvus macrorhynchos*				广	R	E	▲
(146)	白颈鸦 *Corvus torquatus*				东	R	S	△
36)	**河乌科 Cinclidae**							
(147)	河乌 *Cinclus cinclus*				广	R	O	▲
(148)	褐河乌 *Cinclus pallasii*				东	R	W	▲
37)	**鹪鹩科 Troglodytidae**							
(149)	鹪鹩 *Troglodytes troglodytes*				古	R	C	△
38)	**岩鹨科 Prunellidae**							
(150)	领岩鹨 *Prunella collaris*				古	R	U	▲
(151)	棕胸岩鹨 *Prunella strophiata*				东	R	H	△
(152)	褐岩鹨 *Prunella fulvescens*				古	R	I	△
(153)	栗背岩鹨 *Prunella immaculata*				东	S	H	△
39)	**鸫科 Turdidae**							
(154)	蓝短翅鸫 *Brachypteryx montana*				东	R	W	△
(155)	红喉歌鸲 *Luscinia calliope*		III		古	P	U	△
(156)	黑胸歌鸲 *Luscinia pectoralis*				东	S	H	△
(157)	蓝喉歌鸲 *Luscinia svecica*		III		古	P	U	△
(158)	栗腹歌鸲 *Luscinia brunnea*				东	R	H	△

续表

序号	动物名称	特有种	保护级别	CITES 附录	区系	留居型	分布型	数据来源
(159)	红胁蓝尾鸲 *Tarsiger cyanurus*		III		古	S	M	▲
(160)	金色林鸲 *Tarsiger chrysaeus*				东	S	H	△
(161)	白眉林鸲 *Tarsiger indicus*				东	R	H	△
(162)	赭红尾鸲 *Phoenicurus ochruros*				广	R	O	▲
(163)	黑喉红尾鸲 *Phoenicurus hodgsoni*				东	S	H	△
(164)	白喉红尾鸲 *Phoenicurus schisticeps*				东	R	H	△
(165)	北红尾鸲 *Phoenicurus auroreus*		III		古	S	M	▲
(166)	红腹红尾鸲 *Phoenicurus erythrogastrus*				古	W	I	△
(167)	蓝额红尾鸲 *Phoenicurus frontalis*				东	R	H	△
(168)	红尾水鸲 *Rhyacornis fuliginosus*				东	R	W	▲
(169)	白顶溪鸲 *Chaimarrornis leucocephalus*				东	R	H	▲
(170)	白腹短翅鸲 *Hodgsonius phaenicuroides*				东	R	H	▲
(171)	白尾地鸲 *Cinclidium leucurum*				东	R	H	△
(172)	蓝大翅鸲 *Grandala coelicolor*				东	R	H	△
(173)	小燕尾 *Enicurus scouleri*				东	R	S	▲
(174)	白额燕尾 *Enicurus leschenaulti*				东	R	W	△
(175)	灰林鵖*Saxicola ferrea*				东	R	W	▲
(176)	栗腹矶鸫 *Monticola rufiventris*				东	R	S	△
(177)	蓝矶鸫 *Monticola solitarius*				广	S	O	△
(178)	紫啸鸫 *Myophonus caeruleus*				东	R	W	▲
(179)	虎斑地鸫 *Zoothera dauma*		III		古	R	U	△
(180)	乌鸫 *Turdus merula*				广	R	O	▲
(181)	灰头鸫 *Turdus rubrocanus*				东	R	H	▲
(182)	棕背黑头鸫 *Turdus kessleri*		III		东	R	H	▲
(183)	白眉鸫 *Turdus obscurus*		III		古	S	M	△
(184)	赤颈鸫 *Turdus ruficollis*				广	R	O	△
(185)	斑鸫 *Turdus naummanni*		III		古	P	M	△
(186)	宝兴歌鸫 *Turdus mupinensis*	R	III		东	R	H	△
40)	**鹟科 Muscicapidae**							
(187)	乌鹟 *Muscicapa sibirica*		III		古	S	M	△
(188)	橙胸姬鹟 *Ficedula strophiata*				东	S	W	△

续表

序号	动物名称	特有种	保护级别	CITES 附录	区系	留居型	分布型	数据来源
(189)	红喉姬鹟 *Ficedula parva*		III		古	P	U	△
(190)	灰蓝姬鹟 *Ficedula tricolor*				东	S	H	△
(191)	铜蓝鹟 *Eumyias thalassina*				东	S	W	△
(192)	棕腹仙鹟 *Niltava sundara*		III		东	S	H	▲
(193)	蓝喉仙鹟 *Cyornis rubeculoides*				东	S	W	△
(194)	方尾鹟 *Culicicapa ceylonensis*				东	S	W	▲
41)	**画眉科 Timaliidae**							
(195)	黑脸噪鹛 *Garrulax perspicillatus*		III		东	R	S	▲
(196)	白喉噪鹛 *Garrulax albogularis*		III		东	R	H	▲
(197)	山噪鹛 *Garrulax davidi*	R	III		古	R	B	▲
(198)	灰翅噪鹛 *Garrulax cineraceus*		III		东	R	S	△
(199)	眼纹噪鹛 *Garrulax ocellatus*		III		东	R	H	△
(200)	斑背噪鹛 *Garrulax lunulatus*	R	III		东	R	H	△
(201)	大噪鹛 *Garrulax maximus*	R	III		东	R	H	△
(202)	画眉 *Garrulax canorus*		III	II	东	R	S	▲
(203)	白颊噪鹛 *Garrulax sannio*		III		东	R	S	△
(204)	橙翅噪鹛 *Garrulax elliotii*	R	III		东	R	H	▲
(205)	黑顶噪鹛 *Garrulax affinis*		III		东	R	H	△
(206)	斑胸钩嘴鹛 *Pomatorhinus erythrocnemis*				东	R	S	△
(207)	棕颈钩嘴鹛 *Pomatorhinus ruficollis*				东	R	W	▲
(208)	鳞胸鹪鹛 *Pnoepyga albiventer*				东	R	H	△
(209)	小鳞胸鹪鹛 *Pnoepyga pusilla*				东	R	W	▲
(210)	红头穗鹛 *Stachyris ruficeps*				东	R	S	▲
(211)	宝兴鹛雀 *Moupinia poecilotis*	R	III		东	R	H	△
(212)	矛纹草鹛 *Babax lanceolatus*		III		东	R	S	△
(213)	红嘴相思鸟 *Leiothrix lutea*		III	II	东	R	W	▲
(214)	淡绿鵙鹛 *Pteruthius xanthochlorus*				东	R	H	△
(215)	中华雀鹛 *Alcippe striaticollis*				东	R	H	▲
(216)	褐头雀鹛 *Alcippe cinereiceps*				东	R	S	▲
(217)	金胸雀鹛 *Alcippe chrysotis*				东	R	H	△
(218)	白领凤鹛 *Yuhina diademata*				东	R	H	▲

续表

序号	动物名称	特有种	保护级别	CITES 附录	区系	留居型	分布型	数据来源
42)	**鸦雀科 Paradoxornithidae**							
(219)	红嘴鸦雀 *Conostoma oemodium*		III		东	R	H	△
(220)	灰头鸦雀 *Paradoxornis gularis*		III		东	R	W	▲
(221)	三趾鸦雀 *Paradaxornis paradoxus*	R	III		东	R	H	▲
(222)	白眶鸦雀 *Paradaxornis conspicillatus*	R	III		东	R	S	▲
(223)	棕头鸦雀 *Paradaxornis webbianus*				东	R	S	▲
43)	**扇尾莺科 Cisticolidae**							
(224)	棕扇尾莺 *Cisticola juncidis*				广	S	O	▲
44)	**莺科 Sylviidae**							
(225)	强脚树莺 *Cettia forpipes*				东	R	W	▲
(226)	褐柳莺 *Phylloscopus fuscatus*		III		古	S	M	△
(227)	黄腹柳莺 *Phylloscopus affinis*		III		东	S	H	▲
(228)	棕腹柳莺 *Phylloscopus subaffinis*		III		东	S	S	△
(229)	棕眉柳莺 *Phylloscopus armandii*		III		东	S	H	△
(230)	橙斑翅柳莺 *Phylloscopus pulcher*		III		东	S	H	△
(231)	淡黄腰柳莺 *Phylloscopus chloronotus*				东	S	H	△
(232)	黄腰柳莺 *Phylloscopus proregulus*		III		古	S	U	▲
(233)	黄眉柳莺 *Phylloscopus inornatus*		III		古	S	U	▲
(234)	淡眉柳莺 *Phylloscopus humei*				古	S	U	△
(235)	极北柳莺 *Phylloscopus borealis*		III		古	P	U	▲
(236)	暗绿柳莺 *Phylloscopus trochiloides*		III		古	S	U	△
(237)	冠纹柳莺 *Phylloscopus reguloides*		III		东	S	W	△
(238)	金眶鹟莺 *Seicercus burkii*				东	S	S	△
45)	**戴菊科 Regulidae**							
(239)	戴菊 *Regulus regulus*		III		古	R	C	△
46)	**绣眼鸟科 Zosteropidae**							
(240)	暗绿绣眼鸟 *Zosterops japonicus*		III		东	R	S	▲
47)	**长尾山雀科 Aegithalidae**							
(241)	红头长尾山雀 *Aegithalos concinnus*		III		东	R	W	▲
(242)	银脸长尾山雀 *Aegithalos fuliginosus*	R	III		古	R	P	▲
48)	**山雀科 Paridae**							

续表

序号	动物名称	特有种	保护级别	CITES 附录	区系	留居型	分布型	数据来源
(243)	沼泽山雀 *Parus palustris*		III		古	R	U	△
(244)	褐头山雀 *Parus montanus*		III		古	R	C	△
(245)	煤山雀 *Parus ater*		III		古	R	U	△
(246)	黑冠山雀 *Parus rubidiventris*		III		东	R	H	△
(247)	黄腹山雀 *Parus venustulus*	R	III		东	R	S	▲
(248)	褐冠山雀 *Parus dichrous*		III		东	R	H	△
(249)	大山雀 *Parus major*		III		广	R	O	▲
(250)	绿背山雀 *Parus monticolus*		III		东	R	W	▲
49)	**䴓科 Sittidae**							
(251)	普通䴓 *Sitta europaea*				古	R	U	▲
50)	**旋壁雀科 Tichodromidae**							
(252)	红翅旋壁雀 *Tichodroma muraria*				广	R	O	△
51)	**旋木雀科 Certhiidae**							
(253)	欧亚旋木雀 *Certhia familiaris*				古	R	C	▲
(254)	高山旋木雀 *Certhia himalayana*				东	R	H	△
52)	**花蜜鸟科 Nectariniidae**							
(255)	蓝喉太阳鸟 *Aethopyga gouldiae*		III		东	R	S	▲
53)	**雀科 Passeridae**							
(256)	山麻雀 *Passer rutilans*		III		东	R	S	▲
(257)	麻雀 *Passermontanus*		III		古	R	U	▲
54)	**燕雀科 Fringillidae**							
(258)	燕雀 *Fringilla montifringilla*		III		古	R	U	△
(259)	林岭雀 *Leucosticte nemoricola*				古	R	I	▲
(260)	高山岭雀 *Leucosticte brandti*				古	R	I	△
(261)	暗胸朱雀 *Carpodacus nipalensis*		III		东	R	H	△
(262)	普通朱雀 *Carpodacus erythrirus*		III		古	R	U	△
(263)	曙红朱雀 *Carpodacus eos*		III		东	R	H	△
(264)	酒红朱雀 *Carpodacus vinaceus*		III		东	R	H	▲
(265)	斑翅朱雀 *Carpodacus trifasciatus*		III		东	R	H	△
(266)	白眉朱雀 *Carpodacus thura*		III		东	R	H	△
(267)	红胸朱雀 *Carpodacus puniceus*		III		古	R	I	△

续表

序号	动物名称	特有种	保护级别	CITES 附录	区系	留居型	分布型	数据来源
(268)	红交嘴雀 *Loxia cuvirostra*		III		古	R	C	△
(269)	金翅雀 *Carduelis sinica*		III		古	R	M	▲
(270)	灰头灰雀 *Pyrrhula erythaca*		III		东	R	H	▲
(271)	锡嘴雀 *Coccothraustes coccothraustes*		III		古	R	U	△
(272)	黄颈拟蜡嘴雀 *Mycerobas affinis*				东	R	H	△
(273)	白斑翅拟蜡嘴雀 *Mycerobas carnipes*				古	R	I	△
(274)	长尾雀 *Uragus sibiricus*		III		古	R	M	△
55）	**鹀科 Emberizidae**							
(275)	灰眉岩鹀 *Emberiza godlewskii*		III		广	R	O	△
(276)	三道眉草鹀 *Emberiza cioides*		III		古	R	M	▲
(277)	小鹀 *Emberiza pusilla*		III		古	W	U	△
(278)	黄喉鹀 *Emberiza elegans*		III		古	R	M	△
(279)	灰头鹀 *Emberiza spodocephala*		III		古	S	M	△

注：分类依据《中国鸟类分类与分布名录》（郑光美，2011）

特有种：R 为特有种

保护级别：Ⅰ.国家Ⅰ级重点保护野生动物，Ⅱ.国家Ⅱ级重点保护野生动物；III.国家保护有益的、有重要经济价值的、有科学研究价值的动物；Ⅳ：四川省重点保护动物

区系："古"代表古北界，"东"代表东洋界，"广"代表广布种

居留类型："P"代表旅鸟，"W"代表冬候鸟，"R"代表留鸟，"S"代表夏候鸟

分布型："U"古北型，"C"全北型，"M"东北型，"B"华北型，"X"东北-华北型，"E"季风型，"P 或 I"高地型，"H"喜马拉雅-横断山区型，"S"南中国型，"W"东洋型，"D"中亚型，"O"不易归类的分布

CITES 附录中："Ⅰ"代表附录 I 收录物种；"Ⅱ"代表附录 II 收录物种；"III"代表附录 III 收录物种

数据来源：▲：察见，△：资料记载

表 10　四川草坡自然保护区兽类名录

序号	兽类名称	特有种	保护级别	IUCN 中濒危等级	CITES 附录	分布型	数据来源
1	**食虫目 Insectivora**						
1)	**猬科 Erinaceidae**						
(1)	中国鼩猬 *Neotetracus sinensis*	R				S	△
2)	**鼩鼱科 Soricidae**						
(2)	川鼩 *Blarinella quadraticauda*	R				H	△
(3)	陕西鼩鼱 *Sorex sinalis*	R				H	△
(4)	大长尾鼩 *Chodsigoa salenskii*	R				H	△
(5)	纹背鼩鼱 *Sorex cylindricauda*	R				H	▲
(6)	山地纹背鼩鼱 *Sorex bedfordiae*	R				H	△
(7)	小鼩鼱 *Sorex minutus*					U	△
(8)	普通鼩鼱 *Sorex araneus*					U	▲
(9)	云南鼩鼱 *Sorex excelsus*					H	△
(10)	川西长尾鼩 *Chodsigoa hypsibia*	R				H	▲
(11)	印度长尾鼩 *Episoriculus leucops*					H	△
(12)	四川短尾鼩 *Anourosorex squamipes*					S	▲
(13)	灰麝鼩 *Crocidura attemuatam*					S	△
(14)	长尾大麝鼩 *Crocidura dracula*					S	△
(15)	斯氏水鼩 *Chimmarogale styani*					H	△
(16)	蹼麝鼩 *Nectogale elegans*					H	△
3)	**鼹科 Talpidae**						
(17)	鼩鼹 *Uropsilus soricipes*	R				H	▲
(18)	长吻鼩鼹 *Uropsilus gracilis*	R				H	▲
(19)	长尾鼹 *Scaptonyx fusicaudaus*					H	△
(20)	长吻鼹 *Euroscaptor longirostris*	R				S	△
2	**翼手目 Chiroptera**						
4)	**菊头蝠科 Rhinolophidae**						
(21)	马铁菊头蝠 *Rhinolophus ferrumequinum*					O	△

续表

序号	兽类名称	特有种	保护级别	IUCN 中濒危等级	CITES 附录	分布型	数据来源
(22)	大菊头蝠 *Rhinolophus luctus*					W	△
(23)	角菊头蝠 *Rhinolophus cornutus*					W	△
(24)	中菊头蝠 *Rhinolophus affinis*					W	△
(25)	皮氏菊头蝠 *Rhinolophus pearsoni*					W	△
5)	**蝙蝠科 Vespertilionidae**						
(26)	须鼠耳蝠 *Myotis mystacinus*					U	△
(27)	长尾鼠耳蝠 *Myotis frater*					O	△
(28)	东方蝙蝠 *Vespertilio superans*					E	△
(29)	亚洲宽耳蝠 *Barbstella leucomelas*					W	△
(30)	中国伏翼 *Pipistrellus pulveratus*					S	△
(31)	大耳蝠 *Placotus auriel*					H	△
3	**灵长目 Primates**						
6)	**猴科 Cercopithecidae**						
(32)	川金丝猴 *Rhinopithecus roxellana*	R	I	EN	I	H	▲
(33)	藏酋猴 *Macaca thibetana*	R	II		II	W	▲
(34)	猕猴 *Macaca mulatta*		II		II	W	▲
4	**食肉目 Carnivora**						
7)	**犬科 Canidae**						
(35)	豺 *Cuon alpinus*		II	VU	II	W	△
(36)	狼 *Canis lupus*			EN	II	C	△
(37)	赤狐 *Vulpes vulpes*		★, ◎			C	▲
(38)	藏狐 *Vulpes ferrilata*	R	★, ◎			P	△
8)	**熊科 Ursidae**						
(39)	黑熊 *Selenarctos thibetanus*		II	VU	I	E	▲
9)	**大熊猫科 Ailuropodidae**						
(40)	大熊猫 *Ailuropoda melanoleuca*	R	I	EN	I	H	▲
10)	**小熊猫科 Ailuridae**						
(41)	小熊猫 *Ailurus fulgens*	R	II	EN	II	H	▲
11)	**鼬科 Mustelidae**						
(42)	狗獾 *Meles meles*		★	NT		U	▲
(43)	猪獾 *Arctonyx collaris*		★	NT		W	▲
(44)	石貂 *Martes foina*		II			U	▲
(45)	黄喉貂 *Martes flavigula*		II			W	▲

续表

序号	兽类名称	特有种	保护级别	IUCN 中濒危等级	CITES 附录	分布型	数据来源
(46)	伶鼬 *Mustela nivalis*		★			U	△
(47)	黄鼬 *Mustela sibirica*		★			U	▲
(48)	香鼬 *Mustela altaica*		★，◎			O	▲
(49)	水獭 *Lutra lutra*		II		II	U	▲
12)	**灵猫科 Viverridae**						
(50)	大灵猫 *Viverra zibetha*		II	NT		W	△
(51)	小灵猫 *Viverricula indica*		II	NT		W	△
(52)	果子狸 *Paguma larvata*		★			W	▲
13)	**猫科 Felidae**						
(53)	兔狲 *Felis manul*		II	NT	II	D	△
(54)	猞猁 *Lynx lynx*		II		II	C	△
(55)	金猫 *Catopurna temmincki*		II	NT	I	W	▲
(56)	豹猫 *Prionailurus bengalensis*		★，◎		II	W	▲
(57)	豹 *Panthera pardus*		I	NT	I	O	△
(58)	云豹 *Neofelis nebulosa*		I	VU	I	W	△
(59)	雪豹 *Uncia uncia*		I	EN	I	W	△
5	**偶蹄目 Artiodactyla**						
14)	**猪科 Suidae**						
(60)	野猪 *Sus scrofa*		★			U	▲
15)	**麝科 Moschidae**						
(61)	林麝 *Moschus berezovskii*		I	EN	II	S	▲
(62)	高山麝 *Moschus sifanicus*		I	VU	II	P	△
16)	**鹿科 Cervidae**						
(63)	毛冠鹿 *Elaphodus cephalophus*		★，◎	NT		S	▲
(64)	小麂 *Muntiacus reevesi*	R	★，◎			S	▲
(65)	水鹿 *Cervus nuicolor*		II	NT		W	△
(66)	白臀鹿 *Cervus elaphusmacneilli*		II	EN		P	△
(67)	白唇鹿 *Przewalskium albirostris*		I	VU		P	△
17)	**牛科 Bovidae**						
(68)	扭角羚 *Budorcas taxicolor*		I	VU	II	H	▲
(69)	中华鬣羚 *Capricornis milneedwardsii*		II	VU	I	W	▲
(70)	川西斑羚 *Naemorhedus goral*		II	VU	I	E	▲
(71)	岩羊 *Pseudois nayaur*		II			P	●

续表

序号	兽类名称	特有种	保护级别	IUCN中濒危等级	CITES附录	分布型	数据来源
6	**啮齿目 Rodentia**						
18)	**松鼠科 Sciuridae**						
(72)	隐纹花鼠 *Tamiops swinhoei*		★			W	▲
(73)	喜马拉雅旱獭 *Marmota himalayana*					P	●
(74)	岩松鼠 *Sciurotamias davidianus*	R	★			O	▲
(75)	珀氏长吻松鼠 *Dremomys pernyi*		★			S	▲
19)	**鼯鼠科 Petauristidae**						
(76)	复齿鼯鼠 *Trogopterus xanthipes*	R	★	NT		H	●
(77)	红白鼯鼠 *Petaurista alborufus*	R	★			W	△
(78)	灰鼯鼠 *Petaurista xanthotis*	R	★			H	△
20)	**鼠科 Muridae**						
(79)	巢鼠 *Micromys minutus*					U	△
(80)	高山姬鼠 *Apodemus chevrieri*	R				S	▲
(81)	龙姬鼠 *Apodemus draco*	R				S	▲
(82)	大耳姬鼠 *Apodemus latronum*	R				H	△
(83)	褐家鼠 *Rattus norvegicus*					U	●
(84)	黄胸鼠 *Rattus flavipectus*					W	●
(85)	大足鼠 *Rattus nitidus*					W	●
(86)	小泡巨鼠 *Leopoldamys edwardsi*					W	●
(87)	社鼠 *Niviventer confucianus*		★			W	▲
(88)	针毛鼠 *Niviventer fulvescens*					W	▲
(89)	安氏白腹鼠 *Niviventer andersoni*	R				H	▲
(90)	川西白腹鼠 *Niviventer excelsior*	R				W	△
(91)	小家鼠 *Mus musculus*					W	▲
21)	**跳鼠科 Zapodidae**						
(92)	四川林跳鼠 *Eozapus setchuanus*	R				P	△
(93)	中华蹶鼠 *Sicista concolor*					U	△
22)	**竹鼠科 Rhizomyidae**						
(94)	中华竹鼠 *Rhizomys sinensis*	R	★			W	▲
23)	**田鼠科 microtidae**						
(95)	洮州绒鼠 *Caryomys eva*	R				H	△
(96)	黑腹绒鼠 *Eothenomys melanogaster*	R				S	△
(97)	根田鼠 *Microtus oeconomus*					U	△

续表

序号	兽类名称	特有种	保护级别	IUCN中濒危等级	CITES附录	分布型	数据来源
(98)	松田鼠 *Pitymys ierne*	R				P	△
(99)	四川田鼠 *Microtus millicens*	R				H	△
24)	**豪猪科 Hystricidae**						
(100)	豪猪 *Hystrix hodgsoni*		★			W	●
7	**兔形目 Lagomorpha**						
25)	**兔科 Leporidae**						
(101)	灰尾兔 *Lepus oiostolus*		★			P	△
26)	**鼠兔科 Ochotonidae**						
(102)	藏鼠兔 *Ochotona thibetana*	R				H	▲
(103)	中国红鼠兔 *Ochotona erythrotis*					O	▲

注：分布型：S. 南中国型；D. 中亚型；H. 喜马拉雅-横段山区型；W. 热带亚热带型；O. 不易归类的类型；E. 季风型； C. 全北型；P. 高地型；X. 东北-华北型；B. 华北型；U. 古北型

保护级别：Ⅰ. 国家Ⅰ级重点保护动物；Ⅱ. 国家Ⅱ级重点保护动物；★：国家保护有益的、有重要经济价值的、有科学研究价值的动物；◎：四川省重点保护动物

IUCN中濒危等级： 濒危 Endangered（EN）；易危 Vulnerable（VU）：近危 Near Threatened（NT）

CITES 附录：Ⅰ. CITES中附录Ⅰ物种；Ⅱ. CITES中附录Ⅱ物种

数据来源：访问：●:察见实体；▲:资料记载；△:资料记载

附 图

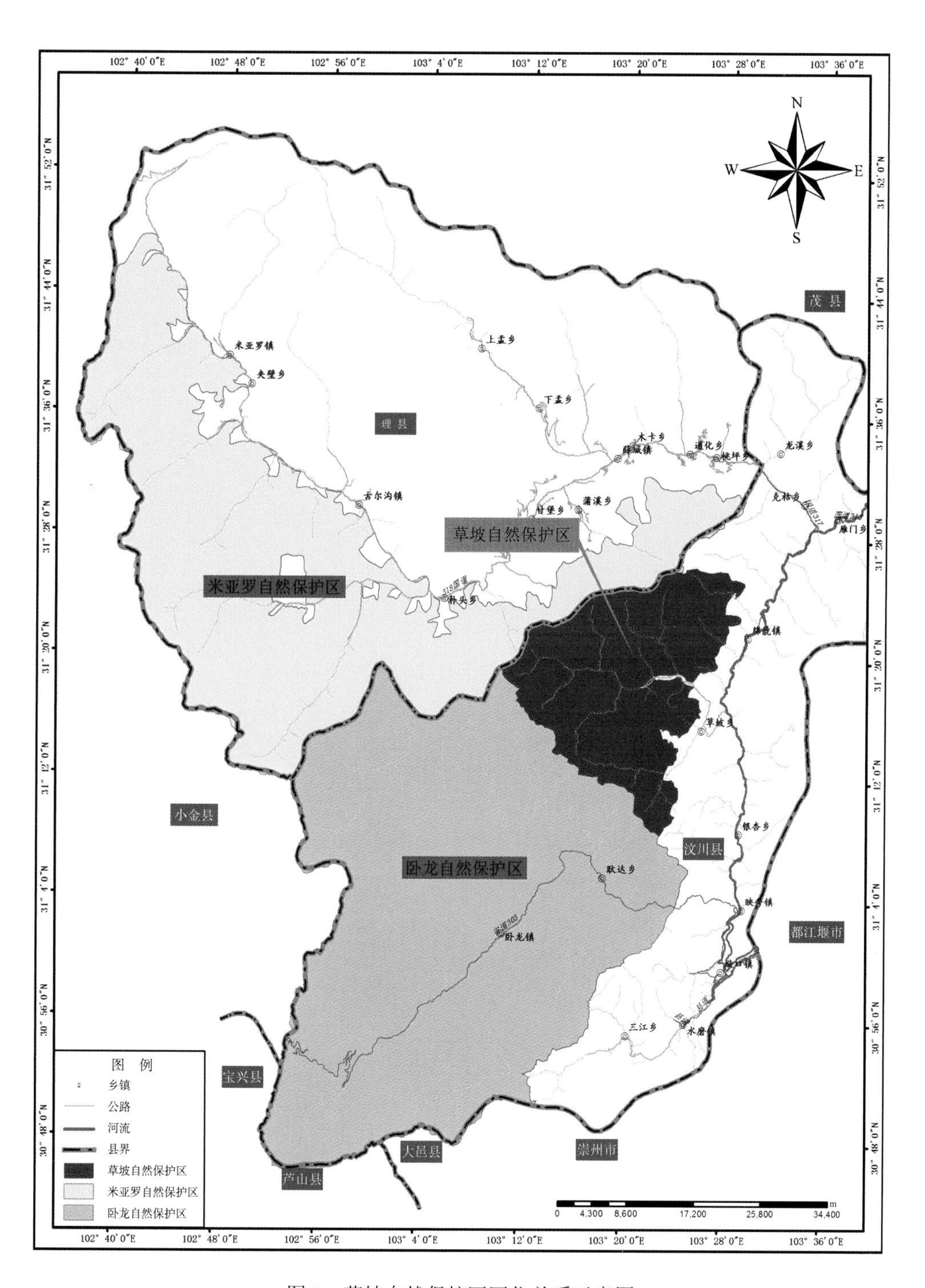

图1 草坡自然保护区区位关系示意图

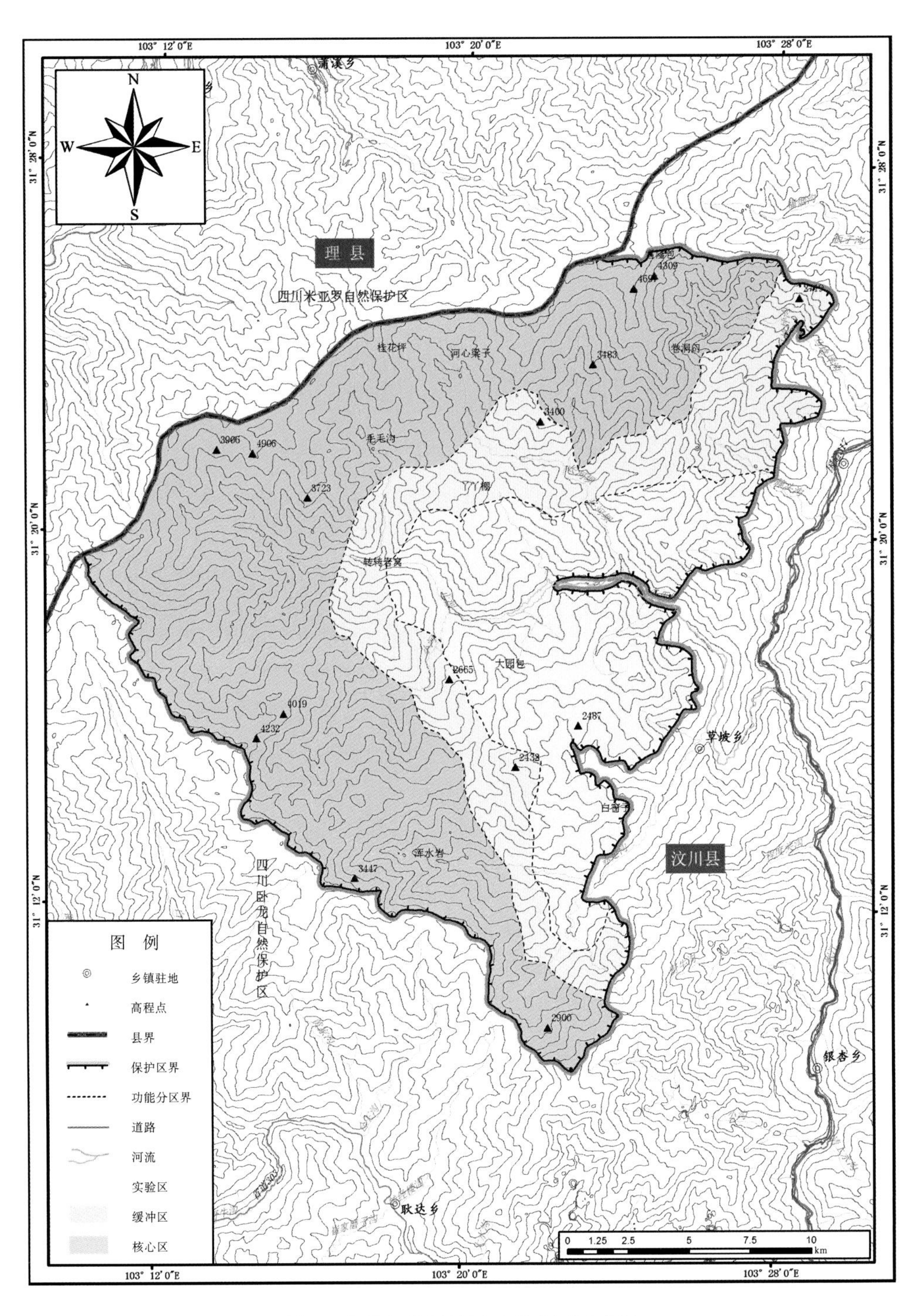

图2 草坡自然保护区功能分区示意图

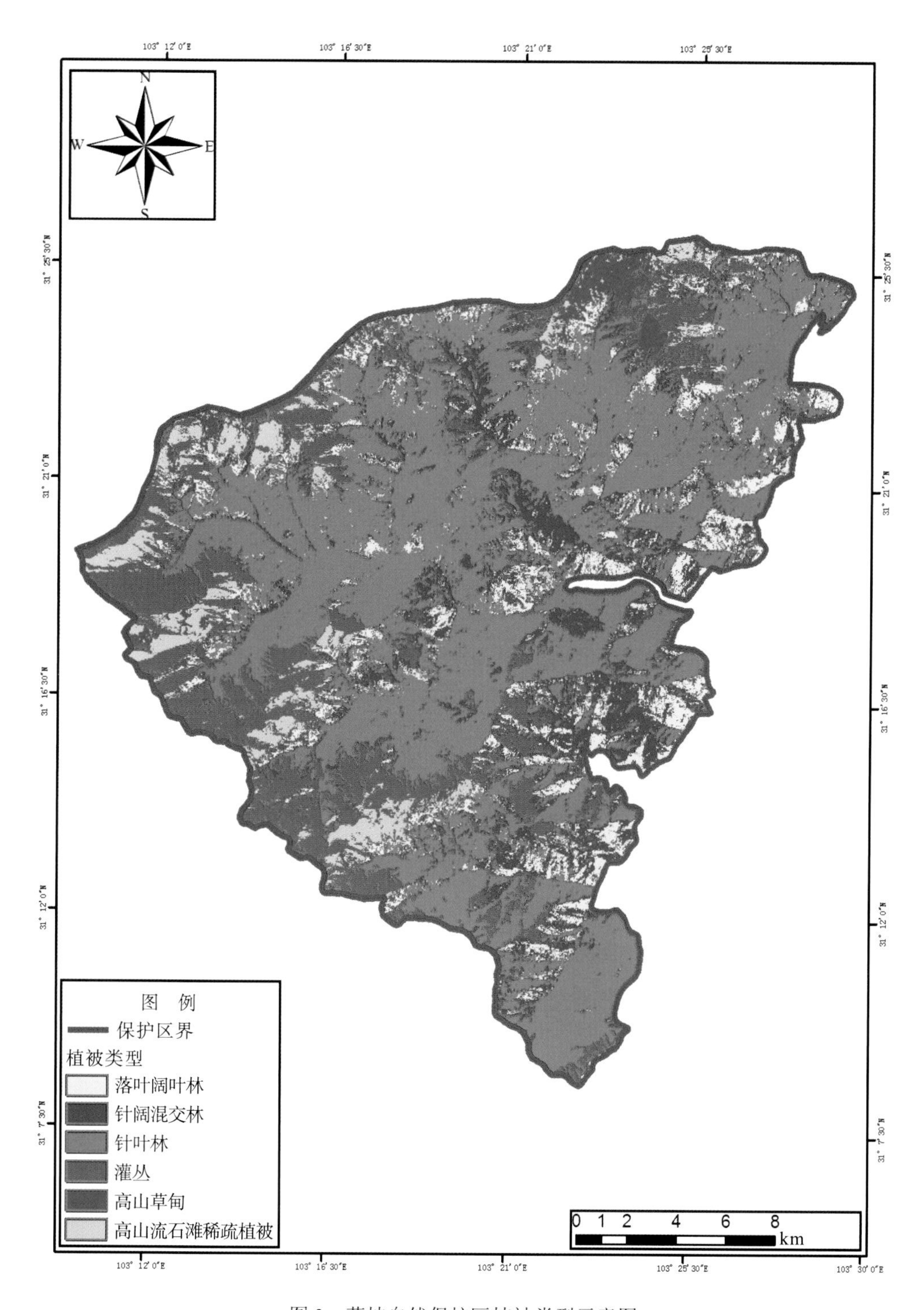

图 3　草坡自然保护区植被类型示意图

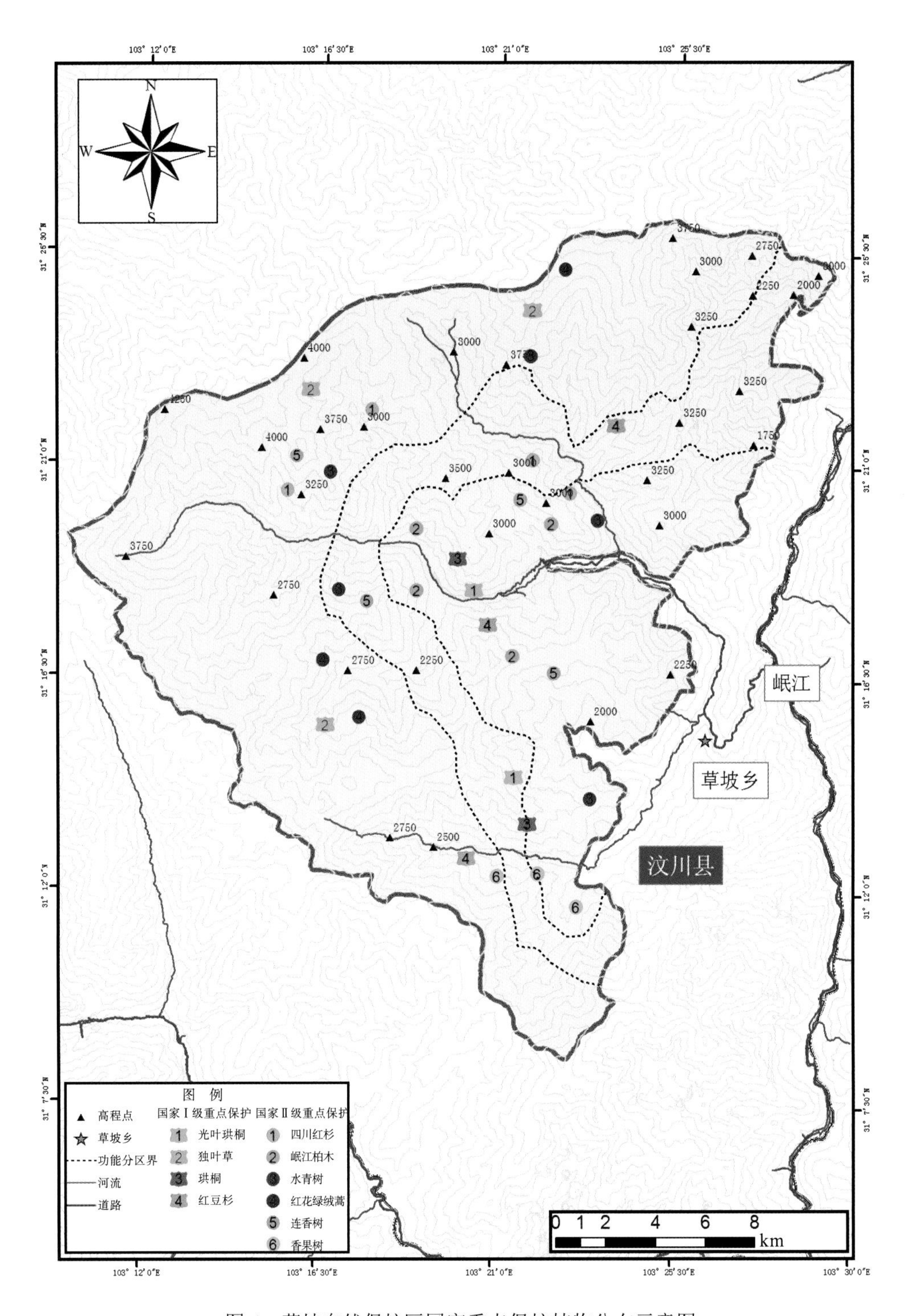

图 4 草坡自然保护区国家重点保护植物分布示意图

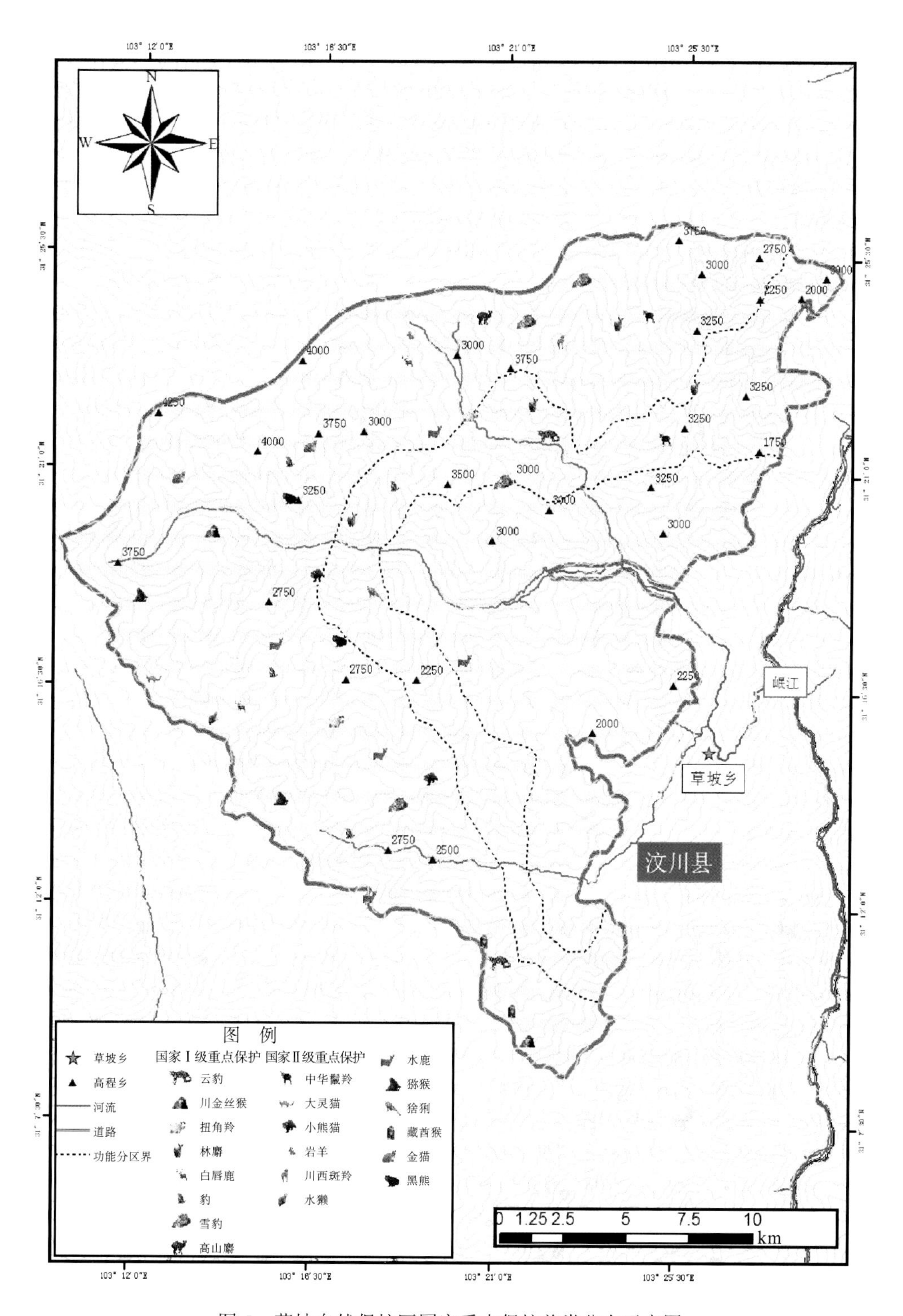

图 5　草坡自然保护区国家重点保护兽类分布示意图

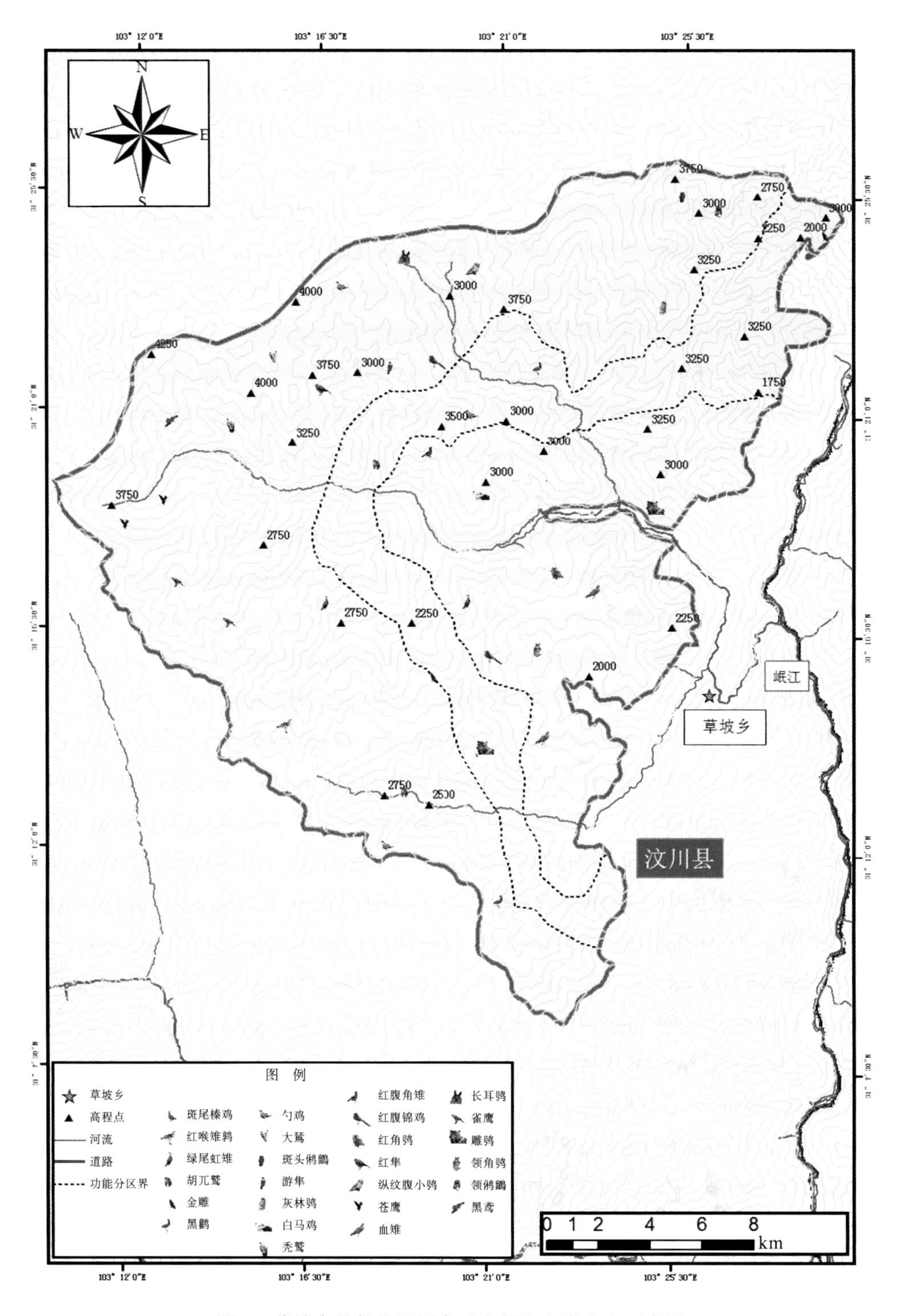

图 6　草坡自然保护区国家重点保护鸟类分布示意图

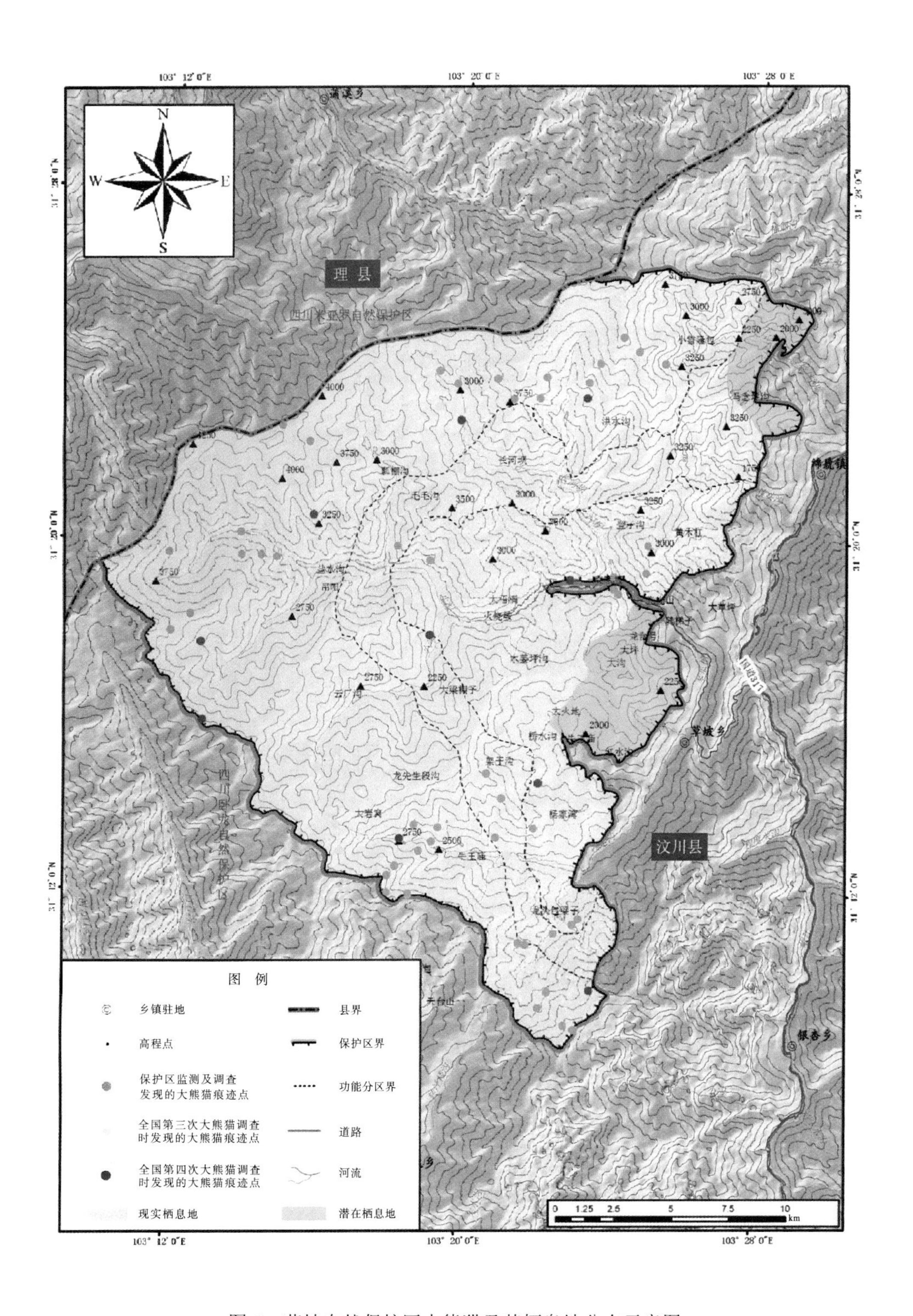

图 7　草坡自然保护区大熊猫及其栖息地分布示意图

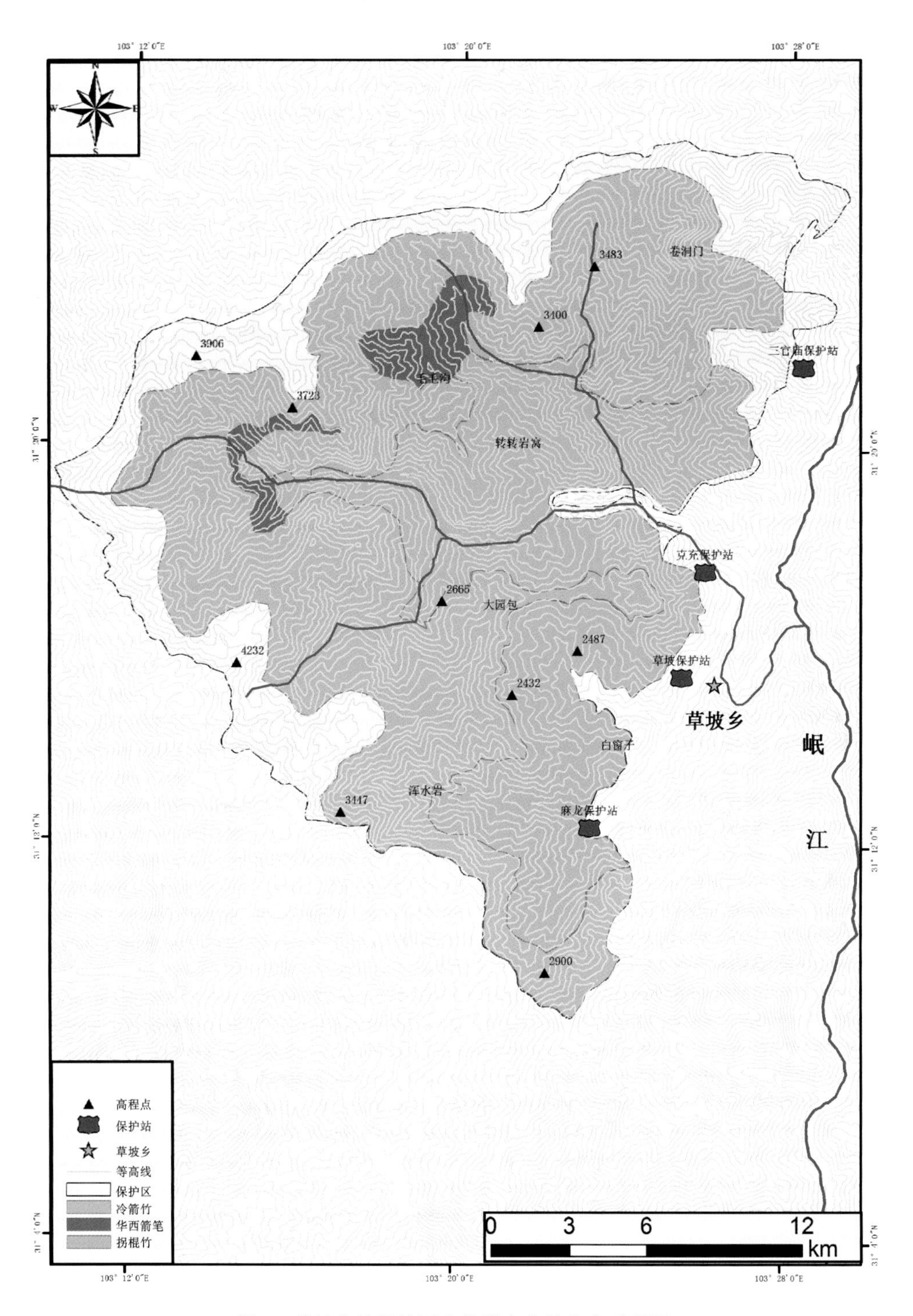

图8 草坡自然保护区大熊猫主食竹分布示意图